ACADEMICIAN SMIRNOV LECTURE NOTES
IN MATHEMATICS(VOLUME V(1))

Smirnov院士数学讲义
（第五卷·第一分册）

（俄罗斯）В.И.Смирнов 著　《Smirnov院士数学讲义》翻译组 译

哈尔滨工业大学出版社
HARBIN INSTITUTE OF TECHNOLOGY PRESS

黑版贸审字 08－2016－040 号

内 容 简 介

本书共分三章:第一章斯蒂尔切斯积分,第二章集合函数与勒贝格积分,第三章集合函数、绝对连续性、积分概念的推广.理论部分叙述扼要,应用部分叙述详尽.

本书适合高等学校数学及相关专业师生使用,也适合数学爱好者参考阅读.

图书在版编目(CIP)数据

Smirnov 院士数学讲义. 第五卷. 第一分册/(俄罗斯)B.И.斯米尔诺夫著;《Smirnov 院士数学讲义》翻译组译.—哈尔滨:哈尔滨工业大学出版社,2019.1
ISBN 978－7－5603－7838－1

Ⅰ.①S⋯ Ⅱ.①B⋯ ②S⋯ Ⅲ.①高等数学-高等学校-教学参考资料 Ⅳ.①O13

中国版本图书馆 CIP 数据核字(2018)第 268597 号

书 名：Курс высшей математики
作 者：В. И. Смирнов

В. И. Смирнов《Курс высшей математики》
Copyright © Издательство БХВ,2015

本作品中文专有出版权由中华版权代理总公司取得,由哈尔滨工业大学出版社独家出版

策划编辑 刘培杰 张永芹
责任编辑 张永芹 杜莹雪
封面设计 孙茵艾
出版发行 哈尔滨工业大学出版社
社　　址 哈尔滨市南岗区复华四道街 10 号 邮编 150006
传　　真 0451－86414749
网　　址 http://hitpress.hit.edu.cn
印　　刷 牡丹江邮电印务有限公司
开　　本 787mm×1092mm 1/16 印张 14.75 字数 288 千字
版　　次 2019 年 1 月第 1 版 2019 年 1 月第 1 次印刷
书　　号 ISBN 978－7－5603－7838－1
定　　价 158.00 元

(如因印装质量问题影响阅读,我社负责调换)

原序

在数学物理学的现代理论系统中,实变数函数论与一般的运算子论都有重大的意义.本书基本上就是讨论这些问题的.从实变数函数论中,我只选择了对于上述各种学科有用的材料.运算子论的研究是建立于希尔伯特空间的抽象理论的基础上.本书中,实变数函数论的基本内容是勒贝格－斯蒂尔切斯积分论及完全加法的集合函数论.在第一章中讨论古典的斯蒂尔切斯积分论和更一般的斯蒂尔切斯积分的概念,后者是建立于相应上下达尔布积分相等的条件上.在第二章中讨论实变数函数的度量理论及勒贝格－斯蒂尔切斯积分论的基础.我从欧几里得空间中的一般测度论出发,然后定义可测函数及勒贝格－斯蒂尔切斯积分的概念.在第三章中讨论完全加法的集合函数论,阐明相关于一定的分布函数的绝对连续性概念,并讨论黑林格尔积分论.在同一章中,以绝对连续的完全加法集合函数的积分表示法为基础,介绍一变数以及多变数的函数的导数的概念.所介绍的偏导数的推广概念是与 C. Л. 索伯列夫关于中值函数理论相联系的.在第三章末尾,很简短地讨论一下关于在抽象空间中建立测度论及积分论的可能性,并论述积分的一般定义的基础——这个定义是依照 A. H. 廓勒莫郭洛夫的.在本卷第二分册第四章中讨论希尔伯特空间的抽象理论,首先就有界自共轭运算子的情形研究.第五章论述与希尔伯特空间不同的空间理论的初步.

编写本书时除专门论文以外,我曾使用了很多专业书籍.在此我举出几种最基本的来.在第一章中曾使用了 В. И. 格里汶科的《斯蒂尔切斯积分》及 И. П. 那汤松的《实变数函数论基础》两书.关于第二章及第三章,曾使用了萨克斯的《积分论》及瓦雷·布三的《勒贝格积分,集合函数,拜尔类》等书.

在讨论希尔伯特空间时曾引用了斯通的《希尔伯特空间中的线性变换及其在解析方面的应用》和 А. И. 蒲列斯涅尔在《数学科学的进展》期刊第九卷中的论文,以及 Н. И. 阿希叶杰尔论雅可比矩阵的论文.

我对 С. М. 罗金斯基表示深深的谢意,因为他曾看过本书的全部手稿,并给予我很多宝贵的意见,这些意见在最后出版时都应用了.

斯米尔诺夫
1946 年 2 月 12 日

目录

第一章　斯蒂尔切斯积分　//1

第二章　集合函数与勒贝格积分　//71

　§1　集合函数与测度论　//71

　§2　可测函数　//95

　§3　勒贝格积分　//105

　附录　论把勒贝格重积分化成累次积分　//162

第三章　集合函数、绝对连续性、积分概念的推广　//163

附录　俄国大众数学传统——过去和现在　//220

斯蒂尔切斯积分

第一章

1. 集合及其权

应用数学分析学于近代自然科学时,各种积分概念都起着很大的作用,在第一、二两章中,将研究较以前所论更一般形式的积分论. 在讨论第一种积分方程论时,已经使用过勒贝格积分. 在本小节中先介绍一些集合论的初步知识. 这些知识是以前[IV;78]在勒贝格积分概念之前所述的补充.

设有两个由某种物体(元)形成的集合 A_1 及 A_2. 所谓两集合有相同的权,是指在 A_1 的元与 A_2 的元之间有一一对应的关系,就是说,有一对应关系,对于每一个属于 A_1 的元,必有一个属于 A_2 的确定元与它相对应. 而反之,对于 A_2 的每一个元,必有一个属于 A_1 的元,而且只有一个这样的元与它相对应. 无穷集合(即包含无穷多个元的集合)叫作可计的或可数的,是指它与全部正整数所成的集合有相同的权,也就是说,这集合的诸元可以用正整数表示出来: $a_1, a_2, a_3, \cdots$. 两个可数集合必有相同的权. 现在叙述一下可数集合的某些性质. 考察可数集合的一个子集合,设后者由 $a_{p_1}, a_{p_2}, \cdots$ 构成,其中 $p_1, p_2, \cdots$ 是一个正整数的增序列. 这新集合的元也可以用正整数标志出来. 每个元的标号就是 p 的角标. 如此,可数集合的无穷部分仍是可数集合. 现在考察两个可数集合:由 $a_1, a_2, a_3, \cdots$ 组成的 $A(a_1, a_2, a_3, \cdots)$,及由 $b_1, b_2, b_3, \cdots$ 组成的 $B(b_1, b_2, b_3, \cdots)$;作两者之和,即把属于上面两个集合的一切元合成一个集合 C. 如此而得的新集合 C 通常叫作集合 A 与 B 的和. 这新集合仍是可数的. 事实上,只需把 C 中的各个元依下面的次序排列:$a_1, b_1, a_2, b_2, \cdots$,就可以看出其可数性. 对于有穷个可数无穷集合之和,相似的推理也适用. 就是说,有穷个可数集合之和仍是可数集合. 现在考察集合的数目也是无穷的情形. 设有可数多个可数集合. 这些集合的元可以用两个整数来表示:$a_p^{(q)}$. 上标号表示这元所属的集合标号,而下标号表示这元在包含它的集合中所具有的标号. 不难把这一切元 $a_p^{(q)}$ 用正整数表示出来. 取上下标号都是 1 的元作第一个元:$a_1^{(1)}$. 此后取上下标号之和为 3 的元,并把它们依其上标号增加的顺序排列下来:$a_2^{(1)}, a_1^{(2)}$,于是得到集合之和中的第二元与第三元. 再取上下标号之和为 4 的各个元,并把它们依其上标号增加的顺序排列下来:$a_3^{(1)}, a_2^{(2)}, a_1^{(3)}$. 这就给出了集合之和中的第四元、第五元及第六元. 继续做下去,可以看出可数多个可数集合的和仍是可数集合. 如果和中某些项不是可数集合,而是有穷集合,则上面的命题仍然有效.

设有某无穷集合 A. 由其中取某一元,并附以标号 1. 剩余的集合仍是无穷的. 由它再取出一元,并附以标号 2. 继续下去,可知由任一无穷集合必可提出一个可数集合. 经过如此提取后所余的集合可能是空的,就是说,它可能不含任何元,也可能是有穷的,也可能是无穷的. 我们证明,如果所余集合是无穷的,那么它与原来的集合有相同的权,就是说,下面的命题是正确的:如果由无穷集合 A 中提取出可数集合 P 来,而余下的是一无穷集合 B,那么集合 A 及 B 有相同的权. 由无穷集合 B 重新取出某一可数集合 Q,并设 C 是所余集合. 如此原来的集合 A 分解成三个集合 $A = P + Q + C$,而其中的集合 C 可能是空的,也可能是无穷的,而 P 及 Q 都是可数集合. 在第二次提取之前,$A = P + B$. 不难在 A 及 B 的各个元间建立一一对应关系. 事实上,$A = P + Q + C, B = Q + C$. 可数集合之和 $P + Q$ 仍是可数集合,所以在 $P + Q$ 及 Q 的各个元之间可以建立一一对应. 集合 C 中的每一元与它自己对应. 如此可以在 A 及 B 的各个元间建立一一对应. 由所证的命题直接可得:如果对于无穷集合增添一可数集合,则所得的新集合与原来的集合是有相同权的. 在上述关于减去或增添可数集合的命题中,如果把可数集合换成有穷集合,则命题依然有效. 证明与上面完全一样.

以前曾证明过,属于某一区间 $[a, b]$ 的一切有理数的集合是可数集合,一切有理数的集合也是可数集合. 其证明与证明"可数多个可数集合之和仍是可数"这一命题完全一样. 分数的分子起着上标号的作用,分母起着下标号的作用,而首先只要考察正分数. 现在举一个不可数集合的例子. 考察凡属于区间 $[0, 1]$ 的实数. 除零以外,其中每个数都可以表示成无尽十进制小数,其整数部分是零,反之,凡如此的十进制小数一定与上述区间中的一个实数相应. 我们不使用有尽小数,因为这种有尽小数与那些以 9 为周期的无尽小数表示同样的数,例如 0.37 = 0.369 99…. 我们证明上述实数的集合是不可数的. 用归谬法证明. 设上述一切十进制小数,包括代表区间左端的小数 0.00…, 是可数的并附好标号. 依下述方式作一个新的十进制小数,其整数部分是零. 取某一与第一个十进制小数的第一位数不同的数字作第一位数,取某一与第二个十进制小数的第二位数不同的数字作第二位数,等等. 作新的十进制小数时我们不使用 0 作位数,于是所得的无尽十进制小数与原有的一切十进制小数相异. 如此与它相应的实数没有包含在上面那可数集合之中,这与所设区间 $[0,1]$ 中一切实数已附好标号这一事实相冲突. 如此证明了:属于区间 $[0,1]$ 的一切实数是不可数的. 我们说这集合具有连续统的权. 不难看出,属于任意一个有穷区间 $[a,b]$ 的一切实数的集合与属于区间 $[0,1]$ 的一切实数的集合具有同样的权. 公式 $y = \dfrac{x-a}{b-a}$ 就建立了这两个集合诸元间的一一对应关系. 当 x 遍历区间 $[a,b]$ 时,变数 y 就遍历区间 $[0,1]$. 如果引用公式 $y = \tan\left(\pi x - \dfrac{\pi}{2}\right)$,那么当变数 x 在区间 $[0,1]$ 内部变化时,变数 y 遍历一切实数的集合,就是说由一切实数所组成的集合也具有连续统的权. 如果不把区间的端点算在集合之中,那么其权并不改变,因为对于无穷集合增添或减去一个有穷集合并不改变其权.

在下面,常用记号 $[a,b]$ 表示闭集合,而不包含端点的开集合则用记号 (a,b) 表示. 如果左端不算入,而右端算进去,我们用记号 $(a,b]$ 表示,同样可规定记号 $[a,b)$ 的意义. 这里的数 a 及 b 也可以取无穷值:$a = -\infty, b = +\infty$, 就是说所论的区间可以在左边或在右边是无穷的. 例如闭区间 $[-\infty, +\infty]$ 包含两个无穷远点. 与这相应,函数 $f(x)$ 也可以在 $x = -\infty$ 及 $x = +\infty$ 处定义,例如,可以引用记号 $f(-\infty)$. 在 $x = -\infty$ 处的连续性与条件 $\lim\limits_{x \to -\infty} f(x) = f(-\infty)$ 同效. 同样可以处理 $x \to +\infty$ 的情形.

此外,也可以应用通常的表示法 $\lim\limits_{x \to -\infty} f(x) = f(-\infty + 0)$ 及 $\lim\limits_{x \to +\infty} f(x) = f(+\infty - 0)$.

还应注意,在闭区间 $[-\infty, +\infty]$ 中有穷而且连续的函数 $f(x)$ 一定在这区间中一致连续.

2. 斯蒂尔切斯积分及其基本性质

回忆一下黎曼积分的定义,这种积分是常用的. 设 $[a,b]$ 是一个有穷区间,而 $f(x)$ 是定义于这区间上的有界函数. 把这区间分割成部分:$a = x_0 < x_1 < \cdots < x_{n-1} < x_n = b$, 在每一部分区间 $[x_{k-1}, x_k]$ 上取某一点 ξ_k, 并做出积的和

$$\sigma = \sum_{k=1}^{n} f(\xi_k)(x_k - x_{k-1}) \tag{1}$$

如果无限地把区间细分,并随意地取点 ξ_k 时,上面的和有确定的极限 A,那么这极限值称作 $f(x)$ 在区间 $[a,b]$ 上的积分.设 δ 是差 x_k-x_{k-1} 中的最大的.无限地细分区间 $[a,b]$ 成部分与 $\delta\to 0$ 同义;而所谓在(1)中的和有确定的极限 A 存在,与下面所说的同义:对于任意预定的正数 ε,存在一正数 η,使当 $\delta\leqslant\eta$ 时

$$\Big|A-\sum_{k=1}^n f(\xi_k)(x_k-x_{k-1})\Big|\leqslant\varepsilon$$

我们可以用同样方式建立更一般的积分观念.这是由荷兰数学家斯蒂尔切斯在 1894 年研究连分数时首先介绍的,其后得到很广阔的发展,在纯粹数学问题与精密自然科学问题中都有应用.设在有穷区间 $[a,b]$ 上给出两个函数 $f(x)$ 与 $g(x)$,并设二者在这区间之上每一点处都取有穷值.现在不用和(1),而代之以和

$$\sigma=\sum_{k=1}^n f(\xi_k)\big[g(x_k)-g(x_{k-1})\big] \tag{2}$$

如果无限地细分区间,并随意地取点 ξ_k 时,上面写的和趋向于确定的有穷极限,那么我们说函数 $f(x)$ 在区间 $[a,b]$ 上依 $g(x)$ 是可积分的,并写成

$$\int_a^b f(x)\mathrm{d}g(x)=\lim\sum_{k=1}^n f(\xi_k)\big[g(x_k)-g(x_{k-1})\big]$$

在黎曼积分中 $g(x)$ 的任务由 x 担当.显然现在介绍的新积分有很多类似黎曼积分的性质,而这些性质的证明也与对于黎曼积分的证明完全相同.现在枚举这些性质,并设下列各式中的一切积分都存在

$$\begin{cases}\displaystyle\int_a^b\sum_{k=1}^p a_k f_k(x)\mathrm{d}g(x)=\sum_{k=1}^p a_k\int_a^b f_k(x)\mathrm{d}g(x)\\[2mm]\displaystyle\int_a^b f(x)\mathrm{d}\sum_{k=1}^p a_k g_k(x)=\sum_{k=1}^p a_k\int_a^b f(x)\mathrm{d}g_k(x)\quad(a_k\text{ 都是常数})\\[2mm]\displaystyle\int_a^b f(x)\mathrm{d}g(x)=\int_a^c f(x)\mathrm{d}g(x)+\int_c^b f(x)\mathrm{d}g(x)\end{cases} \tag{3}$$

此外还有一个极显然的公式

$$\int_a^b \mathrm{d}g(x)=g(b)-g(a) \tag{4}$$

在(3)的前两式中,由右面的积分的存在可推知左面积分存在.

现在详细地推出分部积分式.设函数 $g(x)$ 依 $f(x)$ 的积分存在,我们证明 $f(x)$ 依 $g(x)$ 的积分存在.取和(2),把含相同点的函数 $g(x)$ 值的项合并,得

$$\sigma=-\sum_{k=1}^{n-1}g(x_k)\big[f(\xi_{k+1})-f(\xi_k)\big]+g(b)f(\xi_n)-g(a)f(\xi_1)$$

加上差值

$$f(x)g(x)\big|_a^b=f(b)g(b)-f(a)g(a)$$

并减去它,可写成

$$\sigma = f(x)g(x)\Big|_a^b - \Big\{\sum_{k=1}^{n-1} g(x_k)[f(\xi_{k+1}) - f(\xi_k)] +$$
$$g(a)[f(\xi_1) - f(a)] + g(b)[f(b) - f(\xi_n)]\Big\} \tag{5}$$

在花括号中的式子恰是 $g(x)$ 依 $f(x)$ 的积分之黎曼-斯蒂尔切斯和(2).依所知条件,$g(x)$ 依 $f(x)$ 的积分存在,这就是说当无限地细分区间时,花括号中式子的和趋向于这积分值.如此,由(5),和 σ 有一极限值,也就是说,$f(x)$ 依 $g(x)$ 的积分存在,并且可以写成

$$\int_a^b f(x)\mathrm{d}g(x) = f(x)g(x)\Big|_a^b - \int_a^b g(x)\mathrm{d}f(x) \tag{6}$$

或

$$\int_a^b f(x)\mathrm{d}g(x) + \int_a^b g(x)\mathrm{d}f(x) = f(x)g(x)\Big|_a^b \tag{7}$$

而在这两个式子中,由两积分中一个存在可推得第二个存在.

斯蒂尔切斯积分有两种特殊情形,现在提一下.设区间 $[a,b]$ 分割成有穷多的部分: $a = c_0 < c_1 < \cdots < c_{p-1} < c_p = b$,并且在每个部分区间 (c_{k-1}, c_k) 中函数 $g(x)$ 的值是常数 g_k.如此在位于区间 $[a,b]$ 中每一点 c_k 处,函数 $g(x)$ 有一跃度 $s_k = g_{k+1} - g_k$.可能在区间两端也有跃度:在左端是 $s_0 = g_1 - g(a)$,而在右端是 $s_p = g(b) - g_p$.再设函数 $f(x)$ 在一切间断点 c_k 处并在区间端点处连续.设点 c_q 不是和(2)中分割区间的点,但 c_0 与 c_p 除外.在和(2)中,如一项里的 x_{k-1} 与 x_k 是在同一区间 (c_{q-1}, c_q) 中,那么这项必等于零,因为在这情形下,$g(x_{k-1}) = g(x_k)$.如果区间 $[x_{k-1}, x_k]$ 包含间断点 c_q,则当无限地细分区间时,$f(\xi_k)$ 趋向于 $f(c_q)$,$g(x_k) - g(x_{k-1})$ 趋向于 s_q,而显然(2)中的和趋向于下列的有穷和

$$\lim \sum_{k=1}^n f(\xi_k)[g(x_k) - g(x_{k-1})] = \sum_{q=0}^p f(c_q)s_q \tag{8}$$

如果点 c_q 是分割 $[a,b]$ 的点,那么要考虑以 c_q 为端点的两个区间,而其结果一样.现在考察第二种特殊情形.设 $f(x)$ 与 $g(x)$ 在 $[a,b]$ 中是连续的,而 $g(x)$ 在 $[a,b]$ 中有导函数 $g'(x)$,并且后者是黎曼可积的,从而是有界的.对于差值 $g(x_k) - g(x_{k-1})$ 使用拉格朗日公式,可以把和(2)写成下面的形式

$$\sum_{k=1}^n f(\xi_k)[g(x_k) - g(x_{k-1})] = \sum_{k=1}^n f(\xi_k)g'(\xi'_k)(x_k - x_{k-1}) \tag{9}$$

而 ξ'_k 是位于 $[x_{k-1}, x_k]$ 内部的数.令 $f(\xi_k) = f(\xi'_k) + \varepsilon_k$,而既然 $f(x)$ 在 $[a,b]$ 中是一致连续的,当无限地细分区间时,$|\varepsilon_k|$ 中的最大者趋向于零,也就是说,对于任意预定的正数 ε,存在一个正数 η,使由 $\delta < \eta$ 可知 $|\varepsilon_k| < \varepsilon$.于是可以把(9)中的和写成

$$\sum_{k=1}^{n}f(\xi_k)[g(x_k)-g(x_{k-1})]=\sum_{k=1}^{n}f(\xi'_k)g'(\xi'_k)(x_k-x_{k-1})+$$
$$\sum_{k=1}^{n}\varepsilon_k g'(\xi'_k)(x_k-x_{k-1}) \qquad (9')$$

两个黎曼可积的函数的积还是可积分的,而在上面的公式中右边第一项当无限地细分区间时趋向于积 $f(x)g'(x)$ 的黎曼积分. 不难证明第二项趋向于零. 事实上,依假设,函数 $g'(x)$ 是有界的,就是说,有一确定的正数 M, 使 $|g'(x)|<M$. 上面已经说过,如果预定一个正数 ε,必有一正数 η 存在,使由 $\delta<\eta$ 可知 $|\varepsilon_k|<\varepsilon$. 于是

$$\left|\sum_{k=1}^{n}\varepsilon_k g'(\varepsilon'_k)(x_k-x_{k-1})\right|\leqslant\sum_{k=1}^{n}\varepsilon M(x_k-x_{k-1})=\varepsilon M(b-a)$$

而由此,既然 ε 是任意的,式 $(9')$ 中右边的第二项趋向于零. 如此取极限可得

$$\int_a^b f(x)\mathrm{d}g(x)=\int_a^b f(x)g'(x)\mathrm{d}x \qquad (10)$$

就是说,在第二种情形的假定下,斯蒂尔切斯积分蜕化成平常的黎曼积分. 在前面的第一种情形中,则蜕化成有穷和. 不难证明,如果不设 $f(x)$ 连续而设它是依黎曼可积分的,那么公式(10)依然成立. 在以后我们将讨论上面所定义的斯蒂尔切斯积分存在的问题,也将论及一些将来再定义的更一般的积分的存在问题. 重要的是函数 $g(x)$ 将算作在 $[a,b]$ 内是不减的. 为简便起见,以后常把不减函数叫作增函数. 对于这样的函数 $g(b)$ 是其最大值, $g(a)$ 是其最小值. 下面一小节是准备性的. 它不但对于研究上面所定义的斯蒂尔切斯积分的存在问题有基本的意义,就是对于研究以后将介绍的更一般型的积分问题也是如此.

3. 达尔布和

在讨论黎曼积分时曾介绍过所谓达尔布和. 对于以后将介绍的一切一般积分的概念,相类似的和也起着基本的作用. 本小节中将就上面所定义的斯蒂尔切斯积分做出这种和,并研究其性质. 凡在本小节中介绍的概念与所证明的事实只要经过一些无关宏旨的改变就对于以后推广的积分概念仍然成立,将来常要参考本节的结果.

首先回忆一下实数集合的确界定义[见 I;39]. 设有一实数集合 E, 并设它是有上界的,就是说有一数 L 存在,使凡集合 E 中的数必小于 L. 如此则存在一确定的数 M, 这数有下列特性: 凡集合 E 中的数必不大于 M, 而对于任意正数 ε 必有一属于集合 E 的数存在,这数大于 $M-\varepsilon$. 这数 M 叫作集合 E 的上确界. 同样如果集合有下界,就是说凡集合中的数必大于同一个固定数,那么这集合有一下确界 m, 这数 m 有下列特性: 凡集合 E 中的数必不小于 m, 而对于任意正数 ε, 集合 E 中必有小于 $m+\varepsilon$ 的数. 如果集合无上界,我们说它的上确界是 $+\infty$, 而如果这集合无下界,我们说它的下确界是 $-\infty$. 确界的表示我们使用下面的

写法
$$m = \inf E, \quad M = \sup E$$

设 $f(x)$ 与 $g(x)$ 是在区间 $[a,b]$ 上有界的函数，而这区间可能是有穷的，也可能是无穷的，并且 $g(x)$ 是不减函数，又设有一种分割区间 $[a,b]$ 成部分的方法

$$a = x_0 < x_1 < x_2 < \cdots < x_{n-1} < x_n = b$$

用 δ 表示这分割。在区间左边无穷时，$a = -\infty$，而在区间右边无穷时，$b = +\infty$。设 m_k 与 M_k 各是 $f(x)$ 在区间 $[x_{k-1}, x_k]$ 上值的下确界及上确界。作与区间 $[a,b]$ 的分割 δ 相应的达尔布－斯蒂尔切斯和

$$s_\delta = \sum_{k=1}^n m_k [g(x_k) - g(x_{k-1})], \quad S_\delta = \sum_{k=1}^n M_k [g(x_k) - g(x_{k-1})] \quad (11)$$

对于有界函数 $f(x)$，必有一正数 L 存在，使 $|f(x)| \leqslant L$。注意 $g(x_k) - g(x_{k-1}) \geqslant 0$，对于任意分割 δ 可得

$$|s_\delta| \leqslant \sum_{k=1}^n L[g(x_k) - g(x_{k-1})] = L[g(b) - g(a)]$$
$$|S_\delta| \leqslant L[g(b) - g(a)]$$

与和 (11) 并列，还可以作下面的黎曼－斯蒂尔切斯和

$$\sigma_\delta = \sum_{k=1}^n f(\xi_k)[g(x_k) - g(x_{k-1})] \quad (12)$$

而 ξ_k 是区间 $[x_{k-1}, x_k]$ 中的某一点。注意 $m_k \leqslant f(\xi_k) \leqslant M_k$，而 $g(x_k) - g(x_{k-1}) \geqslant 0$，则对任意的分割 δ 可得不等式

$$s_\delta \leqslant \sigma_\delta \leqslant S_\delta \quad (13)$$

现在介绍一些新名词。分割 δ' 称作分割 δ 的后继，是指分割 δ 的一切分割点也是分割 δ' 的分割点。设 δ_1 与 δ_2 是两个任意分割。取一新分割，使其分割点是由 δ_1 及 δ_2 两分割的分割点合并而成的。这新的分割叫作分割 δ_1 及 δ_2 的积，并表示成 $\delta_1 \delta_2$。显然分割 $\delta_1 \delta_2$ 既是 δ_1 的后继，也是 δ_2 的后继。对于任意有穷个分割，也可以定义积 $\delta_1 \delta_2 \cdots \delta_n$ 的概念。还要注意和 s_δ 与 S_δ 只与分割 δ 的选择有关，而和 σ_δ 则随点 ξ_k 的选择而变化。现在证明几个很简单的定理。

定理 1　如果分割 δ' 是分割 δ 的后继，那么 $s_{\delta'} \geqslant s_\delta, S_{\delta'} \leqslant S_\delta$。

以证明不等式 $s_{\delta'} \geqslant s_\delta$ 为例。由 δ 换成 δ' 时，分割 δ 中的每一部分区间又分成有穷个部分

$$x_{k-1} = x_0^{(k)} < x_1^{(k)} < \cdots < x_{p_k-1}^{(k)} < x_{p_k}^{(k)} = x_k$$

而和 s_δ 中的项 $m_k[g(x_k) - g(x_{k-1})]$ 换成下列的和

$$\sum_{s=1}^{p_k} m_s^{(k)} [g(x_s^{(k)}) - g(x_{s-1}^{(k)})]$$

其中 $m_s^{(k)}$ 是函数 $f(x)$ 在区间 $[x_{s-1}^{(k)}, x_s^{(k)}]$ 上的下确界。显然 $m_s^{(k)} \geqslant m_k$，所以，注

意差值 $g(x_s^{(k)}) - g(x_{s-1}^{(k)})$ 不能是负数,可得

$$\sum_{s=1}^{p_k} m_s^{(k)} [g(x_s^{(k)}) - g(x_{s-1}^{(k)})] \geqslant \sum_{s=1}^{p_k} m_k [g(x_s^{(k)}) - g(x_{s-1}^{(k)})]$$
$$= m_k [g(x_k) - g(x_{k-1})]$$

而定理证明了(参照[Ⅰ;122]).

定理 2 如果 δ_1 及 δ_2 是任意两分割,那么 $s_{\delta_1} \leqslant S_{\delta_2}$.

对于同一分割的不等式 $s_\delta \leqslant S_\delta$ 可以由下面两关系直接导出: $m_k \leqslant M_k$, $g(x_k) - g(x_{k-1}) \geqslant 0$. 如此对于分割 $\delta_1 \delta_2$, $s_{\delta_1 \delta_2} \leqslant S_{\delta_1 \delta_2}$. 另一方面, 依定理 1, $s_{\delta_1} \leqslant s_{\delta_1 \delta_2}, S_{\delta_2} \geqslant S_{\delta_1 \delta_2}$, 由此可知 $s_{\delta_1} \leqslant S_{\delta_2}$.

用 i 表示和 s_δ 对于一切可能分割 δ 的上确界,而用 I 表示和 S_δ 对于一切可能分割 δ 的下确界

$$i = \sup s_\delta, \quad I = \inf S_\delta \tag{14}$$

由确界的定义,并依定理 2 直接可知:对于任意两分割 δ_1, δ_2,不等式 $s_{\delta_1} \leqslant i \leqslant I \leqslant S_{\delta_2}$ 成立,特别是

$$s_\delta \leqslant i \leqslant I \leqslant S_\delta \tag{15}$$

现在举出上下确界 i 与 I 相等的充分必要条件.关于这点,下面差值起着基本的作用

$$S_\delta - s_\delta = \sum_{k=1}^{n} (M_k - m_k)[g(x_k) - g(x_{k-1})] \tag{16}$$

定理 3 i 与 I 相等的充分必要条件是存在一序列分割 $\delta_n (n = 1, 2, \cdots)$,使 $S_{\delta_n} - s_{\delta_n} \to 0$.

证明其充分性.如果有分割序列 δ_n 存在,使 $S_{\delta_n} - s_{\delta_n} \to 0$,那么把不等式 (15) 应用于这序列可知 $i = I$.

证明其必要性.设 $i = I = A$.由于确界的定义,存在分割序列 δ_n',使 $s_{\delta_n'} \to A$,也存在分割序列 δ_n'',使 $S_{\delta_n''} \to A$.取分割序列 $\delta_n = \delta_n' \delta_n''$.依定理 1, $s_{\delta_n} \geqslant s_{\delta_n'}$, $S_{\delta_n} \leqslant S_{\delta_n''}$,所以 $s_{\delta_n'}$ 与 s_{δ_n} 小于或等于 A,而 $S_{\delta_n''}$ 与 S_{δ_n} 大于或等于 A. 如此 $s_{\delta_n} \to A, S_{\delta_n} \to A$,所以 $S_{\delta_n} - s_{\delta_n} \to 0$,从而定理证明了. 必须注意,在序列 δ_n 中部分区间不必无限地细分.例如可能一切分割 δ_n 都是同一分割 δ. 由(15)直接可得下面的结论:

系 如果 $S_{\delta_n} - s_{\delta_n} \to 0$,那么 $i = I, s_{\delta_n} \to i, S_{\delta_n} \to i$.

上面所述的关于等式 $i = I$ 的充分必要条件可以借助和 σ_δ 表示出来.

定理 4 差值 $S_{\delta_n} - s_{\delta_n}$ 趋向于零的充分必要条件是无论如何选择点 $\xi_k^{(n)}$, σ_{δ_n} 有确定的极限,而如果这条件满足,那么 σ_δ 的极限是 i (或 $I = i$).

证明其必要性.如果 $S_{\delta_n} - s_{\delta_n} \to 0$,那么如上所说, $s_{\delta_n} \to i, S_{\delta_n} \to i$,所以 $\sigma_{\delta_n} \to i$,因为 σ_{δ_n} 满足不等式 $s_{\delta_n} \leqslant \sigma_{\delta_n} \leqslant S_{\delta_n}$. 再证明其充分性.设

$$\sigma_{\delta_n} = \sum_{k=1}^{p_n} f(\xi_k^{(n)})[g(x_k^{(n)}) - g(x_{k-1}^{(n)})] \to A$$

而 $x_k^{(n)}$ 是分割 δ_n 的分割点, $\xi_k^{(n)}$ 是区间 $[x_{k-1}^{(n)}, x_k^{(n)}]$ 中的某点. 用 $M_k^{(n)}$ 及 $m_k^{(n)}$ 各表示 $f(x)$ 在区间 $[x_{k-1}^{(n)}, x_k^{(n)}]$ 上值的上下确界. 设 ε 是任意预定的正数. 依条件 $\sigma_{\delta_n} \to A$, 必存在一数 N, 使无论怎样选择 $\xi_k^{(n)}$, 当 $n > N$ 时

$$|A - \sigma_{\delta_n}| \leqslant \varepsilon \tag{17}$$

依确界的定义可以选择点 $\xi_k^{(n)}$, 使不等式 $0 \leqslant f(\xi_k^{(n)}) - m_k^{(n)} \leqslant \varepsilon$ 成立. 如此

$$0 \leqslant \sigma_{\delta_n} - s_{\delta_n} = \sum_{k=1}^{p_n} [f(\xi_k^{(n)}) - m_k^{(n)}][g(x_k^{(n)}) - g(x_{k-1}^{(n)})]$$

$$\leqslant \sum_{k=1}^{p_n} \varepsilon [g(x_k^{(n)}) - g(x_{k-1}^{(n)})] = \varepsilon [g(b) - g(a)] \tag{18}$$

所以, 如果把差值 $A - s_{\delta_n}$ 表示成 $A - s_{\delta_n} = (A - \sigma_{\delta_n}) + (\sigma_{\delta_n} - s_{\delta_n})$, 依 (17) 与 (18) 可得

$$|A - s_{\delta_n}| \leqslant |A - \sigma_{\delta_n}| + |\sigma_{\delta_n} - s_{\delta_n}| \leqslant \varepsilon[1 + g(b) - g(a)]$$

当 $n > N$ 时必成立. 既然 ε 是任意的, 可知 $s_{\delta_n} \to A$. 同样可证 $S_{\delta_n} \to A$, 所以 $S_{\delta_n} - s_{\delta_n} \to 0$, 而定理证明了. 显然极限 A 等于数 i 与 I, 而后两者在现情形下是相等的. 由本定理与上一定理可以直接推出下面的系:

系 等式 $i = I$ 成立的充分必要条件是存在分割序列 δ_n, 使无论怎样选择点 $\xi_k^{(n)}$, σ_{δ_n} 恒有固定的极限. 如果这条件满足, 那么这极限等于 i (也等于 $I = i$).

定理 5 如果对于分割序列 δ_n, σ_{δ_n} 有确定的极限, 而 δ'_n 是 δ_n 的后继, 那么 $\sigma_{\delta'_n}$ 也有相同的极限.

依定理 5 与定理 4 的条件可知 $S_{\delta_n} - s_{\delta_n} \to 0$. 依定理 1, $s_{\delta'_n} \geqslant s_{\delta_n}$ 而 $S_{\delta'_n} \leqslant S_{\delta_n}$. 所以 $S_{\delta'_n} - s_{\delta'_n} \to 0$, 也就是说 $\sigma_{\delta'_n} \to i$, 而定理证明了.

在黎曼积分的情形, $g(x) = x$, 以前 [I; 112] 证明对于任意有界函数 $f(x)$, 无限地细分部分区间时, $s_{\delta_n} \to i$, $S_{\delta_n} \to I$. 如此在黎曼积分的情形, 等式 $i = I$ 与下面的命题同效, 即和 σ_δ 当无限地细分部分区间时有确定的极限值, 而且这极限值等于 i. 在一般情形中, 并非如此. 如果当无限地细分各部分区间时 σ_δ 有确定的极限, 那么 $i = I$, 这由定理 4 的系可知. 但反过来的结论是不正确的. 由 $i = I$ 只能推知有分割序列 δ_n 存在, 使 σ_{δ_n} 有确定的极限. 但不能断定在无限地细分部分区间时, 对于一切分割序列 σ_δ 都有确定的同一极限[①]. 在上述的斯蒂尔切斯积分定义中, 曾要求当无限地细分各部分区间时, σ_δ 有确定的极限. 在下面推广的积分概念中我们把这要求减弱, 只要求等式 $i = I$ 成立. 此外, 将扩

[①] 设当 $-1 \leqslant x \leqslant 0$ 时, $f(x) = 0$; 当 $0 < x \leqslant 1$ 时, $f(x) = 1$. 当 $-1 \leqslant x < 0$ 时, $g(x) = 0$; 当 $0 \leqslant x \leqslant 1$ 时, $g(x) = 1$. 那么不难看出 $i = I = 0$, 而如果取 δ_n 使它们每个的部分区间都不含 0 作内点, 则 $\sigma_{\delta_n} \to 0$. 但如果 δ 中的一分区间含 0 为内点, 设这部分区间是 $[x_{i-1}, x_i]$, 则 $\sigma_\delta = f(\xi_i)$, 因而 $\sigma_\delta = 0$ 或 1, 视 $\xi_i \leqslant 0$ 或 $\xi_i > 0$ 而定, 因而 σ_δ 并无确定的极限. —— 译者注

张分解积分的基本区间为部分的方法,在下面论新积分定义时再详加解释.下节中将回到在第2小节中定义的斯蒂尔切斯积分,并叙述其存在性的一个重要的充分条件.

4. 连续函数的斯蒂尔切斯积分

定理 1 如果 $f(x)$ 在有穷区间 $[a,b]$ 上是连续的,而 $g(x)$ 是不减的有界函数,那么 $f(x)$ 在区间 $[a,b]$ 上依 $g(x)$ 的斯蒂尔切斯积分必存在.

注意不等式(13)与(15),可知

$$|i - \sigma_\delta| \leqslant S_\delta - s_\delta = \sum_{k=1}^{n}(M_k - m_k)[g(x_k) - g(x_{k-1})] \tag{19}$$

设 ε 是预定的正数.既然 $f(x)$ 在区间 $[a,b]$ 上是一致连续的,必存在一个正数 η,使当差值 $x_k - x_{k-1}$ 中最大者不超过 η 时,$0 \leqslant M_k - m_k \leqslant \varepsilon (k=1,2,\cdots,n)$ 成立.依这不等式,由(19)可知 $|i - \sigma_\delta| \leqslant \varepsilon[g(b) - g(a)]$,所以无限地细分各个区间时,$\sigma_\delta \to i$.同样可证 $\sigma_\delta \to I$,所以 $i=I$.这等式也可以由定理4的结论直接推出,因为当无限地细分各个区间时,σ_δ 有定极限.

无穷的积分区间在斯蒂尔切斯积分的情形并不起重大的作用.只需解释一下,所谓无限地细分无穷区间的部分区间究竟是怎样的.例如考察区间 $[-\infty, +\infty]$.我们说在一个分这区间为有穷多部分区间的分割序列中,这些部分区间无限地细分,是指对于任意预定的正数 A,相应于一切与 $[-A, +A]$ 相交的部分区间 $[x_{k-1}, x_k]$,差值 $x_k - x_{k-1}$ 中最大者趋向于零.如果 $\varphi(x)$ 在区间 $[-\infty, +\infty]$ 中是连续的,并且是严格地增的,就是说当 $\beta > \alpha$ 时 $\varphi(\beta) > \varphi(\alpha)$,那么变数代换 $t = \varphi(x)$ 把区间 $[-\infty, +\infty]$ 映象成有穷区间 $[a,b]$,而 $a = \varphi(-\infty)$,$b = \varphi(+\infty)$.对于 $[-\infty, +\infty]$ 的无限地细分的分割法就变成了平常对于有穷区间 $[a,b]$ 的无限地细分的分割法.

例如设 $f(x)$ 在闭区间 $[-\infty, +\infty]$ 上连续,而 $g(x)$ 是有界而不减的,那么积分与以前一样是存在的.为了证明这点,只需把 x 代换成新变数 $t = \arctan x$.令

$$f(\tan t) = f_1(t), \quad g(\tan t) = g_1(t)$$

我们就把无穷区间 $[-\infty, +\infty]$ 上的积分表达为有穷区间 $\left[-\frac{\pi}{2}, +\frac{\pi}{2}\right]$ 上的积分

$$\int_{-\infty}^{+\infty} f(x) \mathrm{d}g(x) = \int_{-\frac{\pi}{2}}^{+\frac{\pi}{2}} f_1(t) \mathrm{d}g_1(t)$$

且 $f_1(t)$ 是在区间 $\left[-\frac{\pi}{2}, +\frac{\pi}{2}\right]$ 中连续的,而 $g_1(t)$ 在其上有界而不减.

现在指出斯蒂尔切斯积分存在的基本定理的一个实用的重要变形:

定理 2 如果 $f(x)$ 在积分区间内部是连续而且有界的,而不减函数 $g(x)$

在区间两端是连续的,那么 $f(x)$ 依 $g(x)$ 可积分.

设积分区间是无穷区间 $[-\infty, +\infty]$.

估计一下公式(19)右边的各项. 既然 $f(x)$ 是有界的,可知有一固定的正数 L 存在,使 $|f(x)| \leqslant L$,所以 $0 \leqslant M_k - m_k \leqslant 2L$. 式(19)的和中相应于不与 $[-A, A]$ 相交的区间 $[x_{k-1}, x_k]$ 的各项之和不大于

$$2L[g(-A) - g(-\infty)] + 2L[g(+\infty) - g(A)] \tag{20}$$

依 $g(x)$ 在点 $\pm\infty$ 处连续的假设,可以取 A 足够大,使式(20)小于任意预定的正数 ε. 如此固定了 A,并考察(19)的和中其余各项. 这些区间 $[x_{k-1}, x_k]$ 或者整个包含在 $[-A, +A]$ 之中,或者两端的两个可能溢出了 $[-A, +A]$,而其溢出部分的长不大于 η,这里的 η 是相应于一切与 $[-A, +A]$ 相交各个区间的差值 $x_k - x_{k-1}$ 中最大的. 当无限地细分各个部分区间时,数 η 趋向于零,因而自从分割的某一阶段之后,这数一定小于 1. 如此从分割的某一阶段之后,所考虑的一切区间 $[x_{k-1}, x_k]$ 必属于 $[-A-1, A+1]$,而在此后一区间上 $f(x)$ 是一致连续函数. 依此,对于足够小的值 η,可得 $0 \leqslant M_k - m_k \leqslant \varepsilon$,而由此,在式(19)的和中凡相应于与 $[-A, +A]$ 相交的区间 $[x_{k-1}, x_k]$ 的各项可以估计如下

$$0 \leqslant (M_k - m_k)[g(x_k) - g(x_{k-1})] \leqslant \varepsilon[g(x_k) - g(x_{k-1})]$$

而这些项的和不大于

$$\varepsilon[g(A+1) - g(-A-1)]$$

最后由不等式(19)得

$$|i - \sigma_\delta| \leqslant \varepsilon[1 + g(A+1) - g(-A-1)] \leqslant \varepsilon[1 + g(+\infty) - g(-\infty)]$$

既然 ε 是任意的,可知 $\sigma_\delta \to i$,定理证毕.

注意在 $f(x)$ 是连续函数而 $g(x)$ 是增函数的情形下,斯蒂尔切斯积分的一些补充性质. 如果 $|f(x)| \leqslant L$,那么

$$\left| \int_a^b f(x) \mathrm{d}g(x) \right| \leqslant L[g(b) - g(a)] \tag{21}$$

这可以由对和 σ_δ 的估值并取极限得出. 显然中值定理成立[Ⅰ;92]

$$\int_a^b f(x) \mathrm{d}g(x) = f(\xi)[g(b) - g(a)] \quad (\xi \in [a, b]) \tag{21'}$$

现在设在 $[a, b]$ 中连续的函数 $f_n(x)$ 所组成的序列在这区间中一致收敛于极限函数 $f(x)$. 后者在 $[a, b]$ 中必然也是连续的,所以是依 $g(x)$ 可积分的. 依序列 $f_n(x)$ 的一致收敛性,对于任意预定的正数 ε,必有一数 N 存在,使每当 $n > N$ 而 $x \in [a, b]$ 时,恒有 $|f(x) - f_n(x)| \leqslant \varepsilon$. 应用估计(21),得

$$\left| \int_a^b [f(x) - f_n(x)] \mathrm{d}g(x) \right| \leqslant \varepsilon[g(b) - g(a)]$$

由此既然 ε 是任意的,得

$$\lim_{n \to \infty} \int_a^b f_n(x) \mathrm{d}g(x) = \int_a^b f(x) \mathrm{d}g(x) \tag{22}$$

利用定理 2 的证明中的估计,可证明公式(22)在下面的假设之下仍然成立：设函数 $f_n(x)$ 在 $[a,b]$ 内部连续,并以同一数为界,即有一正数 L,对于一切数 n, $|f_n(x)| \leqslant L$ 都成立；$f_n(x)$ 在位于 $[a,b]$ 内部的一切闭区间上都一致收敛于 $f(x)$,而 $g(x)$ 在区间 $[a,b]$ 的两端连续.

5. 广义斯蒂尔切斯积分

如果 $f(x)$ 在区间 $[-\infty,+\infty]$ 内部连续,并且有界,而 $g(x)$ 不减,并在这区间的两端连续,那么如上面所说的,$f(x)$ 依 $g(x)$ 在区间 $[-\infty,+\infty]$ 上的积分如平常一样地定义为有穷和 σ_δ 的极限. 现在设在 $[-\infty,+\infty]$ 内部连续的函数 $f(x)$ 并非是有界的,而 $g(x)$ 与以前一样是不减而有界的. 对任意的有穷数 a 及 b,可以做出 $f(x)$ 在区间 $[a,b]$ 上依 $g(x)$ 的积分. 如果令 a 趋向于 $-\infty$,而 b 趋向于 $+\infty$ 时这积分有一有穷的确定极限值,那么这极限可以取作在区间 $[-\infty,+\infty]$ 上的积分值

$$\int_{-\infty}^{+\infty} f(x)\mathrm{d}g(x) = \lim_{\substack{a\to -\infty \\ b\to +\infty}} \int_a^b f(x)\mathrm{d}g(x) \tag{23}$$

如果本小节开始时所述的条件满足,而在区间 $[-\infty,+\infty]$ 上的积分作为和 σ_δ 的极限存在,那么不难证明公式(23)成立.

设积分 $\int_a^b |f(x)|\mathrm{d}g(x)$ 对于任意 a 与 b 都是有界的. 如此则存在积分

$$\int_{-\infty}^{+\infty} |f(x)|\mathrm{d}g(x) = \lim_{\substack{a\to -\infty \\ b\to +\infty}} \int_a^b |f(x)|\mathrm{d}g(x)$$

则显然积分(23)也存在,于是后者称为绝对收敛的.

考察无穷区间的某一分割,设其分点为 $x_k (k=\cdots,-3,-2,-1,0,1,2,3,\cdots)$

$$\cdots < x_{-2} < x_{-1} < x_0 < x_1 < x_2 < \cdots \tag{24}$$

$$(\lim_{k\to -\infty} x_k = -\infty, \text{而} \lim_{k\to +\infty} x_k = +\infty)$$

设 m_i 与 M_i 是 $f(x)$ 在区间 $[x_{i-1},x_i]$ 上值的最小者与最大者,设 $\omega_i = M_i - m_i$. 引用第 4 小节的 $(21')$ 得

$$\left| \int_{x_{i-1}}^{x_i} f(x)\mathrm{d}g(x) - f(\xi_i)[g(x_i)-g(x_{i-1})] \right| \leqslant \omega_i [g(x_i)-g(x_{i-1})]$$

而

$$\left| \int_{x_{-p}}^{x_q} f(x)\mathrm{d}g(x) - \sum_{i=1-p}^{q} f(\varepsilon_i)[g(x_i)-g(x_{i-1})] \right|$$

$$\leqslant \sum_{i=1-p}^{q} \omega_i [g(x_i)-g(x_{i-1})] \tag{25}$$

设数集 $\omega_i (i=0,\pm 1,\pm 2,\cdots)$ 有一有穷的上确界 $\omega = \sup \omega_i$. 由 $f(x)$ 的连续性,可以作无穷区间的一分割,使 ω 小于任意预定的正数. 引用下面的记号

$$A = \lim_{x \to -\infty} g(x), \quad B = \lim_{x \to +\infty} g(x)$$

$$S_{p,q} = \sum_{i=1-p}^{q} f(\xi_i)[g(x_i) - g(x_{i-1})]$$

$$S'_{p,q} = \sum_{i=1-p}^{q} |f(\xi_i)|[g(x_i) - g(x_{i-1})]$$

又设 ω'_i 是对应于 $|f(x)|$ 的 ω_i，而

$$\omega' = \sup \omega'_i$$

显然 $\omega'_i \leqslant \omega_i$，而 $\omega' \leqslant \omega$. 由(25)得

$$\left| \int_{x_{-p}}^{x_q} f(x) \mathrm{d}g(x) - S_{p,q} \right| \leqslant \omega(B-A) \tag{26'}$$

而同样

$$\left| \int_{x_{-p}}^{x_q} |f(x)| \mathrm{d}g(x) - S'_{p,q} \right| \leqslant \omega'(B-A) \tag{26''}$$

由此得

$$S'_{p,q} \leqslant \int_{x_{-p}}^{x_q} |f(x)| \mathrm{d}g(x) + \omega'(B-A) \tag{27}$$

及

$$\int_{x_{-p}}^{x_q} |f(x)| \mathrm{d}g(x) \leqslant S'_{p,q} + \omega'(B-A) \tag{28}$$

现在证明关于积分(23)绝对收敛必要且充分条件的定理.

定理 积分(23)绝对收敛的充分必要条件是存在具有有穷的 ω 的分割，及相应的数 ξ_i，而后者满足不等式 $x_{i-1} \leqslant \xi_i \leqslant x_i$，使级数

$$\sum_{i=-\infty}^{+\infty} f(\xi_i)[g(x_i) - g(x_{i-1})] \tag{29}$$

绝对收敛. 如果这条件果然满足，那么对任意具有有穷 ω 的分割(24)，不论怎样从区间 $[x_{i-1}, x_i]$ 选择 ξ_i，级数(29)恒收敛，而

$$\int_{-\infty}^{+\infty} f(x) \mathrm{d}g(x) = \lim_{\omega \to 0} \sum_{i=-\infty}^{+\infty} f(\xi_i)[g(x_i) - g(x_{i-1})] \tag{30}$$

设积分(23)绝对收敛. 由此，由不等式(27)，对任意具有有穷 ω 的分割

$$S'_{p,q} \leqslant \int_{-\infty}^{+\infty} |f(x)| \mathrm{d}g(x) + \omega'(B-A)$$

所以和 $S'_{p,q}$ 随着 p, q 的增大而增大，但总是有界的，所以对于任意具有有穷 ω 的分割，级数(29)绝对收敛. 又由(26')可以立刻得(30). 反之，设对于任意具有有穷 ω 的分割(24)及对于任意选的 ξ_i，级数(29)绝对收敛. 由(28)直接可得

$$\int_{x_{-p}}^{x_q} |f(x)| \mathrm{d}g(x) \leqslant \sum_{i=-\infty}^{+\infty} |f(\xi_i)|[g(x_i) - g(x_{i-1})] + \omega'(B-A)$$

由此可知当 p, q 增大时左边的积分常是有界的，所以积分(23)绝对收敛. 但我

们刚才看到对于任意具有有穷 ω 的分割与任意选择的 ξ_i,级数(29)绝对收敛,并且(30)成立.

注 如果 $f(x)$ 在 $[-\infty,+\infty]$ 内一致连续,而 δ 是差值 x_i-x_{i-1} 中的最大者,那么由条件 $\delta\to 0$ 就可以推得 $\omega\to 0$,而在公式(30)中可以用 $\delta\to 0$ 代替 $\omega\to 0$.例如在 $f(x)=x$ 时这种情形就当真发生.

6. 跃度函数

现在对不减函数的性质加以初等的分析.因为单调的有界变数必有极限,不减函数 $g(x)$ 在区间 $[a,b]$ 中每一内点必有左右极限:$g(x-0)$ 及 $g(x+0)$.在左端有右极限 $g(a+0)$,而在右端有左极限 $g(b-0)$.如果 $g(x-0)=g(x+0)$,那么 x 是 $g(x)$ 的连续点.

同样,在端点的连续性可由等式 $g(a+0)=g(a)$ 及 $g(b-0)=g(b)$ 决定.在不连续点 x,$g(x+0)>g(x-0)$,而正差值 $S_x=g(x+0)-g(x-0)$,叫作 $g(x)$ 在点 x 的跃度.同样定义端点处的跃度.

函数 $g(x)$ 可能有无穷多个不连续点.现在证明在这情形下不连续点的集合是可数的.函数 $g(x)$ 在区间 $[a,b]$ 上的总增量可由正数 $g(b)-g(a)$ 表示.如此,跃度大于 1 的不连续点数目不大于 $g(b)-g(a)$ 的整数部分,所以如此的不连续点是有穷的.同样跃度大于 $\frac{1}{2}$ 的不连续点数目不大于 $2[g(b)-g(a)]$ 的整数部分,等等.现在不难证明 $g(x)$ 的不连续点可以附以标号.首先依某次序把跃度大于 1 的不连续点附以标号.再把跃度大于 $\frac{1}{2}$ 的各点附以标号,其余类推.

在积分连续函数时,可以不用位于区间 $[a,b]$ 内的 $g(x)$ 的不连续点去分割积分区间,于是 $g(x)$ 在这些点的值在作成积分时不起什么作用.区间的端点则不同了,它们一定被取作分割点.例如可以设 $g(x)$ 的不连续点是在右边连续的,就是说 $g(x)=g(x+0)$.设 $h(x)$ 是如此改变 $g(x)$ 而得到的函数,就是在 $g(x)$ 的连续点及在右端点 $h(x)=g(x)$,而在不连续点 $h(x)=g(x+0)$.只有 $g(x)$ 在区间左端的值的改变才会影响到积分的值,显然可得公式

$$\int_a^b f(x)\mathrm{d}h(x)=\int_a^b f(x)\mathrm{d}g(x)-f(a)[g(a+0)-g(a)]$$

现在就 $g(x)$ 的不连续点把 $g(x)$ 分成两项,其中一项 $g_c(x)$ 是连续的不减函数,而另一项 $g_d(x)$ 代表 $g(x)$ 在区间 $[a,x]$ 上的跃度之和.这后一项通常叫作 $g(x)$ 的跃度函数.现在精确地做出这函数.

设在区间 $[a,b]$ 上有有穷或可数个点 $c_k(k=1,2,3,\cdots)$.依下面的公式定义增函数 $\varphi_k(x)$ 及 $\psi_k(x)$

$$\varphi_k(x) = \begin{cases} 0 & (\text{如果 } x < c_k) \\ \alpha_k & (\text{如果 } x \geqslant c_k) \end{cases}, \quad \psi_k(x) = \begin{cases} 0 & (\text{如果 } x \leqslant c_k) \\ \beta_k & (\text{如果 } x > c_k) \end{cases}$$

而 α_k 及 β_k 是非负常数,并且级数

$$\sum_{k=1}^{\infty} \alpha_k \text{ 和 } \sum_{k=1}^{\infty} \beta_k \tag{31}$$

收敛. 如果某一常数 $\alpha_k = 0$,那么相应的函数 $\varphi_k(x)$ 恒等于零,同样如果 $\beta_k = 0$, $\psi_k(x)$ 恒等于零. 在以后公式中将保存这些函数,以便把这些公式写成对称状. 如果 $c_k = a$,那么可以算作其相应 $\alpha_k = 0$,而如果 $c_k = b$,可以算作其相应 $\beta_k = 0$. 由级数(31)的收敛直接可知级数

$$\varphi(x) = \sum_{k=1}^{\infty} \varphi_k(x), \quad \psi(x) = \sum_{k=1}^{\infty} \psi_k(x) \tag{32}$$

(其中各项是非负的增函数)对于一切 x,特别是在 $[a,b]$ 上一致收敛. 如果 x 与 c_k 不同,那么这些级数的一切项在点 x 都是连续的,所以依一致连续性,函数 $\varphi(x)$ 与 $\psi(x)$ 在一切异于 c_k 的点 x 处是连续的. 在点 $x = c_k$ 处项 $\varphi_k(x)$ 有左边跃度等于 α_k,项 $\psi_k(x)$ 有右边跃度等于 β_k,而其他各项是连续的. 依一致收敛性,其余各项之和在 $x = c_k$ 处是连续的. 如此,在点 $x = c_k$ 处函数 $\varphi_k(x)$ 有左边跃度等于 α_k,而在右边连续,函数 $\psi(x)$ 有右边跃度等于 β_k,而在左边连续. 上面的做法显然在点集合 c_k 为有穷时依然有效.

现在设 $g(x)$ 是某一增函数,而 $x = c_k$ 是其诸不连续点,α_k 及 β_k 各是它在这些点处的左边及右边跃度,就是说 $\alpha_k = g(c_k) - g(c_k - 0), \beta_k = g(c_k + 0) - g(c_k)$. 差值 $g(b) - g(a)$ 是函数 $g(x)$ 在区间 $[a,b]$ 内的总增量,而它在前 n 个不连续点 $c_1, c_2, \cdots, c_n$ 处的全跃度 $\gamma_k = \alpha_k + \beta_k$ 之和,不大于上述的差值,而这对于任意 n 都成立. 如此由函数 $g(x)$ 的全跃度 γ_k 所组成的级数必收敛. 于是由左边跃度 α_k 所做的及由右边跃度 β_k 所做的无穷级数更应收敛了. 作函数 $\varphi(x)$ 及 $\psi(x)$,而令 $g_d(x) = \varphi(x) + \psi(x)$. 显然量 $g_d(x)$ 等于 $g(x)$ 在位于 x 的左边的一切不连续点处的全跃度与在点 x 本身处左跃度的和(如果后者确实存在),而差值 $g_d(\beta) - g_d(\alpha)$ 等于在位于 α 及 β 之间的不连续点处的跃度与在点 α 处的右跃度以及在点 β 处的左跃度之和. 差值 $g(\beta) - g(\alpha)$ 是当 x 由 α 变到 β 时函数 $g(x)$ 的总增量,而 $g_d(\beta) - g_d(\alpha)$ 代表 $g(x)$ 由于其在不连续点处诸跃度而得的增量. 如此可得下面的不等式

$$g(\beta) - g(\alpha) \geqslant g_d(\beta) - g_d(\alpha) \quad (\beta > \alpha)$$

现在令 $g_c(x) = g(x) - g_d(x)$. 由函数 $g_d(x)$ 的做法,与上面的不等式,可知函数 $g_c(x)$ 是连续递增的. 如此可得所要求的分解式

$$g(x) = g_d(x) + g_c(x) \tag{33}$$

对于任意的区间,闭的或是不闭的,有穷的或是无穷的,都可以作如此的分解.

对于任意的连续函数可以写成
$$\int_a^b f(x)\mathrm{d}g(x) = \int_a^b f(x)\mathrm{d}g_d(x) + \int_a^b f(x)\mathrm{d}g_c(x) \tag{34}$$
现在证明,上式右边的第一个积分可以表示成和的形式
$$\int_a^b f(x)\mathrm{d}g_d(x) = \sum_k f(c_k)\gamma_k \tag{35}$$
而 c_k 表示 $g(x)$ 的间断点,而 γ_k 是 $g(x)$ 在这些点处的全跃度. 我们将姑且设这类间断点的数目是无穷的. 令 $\omega_k(x) = \varphi_k(x) + \psi_k(x)$,我们可以写成
$$g_d(x) = s_m(x) + r_m(x)$$
而
$$s_m(x) = \sum_{k=1}^m \omega_k(x), \quad r_m(x) = \sum_{k=m+1}^\infty \omega_k(x)$$
由此得不等式 $0 \leqslant r_m(x) \leqslant \gamma_{m+1} + \gamma_{m+2} + \cdots$,而因为由 γ_k 所构成的级数收敛,所以对于任意预给的正数 ε,可以取定一个数 N,使对于任意的 x,有
$$0 \leqslant r_m(x) \leqslant \varepsilon \tag{36}$$
当 $n > N$ 时恒成立. 又由于 $f(x)$ 的连续性,得
$$\int_a^b f(x)\mathrm{d}\omega_k(x) = f(c_k)\gamma_k$$
所以
$$\int_a^b f(x)\mathrm{d}s_m(x) = \sum_{k=1}^m f(c_k)\gamma_k \tag{37}$$
函数 $f(x)$ 是有界的,就是说 $|f(x)| \leqslant L$,而对于上面写的和中各项,可得 $|f(c_k)\gamma_k| \leqslant L\gamma_k$,由此看出由数 $f(c_k)\gamma_k$ 作的级数是绝对收敛的.

对于依不减函数 $r_m(x)$ 的积分,依(36)可得估值
$$\left|\int_a^b f(x)\mathrm{d}r_m(x)\right| \leqslant L\varepsilon \quad (m > N)$$
由此,既然 ε 是任意的,可知差值
$$\int_a^b f(x)\mathrm{d}g_d(x) - \int_a^b f(x)\mathrm{d}s_m(x) = \int_a^b f(x)\mathrm{d}r_m(x)$$
当 m 增大时趋向于零,就是说
$$\int_a^b f(x)\mathrm{d}g_d(x) = \lim_{m\to\infty}\int_a^b f(x)\mathrm{d}s_m(x)$$
由此,依(37)得公式
$$\int_a^b f(x)\mathrm{d}g_d(x) = \sum_{k=1}^\infty f(c_k)\gamma_k \tag{38}$$

7. 物理的解释

现在对函数 $g(x)$ 及斯蒂尔切斯积分加以物理的解释. 设在区间 $[a,b]$ 上有物质分布其上,并设 $g(x)$ 是在区间 $[a,x]$ 上的质量,而 $g(a)$ 是在点 $x=a$ 处的

质量,如果如此集中的质量存在.在相反的情形下令 $g(a)=0$.差值 $g(d)-g(c)$ 表示区间 $(c,d]$ 上的质量.当正数 h 趋向于零时,区间 $(x,x+h]$ 缩小,而任意点当 h 足够小时都要出于区间 $(x,x+h]$ 之外,因为其左端不属于这区间.函数 $g(x)$ 是增函数(质量是正的),而依上所述,自然要使这表示质量分布特征的函数 $g(x)$ 满足条件 $g(x+h)-g(x) \to 0$,就是说,$g(x)=g(x+0)$,就是函数 $g(x)$ 应当在 $x=b$ 以外一切间断点处右连续.谈论区间右端的连续性是无意义的,因为 $x>b$ 时函数无定义.在区间之内,在 $g(x)$ 的间断点处有集中的质量,而这集中质量由差值 $g(x)-g(x-0)$ 决定.对于区间的右端也一样.区间 $[a,b]$ 上物质总量等于 $g(b)$.上述一切对于有穷的及无穷的区间都成立.上面推理的特征是不引用分布密度的概念.分布的质量的重心由公式

$$x_c = \frac{1}{g(b)} \int_a^b x \, dg(x)$$

决定.这公式对于有穷区间成立.在无穷区间的情形,被积分的函数 $f(x)=x$ 不是有界函数,从而必须引用广义积分的定义.

在概率论中函数 $g(x)$ 平常表示某一随机变量的分布概率,就是 $g(x)$ 等于随机变量属于 $(-\infty,x]$ 的概率.在这里,与上面一样,$g(x)$ 是右连续的.连续函数的斯蒂尔切斯积分概念可以直接推广到 $g(x)$ 等于两个不减函数之差的情形:$g(x)=g_1(x)-g_2(x)$.在这情形中也容易给 $g(x)$ 以物理学的解释.设在区间 $(-\infty,+\infty)$ 上分布有正负电荷.$g_1(x)$ 表示区间 $(-\infty,x]$ 上总正电荷,而 $g_2(x)$ 表示这区间上的总负电荷.

8. 囿变函数

以前一直设积分函数 $g(x)$ 是增的.为了进而讨论依更一般的函数 $g(x)$ 作积分,介绍一类新函数,作为包含一切积分函数的基本函数类.设在闭的有穷或无穷区间 $[a,b]$ 上有一函数 $g(x)$,它在这区间的一切点处都取有穷数值.设 δ 是把 $[a,b]$ 分成部分的分割:$a=x_0<x_1<x_2<\cdots<x_{n-1}<x_n=b$.作和

$$t_\delta = \sum_{k=1}^n |g(x_k)-g(x_{k-1})| \tag{39}$$

定义　如果对于一切可能的分割 δ,上面的和是有界的,那么函数 $g(x)$ 叫作区间 $[a,b]$ 上具有囿变化的函数,或称作这区间上的囿变函数,而(39)中和的上确界叫作函数 $g(x)$ 在区间 $[a,b]$ 上的全变分,或简称变分,并表示成 $V_a^b(g)$.现在注意和 t_δ 与全变分的几个简单性质.如果在点 x_k 及 x_{k-1} 之间取一新分割点 c,那么由公式

$$g(x_k)-g(x_{k-1})=[g(x_k)-g(c)]+[g(c)-g(x_{k-1})]$$

可得

$$|g(x_k)-g(x_{k-1})| \leqslant |g(x_k)-g(c)|+|g(c)-g(x_{k-1})|$$

所以加添新分割点时和 t_δ 不会减小.又如果由非负项所成的和 t_δ 对于区间 $[a,$

b]是有界的,那么对于[a,b]的任意一部分区间[α,β]也是有界的,所以如果 $g(x)$ 在[a,b]上是囿变的,那么它在区间[a,b]的任意部分区间[α,β]上也是囿变的,并且 $V_a^\beta(g) \leqslant V_a^b(g)$.

如果整个地取区间[a,b],这也是它的一个可能分割,既然对于任意分割 $t_\delta \leqslant V_a^b(g)$,则在此特别情形

$$|g(b)-g(a)| \leqslant V_a^b(g) \tag{40}$$

如果 $g(x)$ 是区间[a,b]上的单调函数,那么一切差值 $g(x_k)-g(x_{k-1})$ 的符号相同,因而不管 δ 的做法如何,对于增函数 $g(x)$,和 $t_\delta = g(b)-g(a)$,而对于减函数则等于 $g(a)-g(b)$,所以凡单调函数必是囿变函数.

现在陈述几个关于囿变函数的定理:

定理 1　如果 $g(x)$ 是在[a,b]上囿变的,那么它在这区间上是有界的.

对于区间[a,b]的任意点 x 可以写成 $g(x)=g(a)+[g(x)-g(a)]$,所以
$$|g(x)| \leqslant |g(a)| + |g(x)-g(a)|$$

而依(40)有
$$|g(x)| \leqslant g(a) + V_a^x(g) \leqslant g(a) + V_a^b(g)$$

从而证明了 $g(x)$ 是有界的.

定理 2　如果 $g(x)$ 与 $h(x)$ 是[a,b]上的囿变函数,那么 $cg(x)$(c 是常数)与 $g(x)+h(x)$ 也都是囿变函数.

证明二者之和的情形. 对于 $g(x)+h(x)$ 作和 t_δ,即

$$t_\delta = \sum_{k=1}^n |[g(x_k)+h(x_k)]-[g(x_{k-1})+h(x_{k-1})]|$$
$$\leqslant \sum_{k=1}^n |g(x_k)-g(x_{k-1})| + \sum_{k=1}^n |h(x_k)-h(x_{k-1})|$$

后两和都是有界的,因为依所设 $g(x)$ 与 $h(x)$ 是囿变函数. 所以 t_δ 是有界的,因此 $g(x)+h(x)$ 是囿变函数.

系　囿变函数的任意有穷线性组合式——就是凡作 $c_1f_1(x)+c_2f_2(x)+\cdots+c_pf_p(x)$ 形式的函数——仍是囿变函数.

定理 3　如果 $g(x)$ 与 $h(x)$ 是囿变函数,那么它们的积也是囿变函数. 如果除此之外并设 $|h(x)| \geqslant m > 0$,那么商 $\dfrac{g(x)}{h(x)}$ 也是囿变函数.

现在讨论积,并作它的 t_δ,即

$$t_\delta = \sum_{k=1}^n |g(x_k)h(x_k) - g(x_{k-1})h(x_{k-1})| \tag{41}$$

注意 $g(x)$ 与 $h(x)$ 必是有界的,所以有一正数 L 存在,使 $|g(x)| \leqslant L$,$|h(x)| \leqslant L$. 显然

$$g(x_k)h(x_k) - g(x_{k-1})h(x_{k-1})$$

$$= g(x_k)[h(x_k) - h(x_{k-1})] + h(x_{k-1})[g(x_k) - g(x_{k-1})]$$

再由(41)可得

$$t_\delta \leqslant \sum_{k=1}^n |g(x_k)||h(x_k) - h(x_{k-1})| + \\ \sum_{k=1}^n |h(x_{k-1})||g(x_k) - g(x_{k-1})|$$

就是说

$$t_\delta \leqslant L\sum_{k=1}^n |h(x_k) - h(x_{k-1})| + L\sum_{k=1}^n |g(x_k) - g(x_{k-1})|$$

但上面两和都是有界的,因为 $g(x)$ 与 $h(x)$ 都是囿变函数,因此和 t_δ 是有界的,定理证毕.

定理4 如果 $a < c < b$,而 $g(x)$ 是在 $[a,b]$ 上的囿变函数,那么它在 $[a,c]$ 与 $[c,b]$ 上也是囿变函数;反之,如果它在 $[a,c]$ 及 $[c,b]$ 上是囿变函数,那么它在 $[a,b]$ 上也是囿变函数. 这时,下面的公式成立

$$V_a^b(g) = V_a^c(g) + V_c^b(g) \tag{42}$$

上面曾看到,如果 $g(x)$ 在 $[a,b]$ 上是囿变函数,那么它在 $[a,c]$ 及 $[c,b]$ 上也是囿变函数. 现在只剩下证明逆命题及公式(42). 令 t_δ 表示对 $[a,b]$ 作的和(39),而 $t_{\delta_1}^{(1)}$ 及 $t_{\delta_2}^{(2)}$ 各表示对 $[a,c]$ 及 $[c,b]$ 作的类似的和. 如果点 c 是 δ 的一分割点,那么分割 δ 分成区间 $[a,c]$ 的分割 δ_1 及区间 $[c,b]$ 的分割 δ_2,而 $t_\delta = t_{\delta_1}^{(1)} + t_{\delta_2}^{(2)}$. 如果 $g(x)$ 在 $[a,c]$ 及 $[c,b]$ 上都是囿变函数,那么依上面的公式得 $t_\delta \leqslant V_a^c(g) + V_c^b(g)$. 所以如果 c 是分割点,那么和 t_δ 是有界的. 对于其他分割,这和更是有界的,因为添加分割点只会使 t_δ 增大. 由此可知 $g(x)$ 在 $[a,b]$ 上是囿变函数,而

$$V_a^b(g) \leqslant V_a^c(g) + V_c^b(g)$$

现在若再证明与此相反的不等式,于是公式(42)就可以得到了. 设 ε 是预定的正数. 由上确界的定义,可以在公式 $t_\delta = t_{\delta_1}^{(1)} + t_{\delta_2}^{(2)}$ 中取分割 δ_1 及 δ_2,使

$$t_{\delta_1}^{(1)} > V_a^c(g) - \varepsilon, \quad t_{\delta_2}^{(2)} > V_c^b(g) - \varepsilon$$

因此

$$t_\delta > V_a^c(g) + V_c^b(g) - 2\varepsilon$$

由此

$$V_a^b(g) > V_a^c(g) + V_c^b(g) - 2\varepsilon$$

由于 ε 是任意的

$$V_a^b(g) \geqslant V_a^c(g) + V_c^b(g)$$

于是定理证毕.

系 我们证明了区间 $[a,b]$ 分成两部分的情形. 应用这定理若干次,则对

于把$[a,b]$分割成有穷多部分区间的情形也得到类似的结论,就是说,如果区间$[a,b]$分成有穷多部分区间,而$g(x)$在全区间上是囿变函数,那么它在每一部分区间上也是囿变函数,反之也正确.此外,在全区间上的全变分等于在各部分区间上的全变分之和.这性质通常叫作全变分的加法性,可以写成下列形式

$$V_a^b(g) = V_a^{c_1}(g) + V_{c_1}^{c_2}(g) + \cdots + V_{c_{n-1}}^b(g) \tag{43}$$

定理 5 $g(x)$是囿变函数的充分必要条件是它可以表成两个增函数的差.

充分性是显然的,因为凡增函数是囿变函数,而依定理 2,囿变函数的差仍是囿变函数.现在证明必要性,就是要证明如果$g(x)$是囿变函数,那么它必可以表示成两个增函数的差.如果令

$$g_1(x) = \frac{1}{2}[V_a^x(g) + g(x)], \quad g_2(x) = \frac{1}{2}[V_a^x(g) - g(x)] \tag{44}$$

那么可得

$$g(x) = g_1(x) - g_2(x) \tag{45}$$

从而只需证明函数$g_1(x)$及$g_2(x)$是增函数就够了.现在只就$g_1(x)$证明.设α及β属于$[a,b]$,而$\alpha < \beta$.那么

$$g_1(\beta) - g_1(\alpha) = \frac{1}{2}[V_a^\beta(g) - V_a^\alpha(g) + g(\beta) - g(\alpha)]$$

而由全变分的加法性,得

$$g_1(\beta) - g_1(\alpha) = \frac{1}{2}[V_\alpha^\beta(g) + g(\beta) - g(\alpha)]$$

但由式(40),$V_\alpha^\beta(g) \geq |g(\beta) - g(\alpha)|$,从而$g_1(\beta) - g_1(\alpha) \geq 0$.

系 增函数$g_1(x)$及$g_2(x)$只能有有穷或可数无穷个间断点,而在一切间断点处它都有左右极限.所以函数$g(x)$也只有有穷或可数无穷个间断点,并且在每个间断点都有左右极限.

定理 6 如果在某点$x = c$处函数$g(x)$是连续的,那么在这点处函数$V_a^x(g) = v(x)$也是连续的,逆命题也正确.如果$g(x)$是右(左)连续的,那么$v(x)$也是右(左)连续的,逆命题也正确.

设$c < b$,并考察右连续的情形以示范.设ε是预定的正数.把$[c,b]$分成部分:$c = x_0 < x_1 < \cdots < x_{n-1} < x_n = b$,使不等式

$$\sum_{k=1}^n |g(x_k) - g(x_{k-1})| > V_c^b(g) - \varepsilon \tag{46}$$

成立.如果加添新的分割点,上面不等式自然仍成立.因此可设点x_1与c很近,以使$|g(x_1) - g(c)| < \varepsilon$.这时我们用了$g(x)$在点$c$右连续的性质.我们可以把不等式(46)写成

$$|g(x_1) - g(c)| + \sum_{k=2}^n |g(x_k) - g(x_{k-1})| > V_c^b(g) - \varepsilon$$

因为 $|g(x_1)-g(c)|<\varepsilon$,可得
$$\sum_{k=2}^{n}|g(x_k)-g(x_{k-1})|>V_c^b(g)-2\varepsilon$$
左边的和是对于区间 $[x_1,b]$ 作的某一和 t_δ,而依上面的不等式得
$$V_{x_1}^b(g)>V_c^b(g)-2\varepsilon$$
而依全变分的加法性,可得 $V_c^{x_1}(g)<2\varepsilon$,从而 $v(x_1)-v(c)<2\varepsilon$. 函数 $v(x)$ 是增函数,而由上面的不等式可得 $v(c+0)-v(c)<2\varepsilon$,因为既然 ε 是任意的,得 $v(c+0)=v(c)$,就是说 $v(x)=V_a^x(g)$ 在点 $x=c$ 处右连续. 反之,如果已知 $v(x)$ 是右连续的,那么依(40)可得
$$|g(c+h)-g(c)|\leqslant v(c+h)-v(c)$$
而当正数 h 趋向于零时,右边趋向于零,所以左边也必趋向于零,于是证明了 $g(x)$ 在点 $x=c$ 处的右连续性.

系 如果 $g(x)$ 在点 c 处是连续的,那么依所证的,由式(44)定义的函数 $g_1(x)$ 及 $g_2(x)$ 在 $x=c$ 处也是连续的. 显然对于左右连续也可得同样的结果.

定理 7 如果 $g(x)$ 是囿变函数,而
$$g(x)=g_1^*(x)-g_2^*(x) \tag{47}$$
是把 $g(x)$ 表成两增函数之差的某一式,并设这与表示法(45)不同,那么对于属于 $[a,b]$ 的任意 α 与 β,其中 $\alpha<\beta$,下面的不等式必成立
$$g_1(\beta)-g_1(\alpha)\leqslant g_1^*(\beta)-g_1^*(\alpha)$$
$$g_2(\beta)-g_2(\alpha)\leqslant g_2^*(\beta)-g_2^*(\alpha) \tag{48}$$

只证明第一不等式以示范,这式可以写成
$$\frac{1}{2}[V_a^\beta(g)+g(\beta)-g(\alpha)]\leqslant g_1^*(\beta)-g_1^*(\alpha) \tag{49}$$
用归谬证法. 设相反的不等式成立
$$\frac{1}{2}[V_a^\beta(g)+g(\beta)-g(\alpha)]>g_1^*(\beta)-g_1^*(\alpha) \tag{50}$$
取区间 $[\alpha,\beta]$ 的一分割 δ,使和 t_δ 与全变分 $V_a^\beta(g)$ 相差足够小,结果在式(50)中用 t_δ 代替这全变分时不等式仍然成立. 如此,对于某一分割 $\alpha=x_0<x_1<\cdots<x_{n-1}<x_n=\beta$ 可得
$$\frac{1}{2}\Big[\sum_{k=1}^{n}|g(x_k)-g(x_{k-1})|+g(\beta)-g(\alpha)\Big]>g_1^*(\beta)-g_1^*(\alpha) \tag{51}$$
另一方面,可以写成
$$g(\beta)-g(\alpha)=\sum_{k=1}^{n}[g(x_k)-g(x_{k-1})]$$
$$g_1^*(\beta)-g_1^*(\alpha)=\sum_{k=1}^{n}[g_1^*(x_k)-g_1^*(x_{k-1})]$$

所以不等式(51)可以写成
$$\frac{1}{2}\sum_{k=1}^{n}[\,|\,g(x_k)-g(x_{k-1})\,|+g(x_k)-g(x_{k-1})]$$
$$>\sum_{k=1}^{n}[g_1^*(x_k)-g_1^*(x_{k-1})]$$
左边至少有一项大于右边的相应项. 设这项的标号是 $k=p$. 于是
$$\frac{1}{2}[\,|\,g(x_p)-g(x_{p-1})\,|+g(x_p)-g(x_{p-1})]>g_1^*(x_p)-g_1^*(x_{p-1}) \quad (52)$$
如果 $g(x_p)-g(x_{p-1})\leqslant 0$, 那么不等式不能成立, 因为其左边是零, 而由于 $g_1^*(x)$ 是增函数, 右边是非负数. 所以必须设 $g(x_p)-g(x_{p-1})>0$. 依此, 不等式(52)可以写成下面的形式
$$g(x_p)-g(x_{p-1})>g_1^*(x_p)-g_1^*(x_{p-1})$$
而依(47)可得
$$-[g_2^*(x_p)-g_2^*(x_{p-1})]>0$$
这是不对的, 因为 $g_2^*(x)$ 是增函数. 如此得出不可能的结论来, 从而不等式(49)成立, 定理证毕.

依公式(44)定义两增函数 $g_1(x)$ 与 $g_2(x)$, 并用(45)把囿变函数 $g(x)$ 表示成前二者的差, 这种表示法通常叫作囿变函数表示成两增函数的差的典式. 依所证的定理, 出现于典式的两函数 $g_1(x)$ 及 $g_2(x)$ 较出现于其他表示法的函数增加得慢. 如果对 $g_1(x)$ 及 $g_2(x)$ 各加同一常数 c, 那么二者的差并不改变, 而它们在区间 $[a,b]$ 的任意部分 $[\alpha,\beta]$ 上的增量也不变, 并且把 $g(x)$ 表示成 $g_1(x)+c$ 及 $g_2(x)+c$ 的差的形式仍是典式.

注意: 两增函数 $g_1(x)$ 与 $g_2(x)$ 中的每一个都可以分解成跃度函数与连续部分
$$g_1(x)=g_{1d}(x)+g_{1c}(x), \quad g_2(x)=g_{2d}(x)+g_{2c}(x)$$
于是原来的函数 $g(x)$ 也可以分解成完全确定的跃度函数及连续部分
$$g(x)=[g_{1d}(x)-g_{2d}(x)]+[g_{1c}(x)-g_{2c}(x)] \tag{53}$$

9. 囿变的积分函数

如果 $f(x)$ 是在 $[a,b]$ 上连续的函数, 而 $g(x)$ 是其上的囿变函数, 那么引用 $g(x)$ 表示成两增函数之差的表示法, 可得
$$\sum_{k=1}^{n}f(\xi_k)[g(x_k)-g(x_{k-1})]=\sum_{k=1}^{n}f(\xi_k)[g_1(x_k)-g_1(x_{k-1})]-$$
$$\sum_{k=1}^{n}f(\xi_k)[g_2(x_k)-g_2(x_{k-1})] \tag{54}$$
当无限地细分各部分区间时, 右边的两和都有确定的极限, 所以左边的和也有确定的极限, 就是说, 连续函数依囿变函数也可积分. 在式(54)中取极限值, 可得

$$\int_a^b f(x)\mathrm{d}g(x) = \int_a^b f(x)\mathrm{d}g_1(x) - \int_a^b f(x)\mathrm{d}g_2(x) \tag{55}$$

现在指出当 $g(x)$ 是囿变函数时陈述斯蒂尔切斯积分性质时所应做的改变. 如果 $|f(x)| \leqslant L$,那么

$$\left| \sum_{k=1}^n f(\xi_k)[g(x_k) - g(x_{k-1})] \right|$$

$$\leqslant L \sum_{k=1}^n |g(x_k) - g(x_{k-1})| \leqslant LV_a^b(g)$$

取极限值,可得

$$\left| \int_a^b f(x)\mathrm{d}g(x) \right| \leqslant LV_a^b(g) \tag{56}$$

这公式代替了第 4 小节的公式(21). 还要记起第 2 小节的公式

$$\int_a^b f(x)\mathrm{d}\sum_{k=1}^p a_k g_k(x) = \sum_{k=1}^p a_k \int_a^b f(x)\mathrm{d}g_k(x) \tag{57}$$

如果 $g_k(x)$ 是囿变函数,那么它们的线性组合式 $a_1 g_1(x) + \cdots + a_p g_p(x)$ 也是囿变函数.

就 $f(x)$ 是连续的,而 $g(x)$ 是囿变的情形考察具有变化的上限的斯蒂尔切斯积分

$$F(x) = \int_a^x f(t)\mathrm{d}g(t) \tag{58}$$

现在证明函数 $F(x)$ 是囿变函数. 对于 $[a,x]$ 作和 t_δ,即

$$t_\delta = \sum_{k=1}^n \left| \int_{x_{k-1}}^{x_k} f(t)\mathrm{d}g(t) \right|$$

引用公式(56),得

$$t_\delta \leqslant L \sum_{k=1}^n V_{x_{k-1}}^{x_k}(g) = LV_a^b(g)$$

由此可得所要证明的. 在 $g(x)$ 的连续点处,函数 $V_a^x(g)$ 是连续的,而依不等式

$$\left| \int_x^{x+h} f(x)\mathrm{d}g(x) \right| \leqslant LV_x^{x+h}(g)$$

可知在这类点处 $F(x)$ 也是连续的[①]. 还要证明下面的命题: 如果 $f(x)$ 与 $\varphi(x)$ 在 $[a,b]$ 上是连续的,而 $g(x)$ 是囿变的,那么

$$\int_a^b \varphi(x)\mathrm{d}\left[\int_a^x f(t)\mathrm{d}g(t) \right] = \int_a^b \varphi(x)f(x)\mathrm{d}g(x) \tag{59}$$

---

① 在黎曼积分($g(x) = x$)的情形下,若 $f(x)$ 可积分,则 $F(x) = \int_a^x f(t)\mathrm{d}t$ 必是连续函数. 这一性质实依赖于 $g(x)$ 的连续性. 如令 $a = -1, b = +1$,当 $x < 0$ 时 $g(x) = 0$,而当 $x \geqslant 0$ 时 $g(x) = 1$,而 $f(x) = 1$,则 $F(x) = \int_{-1}^x f(t)\mathrm{d}g(t)$ 在 $x = 0$ 处是间断的. —— 译者注

只需就 $g(x)$ 是增函数的情形证明就够了. 对于(59)左边的积分作和 σ_δ, 即

$$\sigma_\delta = \sum_{k=1}^n \varphi(\xi_k) \int_{x_{k-1}}^{x_k} f(t) \mathrm{d}g(t)$$

而依中值定理

$$\sigma_\delta = \sum_{k=1}^n \varphi(\delta_k) f(\xi'_k) [g(x_k) - g(x_{k-1})] \qquad (60)$$

点 ξ'_k 与 ξ_k 属于同一部分区间, 而与证明 2 小节中的(9)时一样, 可以证明在公式(60)中右边的和以式(59)右边的积分值为极限, 于是证明了式(59).

10. 斯蒂尔切斯积分的存在

我们一直只考虑了连续函数 $f(x)$ 依增函数 $g(x)$ 或依囿变函数的斯蒂尔切斯积分. 现在讨论斯蒂尔切斯积分存在的一般条件.

首先注意在这问题中分部积分公式的作用. 以前曾证明, 由这公式中一个积分的存在可以导出另一个的存在. 例如我们已知任意连续函数 $f(x)$ 是依任意囿变函数 $g(x)$ 可积分的. 反之, 由上述公式, 囿变函数依连续函数也是可积分的.

现在证明几个简单定理, 它们就 $f(x)$ 及 $g(x)$ 都是有界函数的情形而论及可积分的条件.

定理 1 如果 $g(x)$ 是不减函数, 而 $f(x)$ 的某一间断点与 $g(x)$ 的一间断点重合, 那么 $f(x)$ 依 $g(x)$ 的斯蒂尔切斯积分不存在.

设 $x=c$ 是 $f(x)$ 与 $g(x)$ 的公共间断点, 而为了明确起见, 设 c 是位于区间 $[a,b]$ 之内的, 并引用不以 c 为分割点的那些分 $[a,b]$ 为部分的分割. 考虑式(16)的和中相应于包含点 c 的部分区间的那项, 该项中差值 $g(x_k) - g(x_{k-1})$ 不小于 $g(x)$ 在点 $x=c$ 的跃度, 而差值 $M_k - m_k$ 也必大于一个确定正数, 因为 $f(x)$ 在点 c 也是不连续的. 如此由正项所加成的和(16)当无限地细分各区间时并不趋向于零, 所以 $f(x)$ 依 $g(x)$ 的积分不存在.

不设 $g(x)$ 是不减函数也可以证明这定理.

定理 2 如果 $f(x)$ 是区间 $[a,b]$ 上的有界函数, 而不减函数 $g(x)$ 表示成两个不减函数之和的形式: $g(x) = g_1(x) + g_2(x)$, 那么 $f(x)$ 依 $g(x)$ 的积分存在的充分必要条件是 $f(x)$ 依 $g_1(x)$ 与 $f(x)$ 依 $g_2(x)$ 的积分存在.

在第 3 小节中已看到, $f(x)$ 依 $g(x)$ 的积分存在的充分必要条件是由非负项所组成的和

$$S_\delta - s_\delta = \sum_{k=1}^n (M_k - m_k)[g(x_k) - g(x_{k-1})] \qquad (61)$$

当无限地细分 $[a,b]$ 时趋向于零. 在现在讨论的情形中, 这和分解成两个由非负项所成的和

$$\sum_{k=1}^{n}(M_k-m_k)[g(x_k)-g(x_{k-1})]$$
$$=\sum_{k=1}^{n}(M_k-m_k)[g_1(x_k)-g_1(x_{k-1})]+$$
$$\sum_{k=1}^{n}(M_k-m_k)[g_2(x_k)-g_2(x_{k-1})]$$

而和(61)趋向于零的充分必要条件是上面公式中右边的两和趋向于零；于是定理证明了. 如果 $f(x)$ 依 $g(x)$ 是可积分的，那么公式(3)成立
$$\int_a^b f(x)\mathrm{d}g(x)=\int_a^b f(x)\mathrm{d}g_1(x)+\int_a^b f(x)\mathrm{d}g_2(x)$$

既然非减函数 $g(x)$ 分解成跃度函数 $g_d(x)$ 与其连续部分 $g_c(x)$，我们可以把 $f(x)$ 依 $g(x)$ 的积分存在的问题归结成 $f(x)$ 依 $g_d(x)$ 及 $f(x)$ 依 $g_c(x)$ 的积分存在的问题. 如果定理1中所述的可积分性必要条件满足，就是说 $f(x)$ 的间断点与 $g(x)$ 的间断点不重合，那么可以证明 $f(x)$ 依 $g_d(x)$ 是可积分的，即下列定理成立：

定理 3　如果有界函数 $f(x)$ 的间断点不与 $g_d(x)$ 的间断点重合，那么 $f(x)$ 依 $g_d(x)$ 的积分存在，并且可以由公式(35)表示.

既然依条件 $f(x)$ 在 c_k 的各点处是连续的，并且 $f(x)$ 是有界的，那么如上面一样，对于任意的有穷的 m，公式(37)成立，而由数 $f(c_k)\gamma_k$ 所组成的级数绝对收敛. 用 A 表示这级数之和. 作 A 与对于 $f(x)$ 依 $g_d(x)$ 的积分所做的和 σ_δ 的差，并表示成下面的形式

$$A-\sum_{k=1}^{n}f(\xi_k)[g_d(x_k)-g_d(x_{k-1})]=\Big[A-\sum_{k=1}^{m}f(c_k)\gamma_k\Big]+\Big\{\sum_{k=1}^{m}f(c_k)\gamma_k-$$
$$\sum_{k=1}^{n}f(\xi_k)[s_m(x_k)-s_m(x_{k-1})]\Big\}-$$
$$\sum_{k=1}^{n}f(\xi_k)[r_m(x_k)-r_m(x_{k-1})] \quad (62)$$

首先固定一个大数 m，使对于给定的正数 ε，下面的不等式成立
$$\Big|A-\sum_{k=1}^{m}f(c_k)\gamma_k\Big|\leqslant\varepsilon,\quad 0\leqslant r_m(x)\leqslant\varepsilon$$

依此，因为 $|f(x)|\leqslant L$，可得
$$\Big|\sum_{k=1}^{m}f(\xi_k)[r_m(x_k)-r_m(x_{k-1})]\Big|\leqslant L[r_m(b)-r_m(a)]\leqslant L\varepsilon$$

注意(37)，可知固定了 m，并足够地细分区间时，式(62)中右边的第二项依绝对值小于 ε. 如此当足够地细分区间时，可依(62)得
$$|A-\sigma_\delta|\leqslant\varepsilon(2+L)$$

而既然 ε 是任意的，可知 $f(x)$ 依 $g_d(x)$ 是可积分的，并且这积分由公式(35)表

示,于是定理证毕.

如此,如果定理 1 中可积分性的必要条件满足,那么 $f(x)$ 依 $g(x)$ 的可积分性问题归结成 $f(x)$ 依 $g_c(x)$ 的可积分性问题. 如果 $f(x)$ 是增函数,或是囿变函数,那么 $f(x)$ 依 $g_c(x)$ 的积分存在可由分部积分公式得出,因为 $g_c(x)$ 是连续的.

现在陈述 $f(x)$ 依 $g_c(x)$ 的可积分性的充分必要条件,而不加证明:对于任意预定的正数 ε,可以用有穷多或可数无穷多区间 $[a_k, b_k]$(这些区间可以互相重叠)把 $f(x)$ 的间断点覆盖,并使

$$\sum_k [g_c(b_k) - g_c(a_k)] \leqslant \varepsilon$$

到此为止,在所讨论的情形中,一直设 $g(x)$ 是不减函数. 现在设 $g(x)$ 是囿变函数. 设有这函数的分解典式(45)与另一分解式(47). 对于 $g_1(x)$ 与 $g_1^*(x)$ 作差值 $S_\delta - s_\delta$,即

$$S_\delta - s_\delta = \sum_{k=1}^n (M_k - m_k)[g_1(x_k) - g_1(x_{k-1})]$$

$$S_\delta^* - s_\delta^* = \sum_{k=1}^n (M_k - m_k)[g_1^*(x_k) - g_1^*(x_{k-1})]$$

在上面已经看到

$$g_1(x_k) - g_1(x_{k-1}) \leqslant g_1^*(x_k) - g_1^*(x_{k-1})$$

所以当无限地细分区间时,由 $S_\delta^* - s_\delta^* \to 0$ 可知 $S_\delta - s_\delta \to 0$,就是说如果函数 $f(x)$ 依 $g_1^*(x)$ 是可积分的,那么它依 $g_1(x)$ 也是可积分的. 同样,如果 $f(x)$ 依 $g_2^*(x)$ 是可积分的,那么它依 $g_2(x)$ 也是可积分的. 逆命题不成立,这是可以证明的. 如此,检验 $f(x)$ 依 $g(x)$ 的可积分性就是检验 $f(x)$ 依 $g_1(x)$ 与 $g_2(x)$ 的可积分性. 如果证明了 $f(x)$ 依 $g_1(x)$ 与依 $g_2(x)$ 是可积分的,那么 $f(x)$ 依 $g(x)$ 的积分也是存在的,并且可以用公式(55)表示出来. 已知 $f(x)$ 依 $g_1(x)$ 与 $g_2(x)$ 的可积分性与它依函数 $v(x) = g_1(x) + g_2(x)$ 的可积分性是同效的,而由(44)这函数等于在区间 $[a, x]$ 上的全变分 $V_a^x(g)$. 如此,如果 $f(x)$ 依增函数 $v(x)$ 可积分,那么它依 $g(x)$ 也可积分.

11. 斯蒂尔切斯积分号下取极限

在本小节及下面几小节中将陈述几个定理,论及在斯蒂尔切斯积分号下取极限值. 我们在以前已经有过一个这种定理了. 它讲到可积分的函数序列一致地收敛于极限函数 $f(x)$ 的情形. 设 $f_n(x)$ 是在区间 $[a, b]$ 上连续的,而 $f_n(x) \to f(x)$ 在 $[a, b]$ 上一致收敛,$g(x)$ 在 $[a, b]$ 上是囿变函数. 由第 4 小节及公式(55)可知

$$\lim_{n \to \infty} \int_a^b f_n(x) \mathrm{d}g(x) = \int_a^b f(x) \mathrm{d}g(x) \tag{63}$$

现在证明这命题的几个简单的推广,并只限于讨论无穷区间.

定理 1　设 $f_n(x)$ 在 $[-\infty,+\infty]$ 内是连续的,并设它们以同一个与 n 无关的数为界: $|f_n(x)| \leqslant L$,$f_n(x)$ 在任意的有穷区间上都一致地趋于 $f(x)$,而 $g(x)$ 是在区间 $[-\infty,+\infty]$ 上的囿变函数,并在这区间两端是连续的. 如此,对于区间 $[-\infty,+\infty]$,公式(63)也成立.

函数 $f(x)$ 在 $[-\infty,+\infty]$ 内部是连续的,并且是有界的,所以依 $g(x)$ 是可积分的. 注意 $g(x)$ 在区间两端都是连续的,所以它的全变分也如此. 又注意 $|f(x)-f_n(x)| \leqslant 2L$,所以引用(56)可证对于任意预定的正数 ε,必有一正数 A 存在,使对于任意 n,有

$$\left|\int_A^\infty [f(x)-f_n(x)]\mathrm{d}g(x)\right| \leqslant \varepsilon, \quad \left|\int_{-\infty}^{-A}[f(x)-f_n(x)]\mathrm{d}g(x)\right| \leqslant \varepsilon$$

在区间 $[-A,+A]$ 中,极限 $f_n(x) \to f(x)$ 是一致的,因此,由上面提过的定理,对于一切足够大的数 n,有

$$\left|\int_{-A}^{+A}[f(x)-f_n(x)]\mathrm{d}g(x)\right| \leqslant \varepsilon$$

所以

$$\left|\int_{-\infty}^{+\infty}[f(x)-f_n(x)]\mathrm{d}g(x)\right| \leqslant 3\varepsilon$$

因此,既然 ε 是任意的,可得所要证明的定理. 现在对于下面的情形证明类似的定理,即设函数 $f_n(x)$ 在区间 $[-\infty,+\infty]$ 上无界,而在这区间所取的积分是广义积分.

定理 2　设 $f_n(x)$ 在 $[-\infty,+\infty]$ 内部连续,而广义积分

$$\int_{-\infty}^{+\infty} f_n(x)\mathrm{d}g(x) = \lim_{\substack{\alpha\to-\infty\\ \beta\to+\infty}} \int_\alpha^\beta f_n(x)\mathrm{d}g(x) \tag{64}$$

对于 n 一致地存在,$f_n(x)$ 在任意的有穷区间中一致地收敛于 $f(x)$,$g(x)$ 在任意的有穷区间内部是囿变函数. 如此则 $f(x)$ 依 $g(x)$ 在区间 $[-\infty,+\infty]$ 上的(广义)积分存在,并且式(63)成立.

函数 $f(x)$ 在任意有穷区间中是连续的,并在这样的区间中依 $g(x)$ 是可积分的. 现在证明它在无穷区间也可积分. 设 ε 是预定的正数. 因为积分(64)对于 n 是一致收敛的,一定存在正数 A,使对于位于 $[-A,+A]$ 外的任意区间 $[B',B'']$ 与任意的数 n,有

$$\left|\int_{B'}^{B''} f_n(x)\mathrm{d}g(x)\right| \leqslant \varepsilon \tag{65}$$

以某种方式固定 B' 与 B'',使区间 $[B',B'']$ 位于 $[-A,+A]$ 外. 如此,由于在区间 $[B',B'']$ 内 $f_n(x) \to f(x)$ 是一致收敛,对于足够大的 n 必可使

$$\left|\int_{B'}^{B''}[f(x)-f_n(x)]\mathrm{d}g(x)\right| \leqslant \varepsilon \tag{66}$$

注意显然的等式
$$\int_{B'}^{B''} f(x)\mathrm{d}g(x) = \int_{B'}^{B''} f_n(x)\mathrm{d}g(x) + \int_{B'}^{B''} [f(x) - f_n(x)]\mathrm{d}g(x)$$
并由(65)与(66)可得
$$\left|\int_{B'}^{B''} f(x)\mathrm{d}g(x)\right| \leqslant 2\varepsilon$$
由此知 $f(x)$ 在 $[-\infty, +\infty]$ 上依 $g(x)$ 的积分存在. 为了证明公式(63),只需注意,在足够大的区间上,差 $f(x) - f_n(x)$ 的积分的绝对值可以任意小,而在有穷区间上,当取 n 足够大时,由 $f_n(x)$ 对于 $f(x)$ 的一致收敛性,这差的积分也可以任意小.

注意,在有穷区间的情形,对于公式(63)的成立,并不需设 $f_n(x)$ 一致收敛于 $f(x)$,只需设连续函数 $f_n(x)$ 趋向于连续函数 $f(x)$,同时与 n 无关地有界,就是说存在一个正数 L,使对于任意 n 与 $[a,b]$ 中任意的 x,不等式 $|f_n(x)| \leqslant L$ 都成立. 我们将在第 50 小节以后证明这命题.

12. 黑利定理

现在考察积分函数 $g(x)$ 变化时取极限值的定理. 首先研究囿变函数趋于极限函数的问题. 设 $g_n(x)$ 是区间 $[a,b]$ 上的囿变函数序列,并且这些函数的变分都以同一个与 n 无关的数 L 为界
$$V_a^b(g_n) \leqslant L \tag{67}$$
设 $g_n(x)$ 在区间 $[a,b]$ 的每个点都趋向于极限函数 $g(x)$;而这极限函数是有穷值的. 不难看出,函数 $g(x)$ 是囿变函数. 事实上,对于函数 $g_n(x)$ 和 $t_\delta^{(n)}$ 满足
$$t_\delta^{(n)} = \sum_{k=1}^m |g_n(x_k) - g_n(x_{k-1})| \leqslant L$$
由此,取极限,可得函数 $g(x)$ 的和 t_δ 满足
$$t_\delta = \sum_{k=1}^m |g(x_k) - g(x_{k-1})| \leqslant L$$
由此可知 $g(x)$ 的变分也不大于 L. 如果函数 $g_n(x)$ 不是在区间 $[a,b]$ 上一切点处趋向于函数 $g(x)$,而只是在处处稠密的点 $x_k(k=1,2,3,\cdots)$ 所组成的集合 $\mathscr{E}$ 上,那么已经不能断定函数 $g(x)$ 是囿变函数了[①]. 以后,在所说的情形下我们将设函数 $g(x)$ 是囿变函数. 注意所谓点 x_k 所组成的集合 $\mathscr{E}$ 在 $[a,b]$ 内处处稠密,是指区间 $[a,b]$ 的任意部分区间都包含属于 $\mathscr{E}$ 的无穷个点. 设 $g_n(x)$ 是增函数序列,而这序列在 $[a,b]$ 的每一点收敛于极限函数 $g(x)$,后者的值都是有穷的. 如此则极限函数也是增的,所以是囿变函数. 现在证明下面的定理:

---

① 例如设 $a=0, b=1$,所论到处稠密的可数集合 E 是有理点集合,而 $g_n(x) \equiv 1, g(x)$ 是 E 的特征函数,那么 $g_n(x)$ 在 E 上趋向于 $g(x)$,而 $g_n(x)$ 的变分都是零,但 $g(x)$ 不是囿变函数. ——译者注

定理 1 如果区间 $[a,b]$ 上的增函数 $g_n(x)$ 在处处稠密的点集合 $\mathscr{E}$ 上收敛于函数 $g(x)$,那么 $g_n(x)$ 在 $[a,b]$ 内部每个 $g(x)$ 的连续点处也都收敛于 $g(x)$.

设 x_0 是 $g(x)$ 的连续点,而 x' 与 x'' 是集合 $\mathscr{E}$ 中的点,各在 x_0 的左侧与右侧,就是说 $x' < x_0 < x''$. 那么 $g_n(x') \leqslant g_n(x_0) \leqslant g_n(x'')$,所以
$$g(x_0) - g_n(x'') \leqslant g(x_0) - g_n(x_0) \leqslant g(x_0) - g_n(x')$$
这不等式可以改成下面的形式
$$[g(x_0) - g(x'')] + [g(x'') - g_n(x'')]$$
$$\leqslant g(x_0) - g_n(x_0)$$
$$\leqslant [g(x_0) - g(x')] + [g(x') - g_n(x')] \tag{68}$$
设 ε 是预定的正数. 点 x' 与 x'' 是取自集合 $\mathscr{E}$ 的,而后者在 $[a,b]$ 中处处稠密,所以可以取 x' 与 x'' 离 x_0 足够近,使
$$|g(x_0) - g(x'')| < \varepsilon, \quad |g(x_0) - g(x')| < \varepsilon$$
因为 x_0 是 $g(x)$ 的连续点. 如此固定了 x' 与 x'',那么对于一切足够大的 n,不等式
$$|g(x') - g_n(x')| < \varepsilon, \quad |g(x'') - g_n(x'')| < \varepsilon$$
成立,因为在点 x' 及 x'' 处 $g_n(x)$ 收敛于 $g(x)$. 由这些不等式与不等式(68)可直接得下面的不等式
$$-2\varepsilon \leqslant g(x_0) - g_n(x_0) \leqslant 2\varepsilon$$
由此,既然 ε 是任意的,可知 $g_n(x_0) \to g(x_0)$. 现在陈述关于取极限值的基本定理.

定理 2(黑利) 设 $f(x)$ 在 $[a,b]$ 上是连续的,$g_n(x)$ 是囿变的,其变分 $V_a^b(g_n)$ 不大于某数 L,而 L 与 n 无关,并且在 $[a,b]$ 的一切点处,$g_n(x) \to g(x)$. 如此则下面的公式成立
$$\lim_{n \to \infty} \int_a^b f(x) \mathrm{d}g_n(x) = \int_a^b f(x) \mathrm{d}g(x) \tag{69}$$

上面已指出,函数 $g(x)$ 是囿变函数,所以 $f(x)$ 依 $g(x)$ 是可积分的. 分割区间 $a = x_0 < x_1 < \cdots < x_{m-1} < x_m = b$ 成部分,并写出显然的公式
$$\int_a^b f(x)\mathrm{d}g(x) = \sum_{k=1}^m \int_{x_{k-1}}^{x_k} f(x)\mathrm{d}g(x)$$
$$= \sum_{k=1}^m \int_{x_{k-1}}^{x_k} [f(x) - f(x_k)]\mathrm{d}g(x) + \sum_{k=1}^m f(x_k) \int_{x_{k-1}}^{x_k} \mathrm{d}g(x)$$
就是说
$$\int_a^b f(x)\mathrm{d}g(x) = \sum_{k=1}^m \int_{x_{k-1}}^{x_k} [f(x) - f(x_k)]\mathrm{d}g(x) +$$

$$\sum_{k=1}^{m} f(x_k)[g(x_k) - g(x_{k-1})] \tag{70}$$

设 ε 是预定的正数. 可以取定某一细分 $[a,b]$ 为部分的分割, 使对于任意的 k, $|f(x) - f(x_k)| \leqslant \varepsilon$. 这是直接由 $f(x)$ 在 $[a,b]$ 中的一致连续性而推出的. 由此得

$$\left| \int_{x_{k-1}}^{x_k} [f(x) - f(x_k)] \mathrm{d}g(x) \right| \leqslant \varepsilon V_{x_{k-1}}^{x_k}(g)$$

所以

$$\left| \sum_{k=1}^{m} \int_{x_{k-1}}^{x_k} [f(x) - f(x_k)] \mathrm{d}g(x) \right| \leqslant \varepsilon \sum_{k=1}^{m} V_{x_{k-1}}^{x_k}(g)$$

就是说

$$\left| \sum_{k=1}^{m} \int_{x_{k-1}}^{x_k} [f(x) - f(x_k)] \mathrm{d}g(x) \right| \leqslant \varepsilon V_a^b(g) \leqslant \varepsilon L$$

公式(70)可以由上面所取定的分割写成

$$\int_a^b f(x) \mathrm{d}g(x) = \theta \varepsilon L + \sum_{k=1}^{m} f(x_k)[g(x_k) - g(x_{k-1})]$$

而 $|\theta| \leqslant 1$. 用同样推理法可得

$$\int_a^b f(x) \mathrm{d}g_n(x) = \theta_n \varepsilon L + \sum_{k=1}^{m} f(x_k)[g_n(x_k) - g_n(x_{k-1})]$$

而 $|\theta_n| \leqslant 1$. 逐项相减, 得

$$\int_a^b f(x) \mathrm{d}g(x) - \int_a^b f(x) \mathrm{d}g_n(x)$$

$$= (\theta - \theta_n) \varepsilon L + \sum_{k=1}^{m} f(x_k) \{[g(x_k) - g_n(x_k)] - [g(x_{k-1}) - g_n(x_{k-1})]\}$$

点 x_k 已经取定, 由于 $g_n(x)$ 在这些点处收敛于 $g(x)$, 对于一切足够大的 n, 上面公式中的和绝对值小于 ε. 如此, 由上式, 对于足够大的 n, 有

$$\left| \int_a^b f(x) \mathrm{d}g(x) - \int_a^b f(x) \mathrm{d}g_n(x) \right| \leqslant \varepsilon(2L + 1)$$

既然 ε 是任意的, 可得(69).

注意: 设 $g_n(x)$ 并不是在 $[a,b]$ 中到处收敛于 $g(x)$, 而只是在处处稠密的点集合上收敛, 并且设区间的两端也在这集合里, 又设极限函数 $g(x)$ 是囿变函数. 这样, 如果分割点 x_k 取成属于这集合的点, 以使 $g_n(x) \to g(x)$, 那么前面的证明依然有效, 而与以前一样可得公式(69). 现在推广证明了的定理, 与在第 11 小节中的推广类似.

定理 3 设 $f(x)$ 在区间 $[-\infty, +\infty]$ 内部连续, 并且有界, $g_n(x)$ 及 $g(x)$ 都是 $[-\infty, +\infty]$ 上的增函数, 并在这区间的两端连续, $g_n(x) \to g(x)$ 在

$[-\infty,+\infty]$ 内处处稠密的点集合上成立,特别在区间的两端上也成立. 如此则下面的公式成立

$$\lim_{n\to\infty}\int_{-\infty}^{+\infty}f(x)\mathrm{d}g_n(x)=\int_{-\infty}^{+\infty}f(x)\mathrm{d}g(x) \tag{71}$$

注意在这情形下,$g_n(x)$ 的全变分等于 $g_n(+\infty)-g_n(-\infty)$,而由定理的条件,直接可知这些全变分都不大于定数 L,而 L 是与 n 无关的. $f(x)$ 依 $g_n(x)$ 与 $g(x)$ 的积分存在. 为了估计这两积分的差,把积分区间分割成三部分：$[-\infty,a],(a,b),[b,+\infty]$,而 a,b 是属于使 $g_n(x)\to g(x)$ 的点所组成的集合

$$\left|\int_{-\infty}^{+\infty}f(x)\mathrm{d}g(x)-\int_{-\infty}^{+\infty}f(x)\mathrm{d}g_n(x)\right|$$
$$\leqslant\left|\int_{-\infty}^{a}f(x)\mathrm{d}g(x)-\int_{-\infty}^{a}f(x)\mathrm{d}g_n(x)\right|+$$
$$\left|\int_{a}^{b}f(x)\mathrm{d}g(x)-\int_{a}^{b}f(x)\mathrm{d}g_n(x)\right|+$$
$$\left|\int_{b}^{+\infty}f(x)\mathrm{d}g(x)-\int_{b}^{+\infty}f(x)\mathrm{d}g_n(x)\right| \tag{72}$$

函数 $f(x)$ 是有界的,就是说 $|f(x)|\leqslant L$. 对于第一差值

$$\left|\int_{-\infty}^{a}f(x)\mathrm{d}g(x)-\int_{-\infty}^{a}f(x)\mathrm{d}g_n(x)\right|$$
$$\leqslant L\{[g(a)-g(-\infty)]+[g_n(a)-g_n(-\infty)]\}$$

我们可以写成下式

$$\left|\int_{-\infty}^{a}f(x)\mathrm{d}g(x)-\int_{-\infty}^{a}f(x)\mathrm{d}g_n(x)\right|$$
$$\leqslant L\{2[g(a)-g(-\infty)]+[g_n(a)-g(a)]+[g(-\infty)-g_n(-\infty)]\}$$

由于 $g(x)$ 在 $x=-\infty$ 处的连续性,可以选定足够接近于 $-\infty$ 的 a,使正差值 $g(a)-g(-\infty)$ 小于任意预定的正数. 如此固定了 a,再留意当 n 足够大时,差值 $g_n(a)-g(a)$ 与 $g(-\infty)-g_n(-\infty)$ 的绝对值也可以任意小. 完全同样地可以处理公式(72)右边的第三项. 如此,对于任意预定的正数 ε,可以选定上述在 $[-\infty,+\infty]$ 上处处稠密的集合中的点 a 与 b,使公式(72)右边的第一与第三项对于一切足够大的 n 都小于 ε. 在有穷区间 $[a,b]$ 上可以引用上面证明了的定理,就是说(72)右边第二项对于一切足够大的 n 都小于 ε. 如此(72)的不等式的左边对于一切足够大的 n 小于 3ε；由此,因为 ε 是任意的,可得公式(71).

现在陈述定理 2 的第二推广,而这是关于广义斯蒂尔切斯积分的.

定理 4 设 $f(x)$ 在区间 $[-\infty,+\infty]$ 内连续,$g_n(x)$ 与 $g(x)$ 是在这区间上囿变的并且 $g_n(x)$ 的变分不超过某一与 n 无关的数. 又设 $g_n(x)\to g(x)$ 在 $[-\infty,+\infty]$ 内一处处稠密的集合上成立,而广义积分

$$\int_{-\infty}^{+\infty}f(x)\mathrm{d}g_n(x)=\lim_{\substack{a\to-\infty\\b\to+\infty}}\int_{a}^{b}f(x)\mathrm{d}g_n(x)$$

对于 n 是一致收敛的. 那么 $f(x)$ 依 $g(x)$ 在 $[-\infty,+\infty]$ 上可积分,而公式(71)成立.

设 ε 是预定的正数. 存在一正数 A,使对于任意位于 $[-A,+A]$ 外的区间 $[B',B'']$ 上,有

$$\left|\int_{B'}^{B''} f(x)\mathrm{d}g_n(x)\right| \leqslant \varepsilon \tag{73}$$

固定了任意的如此区间 $[B',B'']$,并写出显然的不等式

$$\left|\int_{B'}^{B''} f(x)\mathrm{d}g(x)\right| \leqslant \left|\int_{B'}^{B''} f(x)\mathrm{d}g_n(x)\right| + \left|\int_{B'}^{B''} f(x)\mathrm{d}g(x) - \int_{B'}^{B''} f(x)\mathrm{d}g_n(x)\right|$$

依定理 4,可以取大数 n,使右边第二项小于 ε. 如此由(73)可以立刻推得

$$\left|\int_{B'}^{B''} f(x)\mathrm{d}g(x)\right| \leqslant 2\varepsilon$$

因为 ε 是任意的,这不等式证明了 $f(x)$ 在 $[-\infty,+\infty]$ 上依 $g(x)$ 的积分存在. 公式(71)也可以与上面一样地把区间 $[-\infty,+\infty]$ 分成三部分而得到证明.

13. 选取原理

设有一实数的无穷集合,并设其中各数的绝对值不超过某一确定的正数. 我们知道,如此则从这数集中任意无穷序列 a_n 可以选取部分序列 a_{n_k},而后者趋向于数列的极限. 同样对于所给集合的任意部分可以做同样结论. 这命题可以叫作对于依绝对值有界的实数集合的选取原理. 同样的选取原理对于依绝对值有界的复数集合也成立. 为了证明这点,只需把选取原理分别地应用于实数与虚数部分上去. 选取原理在某些条件之下也可以应用于某些函数的集合. 我们将陈述两种这样的选取原理. 其中一个是关于某种囿变函数的集合的,另一个是关于连续函数的集合的. 首先把第一个选取原理陈述成下列定理:

定理 1(黑利)　设 $\mathscr{E}$ 是一集合,其中的元是区间 $[a,b]$(有穷或无穷)上的囿变函数 $\{g(x)\}$,并且存在一正数 L,使凡属于这集合 $\mathscr{E}$ 的函数 $g(x)$ 都满足下列不等式

$$|g(x)| \leqslant L, \quad V_a^b(g) \leqslant L \tag{74}$$

就是说,函数 $g(x)$ 是依绝对值有界的,而它们在 $[a,b]$ 上的变分也以某一定数为界. 如此则从集合 $\mathscr{E}$ 中的任意无穷函数序列 $g_n(x)$ 里可以选取一部分序列,使在 $[a,b]$ 的一切点处趋向于某一囿变函数 $g(x)$.

只需证明可以取出部分序列 $g_{n_k}(x)$,使在一切点处这部分序列趋向于极限函数. 如此,依定理中的条件,并依第 12 小节中所述的,直接得知极限函数也是囿变函数. 首先证明两个辅助定理.

辅助定理 1　如果有一函数序列 $f_n(x)$,其中每一函数是定义于 $[a,b]$ 上,并依绝对值是以同一数 L 为界的,那么由这序列可以选取出一部分函数序列,使这部分序列在属于 $[a,b]$ 并预先给定的可数多个点 $x_k(k=1,2,3,\cdots)$ 处收

敛.

依定理中的条件,一切数 $f_n(x_1)$ 依绝对值是为数 L 所界的. 所以可以选取一部分序列
$$f_1^{(1)}(x), f_2^{(1)}(x), f_3^{(1)}(x), \cdots \tag{75}$$
使这部分序列在点 $x=x_1$ 处收敛. 如果在(75)的函数中令 $x=x_2$,那么得数的序列 $f_k^{(1)}(x_2)$,依绝对值以 L 为界. 因此由(75)中的函数序列可以选取出一部分序列
$$f_1^{(2)}(x), f_2^{(2)}(x), f_3^{(2)}(x), \cdots \tag{76}$$
使这部分序列在 $x=x_2$ 处也收敛. 这序列既是(75)中序列的部分序列,当然在 $x=x_1$ 处也收敛. 令 $x=x_3$,则 $f_k^{(2)}(x_3)$ 依绝对值也小于或等于 L,所以从(76)的序列中可以选取一新部分序列
$$f_1^{(3)}(x), f_2^{(3)}(x), f_3^{(3)}(x), \cdots \tag{77}$$
使它在 $x=x_1, x=x_2, x=x_3$ 三点处都收敛. 继续如此作法,可得序列
$$f_1^{(m)}(x), f_2^{(m)}(x), f_3^{(m)}(x), \cdots \quad (m=1,2,3,\cdots) \tag{78}$$
这序列在点 $x=x_1, x=x_2, \cdots, x=x_m$ 处都收敛. 由(75)取第一函数,由(76)取第二函数,$\cdots\cdots$,一般地由(78)取第 m 个函数,而得新序列
$$f^{(1)}(x)=f_1^{(1)}(x), f^{(2)}(x)=f_2^{(2)}(x), f^{(3)}(x)=f_3^{(3)}(x), \cdots f^{(n)}(x)=f_n^{(n)}(x), \cdots \tag{79}$$
现在证明这序列在任意点 $x=x_k$ 处都收敛. 事实上,取点 $x=x_k$. (79)中从第 $m=k$ 项以后的函数,就是说,函数
$$f^{(k)}(x)=f_k^{(k)}(x), f^{(k+1)}(x)=f_{k+1}^{(k+1)}(x), \cdots \tag{80}$$
依上面的做法是在(78)中令 $m=k$ 所得函数序列的部分序列,所以在(80)中令 $x=x_k$ 时可得收敛的数序列,就是说函数序列(80)在 $x=x_k$ 处收敛. 如此可知(79)就是所要找的部分序列,从而辅助定理证毕.

在证明这辅助定理时,求在一切点 $x=x_k$ 处收敛的函数序列的方法叫作对角线方法. 这并不是一个构造的方法,只具有纯理论的价值而已.

辅助定理 2 如果有一函数序列 $h_n(x)$,其中每个函数在区间 $[a,b]$ 上是增函数,并依绝对值以同一数 L 为界,那么从这序列中可以选取一部分序列,使这部分序列在 $[a,b]$ 中一切点处收敛.

取区间 $[a,b]$ 的左端 $x=a$,并取 $[a,b]$ 中横坐标为有理数的一切点,而作成 $[a,b]$ 中的一个可数集合 $\{x_k\}$.

这集合在 $[a,b]$ 中是处处稠密的. 依辅助定理 1,可以取序列 $h_n(x)$ 的一个部分序列 $h_{n_k}(x)$,使后者在一切点 x_k 处收敛. 如此有一极限函数,只定义于点 x_k 处. 依照下述方式把它扩展到区间 $[a,b]$ 的其他点处. 如果 x 是区间 $[a,b]$ 的一点,而 x 不与任何 x_k 相同,可以令 $h(x)$ 等于在一切位于点 x 左边的点 x_k 处

的 $h(x)$ 值的上确界
$$h(x) = \sup_{x_k < x} h(x_k)$$
如此定义的函数 $h(x)$ 显然是在 $[a,b]$ 的有界增函数. 它只能有有穷或可数无穷个间断点 $\xi_1, \xi_2, \cdots$. 在一切点 x_k 处, 序列 $h_{n_k}(x)$ 趋向于 $h(x)$, 而 x_k 组成 $[a,b]$ 中的一个处处稠密的集合. 依 12 小节中的定理 1, $h_{n_k}(x)$ 必在 $[a,b]$ 内 $h(x)$ 的一切连续点处收敛于 $h(x)$. 如此 $h_{n_k}(x)$ 不收敛于 $h(x)$ 只在函数 $h(x)$ 的间断点 ξ_k 处以及区间的右端才可能. 再对于序列 $h_{n_k}(x)$ 依辅助定理 1 选取部分序列, 可使后者在一切点处收敛, 于是证明了辅助定理 2.

现在不难证明基本定理 1. 凡属于集合 $\mathscr{E}$ 的囿变函数 $g(x)$ 可以表示成两个增函数的差
$$g(x) = \frac{1}{2}[V_a^x(g) + g(x)] - \frac{1}{2}[V_a^x(g) - g(x)] \tag{81}$$
而由(74), 这两增函数依绝对值都不超过数 L. 引用辅助定理 2, 可知由序列 $g_n(x)$ 可以选取一部分序列, 使其相应的式(81)右边被减项在 $[a,b]$ 的一切点处收敛于极限函数. 再引用一次辅助定理 2 可知由刚才所得的序列中又可选取一部分序列, 使与它相应的式(81)右边的减数也在 $[a,b]$ 中的一切点处收敛于极限函数. 如此得出了部分序列 $g_{n_k}(x)$, 后者在 $[a,b]$ 的一切点处收敛于极限函数, 从而定理证毕.

14. 选取原理(续)

设 $f(x)$ 是有穷区间 $[a,b]$ 上的连续函数. 它在这区间上也是一致连续的, 就是说, 对于任意预定的正数 ε, 必存在一个正数 η, 使凡在 $[a,b]$ 中且满足 $|x'-x''| \leqslant \eta$ 的点 x' 与 x'' 也必满足不等式 $|f(x')-f(x'')| \leqslant \varepsilon$. 对于在 $[a,b]$ 上连续的不同函数, 当 ε 一定时, 其相应的 η 一般说来是不同的. 函数 $f(x)$ 变化得愈快, 相应的 η 愈小. 例如对于函数 $f_n(x) = \sin nx$, 数 η 与 n 相关, 而当 n 无穷地增大时, 数 η 趋近于零. 所谓在 $[a,b]$ 上连续的函数 $f(x)$ 的集合是在 $[a,b]$ 上等度连续的函数集合, 是指对于任意预定正数 ε, 存在一个正数 η, 使对于一切属于上述集合的函数 $f(x)$, 只要是 $x', x'' \in [a,b]$, 且 $|x'-x''| \leqslant \eta$, 那么必然 $|f(x')-f(x'')| \leqslant \varepsilon$.

如果有一函数集合, 其中函数是等度连续的, 并且依绝对值有同一界限, 那么可以证明对于这集合选取原理也成立, 而在这情形中的收敛是指在 $[a,b]$ 上的一致收敛而言, 就是说, 下列定理成立:

定理 如果 $\mathscr{E}$ 是在有穷区间 $[a,b]$ 上等度连续的函数集合 $\{f(x)\}$, 而凡属于 $\mathscr{E}$ 的函数依绝对值以同一数 L 为界(就是说 $|f(x)| \leqslant L$), 那么由属于 $\mathscr{E}$ 的

任意函数序列可以选取一个在$[a,b]$上一致收敛的部分序列①.

设有一属于$\mathscr{E}$的函数序列.应用辅助定理1,可知由这序列可以选取出一部分序列来,使后者在一切点x_k处收敛于一极限,而$\{x_k\}$是在$[a,b]$上处处稠密的可数点集合.例如可以取这集合为属于$[a,b]$而具有有理数横坐标的点集合.设

$$f_1(x),f_2(x),f_3(x),\cdots \tag{82}$$

就是如此由所给属于$\mathscr{E}$的函数序列选取出来的.在一切点$x_k(k=1,2,3,\cdots)$处收敛的部分序列.现在证明序列(82)在区间$[a,b]$上一致收敛.作差$f_p(x)-f_q(x)$,并把它表示成

$$f_p(x)-f_q(x)=[f_p(x)-f_p(x')]+[f_p(x')-f_q(x')]+ \\ [f_q(x')-f_q(x)] \tag{83}$$

的形式,而x'是上述的那个在$[a,b]$上处处稠密的点集合中的一点.设ε是预定的正数,而η是在等度连续性定义中那与ε相应的数.取由点x_k组成的一个有穷集合,使这集合τ'中的点把区间$[a,b]$分成部分区间,后者中每个区间的长都小于或等于η.这显然是可能的,因为点x_k组成在$[a,b]$上处处稠密的集合.在一切属于有穷集合τ'中的点处序列(82)有极限.因此存在一个数N,使当p,$q>N$时必然有

$$|f_p(x')-f_q(x')|<\varepsilon \tag{84}$$

而x'是上述有穷集合τ'中的任意点.现在令(83)中的点x'是有穷点集合τ'中的一点,并写出不等式

$$|f_p(x)-f_q(x)|\leqslant|f_p(x)-f_p(x')|+|f_p(x')-f_q(x')|+ \\ |f_q(x')-f_q(x)| \tag{85}$$

这由(83)可以立刻推出.对于$[a,b]$中的任意x,可以取τ'中的x',使对于一切n,$|f_n(x)-f_n(x')|<\varepsilon$.这$x'$是包含点$x$那部分区间的一个端点.此外,如果$p$与$q>N$,则式(84)对于一切属于$\tau'$的点$x'$都成立.如此,依(85)可知:对于任意预定的正数$\varepsilon$,必存在一与$x$无关的数$N$,使对于一切大于$N$的数$p$及$q$,一切属于$[a,b]$的$x$,$|f_p(x)-f_q(x)|<3\varepsilon$.这就是说,(82)中的序列在全区间$[a,b]$上一致收敛,于是定理证毕.

15. 连续函数的空间

考察一切在已知有穷区间$[a,b]$上的连续函数,为简便起见,把它们所组成的集合叫作空间C.这空间中的元,叫作空间的矢量,是任意定义于$[a,b]$上的连续函数.不同的连续函数代表这空间C的不同元,而在$[a,b]$上恒等于零的函数叫作空间C的零元.我们只考察实数值函数.如果取有穷个在$[a,b]$上连续

---

① 这定理通常叫作阿尔且拉－阿斯扩利定理,其逆定理也成立,读者可参照 И. П. 那汤松的《实变数函数论》第十六章.—— 译者注

的函数,以实数系数作它们的线性组合式 $c_1f_1(x)+c_2f_2(x)+\cdots+c_mf_m(x)$,那么仍得一个在$[a,b]$上连续的实值函数,这就是说,空间$C$中的元可以用实数来乘并可以相加,而所得仍是$C$中的元.这些运算遵守初等代数学中的通常定律,如

$$f_1(x)+f_2(x)=f_2(x)+f_1(x), \quad c[f_1(x)+f_2(x)]=cf_1(x)+cf_2(x)$$
$$(c_1+c_2)f(x)=c_1f(x)+c_2f(x), \quad c_1(c_2f(x))=(c_1c_2)f(x) \quad (86)$$

现在把元的范数观念介绍到空间C中来,换句话说,引进空间C中矢量长度的概念.所谓元$f(x)$的范数,是指$|f(x)|$在$[a,b]$上所取的最大值.零元的范数是零,但任意其他元的范数是正数.用记号$\|f\|$表示函数$f(x)$的范数.再把收敛的概念引入空间C中来.所谓C中元的序列$f_n(x)$收敛于C中的元$f(x)$,是指$\|f(x)-f_n(x)\|\to 0$.就是说,$|f(x)-f_n(x)|$在区间$[a,b]$上的最大值趋向于零,这显然等于说,$f_n(x)\to f(x)$在$[a,b]$上一致收敛.

现在引入空间C的泛函与运算子的概念.C中的泛函是指任意一个对C中每一元$f(x)$各配以一个确定实数的确定规律而言.对于泛函通常引用下面的表示法:$\Phi[f(x)],\Psi[f(x)]$,等等.泛函概念是通常函数概念的变体.在泛函的情形中主变元是C中的元,而泛函的值是实数.泛函叫作分配的,是指对于C中的任意有穷线性组合式$c_1f_1(x)+c_2f_2(x)+\cdots+c_mf_m(x)$,它满足等式

$$\Phi[c_1f_1(x)+c_2f_2(x)+\cdots+c_mf_m(x)]$$
$$=c_1\Phi[f_1(x)]+c_2\Phi[f_2(x)]+\cdots+c_m\Phi[f_m(x)] \quad (87)$$

$\Phi[f(x)]$叫作有界的,是指有一正数N存在,使凡C中的元$f(x)$都满足不等式

$$|\Phi[f(x)]|\leqslant N\|f(x)\| \quad (88)$$

这不等式的左边是实数$\Phi[f(x)]$的绝对值,但后者表示在C中的泛函对应于元$f(x)$的值,而右边是正数N与元$f(x)$的范数的乘积,也就是N与$|f(x)|$在区间$[a,b]$上最大值的乘积.分配而又有界的泛函叫作线性泛函①.还可以引入连续泛函的概念.就是说,泛函$\Phi[f(x)]$叫作连续的,是指它满足下面的条件:如果$f_n(x)\to f(x)$,而这收敛在$[a,b]$上是一致的,那么$\Phi[f_n(x)]\to \Phi[f(x)]$.不难看出,线性泛函必是连续的.事实上,引用(87)及(88),可以得

$$|\Phi[f(x)]-\Phi[f_n(x)]|=|\Phi[f(x)-f_n(x)]|$$
$$\leqslant N\|f(x)-f_n(x)\|$$

由于$f_n(x)$一致收敛于$f(x)$,可知$\|f(x)-f_n(x)\|\to 0$,所以$\Phi[f(x)]-\Phi[f_n(x)]\to 0$,这就是说确实有$\Phi[f_n(x)]\to \Phi[f(x)]$.在定义线性泛函时也可以先设分配性与连续性,然后再证明其有界性,这就是说,在假设分配性之

---

① 这是依波兰学派的用法,而有些作者则用线性泛函指此处的分配泛函.——译者注

下,有界性与连续性对于泛函是等效的.我们不陈述这一事实的证明,因为这毫无困难.

举几个泛函的例.设 x_0 是区间 $[a,b]$ 上的某一定点.连续函数在这一点的值 $f(x_0)$ 就是在 C 中的一个线性泛函.定积分

$$\int_a^b f(x)\mathrm{d}x$$

也是一个线性泛函.设 $g(x)$ 是在 $[a,b]$ 上囿变的函数.对于 C 中的一切元 $f(x)$,可以作斯蒂尔切斯积分

$$\varPhi[f(x)] = \int_a^b f(x)\mathrm{d}g(x) \tag{89}$$

这也是一个线性泛函 $\varPhi[f(x)]$.其分配性可以由积分对于 $f(x)$ 的分配性得出,而其有界性可以由

$$\left| \int_a^b f(x)\mathrm{d}g(x) \right| \leqslant L V_a^b(g)$$

得出,其中 L 表示 $|f(x)|$ 在 $[a,b]$ 区间上的最大值.如此对于泛函式(89),式(88)中数 N 的任务可以由全变分 $V_a^b(g)$ 来担任.下面将证明一个重要定理,就是说 C 中的一切泛函可以表示成积分形状(89),而其中 $g(x)$ 是囿变函数.

定理(F. 栗斯)   空间 C 中的一切线性泛函可以表示成式(89)中的形状,其中 $g(x)$ 是囿变函数.

证明这定理时可以应用最初由 C. H. 别尔恩斯坦院士所做的一种特殊形状的多项式.以前曾提到过这种多项式,现在重提一下它的做法及基本性质.设 $f(x)$ 是区间 $[0,1]$ 上的一个连续函数.与这函数相应的别尔恩斯坦多项式是

$$P_n(x) = \sum_{m=0}^n f\left(\frac{m}{n}\right) C_n^m x^m (1-x)^{n-m} \quad \left(C_n^m = \frac{n(n-1)\cdots(n-m+1)}{m!} \right) \tag{90}$$

以前曾证明过[Ⅱ;154]无限地增加 n 时多项式序列 $P_n(x)$ 在区间 $[0,1]$ 上一致收敛于函数 $f(x)$.在证明本定理时,先把区间 $[a,b]$ 用主变数的线性代换映象于区间 $[0,1]$ 上:令 $y = \dfrac{x-a}{b-a}$.如此则在 $[a,b]$ 上连续函数的空间变换成了在 $[0,1]$ 上连续函数的空间,而证明时我们可以设基本区间 $[a,b]$ 已经就是 $[0,1]$ 了.设 $\varPhi[f(x)]$ 是空间 C 中的某一泛函.我们要证明,它可以表示成(89)的形式,其中 $g(x)$ 是区间 $[0,1]$ 上的某一囿变函数.显然

$$\sum_{m=0}^n C_n^m x^m (1-x)^{n-m} = 1$$

而如果令 $x \in [0,1]$,上面的和中一切项都是非负的.由此可知,如果 ε_m 是等于 $+1$ 或 -1 的数

$$\left| \sum_{m=0}^{n} \varepsilon_m C_n^m x^m (1-x)^{n-m} \right| \leqslant 1 \quad (0 \leqslant x \leqslant 1) \tag{91}$$

把泛函 $\Phi[f(x)]$ 作用于位于不等式(91)左边的多项式,依(88)及(91)可得

$$\left| \sum_{m=0}^{n} \varepsilon_m \Phi[C_n^m x^m (1-x)^{n-m}] \right| \leqslant N \tag{92}$$

现在选取符号 ε_m,使积 $\varepsilon_m \Phi[C_n^m x^m (1-x)^{n-m}]$ 对于一切 m 都是非负的. 如此选定了 ε_m,不等式(92)可以写成形式

$$\sum_{m=0}^{n} |\Phi[C_n^m x^m (1-x)^{n-m}]| \leqslant N \tag{93}$$

把区间 $[0,1]$ 分成 n 等份,并定义函数 $g_n(x)$,使它在每个部分区间上取常数值,并规定如下

$$\begin{cases} g_n(0) = 0 \\ g_n(x) = \Phi[C_n^0 x^0 (1-x)^{n-0}] & \left(0 < x < \dfrac{1}{n}\right) \\ g_n(x) = \Phi[C_n^0 x^0 (1-x)^{n-0}] + \Phi[C_n^1 x (1-x)^{n-1}] & \left(\dfrac{1}{n} \leqslant x < \dfrac{2}{n}\right) \\ g_n(x) = \sum_{m=0}^{2} \Phi[C_n^m x^m (1-x)^{n-m}] & \left(\dfrac{2}{n} \leqslant x < \dfrac{3}{n}\right) \\ \vdots \\ g_n(x) = \sum_{m=0}^{n-1} \Phi[C_n^m x^m (1-x)^{n-m}] & \left(\dfrac{n-1}{n} \leqslant x < 1\right) \\ g_n(1) = \sum_{m=0}^{n} \Phi[C_n^m x^m (1-x)^{n-m}] & (x=1) \end{cases}$$

$$\tag{94}$$

$g_n(x)$ 的全变分显然等于 $g_n(x)$ 在各分割点与区间端点处跃度绝对值的和. 由(93),可知 $V_a^b(g_n) \leqslant N$. 又依(93)并由函数 $g_n(x)$ 的定义可直接推知 $|g_n(x)| \leqslant N$. 如此,对于函数序列 $g_n(x)$ 可以应用第13小节的定理1,从而得知存在正整数 n_k 所组成的增序列,使 $g_{n_k}(x)$ 在 $[0,1]$ 的一切点处趋向于某一囿变函数 $g(x)$. 现在证明这函数 $g(x)$ 是(89)中所需的函数. 作 $f(x)$ 依 $g_n(x)$ 的斯蒂尔切斯积分. 这等于函数 $f(x)$ 在 $g_n(x)$ 各间断点的值与在这些点处 $g_n(x)$ 的跃度的乘积的和

$$\int_0^1 f(x) \mathrm{d}g_n(x) = \sum_{m=0}^{n} f\left(\frac{m}{n}\right) \Phi[C_n^m x^m (1-x)^{n-m}]$$

依公式(87)与(90),上式右边是 $\Phi[f(x)]$ 对于 $f(x) = P_n(x)$ 的数值,所以

$$\int_0^1 f(x) \mathrm{d}g_n(x) = \Phi[P_n(x)]$$

应用这公式于 $n=n_k$，则

$$\int_0^1 f(x)\mathrm{d}g_{n_k}(x) = \Phi[P_{n_k}(x)] \tag{95}$$

无限地增加 n_k，则 $P_{n_k}(x) \to f(x)$ 在 $[0,1]$ 上一致收敛，依泛函 $\Phi[f(x)]$ 的连续性，由公式(95)可知

$$\Phi[f(x)] = \lim_{n_k \to \infty} \int_0^1 f(x)\mathrm{d}g_{n_k}(x)$$

对于右边引用 12 小节的定理 2，可得

$$\Phi[f(x)] = \int_0^1 f(x)\mathrm{d}g(x) \tag{96}$$

16. C 中的线性运算子

现在讲空间 C 中运算子的定义. 所谓 C 上的运算子是指凡对 C 中任意元 $f(x)$ 各配以 C 中一个确定元 $\varphi(x)$ 的确定规律.

把运算子表示成 $F[f(x)]$. 对于 C 中任意的函数 $f(x)$，记号 $F[f(x)]$ 决定 C 中一个函数 $\varphi(x)$. 运算子的分配性也与泛函的分配性一样地定义，如公式(87)所示. 有界性可由与式(88)相似的公式定义，但左边的绝对值必须改成范数，因为 $F[f(x)]$ 并不是数，而是 C 中的元

$$\|F[f(x)]\| \leqslant N \|f(x)\| \tag{$88'$}$$

既分配又有界的运算子叫作线性运算子. 如此的运算子是连续的，这是指：如果 $f_n(x) \to f(x)$，那么 $F[f_n(x)] \to F[f(x)]$，而在这两式中的收敛都是指在 $[a,b]$ 上相应函数序列一致收敛.

现在举出关于 C 中线性运算子的一般形式的基本结果，但不加以证明. 设 $g(x,y)$ 是在二维闭区间 $0 \leqslant x \leqslant 1, 0 \leqslant y \leqslant 1$ 上定义的函数，而它对于区间 $[0,1]$ 内的任意值 y 都是 x 在 $[0,1]$ 中的囿变函数. 把函数 $g(x,y)$ 放到公式(96)中右边去，积分的结果不是数，而是参数 y 的一个函数，后者定义于区间 $[0,1]$ 上

$$\varphi(y) = \int_0^1 f(x)\mathrm{d}g(x,y) \tag{97}$$

要使上面的公式表示线性运算子，必须且只需函数 $g(x,y)$ 除了具有上述属性之外，还需能使对于任意选取的在 $[0,1]$ 上连续的函数 $f(x)$，由公式(97)定义的函数 $\varphi(x)$ 也是区间 $[0,1]$ 上连续的函数. 如果 y_0 是区间 $[0,1]$ 中的某一点，而 $y_n(n=1,2,\cdots)$ 是区间 $[0,1]$ 中的一个序列，并且这序列以 y_0 为极限，那么由 $\varphi(y)$ 在点 y_0 的连续性定义可得函数 $g(x,y)$ 所需满足的必要条件：即对于区间 $[0,1]$ 中的任意点 y_0，以及这区间上的任意连续函数 $f(x)$，下面公式必成立

$$\lim_{y_n \to y_0} \int_0^1 f(x)\mathrm{d}_x g(x,y_n) = \int_0^1 f(x)\mathrm{d}_x g(x,y_0) \tag{98}$$

而 y_n 是区间 $[0,1]$ 内的任意趋向于 y_0 的序列. 有这样性质的函数 $g(x,y)$ 通常

称作依参数弱连续的. 如果 $g(x,y)$ 依 x 是囿变的,依 y 是弱连续的,那么公式(98)显然确定了 C 中的一个线性运算子. 也可以证明逆命题,即凡 C 中的线性运算子必可以表示成(98)的形式,而 $g(x,y)$ 是依 x 囿变的,依 y 是弱连续的. 关于这定理的证明与弱连续性概念,可以参考格里汶科《斯蒂尔切斯积分》一书.

如果函数 $K(x,y)$ 在二维区间 $0 \leqslant x \leqslant 1, 0 \leqslant y \leqslant 1$ 上连续,那么公式

$$\varphi(y) = \int_0^1 K(y,x) f(x) \mathrm{d}x \tag{99}$$

显然是 C 中的线性运算子. 在积分方程中所遇到的就是这种运算子. 但并非凡 C 中的运算子都可以表示成(99)的形式.

我们曾定义空间 C 中元 $f(x)$ 的范数等于 $|f(x)|$ 在基本区间 $[0,1]$ 中的最大值. 由这样的范数定义可知所谓元 $f_n(x)$ 趋向于元 $f(x)$,是指函数 $f_n(x)$ 在基本区间上一致收敛于 $f(x)$.

定义 所谓 C 中的元集合 $\{\varphi(x)\}$ 是列紧的,是指由属于这集合的任意序列,可以取出一部分序列来,使这部分序列在空间 C 中收敛于一极限. 换句话说,如果从属于集合 $\{\varphi(x)\}$ 的任意序列可以取出一个在基本区间上一致收敛的部分序列来,那么这集合 $\{\varphi(x)\}$ 叫作列紧的.

依第 14 小节中的定理可知函数集合的有界性与等度连续性是列紧性的充分条件. 不难证明,上述条件对于列紧性也是必要的. 以后并不使用这命题,所以现在不叙述其证明.

只设函数集合的有界性不能保证其列紧性. 例如不难证明函数 $\sin nx \, (n=1,2,3,\cdots)$ 的集合不是列紧的,虽然所有这些函数依绝对值都不超过 1.

回到具有连续核的线性运算子(99). 设有任意有界元集合 $\{f(x)\}$,就是说对于这集合中的任意元,下面不等式成立

$$|f(x)| \leqslant L \tag{100}$$

而 L 是确定的正数. 对于"象函数"$\varphi(x)$

$$|\varphi(y') - \varphi(y'')| \leqslant \int_0^1 |K(y',x) - K(y'',x)| \, |f(x)| \, \mathrm{d}x \tag{101}$$

而由(100)得

$$|\varphi(y') - \varphi(y'')| \leqslant L \int_0^1 |K(y',x) - K(y'',x)| \, \mathrm{d}x$$

由于 $K(y,x)$ 的连续性,对于任意预定的正数 ε,存在一个正数 η,不随函数 $f(x)$ 而变动,使当 $|y'-y''| \leqslant \eta$ 时必然有 $|K(y',x) - K(y'',x)| \leqslant \varepsilon$,如此则当 $|y'-y''| \leqslant \eta$ 时

$$|\varphi(y') - \varphi(y'')| \leqslant \varepsilon L$$

而 η 与 $\varphi(y)$ 的选择无关,所以象函数集合是等度连续的函数集合.

象函数的有界性可由下面不等式看出

$$|\varphi(y)| \leqslant \int_0^1 K(y,x) ||f(x)| \mathrm{d}x \leqslant L\int_0^1 |K(y,x)| \mathrm{d}x$$

如此具有连续核的线性运算子(99)把任一有界集合$\{f(x)\}$映象成列紧集合$\{\varphi(x)\}$.

凡把有界的元集合映象成列紧集合的运算子通常叫作全连续运算子.

应用施瓦兹不等式于式(101)右边的积分上去,则

$$|\varphi(y') - \varphi(y'')|^2 \leqslant \int_0^1 |K(y',x) - K(y'',x)|^2 \mathrm{d}x \int_0^1 |f(x)|^2 \mathrm{d}x \tag{102}$$

由此显然不用条件(100)而仅设集合$\{f(x)\}$满足较弱的、依中值有界的条件

$$\int_0^1 |f(x)|^2 \mathrm{d}x \leqslant L$$

也可以保证上述的结果.

如此则象集合仍是列紧的.由(102)可知,关于核也可以不设连续性,而做出下面的假设

$$\int_0^1 |K(y,x)|^2 \mathrm{d}x \leqslant L$$

而对于任意预定的正数ε,存在一个正数η,使当$|y'-y''| \leqslant \eta$时必然有

$$\int_0^1 |K(y',x) - K(y'',x)|^2 \mathrm{d}x \leqslant \varepsilon$$

17. 区间函数

为了以后推广积分概念,应用区间函数以替代点函数更适合些.设在无穷轴上有一不减的有界函数$g(x)$.对于任一半开区间$\Delta = (\alpha, \beta]$使一非负的数$g(\beta+0) - g(\alpha+0)$与它相应(这表示这区间上所负荷的质量).如此得出一个半开区间的函数,以$G(\Delta)$表示

$$G(\Delta) = g(\beta+0) - g(\alpha+0) \tag{103}$$

为了陈述这函数的性质,可以引入一个新概念.我们说,半开区间$\Delta^{(1)}, \Delta^{(2)}, \cdots$所构成的序列是零序列,是指每一区间$\Delta^{(k+1)}$属于它前边的那个$\Delta^{(k)}$,并且这些区间全体公有的点不存在.现在研究一下零区间序列的结构.设$\Delta^{(k)}$是$(a_k, b_k]$.依条件,$a_k \leqslant a_{k+1}, b_k \geqslant b_{k+1}$,而当无限地增大$k$时,$b_k - a_k \to 0$.单调序列$a_k$与$b_k$必有公共的极限$c$,所以对于任意$k, a_k \leqslant c \leqslant b_k$.既然属于一切区间$\Delta^{(k)}$的公共点不存在,点$c$自然也不是如此的公共点,所以对于一切足够大的$k, \Delta^{(k)}$就是$(c, b_k]$,而$b_k \to c$.如此

$$G(\Delta^{(k)}) = g(b_k + 0) - g(c + 0) \to 0$$

因为$g(b_k+0) \to g(c+0)$.由定义(103)并由刚才的推理,直接可得$G(\Delta)$的下面三个基本性质:

(1) $G(\Delta)$ 是非负的;

(2) 它是加法的,就是说,如果半开区间 Δ 分解成有穷个半开区间 Δ_1, $\Delta_2,\cdots,\Delta_q$,而这些半开区间相互无公共点,这通常用下面等式表示

$$\Delta = \Delta_1 + \Delta_2 + \cdots + \Delta_q \tag{104}$$

那么

$$G(\Delta) = \sum_{k=1}^{q} G(\Delta_k) \tag{105}$$

(3) 对于零区间序列,函数 $G(\Delta)$ 趋近于零.

这最后一个性质叫作函数 $G(\Delta)$ 的正常性. 这性质有很明显的物理意义. 我们将不仅考察左边半开的区间,而考察任意的区间: $(\alpha,\beta]$,$[\alpha,\beta)$,$[\alpha,\beta]$,(α,β),并且单独的点 α 也看作是区间. 由一个不减的有界函数 $g(x)$ 出发,可以作任意区间的函数 $G(\Delta)$,使它具有上述三种性质. 为了得到这种结果,只需除定义(103)外再取下列定义

$$\begin{cases} G([\alpha,\beta)) = g(\beta-0) - g(\alpha-0) \\ G([\alpha,\beta]) = g(\beta+0) - g(\alpha-0) \\ G((\alpha,\beta)) = g(\beta-0) - g(\alpha+0) \end{cases} \tag{106}$$

而如果 $[\alpha]$ 是由一点所成的区间,那么

$$G([\alpha]) = g(\alpha+0) - g(\alpha-0) \tag{107}$$

如果不减函数 $g(x)$ 只在有穷区间上定义,例如在区间 $(a,b]$ 上,那么可以令: 当 $x \leqslant a$ 时 $g(x) = g(a+0)$,当 $x > b$ 时 $g(x) = g(b)$,从而把这函数延展到全轴上.

我们曾由不减点函数 $g(x)$ 出发,而得出区间函数 $G(\Delta)$ 来. 反之,也可以先有一个具有上述性质的区间函数 $G(\Delta)$,而作一点函数 $g(x)$,使它与 $G(\Delta)$ 有上述关系. 只需令

$$g(x) = G((-\infty,x]) \tag{108}$$

就够了. 如此作的函数 $g(x)$ 显然是右连续的. 如果 $G(\Delta)$ 只定义于属于某区间 Δ_0 的部分区间,那么它也可以定义于一切区间,只需令 $G(\Delta) = G(\Delta \cdot \Delta_0)$ 就够了,而区间的积 $\Delta \cdot \Delta_0$ 是指由既属于 Δ 又属于 Δ_0 的一切点所构成的区间. 如果这样的点不存在,那么 $\Delta \cdot \Delta_0$ 是空集合,可以令 $G(\Delta \cdot \Delta_0) = 0$. 如果对于 $g(x)$ 加上任意常数,那么 $G(\Delta)$ 的值并不受影响. 如果 $g(x)$ 是囿变函数,那么可以将它表示成两个不减函数的差的典式: $g(x) = g_1(x) - g_2(x)$. 由函数 $g_1(x)$ 与 $g_2(x)$ 可作具有上述性质的区间函数 $G_1(\Delta)$ 及 $G_2(\Delta)$,而由函数 $g(x)$ 可得区间函数 $G(\Delta) = G_1(\Delta) - G_2(\Delta)$. 这函数可以直接用公式(106)与(107)由函数 $g(x)$ 作出. 它仍是加法的、正常的,但不一定是非负的.

18. 基本斯蒂尔切斯积分

现在推广斯蒂尔切斯积分的概念. 在第3小节中曾见到,如果只令在第3小

节中定义的 i 及 I 相等,就可以得到一种推广.此外,起始我们将只考察在半开区间$(a,b]$上的积分,并将这区间也分解成半开的部分区间$(x_{k-1},x_k]$.如此分割点只属于一个部分区间,并且只是作为右端.为了与在本节及下几节将介绍的积分区别,我们把在第 2 小节中定义的斯蒂尔切斯积分叫作初等斯蒂尔切斯积分.

设有一有穷或无穷的半开区间$(a,b]$,并在它上面定义有界函数 $f(x)$ 及 $g(x)$,而 $g(x)$ 是非减函数.分解$(a,b]$成部分区间$(x_{k-1},x_k]$.设 ξ_k 是$(x_{k-1},x_k]$中的某一点,而 m_k 及 M_k 各表示 $f(x)$ 在$(x_{k-1},x_k]$中的下、上确界.作和

$$\begin{cases} s_\delta = \sum_{k=1}^n m_k [g(x_k+0) - g(x_{k-1}+0)] \\ S_\delta = \sum_{k=1}^n M_k [g(x_k+0) - g(x_{k-1}+0)] \end{cases} \tag{109}$$

$$\sigma_\delta = \sum_{k=1}^n f(\xi_k)[g(x_k+0) - g(x_{k-1}+0)] \tag{110}$$

如果 $b = +\infty$,那么 $x_n = +\infty$,而可规定 $g(+\infty+0) = g(+\infty)$.如果 $a = -\infty$,那么 $x_1 = -\infty$,而依定义,$g(-\infty+0) = \lim_{x \to -\infty} g(x)$.设 i 是对于一切可能分割 s_δ 的上确界,而 I 是 S_δ 的下确界.如果引入右连续的不减函数 $h(x) = g(x+0)$,那么差 $g(x_k+0) - g(x_{k-1}+0)$ 可以写成 $h(x_k) - h(x_{k-1})$ 的形式,而公式(109)与(110)可以写成下面的形式

$$s_\delta = \sum_{k=1}^n m_k [h(x_k) - h(x_{k-1})], \quad S_\delta = \sum_{k=1}^n M_k [h(x_k) - h(x_{k-1})] \tag{109$'$}$$

$$\sigma_\delta = \sum_{k=1}^n f(\xi_k)[h(x_k) - h(x_{k-1})] \tag{110$'$}$$

对于量 $s_\delta, S_\delta, \sigma_\delta, i$ 与 I,在 3 小节中所说的一切都成立.

定义 1 所谓 $f(x)$ 依 $g(x)$ 在区间$(a,b]$上可积分,是指 $i = I$,而取 i 作积分值

$$i = \int_a^b f(x) \mathrm{d}g(x) = \int_{(a,b)} f(x) \mathrm{d}g(x) \tag{111}$$

如此定义的积分叫作基本斯蒂尔切斯积分.

在下面定理中我们讨论这种积分的存在,以及借助和 σ_δ 而定义它的可能性.

定理 1 积分(111)存在的充分必要条件是存在一序列的分割 δ_n ($n=1,2,3,\cdots$),使差 $S_{\delta_n} - s_{\delta_n}$ 趋近于零,或 σ_{δ_n} 对于任意选择的点 $\xi_k^{(n)}$ 都有确定的极限.这一极限值 A 就是积分值.如此则 $s_{\delta_n} \to A$,而 $S_{\delta_n} \to A$.

这定理可以由与 3 小节的推理完全类似的方法直接推出,在现在考察的情形下诸部分区间无公共点.注意定理中所说的分割序列不必是无限地细分的分

割序列.例如假设存在一分割 δ,使 σ_δ 与点 ξ_k 的选择无关,则可取一切 δ_n 与 δ 重合.提醒一下,在不减函数 $g(x)$ 的情形中初等斯蒂尔切斯积分存在的充分必要条件是当无限地细分各部分区间时对于任意分割序列,差 $S_\delta - s_\delta$ 趋向于零.如果 $f(x)$ 与 $g(x)$ 在区间 $[a,b]$ 上有定义,而 $g(x)$ 在点 $x=a$ 处右连续,并且初等斯蒂尔切斯积分存在,那么基本斯蒂尔切斯积分必存在,而二者之值相等.

现在介绍新概念.

定义 2 分割序列 δ_n 叫作对于函数 $g(x)$ 是正则的,是指它满足下列两个条件:(1) $g(x)$ 的每个间断点是自某个 n 值以后一切 δ_n 的分割点.(2) 当 n 增大时分割 δ_n 的各部分区间无限地细分,而在无穷区间的情形下,无限细分的意思就是 4 小节中所说明的.

定理 2 如果 δ_n 是正则的分割序列,那么 $s_{\delta_n} \to i$, $S_{\delta_n} \to I$.

设 δ 是 $[a,b]$ 的任意预定的分割,而 $\delta'_n = \delta\delta_n$. 取 n 足够大,使 $g(x)$ 的间断点中又是 δ 的分割点的那些间断点也是 δ_n 的分割点,而且 δ_n 的任一部分区间在它内部至多包含 δ 的一个分割点.这里应当注意,δ 的分割点数目是有穷的.用 p 表示这数目.设 $(x_{k-1}^{(n)}, x_k^{(n)})$ 是分割 δ_n 中包含分割 δ 的分割点 x_s 的那个部分区间.这类区间的数目不大于 p.用 $m_k^{(n)}$ 表示 $f(x)$ 在 $(x_{k-1}^{(n)}, x_k^{(n)})$ 中所取值的下确界,$\mu_k^{(n)}$ 是 $f(x)$ 在 $(x_{k-1}^{(n)}, x_s)$ 中所取诸值的下确界,而 $v_k^{(n)}$ 是它在 $(x_s, x_k^{(n)})$ 中所取值的下确界.由 s_{δ_n} 变成 $s_{\delta'_n}$ 时,式

$$m_k^{(n)}[g(x_k^{(n)}+0) - g(x_{k-1}^{(n)}+0)]$$

换成和

$$\mu_k^{(n)}[g(x_s+0) - g(x_{k-1}^{(n)}+0)] + v_k^{(n)}[g(x_k^{(n)}+0) - g(x_s+0)]$$

如此,可以写成

$$s_{\delta'_n} = s_{\delta_n} - \sum m_k^{(n)}[g(x_k^{(n)}+0) - g(x_{k-1}^{(n)}+0)] + $$
$$\sum \mu_k^{(n)}[g(x_s+0) - g(x_{k-1}^{(n)}+0)] + $$
$$\sum v_k^{(n)}[g(x_k^{(n)}+0) - g(x_s+0)] \qquad (112)$$

既是 $g(x)$ 的间断点又是 δ 的分割点的点依条件已出现于 δ_n 的分割点中,因此点 x_s 是 $g(x)$ 的连续点,所以 $g(x_s+0) = g(x_s)$.公式(112)中的和是依一切属于 δ_n 而包含分割 δ 的分割点 x_s 于其内的区间而取的,并且这些和中项数不大于 p.因子 $m_k^{(n)}, \mu_k^{(n)}, v_k^{(n)}$ 都是有界的,而当无限地增大 n 时方括号中的差趋向于零,因为依正则的分割序列 δ_n 的定义,各部分区间无限地细分,而区间 $[x_{k-1}^{(n)}, x_k^{(n)}]$ 包含函数 $g(x)$ 的连续点 x_s 于其内部.如此,$s_{\delta'_n} - s_{\delta_n} \to 0$.另一方面,不等式 $s_{\delta_n} \leqslant s_{\delta'_n} \leqslant i$ 及 $s_\delta \leqslant s_{\delta'_n} \leqslant i$ 成立.可以取分割 δ,使 s_δ 与 i 相差任意小,就是说对于任意预定的正数 ε,可以取 δ,使 $i - s_\delta < \varepsilon$.由不等式 $s_\delta \leqslant s_{\delta'_n} \leqslant i$ 可知 $i - s_{\delta'_n} < \varepsilon$,而最后由上面得到的结果 $s_{\delta'_n} - s_{\delta_n} \to 0$ 可知对于一切足够大的 n,$i -$

$s_{\delta_n} < 2\varepsilon$,既然 ε 是任意的,这就是说 $s_{\delta_n} \to i$,而这正是所要证的. 完全同样地可以证明 $S_{\delta_n} \to I$. 注意,如果 $g(x)$ 是连续的,那么正则分割序列的特征只是其部分区间无限地细分. 例如,对于黎曼积分,$g(x) = x$ 便是如此. 既然 x 在无穷区间上是无界的,在作正常黎曼积分时只应当考察有界区间.

定理 3 如果积分(111)存在并等于 A,那么对于任意正则分割序列 δ_n,$\sigma_{\delta_n} \to A$.

由定理的条件可知 $i = I = A$. 依上面定理 $s_{\delta_n} \to A$, $S_{\delta_n} \to A$,而因为 σ_{δ_n} 满足不等式 $s_{\delta_n} \leqslant \sigma_{\delta_n} \leqslant S_{\delta_n}$,无论如何选择点 $\xi_k^{(n)}$,σ_{δ_n} 一定趋向于 A.

系 如果对于某一正则分割序列 δ_n 存在极限 $\sigma_{\delta_n} \to A$,那么对于任意其他正则序列,这极限也存在,并且也等于 A. 如此则积分存在,并等于 A. 如果对于某正则序列 δ_n,σ_{δ_n} 没有确定的极限,那么积分(111)不能存在.

如此应用依正则分割序列所作的和 σ_{δ} 可以解决关于基本斯蒂尔切斯积分存在的问题.

不难借区间函数 $G(\Delta)$ 来陈述基本斯蒂尔切斯积分的定义,只需注意点函数 $g(x)$ 及区间函数 $G(\Delta)$ 之间的联系就够了. 设在半开区间 Δ_0 上定义了有界的点函数 $f(x)$ 及非负加法正常区间函数 $G(\Delta)$. 分割 Δ_0 成有穷个相互无公共点的半开区间 $\Delta_1, \Delta_2, \cdots, \Delta_n$,并作和

$$s_\delta = \sum_{k=1}^n m_k G(\Delta_k) \tag{113}$$

$$S_\delta = \sum_{k=1}^n M_k G(\Delta_k) \tag{114}$$

$$\sigma_\delta = \sum_{k=1}^n f(\xi_k) G(\Delta_k) \tag{115}$$

其中 m_k, M_k 及 ξ_k 的意义都与以前一样. 与上面相同,用 i 表示和 s_δ 的上确界,用 I 表示和 S_δ 的下确界. 如果 $i = I$,那么我们说 $f(x)$ 依 $G(\Delta)$ 可积分,并且把积分写成下面的形式

$$\int_{\Delta_0} f(x) G(\mathrm{d}\Delta) = \int_{\Delta_0} f(x) \mathrm{d}g(x) \tag{116}$$

如果 $f(x)$ 是常数 c,那么显然积分等于 $cG(\Delta)$.

19. 基本斯蒂尔切斯积分的性质

我们曾看到,可以选择某分割序列而求和 σ_δ 的极限,以得出基本斯蒂尔切斯积分来. 这时,如果 σ_{δ_n} 有确定的极限,而 δ'_n 是 δ_n 的后继,那么 $\sigma_{\delta'_n}$ 也有同一极限. 可以利用和 σ_δ 而证明基本斯蒂尔切斯积分的性质,与在黎曼积分及初等斯蒂尔切斯积分的情形中一样. 在下面函数 $f(x)$ 及 $g(x)$ 都设作在积分区间中有界的,并且设 $g(x)$ 是不减的.

(1) 如果 c_k 是常数,那么

$$\int_{\Delta_0} \sum_{k=1}^{p} c_k f_k(x) \mathrm{d}g(x) = \sum_{k=1}^{p} c_k \int_{\Delta_0} f_k(x) \mathrm{d}g(x) \tag{117}$$

由右边积分的存在可得出左边积分的存在.

为了证明,只需取对于函数 $g(x)$ 的一个正则序列 δ_n.

(2) 如果 $g_k(x)(k=1,2,\cdots,p)$ 是不减有界函数,而 c_k 是正的常数,那么

$$\int_{\Delta_0} f(x) \mathrm{d}\Big(\sum_{k=1}^{p} c_k g_k(x)\Big) = \sum_{k=1}^{p} c_k \int_{\Delta_0} f(x) \mathrm{d}g_k(x) \tag{118}$$

而由右边积分的存在可得出左边积分的存在,反过来也是正确的.

设 $\delta_n^{(k)}$ 是对于函数 $g_k(x)$ 的正则分割序列. 序列 $\delta_n = \delta_n^{(1)}, \delta_n^{(2)}, \cdots, \delta_n^{(p)}$ 对于一切函数 $g_k(x)(k=1,2,\cdots,p)$ 都是正则序列. 显然

$$S_{\delta_n} - s_{\delta_n} = \sum_{k=1}^{p} c_k (S_{\delta_n^{(k)}} - s_{\delta_n^{(k)}}) \tag{119}$$

其中 s_{δ_n} 及 S_{δ_n} 趋向于(118)左边的积分,而 $s_{\delta_n^{(k)}}$ 及 $S_{\delta_n^{(k)}}$ 趋向于右边的积分. 如果公式(118)右边的各积分存在,那么 $S_{\delta_n^{(k)}} - s_{\delta_n^{(k)}} \to 0 (k=1,2,\cdots,p)$,所以 $S_{\delta_n} - s_{\delta_n} \to 0$,就是说左边的积分也存在. 现在设后一积分存在. 如此应当存在分割序列 δ_n,使 $S_{\delta_n} - s_{\delta_n} \to 0$. 公式(119)右边各项都是非负的,所以对于 $k=1,2,\cdots,p$, $S_{\delta_n^{(k)}} - s_{\delta_n^{(k)}} \to 0$,就是说公式(118)右边各积分也存在. 对于有穷和 σ_{δ_n} 作与(118)相类似的公式,再取极限,可得公式(118).

(3) 如果区间 Δ_0 分割成有穷个相互无公共点的区间 $\Delta_1, \Delta_2, \cdots, \Delta_m$,那么

$$\int_{\Delta_0} f(x) \mathrm{d}g(x) = \sum_{k=1}^{m} \int_{\Delta_k} f(x) \mathrm{d}g(x) \tag{120}$$

而由右边积分存在可知左边积分存在,反过来也是正确的. 设左边积分存在. 依定理1可知有 Δ_0 的一分割序列 δ_n 存在,使 $S_{\delta_n} - s_{\delta_n} \to 0$. 用 δ 表示 Δ_0 的一分割,分它成部分 $\Delta_k(k=1,2,\cdots,m)$,并设 $\delta'_n = \delta_n \delta$. 显然 $S_{\delta'_n} - s_{\delta'_n} \to 0$,因为 $s_{\delta'_n} \geqslant s_{\delta_n}, S_{\delta'_n} \leqslant S_{\delta_n}$. 形如(16)并表示 $S_{\delta'_n} - s_{\delta'_n}$ 的和可以分解成 m 个非负项,其中每一项表示某一 Δ_k 的相应和,而既然整个和趋向于零,可知个别项也趋向于零,就是说公式(120)右边各个积分存在. 反之,设右边各个积分都存在. 对于每个如此的积分必存在分割序列 $\delta_n^{(k)}$,使差 $S_{\delta_n^{(k)}} - s_{\delta_n^{(k)}} \to 0$. 由这些分割序列可得区间 Δ_0 的一分割序列,而与公式(120)左边积分相应的差值也趋向于零. 留意对于初等斯蒂尔切斯积分,在公式(3)的第三式中由右边积分的存在并不能推知左边积分的存在[①].

---

① 在第3小节末尾译者注中所举的例中, $\int_{-1}^{0} f(x) \mathrm{d}g(x)$ 及 $\int_{0}^{1} f(x) \mathrm{d}g(x)$ 都存在(且为0),但 $\int_{-1}^{1} f(x) \mathrm{d}g(x)$ 并不存在. ——译者注

(4) 如果在区间 Δ_0 上，$|f(x)| \leqslant L$，那么

$$\left| \int_{\Delta_0} f(x) \mathrm{d}g(x) \right| \leqslant LG(\Delta_0) \tag{121}$$

其中 $G(\Delta_0)$ 是函数 $g(x)$ 在区间 Δ_0 上的增量.

(5) 如果在区间 Δ_0 上函数 $f_p(x)$ 当 $p \to \infty$ 时一致收敛于 $f(x)$，而 $f_p(x)$ 依 $g(x)$ 的积分都存在，那么 $f(x)$ 依 $g(x)$ 的积分也存在，且下面公式成立

$$\lim_{p \to \infty} \int_{\Delta_0} f_p(x) \mathrm{d}g(x) = \int_{\Delta_0} f(x) \mathrm{d}g(x) \tag{122}$$

设 $\Delta_k^{(n)}(k=1,2,\cdots,t_n)$ 是对于函数 $g(x)$ 的某正则分割序列中分割 δ_n 的各部分区间. 考察对于函数 $f_p(x)$ 及函数 $f(x)$ 所作的和 $\sigma_{\delta_n}^{(p)}$ 及 σ_{δ_n}，显然，既然 $f_p(x)$ 一致收敛于 $f(x)$，函数 $f(x)$ 也必是有界的

$$\sigma_{\delta_n}^{(p)} = \sum_{k=1}^{t_n} f_p(\xi_k^{(n)}) G(\Delta_k^{(n)}), \quad \sigma_{\delta_n} = \sum_{k=1}^{t_n} f(\xi_k^{(n)}) G(\Delta_k^{(n)}) \tag{123}$$

在每个和中各点 $\xi_k^{(n)}$ 可以取作一样的. 作差

$$\sigma_{\delta_n} - \sigma_{\delta_n}^{(p)} = \sum_{k=1}^{t_n} [f(\xi_k^{(n)}) - f_p(\xi_k^{(n)})] G(\Delta_k^{(n)})$$

对于任意预定的正数 ε，必存在一数 N，使当 $p > N$ 时，对于 Δ_0 中的任意 x，$|f(x) - f_p(x)| < \varepsilon$；这是由于 $f_p(x)$ 收敛的一致性而成为可能的. 当 $p > N$ 及存在任意 $\xi_k^{(n)}$ 时，对于差 $\sigma_{\delta_n} - \sigma_{\delta_n}^{(p)}$ 可得 $|\sigma_{\delta_n} - \sigma_{\delta_n}^{(p)}| < \varepsilon G(\Delta_0)$. 由此，当 $p \to \infty$ 时，$\sigma_{\delta_n}^{(p)} \to \sigma_{\delta_n}$，而这收敛对于 n 及点 $\xi_k^{(n)}$ 的选择都是一致的. 依条件 $f_p(x)$ 是依 $g(x)$ 可积分的，所以，当无限地增加 n 时，每个和 $\sigma_{\delta_n}^{(p)}$ 都有极限，用 A_p 表示这极限. 这极限就是 $f_p(x)$ 依 $g(x)$ 的积分. 现在证明数列 A_p 有极限. 事实上

$$A_q - A_p = (A_q - \sigma_{\delta_n}^{(q)}) + (\sigma_{\delta_n}^{(p)} - A_p) + (\sigma_{\delta_n}^{(q)} - \sigma_{\delta_n}) + (\sigma_{\delta_n} - \sigma_{\delta_n}^{(p)}) \tag{124}$$

既然当 $p \to \infty$ 时 $\sigma_{\delta_n}^{(p)}$ 一致收敛于 σ_{δ_n}，对于任意预定的 $\varepsilon > 0$ 必存在一数 M，使当 p 及 $q > M$ 时 $|\sigma_{\delta_n}^{(q)} - \sigma_{\delta_n}| < \varepsilon$，$|\sigma_{\delta_n} - \sigma_{\delta_n}^{(p)}| < \varepsilon$. 固定任意两个满足上面条件的数值 p 及 q，可以取足够大的 n 值，使公式 (124) 右边前两项依绝对值都小于 ε. 如此可得当 p 及 $q > M$ 时 $|A_q - A_p| < 4\varepsilon$，由此可知，当 $p \to \infty$ 时极限 $A_p \to A$ 存在. 剩下的只是证明当 $n \to \infty$ 时 $\sigma_{\delta_n} \to A$ 就可以了. 注意

$$A - \sigma_{\delta_n} = (A - A_p) + (A_p - \sigma_{\delta_n}^{(p)}) + (\sigma_{\delta_n}^{(p)} - \sigma_{\delta_n})$$

首先取足够大的 p，使对于任意 n 及 $\xi_k^{(n)}$，$|A - A_p| < \varepsilon$ 及 $|\sigma_{\delta_n}^{(p)} - \sigma_{\delta_n}| < \varepsilon$. 又对于一切足够大的 n，对于由上面固定了的 p，$|A_p - \sigma_{\delta_n}^{(p)}| < \varepsilon$. 如此 $|A - \sigma_{\delta_n}| < 3\varepsilon$，既然 ε 是任意的，可知 $\sigma_{\delta_n} \to A$.

(6) 如果 $f(x)$ 依 $g(x)$ 的积分存在，那么 $|f(x)|$ 依 $g(x)$ 的积分存在，并且下面不等式成立

$$\left| \int_{\Delta_0} f(x) \mathrm{d}g(x) \right| \leqslant \int_{\Delta_0} |f(x)| \mathrm{d}g(x) \tag{125}$$

引用与函数 $f(x)$ 相应的通常记号 M_k 及 m_k. 如果两数都是正的,那么 $|f(x)|$ 的确界也是 M_k 及 m_k. 如果两数都是负的,那么 $|f(x)|$ 的相应上、下确界是数 $|m_k|$ 及 $|M_k|$,而上下确界的差仍是与原来 $f(x)$ 的相应差相等. 最后,如果 m_k 是负的,M_k 是正的,那么 $|f(x)|$ 的上确界是 $|m_k|$ 及 M_k 两数中的较大者,而其下确界不小于零. 因而无论如何,$|f(x)|$ 的上、下确界的差不超过 $f(x)$ 的上、下确界的差. 因此,如果对于某分割序列,$f(x)$ 的差 $S_{\delta_n} - s_{\delta_n}$ 趋向于零,那么对于同一序列,$|f(x)|$ 的相应差也趋向于零,就是说由 $f(x)$ 的积分的存在可知 $|f(x)|$ 的积分也存在. 不等式(125)可以由关于相应的和的不等式取极限得出来.

(7) 如果函数 $f_1(x)$ 及 $f_2(x)$ 依 $g(x)$ 可积分,那么它们的积 $f_1(x)f_2(x)$ 依 $g(x)$ 也可积分.

首先证明当 $f(x)$ 依 $g(x)$ 可积分时,$f^2(x)$ 依 $g(x)$ 也可积分. 设 $f(x)$ 是正的,并对于 $f(x)$ 及 $f^2(x)$ 作和 σ_δ

$$\sigma_\delta = \sum_{k=1}^n (M_k - m_k) G(\Delta_k)$$

$$\sigma'_\delta = \sum_{k=1}^n (M_k^2 - m_k^2) G(\Delta_k) = \sum_{k=1}^n (M_k + m_k)(M_k - m_k) G(\Delta_k)$$

如果第一和对于某分割序列趋向于零,依 $M_k + m_k$ 的有界性可知第二和对同一分割序列也趋向于零. 如此对于正函数 $f(x)$,由 $f(x)$ 的可积分性可知 $f^2(x)$ 的可积分性. 如果 $f(x)$ 不是正的,那么由于其具有有界性可知有一正数 a 存在,使函数 $f(x) + a$ 是正的. 依性质1,这新函数也是可积分的,所以函数 $[f(x) + a]^2 = f^2(x) + 2af(x) + a^2$ 也是可积分的. 由此可知 $f^2(x) = [f(x) + a]^2 - 2af(x) - a^2$ 也是可积分的. 最后,为了证明 $f_1(x)f_2(x)$ 的可积分性,只需把这积表示成下面形式

$$f_1(x)f_2(x) = \frac{1}{2}[f_1(x) + f_2(x)]^2 - \frac{1}{2}f_1^2(x) - \frac{1}{2}f_2^2(x)$$

上面等式右边都是可积分函数,于是命题证毕.

20. 基本斯蒂尔切斯积分的存在

当 $f(x)$ 与 $g(x)$ 的间断点相重合时,基本斯蒂尔切斯积分仍可以存在. 现在证明下面的定理.

定理 如果 $f(x)$ 是单调并有界的,而在 $f(x)$ 与 $g(x)$ 的间断点相重合处 $f(x)$ 是左连续的,那么 $f(x)$ 依 $g(x)$ 的基本斯蒂尔切斯积分必存在.

分解 $f(x)$ 成跃度函数与连续函数之和:$f(x) = f_d(x) + f_c(x)$. 连续函数 $f_c(x)$ 依 $g(x)$ 是可积分的. 剩下的只是要证明 $f_d(x)$ 依 $g(x)$ 可积分. 但 $f_d(x)$ 可以表示成初等跃度函数的一致收敛级数,因而只需就这种初等跃度函数而证明其依 $g(x)$ 的可积分性就够了. 在左连续的情形,这样的函数必取如下形式:

当 $x \leqslant d$ 时，$\omega(x)=0$；当 $x>d$ 时，$\omega(x)=\gamma$.

对于 $(a,b]$ 的以 d 为其一分割点的任一分割，和 s_δ 及 S_δ 是相等的：$s_\delta=S_\delta=\gamma[g(b)-g(d+0)]$，所以 $\omega(x)$ 依 $g(x)$ 是可积分的. 现在设 $\omega(x)$ 是初等跃度函数，并在间断点处是任意的，就是说，当 $x<d$ 时 $\omega(x)=0$，当 $x>d$ 时 $\omega(x)=\gamma$，而 $x=d$ 不是 $g(x)$ 的间断点. 这时当取无限地细分的分割序列 δ_n 时，如果 $x=d$ 是它们的一个分割点，则和 s_{δ_n} 及 S_{δ_n} 都以 $\gamma[g(b)-g(d)]$ 为极限.

可以把基本斯蒂尔切斯积分的定义推广到 $g(x)$ 是囿变函数的情形. 取 $g(x)$ 表示成不减函数差的典式：$g(x)=g_1(x)-g_2(x)$. 如果 $f(x)$ 依 $g_1(x)$ 及 $g_2(x)$ 都按基本积分的意义可积分，那么我们定义 $f(x)$ 依 $g(x)$ 的基本斯蒂尔切斯积分如下

$$\int_{\Delta_0} f(x)\mathrm{d}g(x)=\int_{\Delta_0} f(x)\mathrm{d}g_1(x)-\int_{\Delta_0} f(x)\mathrm{d}g_2(x) \tag{126}$$

由刚才证明的定理可知：如果 $f(x)$ 及 $g(x)$ 是囿变函数，而在 $f(x)$ 与 $g(x)$ 的间断点重合处，$f(x)$ 是左连续的，那么 $f(x)$ 依 $g(x)$ 可积分. 如果 $g(x)$ 是囿变函数时，积分性质的陈述需做适当的修改. 例如（121）需换成

$$\left|\int_a^b f(x)\mathrm{d}g(x)\right| \leqslant LV_a^b(g) \tag{127}$$

在公式（118）中 $g_k(x)$ 是囿变函数，系数 c_k 也是可正可负的. 由右边积分的存在可知左边积分也存在，但我们无权谈到逆命题的正确性了.

21. 一般斯蒂尔切斯积分

现在讨论关于古典斯蒂尔切斯积分的最后推广. 与基本斯蒂尔切斯积分相比，区别在于基本区间及分割的部分区间不限于半开的，而是一切可能的区间，甚至包括看作区间的单独点. 除此以外积分的定义与基本斯蒂尔切斯积分一样. 设 Δ_0 是预给的一区间（有穷的或无穷的），而 $f(x)$ 是定义于其上的有界函数，$G(\Delta)$ 是对于凡含于 Δ_0 中的区间 Δ 定义的非负、加法、正常的区间函数. 设 δ 是分 Δ_0 成有穷多相互无公共点的区间 $\Delta_1,\Delta_2,\cdots,\Delta_n$ 的分割，作（113）及（114）的和；并设 i 是和 s_δ 的上确界，I 是和 S_δ 的下确界，而取上、下界时是就区间 Δ_0 的一切可能分割而言的.

定义 1 我们说，$f(x)$ 依 $G(\Delta)$ 在区间 Δ_0 上可积分，是指 $i=I$，而 i 取作积分值

$$i=\int_{\Delta_0} f(x)G(\mathrm{d}\Delta) \tag{128}$$

如此定义的积分叫作一般斯蒂尔切斯积分.

注意因使用任意区间而发生的某些情况. 如果点 $P(x)$ 是 Δ_0 的分割中的独立元素，那么在和 s_δ，S_δ 及 σ_δ 中相应项的形式是 $f(x)G(P)$. 如果 Δ' 及 Δ'' 是两

区间,那么它们的积 $\Delta'\Delta''$ 是指既属于 Δ' 也属于 Δ'' 的点所组成的集合. 这集合或是区间,或是空集. 设 δ' 及 δ'' 是区间 Δ_0 的两分割. 所谓分割 δ' 及 δ'' 的积是指由一切可能的区间 $\Delta'\Delta''$ 所组成的分割 $\delta'\delta''$,其中 Δ' 是 δ' 中的区间,Δ'' 是 δ'' 中的区间. 各区间 $\Delta'\Delta''$ 显然是相互无公共点的,而其和正好是基本区间 Δ_0. 分割 δ' 叫作分割 δ 的后继,是指分割 δ' 中的每个元素完全含于分割 δ 的某一元素之中. 凡在第 3 小节中关于 $s_\delta, S_\delta, \sigma_\delta, i, I$ 所叙述的,在现在的情形中仍然正确.

不难对于一般斯蒂尔切斯积分证明在第 18 小节中关于基本积分所叙述的那三个基本定理. 第 18 小节中的定理 1 有同样的陈述,其正确性可由第 3 小节直接得出. 在定义正则分割序列时则需做某些改变.

定义 2 在一般斯蒂尔切斯积分的情形下,分割序列 δ_n 叫作对于函数 $g(x)$ 是正则的,是指满足下面两个条件:(1)$g(x)$ 的每个间断点是自某一 n 值以后的一切分割 δ_n 中的独立元素;(2)当 n 无限地增大时,分割 δ_n 的各部分区间无限地细分.

注意在第一条件中要求 $g(x)$ 的间断点不是 δ_n 的分割点,而是这分割中的独立元,也就是说,是 δ_n 的部分区间. 依所述关于一般斯蒂尔切斯积分的正则分割序列的定义,定理 2 的陈述及证明的方法仍然有效. 关于定理 3 及其系也是一样.

即使基本斯蒂尔切斯积分不存在时,在半开区间上也可能存在一般斯蒂尔切斯积分. 这可以由下面的思考而证明. 在作一般斯蒂尔切斯积分时,关于分解基本半开区间 $(a,b]$ 成部分,曾使用了更广阔的可能性. 数 s_δ 的集合扩大了,其上确界 i 可能增大. 反之,数 S_δ 的上确界 I 可能减小. 因此,如果在对于某函数 $f(x)$ 所作的基本斯蒂尔切斯积分中,$i < I$,在对于同一函数 $f(x)$ 所作的一般斯蒂尔切斯积分中可能 $i = I$.

一般斯蒂尔切斯积分具有在第 19 小节中所叙述的各种性质. 在基本斯蒂尔切斯积分的情形下,并非任一有界函数都是依跃度函数可积分的. 在一般积分的情形下,这种积分一定存在:

定理 依一般斯蒂尔切斯积分的意义,任意有界函数 $f(x)$ 依跃度函数 $g_d(x)$ 都是可积分的.

首先设 $g(x)$ 只有有穷个间断点:$c_1, c_2, \cdots, c_p$. 设 δ 是基本区间的一个分割 δ,定义如下:区间的两端(如果它们属于积分域)及点 $c_1, c_2, \cdots, c_p$ 是 δ 的独立元素,δ 的其余元素则是由上述点所界的各开区间. 在每个如此的区间上 $g_d(x)$ 是定值的,而与 $f(x)$ 依 $g_d(x)$ 的积分相应的和显然是相同的,并都等于

$$s_\delta = S_\delta = \sum_{k=1}^{p} f(c_k)\gamma_k \tag{129}$$

如此,$f(x)$ 依 $g_d(x)$ 的积分存在,并由和(129)表示. 现在设函数 $g_d(x)$ 的间断点 c_k 有无穷多. 设 δ_n 是与上述的那些分割同样的分割,但其独立元素是区间的

端点及前 n 个间断点, $c_1,c_2,\cdots,c_n$. 对于如此的分割序列 δ_n 作和 σ_{δ_n}. 和 σ_{δ_n} 中与作为分割的独立元素的点相应的各项之和等于

$$\sum_{k=1}^{n} f(c_k)\gamma_k$$

而这与点 ξ_k 的选择无关. 考察出现于分割 δ_n 中的某一开区间 (α,β). 和 σ_{δ_n} 中与它相应的项是

$$f(\xi)[g(\beta-0)-g(\alpha+0)] \quad (\alpha<\xi<\beta)$$

如果 $|f(x)|\leqslant L$, 那么

$$|f(\xi)|[g(\beta-0)-g(\alpha+0)]\leqslant L[g(\beta-0)-g(\alpha+0)]$$

而差 $g(\beta-0)-g(\alpha+0)$ 是 $g(x)$ 在区间 (α,β) 中的跃度之和. 如此, σ_δ 中与分割 δ_n 的各开区间相应的各项之和依绝对值不大于函数 $g(x)$ 的除在点 c_1, $c_2,\cdots,c_n$ 的跃度以外的一切跃度之和与 L 的乘积. 当 n 无限地增大时, 这和趋向于零, 而与上述点相应的项之和的极限是收敛级数

$$\sum_{k=1}^{\infty} f(c_k)\gamma_k \tag{130}$$

所以 $f(x)$ 依 $g_d(x)$ 的积分存在, 并由级数(130)表示, 这正是所要证的.

如此, 关于一般斯蒂尔切斯积分存在的问题化成关于 $f(x)$ 依连续不减函数 $g(x)$ 的积分存在的问题. 对于这种连续函数, 正则分割序列可以是任意具有无限细分的部分区间的分割序列, 而 $f(x)$ 依 $g_c(x)$ 按一般积分的意义可积分的充分必要条件与对于初等积分所述的完全一样. 如果 $g(x)$ 是囿变函数, 那么 $f(x)$ 依 $g(x)$ 的一般积分与基本积分一样由公式(126)定义. 依上述的定理, 任一囿变函数 $f(x)$ 依任一囿变函数 $g(x)$ 按一般积分的意义可积分.

举出一类依任意的有界增函数 $g(x)$ 可积分的函数. 所谓 $f(x)$ 是在区间 Δ_0 上片段定值的, 是指这区间可以分割成有穷多相互无公共点的区间 $\Delta^{(1)}$, $\Delta^{(2)},\cdots,\Delta^{(m)}$, 使 $f(x)$ 在每个区间 $\Delta^{(k)}$ 上保持不变的值 b_k. 不难看出, 凡片段定值的函数依任意的 $g(x)$ 可积分. 事实上, 如果 δ 是 Δ_0 的分割, 把它分成部分区间 $\Delta^{(k)}$, 那么和 s_δ 与 S_δ 是相同的

$$s_\delta = S_\delta = \sum_{k=1}^{m} b_k G(\Delta^{(k)}) \tag{131}$$

重复使用这分割 δ, 可知片段定值函数 $f(x)$ 依 $g(x)$ 的积分存在, 并由和(131)表示. 引用第 19 小节中的性质(4), 可知: 如果函数 $f(x)$ 在区间 Δ_0 上是片段定值函数 $f_p(x)$ 的一致收敛的极限, 那么它依任意有界增函数 $g(x)$ 按一般斯蒂尔切斯积分的意义可积分.

22. 平面上的区间函数

区间的加法函数概念及斯蒂尔切斯积分的做法在平面上、在三维空间, 以及一般在多维空间中较为复杂. 我们考察在平面上的情形. 由所述的推理法很

容易看出对于维数更大的空间应做如何的改变. 设有一平面,其上有坐标轴 x 轴及 y 轴,并设在 x 轴上有某一区间 Δ_x,而在 y 轴上有某一区间 Δ_y,此处区间的概念是在第 21 小节中所述的一般意义上的. 这两区间 Δ_x 及 Δ_y 在平面上定义某一区间 Δ,就是说,一点 (x,y) 属于 Δ,是指 x 属于 Δ_x,y 属于 Δ_y. 这些在平面上的区间也可以是各种各样的. 它可能是闭区间,并由不等式 $a \leqslant x \leqslant b, c \leqslant y \leqslant d$ 定义,或是由不等式 $a < x \leqslant b, c < y \leqslant d$ 定义的半开区间,或是由不等式 $a \leqslant x < b, c \leqslant y < d$ 定义的半开区间,或是由不等式 $a \leqslant x < b, c < y \leqslant d$ 定义的半开区间,或是平行于 x 轴的一个直线线段: $a < x \leqslant b, y = c$,或是一点 $x = a, y = c$,等等. 在上述各式中出现的数 a,b,c,d 可以是有穷的,也可以是无穷的. 在下面,对我们较大意义的是由不等式 $a < x \leqslant b, c < y \leqslant d$ 决定的半开区间,而为简单起见在下面只把这样的区间叫作半开区间.

设 Δ_0 为平面上一区间,把它取作基本区间,并在一个属于 Δ_0 的任意区间 Δ 上定义某一非负函数 $G(\Delta)$,而这函数有加法性及正常性. 换句话说,如果 Δ 可以表示成相互无公共点的几个区间之和: $\Delta = \Delta^{(1)} + \Delta^{(2)} + \cdots + \Delta^{(m)}$,那么

$$G(\Delta) = \sum_{k=1}^{m} G(\Delta^{(k)})$$

而如果 $\Delta_1, \Delta_2, \cdots$ 是区间的零序列,则 $G(\Delta_n) \to 0$.

现在阐明这种函数的几个性质. 由函数 $G(\Delta)$ 的非负性及加法性,直接可知 $G(\Delta_0)$ 是属于 Δ_0 的各 Δ 上函数 $G(\Delta)$ 的最大值. 当区间 Δ 是一个个别的点 P 时,我们简单地用 $G(P)$ 表示 $G(\Delta)$ 的值,而由于函数 $G(\Delta)$ 的非负性,$G(P) \geqslant 0$. 可以设,在属于 Δ_0 的一切点 P 处,$G(P) = 0$. 在这种情形下,函数 $G(\Delta)$ 叫作在 Δ_0 中连续的. 如果 $G(P) > 0$,那么点 P 叫作 $G(\Delta)$ 的间断点. 不难证明,间断点集合是有穷的,或是可数无穷的(参见第 6 小节). 取满足 $G(P) > 1$ 的间断点. 依 $G(\Delta)$ 的加法性及正常性,如此点的数目不能大于数 $G(\Delta_0)$ 的整数部分. 同样,满足 $G(P) > \frac{1}{2}$ 的各个间断点的总数不能大于 $2G(\Delta_0)$ 的整数部分,依此类推. 如此,与在第 6 小节中完全一样,可知间断点的总数是有穷或是可数无穷的. 如果是可数无穷的,而 $P_1, P_2, \cdots$ 是这一切间断点组成的序列,则由正数 $G(P_k)$ 所组成的级数收敛,并满足不等式

$$\sum_{k=1}^{\infty} G(P_k) \leqslant G(\Delta_0) \tag{132}$$

完全同样地,设 l 是一条平行于一坐标轴的直线在 Δ_0 中的部分,而且 $G(l) > 0$,则 l 叫作间断线. 凡平行于一坐标轴并通过一个间断点的直线必是间

断线. 但可能有间断线, 并不包含任何间断点①. 与上面完全一样, 可以证明, 如果间断线存在, 那么它们的数目是有穷或可数无穷的. 这里, Δ_0 内与坐标轴平行的间断线是指整个线段. 设有一区间序列 $\Delta_n (n=1,2,\cdots)$, Δ_n 包含 Δ_{n+1}, 而为一切区间 Δ_n 所共有的, 仅是点 P 或是线 l 上的一切点. 在这情形下, 我们说 Δ_n 是一个趋向于 P 或 l 的缩区间组(l 是平行于一个坐标轴的直线线段). 应用函数 $G(\Delta)$ 的正常性, 可以证明, 如果 Δ_n 是趋向于 P 或 l 的缩区间组, 那么 $G(\Delta_n) \to G(P)$ 或 $G(l)$. 现在证明关于点 P 的情形, 并设 P 位于一切区间 Δ_n 的内部, 并且这些区间都是开的. 通过 P 作平行于坐标轴的直线, 并把每个区间 Δ_n 分成下列部分: 点 P 及上述两直线为 P 所截并包含于 Δ_n 中的四线段, 以及所余的四个区间. 当 Δ_n 无限地缩向点 P 时, 所作的一切分割部分, 除点 P 之外, 各自组成零区间序列, 而由于 $G(\Delta)$ 的正常性, 对于每个这样的序列 $G(\Delta)$ 必趋向于零. 注意函数 $G(\Delta)$ 的加法性, 可以看出, $G(\Delta_n) \to G(P)$. 完全同样也可以讨论关于点 P 的其他情形及直线 l 的情形②.

如果把 $G(\Delta)$ 解释成在基本区间 Δ_0 上的某物质分布中位于区间 Δ 上的质量, 上面的定义就很清楚了. 例如设 $G(P) > 0$, 那么在点 P 处集中有质量 $G(P)$. 同样, 如果 $G(l) > 0$, 则质量 $G(l)$ 依某种方式分布于线 l 上. 例如设有半开区间 $\Delta_0 (0 < x \leqslant 2, 0 < y \leqslant 2)$, 而在其中在线段 $l_0 (x=1, 0 < y \leqslant 1)$ 上分布有质量, 其线性密度是 1. 在这情形中 $G(\Delta)$ 等于 Δ 所包含线段 l_0 的那部分的长度. 在属于 Δ_0 的任意点 P 处, $G(P) = 0$. 如果 Δ_n 是趋向于 l_0 的缩区间组, 那么其面积趋向于零, 但 $G(\Delta_n)$ 对于一切 n 都等于 1.

注意在属于 Δ_0 的一切区间上定义的函数 $G(\Delta)$ 可以很容易推广到平面的一切区间上去, 而所得函数仍是非负的、加法的、正常的. 事实上, 如果 Δ 是任意区间, 而 $\Delta\Delta_0$ 是区间 Δ 及 Δ_0 的积, 就是说, 由既属于 Δ 也属于 Δ_0 的一切点所构成的集合, 那么这积是属于 Δ_0 的区间, 而如此就得出上述的那种函数 $G(\Delta)$ 的推广, 这就是说令 $G(\Delta) = G(\Delta\Delta_0)$. 如果把 $G(\Delta)$ 解释成在区间 Δ 上的质量, 而一切质量分布于区间 Δ_0 上, 则很容易从物理上来解释推广了的函数 $G(\Delta)$.

以后我们可以看出, 如果只在半开区间上给出了一个非负的、加法的、正常的函数, 那么它不仅可以用唯一的方式扩展到一切区间上去, 而且, 还可以扩展到平面上极宽广的点集合类上去, 并仍保持上述的一切性质. 同时, 像上面说的, 这函数在点上及在线 l 上的数值, 可以借其在缩区间组上的值取极限而得出, 并且这极限值与缩区间组的选择无关.

---

① 例如设 $G(\Delta)$ 对于平面上的一切区间 Δ 定义如下: $G(\Delta)$ 等于 Δ 截取直线 $x=0$ 的线段的长度, 则 $x=0$ 是间断线, 但它上面的点都是 $G(\Delta)$ 的连续点. —— 译者注

② 以后我们将不但对于区间, 而且对于一般的点集合证明 $G(\Delta)$ 的上述性质.

不难把函数 $G(\Delta)$ 分解成跃度函数及连续部分. 设 $G(\Delta)$ 是非负的、加法的、正常的，并且定义于一切属于 Δ_0 的 Δ 上. 用 $P_k(k=1,2,\cdots)$ 表示这函数的间断点. 定义跃度函数 $G_d(\Delta)$ 如下：$G_d(\Delta)$ 等于在属于 Δ 的所有点 P_k 处的值 $G(P_k)$ 的和. 注意，如果这间断点集合是可数无穷的，那么由 $G(P_k)$ 所组成的级数是收敛的. 用 $G_c(\Delta)$ 表示差值 $G(\Delta)-G_d(\Delta)$. 这一函数没有间断点. 不难看出，函数 $G_d(\Delta)$ 及 $G_c(\Delta)$ 是非负的、加法的、正常的. 正常性直接由下面不等式得出：$0 \leqslant G_d(\Delta) \leqslant G(\Delta), 0 \leqslant G_c(\Delta) \leqslant G(\Delta)$. 我们写出所得函数 $G(\Delta)$ 的分解如下
$$G(\Delta)=G_d(\Delta)+G_c(\Delta)$$

23. 化到点函数

用点函数 $g(x,y)$ 可以作区间函数 $G(\Delta)$. 设有一点函数 $g(x,y)$，设它对于一切属于 x 轴上区间 $\Delta_x^{(0)}$ 的 x 及一切属于 y 轴上区间 $\Delta_y^{(0)}$ 的 y 有定义，而 $\Delta_x^{(0)}$ 及 $\Delta_y^{(0)}$ 定义平面上一基本区间 Δ_0. 再设函数 $g(x,y)$ 当固定一个变数时对于另一变数是不减的，并且
$$g(x+h,y+k)-g(x+h,y)-g(x,y+k)+g(x,y)\geqslant 0 \quad (133)$$
对于任意的 x 及 y 以及任意的正数 h 及 k 成立. 由所述可知极限 $g(x,y\pm 0)$ 及 $g(x\pm 0,y)$ 存在，并且：

(1) 如果 $x_2>x_1$，则 $g(x_2,y+0)\geqslant g(x_1,y+0), g(x_2,y-0)\geqslant g(x_1,y-0)$；

(2) 如果 $y_2>y_1$，则 $g(x+0,y_2)\geqslant g(x+0,y_1), g(x-0,y_2)\geqslant g(x-0,y_1)$.

由于这些公式表示出来的单调性，可以依次按各个变数取极限
$$A=\lim_{k\to +0}\lim_{h\to +0}g(x+h,y+k), \quad B=\lim_{h\to +0}\lim_{k\to +0}g(x+h,y+k)$$
并且可以证明它们相等. 因为 $g(x+h,y+k)\geqslant g(x+h,y+0)$，首先依 h 取极限，再依 k 取极限，得 $A\geqslant B$. 完全同样地可以证明 $B\geqslant A$，所以 $B=A$. 很自然地可以用 $g(x+0,y+0)$ 表示量 $A=B$. 完全同样可以证明
$$\lim_{k\to +0}\lim_{h\to +0}g(x-h,y-k)=\lim_{h\to +0}\lim_{k\to +0}g(x-h,y-k)$$
而这极限值自然地可以表示成 $g(x-0,y-0)$. 到此为止我们只应用了 $g(x,y)$ 依每个变数是非减函数这一事实. 再应用条件 (133). 作极限值
$$A_1=\lim_{k\to +0}\lim_{h\to +0}g(x+h,y-k), \quad B_1=\lim_{h\to +0}\lim_{k\to +0}g(x+h,y-k)$$
并证明 $A_1=B_1$. 设 $0<h_1<h, 0<k_1<k$，可以依 (133) 写成
$$g(x+h,y-k_1)-g(x+h,y-k)-g(x+h_1,y-k_1)+g(x+h_1,y-k)\geqslant 0$$
首先令 h_1 趋于零，然后再令 k_1 趋于零，可得
$$g(x+h,y-0)-g(x+h,y-k)-A_1+g(x+0,y-k)\geqslant 0$$
现在再令 h 趋于零，然后令 k 趋于零，可得 $B_1-A_1\geqslant 0$，就是说 $B_1\geqslant A_1$. 同样可以证明，$A_1\geqslant B_1$，所以 $A_1=B_1$. 我们用 $g(x+0,y-0)$ 表示量 $A_1=B_1$.

完全同样可知
$$\lim_{k\to+0}\lim_{h\to+0}g(x-h,y+k)=\lim_{h\to+0}\lim_{k\to+0}g(x-h,y+k)$$
而将这一重复极限值表示成 $g(x-0,y+0)$. 不难证明,在上面所考察的四个情形中,当任意地同时令 h 及 k 趋向于 $+0$ 时也得同样的极限值. 例如可以证明: 对于任意预给的正数 ε,必存在一正数 η,使当 $0<h<\eta,0<k<\eta$ 时
$$|g(x+h,y-k)-g(x+0,y-0)|\leqslant\varepsilon$$

如此,当(133)满足时,记号 $g(x\pm0,y\pm0)$ 有确定的意义. 借助 $g(x,y)$ 可以作一非负的、加法的、正常的函数 $G(\Delta)$ 如下. 设 Δ_x 及 Δ_y 是坐标轴上的区间,这两区间决定了平面上的区间 Δ,而设 a 及 b 是区间 Δ_x 的端点,c 与 d 是 Δ_y 的端点. 如此 $G(\Delta)$ 等于下面的式子
$$g(b\pm0,d\pm0)-g(b\pm0,c\pm0)-$$
$$g(a\pm0,d\pm0)+g(a\pm0,c\pm0)$$
而符号的选取是依照下面的规定:当区间在右端是闭的,或在左端是开的,则取"$+$"号;而当区间在右端是开的,或在左端是闭的,则取"$-$"号. 如此,例如在闭区间的情形:$a\leqslant x\leqslant b,c\leqslant y\leqslant d$,则
$$G(\Delta)=g(b+0,d+0)-g(b+0,c-0)-$$
$$g(a-0,d+0)+g(a-0,c-0)$$
在半开区间 $a<x\leqslant b,c<y\leqslant d$ 的情形
$$G(\Delta)=g(b+0,d+0)-g(b+0,c+0)-$$
$$g(a+0,d+0)+g(a+0,c+0)$$
而在点 $x=a,y=c$ 的情形
$$G(\Delta)=g(a+0,c+0)-g(a-0,c+0)-$$
$$g(a-0,c+0)+g(a-0,c-0)$$
反之,如果有一函数 $G(\Delta)$,那么容易作一点函数 $g(x,y)$,而用它依上述方式得出 $G(\Delta)$ 来. 例如设 $G(\Delta)$ 定义于整个开平面上. 如此可设 $g(x,y)$ 等于区间 Δ_{xy} 上 $G(\Delta)$ 的值,而 Δ_{xy} 是由下面两个轴上的区间定义的:$-\infty<x'\leqslant x,-\infty<y'\leqslant y$. 如此作的 $g(x,y)$ 是依 x 及 y 右连续的. 注意(133)的左边不变,如果对于 $g(x,y)$ 加上一个 x 及 y 的一次多项式的话. 注意,如果 $g(x,y)$ 是连续函数,那么与它相应的 $G(\Delta)$ 既无间断点又无间断线,逆命题也成立. 如果在点 (x,y) 处,函数 $g(x,y)$ 有间断,但
$$g(x+0,y+0)-g(x-0,y+0)-g(x+0,y-0)+g(x-0,y-0)=0$$
那么这点不是 $G(\Delta)$ 的间断点.

作为例子,考察上面说过的一种质量分布,即设质量分布于线段 $x=1,0\leqslant y\leqslant 1$ 上,其线性密度是 1. 如此则当 $x<1$ 或 $y<0$ 时,$g(x,y)=0$;而当 $x\geqslant 1$ 且 $0\leqslant y\leqslant 1$ 时,$g(x,y)=y$;当 $x\geqslant 1$ 且 $y>1$ 时,$g(x,y)=1$.

完全同样地可以考察三维空间中的区间,其坐标轴为 x 轴,y 轴,z 轴. 如此的区间由轴上的三个区间来定义. 除掉平行于轴的线及点以外,还需考察平行于坐标平面的平面. 此外则一切推理法及结果都与上面的一样.

24. 平面上的斯蒂尔切斯积分

不难把斯蒂尔切斯积分的概念推广到平面的情形,在此我们必须论及把二维区间分成部分的问题. 如果 Δ 是某一平面区间,由坐标轴上的 Δ_x 及 Δ_y 定义,那么我们所谓 Δ 的某一分割,是指把 Δ 分成部分区间,而这分法由 Δ_x 及 Δ_y 的分割成部分区间而得. Δ 的每个部分区间是由 Δ_x 的一个部分区间及 Δ_y 的一个部分区间而定的. 在图 1 上所画的是把半开区间分成六个部分区间,而分法正是依上述方式来作的.

图 1

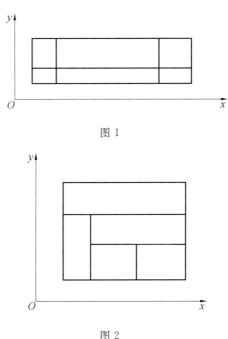

图 2

在图 2 上所画的是完全另一种分法. 在这分法中分割线介于区间 Δ 的中间,而并不能依上述方式借区间 Δ_x 及 Δ_y 的分割法得出. 但很容易从第二类的分割法转化成第一类分割法,只需延长一切分割线,所以在以后只应用第一种的分割法,这并没有重大的限制. 分割 δ' 叫作分割 δ 的后继,是指与 δ' 相应的 Δ_x 及 Δ_y 的分割各是与 δ 相应的 Δ_x 及 Δ_y 的分割的后继. 如果 δ_1 及 δ_2 是 Δ 的两个分割,而 $\delta_x^{(1)}$ 及 $\delta_x^{(2)}$,$\delta_y^{(1)}$ 及 $\delta_y^{(2)}$ 各是与此相应的 Δ_x 及 Δ_y 的分割,则所谓积 $\delta_1\delta_2$ 是指由区间 Δ_x 上的分割 $\delta_x^{(1)}\delta_x^{(2)}$ 与 Δ_y 上的分割 $\delta_y^{(1)}\delta_y^{(2)}$ 所定义的分割. 分割 $\delta_1\delta_2$ 显然是分割 δ_1 及 δ_2 的后继. 还要注意,如果 Δ' 是属于 Δ 的区间,那么必存在 Δ 的一个分割,在这分割中 Δ' 恰好是一个部分区间.

在平面、三维空间及一般 n 维空间的情形中不难作与斯蒂尔切斯积分相类似的概念. 现在只考察平面的情形. 在其他情形中做法完全一样.

设在平面上给出一个有穷区间 $\Delta^{(0)}$, 在它之上定义一个一致连续的有界点函数 $f(P)$ 及一个非负的、加法的、正常的区间函数 $G(\Delta)$. 设 δ 是 $\Delta^{(0)}$ 的一分割, 分它成为相互无公共点的部分区间 $\Delta_1, \Delta_2, \cdots, \Delta_n$. 在每一 Δ_k 中取一点 P_k, 并作和

$$\sigma_\delta = \sum_{k=1}^{n} f(P_k) G(\Delta_k) \tag{134}$$

与在第 4 小节中完全一样, 可以证明当区域 Δ_k 的直径中的最大者趋向于零时, 这和有一确定的极限. 这极限叫作 $f(P)$ 依 $G(\Delta)$ 的积分

$$\int_{\Delta^{(0)}} f(P) G(\mathrm{d}\Delta) = \lim \sum_{k=1}^{n} f(P_k) G(\Delta_k) \tag{135}$$

如果,比如说, $\Delta^{(0)}$ 是半开区间, 那么可以只使用分成半开部分区间的分割. 设 $g(x, y)$ 是与 $G(\Delta)$ 相应的右连续函数, 而 $\Delta^{(0)}$ 是由不等式

$$a_1 < x \leqslant b_1, \quad a_2 < y \leqslant b_2$$

定义的. 把这两区间分割

$$a_1 = x_0 < x_1 < \cdots < x_{p-1} < x_p = b_1$$
$$a_2 = y_0 < y_1 < \cdots < y_{q-1} < y_q = b_2$$

而令 $f(P) = f(x, y)$, 可以把和 (134) 写成下面的形式

$$\sigma_\delta = \sum_{k=0}^{p-1} \sum_{l=0}^{q-1} f(\xi_k, \eta_l) [g(x_{k+1}, y_{l+1}) - g(x_k, y_{l+1}) - g(x_{k+1}, y_l) + g(x_k, y_l)]$$

而 $x_k < \xi_k \leqslant x_{k+1}, y_l < \eta_l \leqslant y_{l+1}$. 与在第 4 小节中完全一样, 可以证明如果 $f(P)$ 在 $\Delta^{(0)}$ 内部连续并有界, 而 $G(\Delta)$ 满足下面所述的补充条件时, 斯蒂尔切斯积分必存在.

设 $\Delta^{(n)}$ 是位于 $\Delta^{(0)}$ 内部的闭区间, 并且逐渐扩大, 趋向于 $\Delta^{(0)}$, 使 $\Delta^{(0)}$ 的任意一个内点必落于一个 n 足够大的 $\Delta^{(n)}$ 之中. 我们要求 $G(\Delta^{(n)}) \to G(\Delta^{(0)})$. 这与我们在第 4 小节中所述 $g(x)$ 在区间端点连续的假设相似.

斯蒂尔切斯积分也可以定义于整个平面 $-\infty < x < +\infty, -\infty < y < +\infty$ 上, 后者我们表示作 Q. 设 $G(\Delta)$ 是对凡属于 Q 的有穷及无穷区间定义的非负的、加法的、正常的函数. 设 $\Delta^{(n)}$ 是一序列区间, 无限地依一切方向扩展, 例如设 $\Delta^{(n)}$ 是 $-n \leqslant x \leqslant n, -n \leqslant y \leqslant n$. 由于 $G(\Delta)$ 的正常性可知 $G(\Delta^{(n)}) \to G(Q)$. 如果 $f(P)$ 在 Q 中连续并有界, 那么存在斯蒂尔切斯积分 (135). 此时, 分割序列的取法必须使对于任意固定的 n, 与 $\Delta^{(n)}$ 有公共点的区间的最大直径趋近于零.

积分区域也可以不是区间 $\Delta^{(0)}$, 而是可以表示成有穷个区间之和的某一区域 S. 我们可以将各区间任意精细地分割, 作和 (134), 而取极限值. 在 S 上的积分于是化成在 S 所分成各区间上积分之和, 而显然与 S 分成的各个区间的方式

无关.

二维斯蒂尔切斯积分的性质与以前讲过的单积分的性质完全类似. 我们证明与第 9 小节中的公式(59)相似的公式. 设 $f_0(P)$ 与 $f(P)$ 在 $\Delta^{(0)}$ 中一致连续并且有界,而 $f_0(P) \geqslant 0$,并且 $G(\Delta)$ 与上述的一样. 设 Δ 是属于 $\Delta^{(0)}$ 的任意区间. 区间函数

$$G_0(\Delta) = \int_\Delta f_0(P) G(\mathrm{d}\Delta)$$

显然是在 $\Delta^{(0)}$ 中非负的、加法的、正常的. 公式

$$\int_{\Delta^{(0)}} f(P) G_0(\mathrm{d}\Delta) = \int_{\Delta^{(0)}} f(P) f_0(P) G(\mathrm{d}\Delta) \tag{136}$$

成立.

事实上,相应于左边积分的和 σ_δ 的形式是

$$\sigma_\delta = \sum_{k=1}^n f(P_k) \int_{\Delta_k} f_0(P) G(\mathrm{d}\Delta) \tag{137}$$

可以写出

$$\int_{\Delta_k} f_0(P) G(\mathrm{d}\Delta) = f_0(P_k) G(\Delta_k) + \int_{\Delta_k} [f_0(P) - f_0(P_k)] G(\mathrm{d}\Delta) \tag{138}$$

既然 $f_0(P)$ 是一致连续的,可知

$$\left| \int_{\Delta_k} [f_0(P) - f_0(P_k)] G(\mathrm{d}\Delta) \right|$$
$$\leqslant \int_{\Delta_k} |f_0(P) - f_0(P_k)| G(\mathrm{d}\Delta)$$
$$\leqslant \varepsilon G(\Delta_k)$$

其中当 Δ_k 的直径中最大的趋向于零时,$\varepsilon \to 0$. 将(138)代入(137),可得

$$\sigma_\delta = \sum_{k=1}^n f(P_k) f_0(P_k) G(\Delta_k) + \eta$$

而

$$|\eta| \leqslant \varepsilon \sum_{k=1}^n |f(P_k)| G(\Delta_k)$$

由此可知 $\eta \to 0$,而取上面公式的极限值可得(136). 关于在积分号下取极限值的定理仍然正确.

注意:在一维的情形中我们关于基本区间的一个分割点究竟属于哪一个部分区间的问题并不详究,而在不减函数 $g(x)$ 的情形中,对于无论开或闭的区间 α, β 都以差值 $g(\beta) - g(\alpha)$ 作为其长. 这对于在第 4 小节中定义的积分是无关紧要的.

最后,我们举出二维斯蒂尔切斯积分应用的几个例子. 设 C 是在有穷闭区间 $\Delta^{(0)}$ 上的连续函数的空间. 如在第 15 小节中一样,可以定义 C 中的线性泛函,

而这种泛函的一般形式可表示成斯蒂尔切斯积分

$$\Phi[f(P)] = \iint_{\Delta^{(0)}} f(P) G(\mathrm{d}\Delta)$$

设在有穷闭区间 $\Delta^{(0)}$ 上分布有质量,而函数 $G(\Delta)$ 是位于区间 Δ 上的总质量.如果 r 表示由点 M 到区间 $\Delta^{(0)}$ 中的变点 N 的距离,那么所述的质量在位于 $\Delta^{(0)}$ 外部的点 M 处的对数势由下面公式决定

$$u(M) = \iint_{\Delta^{(0)}} \lg \frac{1}{r} G(\mathrm{d}\Delta)$$

同样可以定义三维空间中的牛顿势.

注意:在如此定义势时我们不用密度概念,而只用决定质量分布的非负、加法、正常函数 $G(\Delta)$.如果点 M 属于 $\Delta^{(0)}$,那么问题还有待进一步的讨论,但我们不再深入了.

25. 平面上的基本与一般积分

作平面上的基本与一般积分与在一维情形中一样.设在区间 Δ_0 中已知一有界点函数 $f(P)$,及一非负的、加法的、正常的区间函数 $G(\Delta)$.设 δ 是分 Δ_0 为部分区间 $\Delta_0^{(1)}, \Delta_0^{(2)}, \cdots, \Delta_0^{(n)}$ 的一种分割,而 m_k 与 M_k 是 $f(P)$ 在 $\Delta_0^{(k)}$ 中函数值的下确界及上确界,P_k 是 $\Delta_0^{(k)}$ 中某一点.作和

$$s_\delta = \sum_{k=1}^n m_k G(\Delta_0^{(k)}), \quad S_\delta = \sum_{k=1}^n M_k G(\Delta_0^{(k)}), \quad \sigma_\delta = \sum_{k=1}^n f(P_k) G(\Delta_0^{(k)}) \quad (139)$$

用 i 表示和 s_δ 的上确界,I 表示和 S_δ 的下确界.如果 $i=I$,那么我们说 $f(P)$ 依 $G(\Delta)$ 可积分,而 i 是这积分的值.如果 Δ_0 是半开区间,而在作和时我们只使用分成半开部分区间的分割,那么得出基本积分.如果 Δ_0 是任意区间,而我们把它分割成任意区间,则得一般积分.

在第 18 小节中所讲的一切无须变动就可以适用于和(139).定理 1 对于基本积分及一般积分都仍有效.所谓对于基本积分的正则分割序列是指一序列 δ_n,使函数 $G(\Delta)$ 的任意间断线 $x=x_0$ 及 $y=y_0$ 也同时是从某一 n 值以后的一切 δ_n 的分割线,而此外,当 n 增大时分割 δ_n 无限地细分.在一般积分的情形中第一条件必须换成下面的:每一间断线是从某一 n 值以后的一切 δ_n 的分割线,而在其上的每一间断点算作从某一 n 以后一切 δ_n 中的独立分割元素.第 18 小节定理 2 和定理 3 及其系在平面的情形也成立.

注意在无穷区间的情形中,无限地细分部分区间变成了下面的情形:对于任意预定的正数 A 及正数 ε,必存在一个数 N,使当 $n>N$ 时,凡与区间 $-A \leqslant x \leqslant A$ 及 $-A \leqslant y \leqslant A$ 有公共点而属于 Δ_x 及 Δ_y 的部分区间的长必小于或等于 ε.依 $G(\Delta)$ 的可积分性与同时依 $G_d(\Delta)$ 及依 $G_c(\Delta)$ 可积分性同效.在一般积分的情形中任意有界函数 $f(P)$ 依 $G_d(\Delta)$ 是可积分的.依 $G_c(\Delta)$ 可积分性的充分必要条件可以陈述如下:对于任意预定的正数 ε,可以用有穷多或可数无穷

多个区间 Δ_k 覆盖 $f(P)$ 的间断点，使 $\sum_k G_c(\Delta_k) \leqslant \varepsilon$.

26. 平面上的围变函数

关于平面上围变函数的考察大体与以前一样．但其陈述则稍有不同，因为我们不使用点函数的说法，而用区间函数的说法．设 $G(\Delta)$ 是加法的、正常的区间函数，对于凡属于某一基本区间 Δ_0 的区间（依最一般的意义）定义．这函数并不假设为非负的．设 $\Delta_1, \cdots, \Delta_n$ 是分 Δ_0 为部分区间的某一分割 δ．作和

$$t_\delta = \sum_{k=1}^n |G(\Delta_k)| \tag{140}$$

定义 如果对于一切可能的分割 δ，这和总是有界的，那么函数 $G(\Delta)$ 叫作在区间 Δ_0 上围变的函数，而这些和 t_δ 的上确界叫作 $G(\Delta)$ 在区间 Δ_0 上的全变分或简称变分．我们用记号 $V_{\Delta_0}(G)$ 表示．和 t_δ 与全变分的性质与我们在第 8 小节中所讨论的性质完全相似，我们只叙述这些性质而不加证明.

如果 δ' 是分割 δ 的后继，那么 $t'_\delta \geqslant t_\delta$．如果 $G(\Delta)$ 在 Δ_0 上是围变的，那么它在任意属于 Δ_0 的区间 Δ' 上也是围变的，而 $V_{\Delta'}(G) \leqslant V_{\Delta_0}(G)$．任意非负的或非正的函数 $G(\Delta)$ 是围变函数．如果区间 Δ' 属于 Δ_0，那么下面不等式成立

$$|G(\Delta')| \leqslant V_{\Delta_0}(G) \tag{141}$$

而在 Δ_0 中围变的函数 $G(\Delta)$ 对于凡属于 Δ_0 的区间 Δ（依绝对值）是有界的．凡围变函数的线性组合式都是围变函数．第 8 小节中关于积与商的定理 3 仍正确．全变分 $V_\Delta(G)$ 是定义于 Δ_0 中的某一非负函数．重复第 8 小节中定理 4 的证明可以证明 $V(\Delta) = V_\Delta(G)$ 是加法的．再证明函数 $V(\Delta)$ 是 Δ_0 上的正常函数．设 $\Delta_m (m=1,2,3,\cdots)$ 是零区间序列．必须证明，$V(\Delta_m) \to 0$．设 ε 是预定的正数．取 Δ_0 的一分割 $\delta: \Delta^{(1)}, \Delta^{(2)}, \cdots, \Delta^{(p)}$，使

$$\sum_{k=1}^p |G(\Delta^{(k)})| \geqslant V(\Delta_0) - \varepsilon \tag{142}$$

对于数列 $k=1,2,\cdots,p$ 中的任意 k，积 $\Delta_m \Delta^{(k)} (m=1,2,\cdots)$ 是零序列．既然 $G(\Delta)$ 是正常的，可以固定数 $m = m_0$，使当 $m > m_0$ 时

$$|G(\Delta_m \Delta^{(k)})| \leqslant \frac{\varepsilon}{p} \quad (k=1,2,\cdots,p) \tag{143}$$

固定任意的 $m > m_0$．把每个区间 $\Delta^{(k)}$ 分割，使 $\Delta_m \Delta^{(k)}$ 是它的一个部分区间．设 $\Delta_s^{(k)} (s=1,2,\cdots,n_k)$ 是在 $\Delta^{(k)}$ 的这个分割中所余的部分区间．如此得出 Δ_0 的一个分割，这分割是 δ 的一个后继，所以，对于这分割，不等式 (142) 满足

$$\sum_{k=1}^p |G(\Delta_m \Delta^{(k)})| + \sum_{k=1}^p \sum_{s=1}^{n_k} |G(\Delta_s^{(k)})| \geqslant V(\Delta_0) - \varepsilon$$

由于 $V(\Delta)$ 的加法性及不等式 $|G(\Delta_s^{(k)})| \leqslant V(\Delta_s^{(k)})$，由上面不等式可得

$$\sum_{k=1}^p |G(\Delta_m \Delta^{(k)})| + \sum_{k=1}^p \sum_{s=1}^{n_k} V(\Delta_s^{(k)}) \geqslant V(\Delta_m) + \sum_{k=1}^p \sum_{s=1}^{n_k} V(\Delta_s^{(k)}) - \varepsilon$$

就是说当 $m > m_0$ 时

$$V(\Delta_m) \leqslant \sum_{k=1}^{p} |G(\Delta_m\Delta^{(k)})| + \varepsilon$$

注意(143)，当 $m > m_0$ 时，得

$$V(\Delta_m) \leqslant \sum_{k=1}^{p} \frac{\varepsilon}{p} + \varepsilon = 2\varepsilon$$

由此，并注意 ε 是任意的，可得 $V(\Delta_m) \to 0$. 如此 $V(\Delta)$ 是 Δ_0 上的非负的、加法的、正常的区间函数. 再用下面公式定义两个非负的、加法的、正常的函数

$$G_1(\Delta) = \frac{1}{2}[V(\Delta) + G(\Delta)]$$

$$G_2(\Delta) = \frac{1}{2}[V(\Delta) - G(\Delta)] \tag{144}$$

如此得出囿变函数 $G(\Delta)$ 表示成两个非负的、加法的、正常的函数之差的典型式

$$G(\Delta) = G_1(\Delta) - G_2(\Delta) \tag{145}$$

如果有另一相似的表示法

$$G(\Delta) = G_1^*(\Delta) - G_2^*(\Delta) \tag{146}$$

那么对于属于 Δ_0 的任意 Δ，可得

$$G_1(\Delta) \leqslant G_1^*(\Delta), \quad G_2(\Delta) \leqslant G_2^*(\Delta)$$

反之，若 $G(\Delta)$ 是两个非负的、加法的、正常的函数之差，则 $G(\Delta)$ 是囿变函数.

如果区间 Δ 是点 P，那么 $V(P)$ 与 $G(P)$ 相同. 如果 $G(P) = 0$，那么 $V(P) = 0$，就是说如果 $G(\Delta)$ 在某点处连续，则 $V(\Delta)$ 在这点也是连续的. 关于平行于坐标轴的线段，情形比较复杂. 把 $G(\Delta)$ 看作分布于区间 Δ 上的电荷. 如果在平行于一个坐标轴的直线的某线段 l 上，分布有电荷，其线性密度是确定的，而其总和等于零，那么 $G(l) = 0$. 另一方面，$V(l) > 0$，因为 $V(l)$ 是当所有电荷都换成同值的正电荷时的电荷总量.

可以只在半开区间上定义加法的、正常的函数 $G(\Delta)$，并应用只分成半开区间的分割. 如此可以引用上述的一切推理而得公式(145). 半开区间的非负的、加法的、正常的函数 $G_1(\Delta)$ 及 $G_2(\Delta)$ 可以推广到一切可能的区间之上，而公式(145) 使我们可以推广已知函数 $G(\Delta)$ 于一切可能的区间之上，并且这函数仍是加法的、正常的、对于一切可能区间是囿变的.

应用典型式(145)可以依通常方式定义依 $G(\Delta)$ 的积分

$$\int_{\Delta^{(0)}} f(P)G(\mathrm{d}\Delta) = \int_{\Delta^{(0)}} f(P)G_1(\mathrm{d}\Delta) - \int_{\Delta^{(0)}} f(P)G_2(\mathrm{d}\Delta) \tag{147}$$

与在一维情形中完全一样，也可以定义基本的及一般的斯蒂尔切斯积分. 在作正则的分割序列时，间断线是依函数 $V(\Delta)$ 决定的.

27. 傅里叶－斯蒂尔切斯积分

考察由傅里叶－斯蒂尔切斯积分表示的函数

$$\varphi(t) = \int_{-\infty}^{+\infty} e^{itx} dg(x) \quad (-\infty < t < +\infty) \tag{148}$$

而 $g(x)$ 是一非负有界的函数，并在 $x = \pm\infty$ 处连续，就是说

$$g(-\infty) = \lim_{x \to -\infty} g(x), \quad g(+\infty) = \lim_{x \to +\infty} g(x)$$

积分(148)显然存在，因为函数 e^{itx} 是连续而有界的. 现在讨论函数 $\varphi(t)$ 的最简单性质

$$|\varphi(t)| \leq \int_{-\infty}^{+\infty} |e^{itx}| dg(x) = \int_{-\infty}^{+\infty} dg(x) = g(+\infty) - g(-\infty) = \varphi(0)$$

即 $|\varphi(t)| \leq \varphi(0)$，就是说 $\varphi(t)$ 是有界函数. 由公式(148)直接可得恒等式

$$\varphi(-t) = \overline{\varphi(t)} \tag{149}$$

还要证明函数 $\varphi(t)$ 在区间 $(-\infty, +\infty)$ 上是一致连续的. 估计一下差 $\varphi(t+h) - \varphi(t)$ 的绝对值

$$|\varphi(t+h) - \varphi(t)| \leq \int_{-\infty}^{+\infty} |e^{itx}| |e^{ixh} - 1| dg(x)$$

$$= 2\int_{-\infty}^{+\infty} \left|\sin\frac{hx}{2}\right| dg(x) \tag{150}$$

首先固定足够大的 n 值，使

$$2[g(-n) - g(-\infty)] \leq \varepsilon, \quad 2[g(+\infty) - g(n)] \leq \varepsilon$$

再固定与 t 无关的 η，使在区间 $-n \leq x \leq n$ 上，下面不等式成立：当 $|h| \leq \eta$ 时

$$2\left|\sin\frac{hx}{2}\right| \leq \varepsilon$$

如此，由(150)，可得

$$|\varphi(t+h) - \varphi(t)| \leq [2 + g(n) - g(-n)]\varepsilon \leq [2 + g(+\infty) - g(-\infty)]\varepsilon$$

由此，既然 ε 是任意的，而 η 与 t 无关，可知 $\varphi(t)$ 是一致连续的. 再举函数 $\varphi(t)$ 的一个性质. 取某 m 个实数 $t_1, t_2, \cdots, t_m$，并作变数 ξ_s 的埃尔米特式

$$\sum_{p,q=1}^{m} \varphi(t_p - t_q) \xi_p \overline{\xi}_q \tag{151}$$

注意(148)，可以写成

$$\varphi(t_p - t_q) \xi_p \overline{\xi}_q = \int_{-\infty}^{+\infty} e^{it_p x} \xi_p \overline{e^{it_q x} \xi_q} dg(x)$$

而埃尔米特式(151)变成下列形式

$$\sum_{p,q=1}^{m} \varphi(t_p - t_q) \xi_p \overline{\xi}_q = \int_{-\infty}^{+\infty} \left|\sum_{s=1}^{m} e^{it_s x} \xi_s\right|^2 dg(x)$$

由此直接可知，对于任意 m 及 t 值 t_s 的任意选择，埃尔米特式(151)是非负的，就是说

$$\sum_{p,q=1}^{m}\varphi(t_p-t_q)\xi_p\bar{\xi}_q\geqslant 0 \tag{152}$$

下面介绍一个新概念. 函数 $\varphi(t)$ 叫作正定的, 是指它是在区间 $(-\infty,+\infty)$ 中连续而有界的, 并满足恒等式(149), 而此外埃尔米特式(151)对于任意的 m 及任意选择的点 t_s 都取非负值. 由上面的推理可知如果函数 $\varphi(t)$ 可借不减有界函数 $g(x)$ 表成傅里叶－斯蒂尔切斯积分, 那么它是正定的. 可以证明, 反之: 凡正定函数 $\varphi(t)$ 必可借一不减有界函数 $g(x)$ 表示成积分(148)的形式(参考 Bochner, Vorlesungen über Fouriersche Integrale, 74 页, 或 Math. Annal. Bd. 108 页). 回到积分(148), 并把函数 $g(x)$ 表示成和 $g(x)=g_d(x)+g_c(x)$, 而 $g_d(x)$ 是函数 $g(x)$ 的跃度函数, $g_c(x)$ 是 $g(x)$ 的连续部分. 如此函数 $\varphi(t)$ 可以表示成和的形式, $\varphi(t)=\varphi_1(t)+\varphi_2(t)$, 而

$$\varphi_1(t)=\int_{-\infty}^{+\infty}\mathrm{e}^{\mathrm{i}tx}\mathrm{d}g_d(x), \quad \varphi_2(t)=\int_{-\infty}^{+\infty}\mathrm{e}^{\mathrm{i}tx}\mathrm{d}g_c(x) \tag{153}$$

设 $x_k(k=1,2,\cdots)$ 是 $g(x)$ 的各间断点的横坐标, 而 $a_k=g(x_k+0)-g(x_k-0)$, 那么, 显然 $a_k>0$, 而由 a_k 形成的级数收敛. $\varphi_1(t)$ 于是可以展开成一致收敛的级数

$$\varphi_1(t)=\sum_k a_k \mathrm{e}^{\mathrm{i}x_k t} \tag{154}$$

如果点 x_k 的总数有穷, 那么上式中的和是有穷的.

现在介绍所谓定义于区间 $(-\infty,+\infty)$ 的一个连续函数 $F(t)$ 的中值: 如果下面式中右边的极限存在, 则这中值定义为

$$M\{F(t)\}=\lim_{\omega\to+\infty}\frac{1}{2\omega}\int_{-\omega}^{+\omega}F(t)\mathrm{d}t \tag{155}$$

不难证明, 对于借公式(153)由连续函数 $g_c(x)$ 定义的函数 $\varphi_2(t)$

$$M\{\varphi_2(t)\}=0 \tag{156}$$

事实上, 在积分号下积分, 可得

$$\frac{1}{\omega}\int_{-\omega}^{+\omega}\varphi_2(t)\mathrm{d}t=\int_{-\infty}^{+\infty}\frac{\sin\omega x}{\omega x}\mathrm{d}g_c(x)$$

分解积分区间 $[-\infty,+\infty]$ 成三部分: $[-\infty,-a]$, $(-a,a)$ 及 $[a,+\infty]$. 对积分值作一初步估计, 可得

$$\left|\frac{1}{\omega}\int_{-\omega}^{+\omega}\varphi_2(t)\mathrm{d}t\right|\leqslant\frac{1}{a\omega}[g_c(-a)-g_c(-\infty)]+$$
$$\frac{1}{a\omega}[g_c(\infty)-g_c(a)]+[g_c(a)-g_c(-a)]$$

设 ε 是预定的正数. 由于 $g_c(x)$ 在 $x=0$ 处是连续的, 可以取 a 足够小, 使 $g_c(a)-g_c(-a)\leqslant\frac{\varepsilon}{2}$. 固定 a, 上式右边前两项当 $\omega\to\infty$ 时趋向于零, 所以对

于足够大的 ω 值,可得
$$\left|\frac{1}{\omega}\int_{-\omega}^{+\omega}\varphi_2(t)\mathrm{d}t\right|\leqslant\varepsilon$$

由此,既然 ε 是任意的,可得(156). 在斯蒂尔切斯积分号下依 t 积分的可能性很容易证实. 现在考察函数 $\varphi_2(t)\mathrm{e}^{-\mathrm{i}\lambda t}$,我们可以把它写成下式
$$\varphi_2(t)\mathrm{e}^{-\mathrm{i}\lambda t}=\int_{-\infty}^{+\infty}\mathrm{e}^{\mathrm{i}(x-\lambda)t}\mathrm{d}g_c(x)$$

而应用积分变数的更换,可得
$$\varphi_2(t)\mathrm{e}^{-\mathrm{i}\lambda t}=\int_{-\infty}^{+\infty}\mathrm{e}^{\mathrm{i}tx}\mathrm{d}g_c(x+\lambda)$$

而既然 $g_c(x)$ 是连续函数,对于任意的实数 λ,可得
$$M\{\varphi_2(t)\mathrm{e}^{-\mathrm{i}\lambda t}\}=0$$

再应用级数(154)在区间 $(-\infty,+\infty)$ 中的一致收敛性,以及公式
$$M\{\mathrm{e}^{\mathrm{i}\lambda t}\}=0, \text{如果}\ \lambda\neq 0$$

可得
$$M\{\varphi_1(t)\mathrm{e}^{-\mathrm{i}\lambda_k t}\}=a_k, \quad \lambda_k=x_k$$
$$M\{\varphi_1(t)\mathrm{e}^{-\mathrm{i}\lambda t}\}=0$$

如果 λ 不等于任何 x_k. 由上面推理可得下面的一般结果:如果 $\varphi(t)$ 借不减有界函数 $g(x)$ 表示成积分式(148),那么 $M\{\varphi(t)\mathrm{e}^{-\mathrm{i}\lambda t}\}=g(\lambda+0)-g(\lambda-0)$,而如果 λ 不是 $g(x)$ 的间断点,则右边等于零. 积分 $\varphi(t)\mathrm{e}^{-\mathrm{i}\lambda t}$ 的中值是周期函数的傅里叶系数概念的推广. 在第 29 小节中讲到一般的封闭性公式时还要回到推广的傅里叶系数. 下节中,我们介绍积分(148)的反演公式,就是说用 $\varphi(t)$ 表示 $g(x)$ 的公式.

28. 反演公式

在第二卷中曾证明关于中值的第二定理,并在所研究的函数满足狄利克雷条件的假设下,展开函数为傅里叶级数及傅里叶积分. 如果把狄利克雷条件换成"函数是囿变的"这一条件,那么由那证明可以看出上面所述的命题仍然有效. 因而对于傅里叶积分有下面的结果:如果 $f(x)$ 在任意有穷区间上都是囿变函数,并在无穷区间上依黎曼的意义绝对可积,那么由公式
$$\varphi(t)=\frac{1}{\sqrt{2\pi}}\int_{-\infty}^{+\infty}f(x)\mathrm{e}^{\mathrm{i}tx}\mathrm{d}x \tag{157}$$

可得下面的反演公式
$$f(x)=\frac{1}{\sqrt{2\pi}}\int_{-\infty}^{+\infty}\varphi(t)\mathrm{e}^{-\mathrm{i}tx}\mathrm{d}t \tag{158}$$

而右边的积分必须理解为主值,左边的 $f(x)$ 在间断点处必须换成 $\frac{1}{2}[f(x-$

$0)+f(x+0)$]. 这结果有时写成别的形式，就是说，由公式

$$\varphi(t) = \int_{-\infty}^{+\infty} f(x) e^{itx} dx \qquad (159)$$

可得[Ⅲ;130]

$$f(x) = \frac{1}{2\pi} vp \int_{-\infty}^{+\infty} \varphi(t) e^{-itx} dt = \frac{1}{2\pi} \lim_{N \to \infty} \int_{-N}^{+N} \varphi(t) e^{-itx} dt \qquad (160)$$

我们的问题是就积分(148)作反演公式。不难看出这公式应当采取什么形式。我们使用下面的启发式方法，不过这方法并无证明的效力。在积分(148)中把 $dg(x)$ 换成 $g'(x)dx$，而设 $g'(x)$ 是 $g(x)$ 的导函数。如此可得

$$\varphi(t) = \int_{-\infty}^{+\infty} g'(x) e^{itx} dx$$

而依平常傅里叶积分的反演公式可得

$$g'(x) = \frac{1}{2\pi} \lim_{N \to \infty} \int_{-N}^{+N} \varphi(t) e^{-itx} dt$$

把上式两边依 x 积分，例如从 0 到某值 x，而右边在积分号下积分，最后可得下面反演公式

$$g(x) - g(0) = \frac{1}{2\pi} \lim_{N \to \infty} \int_{-N}^{+N} \varphi(t) \frac{1 - e^{-itx}}{it} dt \qquad (161)$$

在左边有 $g(x)$ 在定点 $x=0$ 处的值，因为函数 $g(x)$ 中显然包含一个不确定的常数项。现在回来严格地证明公式(161)。

以某种方式固定变数 x 的值，考察下面变数 y 的函数

$$h(y) = g(y+x) - g(y) \qquad (162)$$

$h(y)$ 既然是两个增函数的差，它在任意有穷区间上都是囿变函数。还要证明它在无穷区间上绝对可积。为确定起见，令 $x>0$。在 $x<0$ 时，证明完全一样。留意函数 $g(y)$ 是增的，可以写出

$$\int_p^q |h(y)| dy = \int_p^q [g(y+x) - g(y)] dy$$
$$= \int_p^q g(y+x) dy - \int_p^q g(y) dy \quad (q > p) \qquad (163)$$

而在第一积分中使用积分变数代换 $y+x=z$，可得

$$\int_p^q |h(y)| dy = \int_{p+x}^{q+x} g(z) dz - \int_p^q g(z) dz = \int_q^{q+x} g(z) dz - \int_p^{p+x} g(z) dz$$

留意在第一区间 $[p, p+x]$ 中，$g(p) \leqslant g(z)$，而在区间 $[q, q+x]$ 中 $g(q+x) \geqslant g(z)$，可得

$$\int_p^q |h(y)| dy \leqslant [g(q+x) - g(p)] x$$

由此可以看出对于足够大的 p 值及任意 $q > p$，积分(163)可以成为任意小，于

是证明了函数$h(y)$在无穷区间上依绝对值可积分. 如此对于函数(162)应用傅里叶公式

$$g(y+x) - g(y) = \frac{1}{2\pi} \lim_{N\to\infty} \int_{-N}^{+N} e^{-ity} \left[\int_{-\infty}^{+\infty} [g(z+x) - g(z)] e^{itz} dz \right] dt$$

而当$y=0$时

$$g(x) - g(0) = \frac{1}{2\pi} \lim_{N\to\infty} \int_{-N}^{+N} \left[\int_{-\infty}^{+\infty} [g(z+x) - g(z)] e^{itz} dz \right] dt \quad (164)$$

考察里边的积分I,并对于它使用分部积分公式

$$I = \frac{1}{it} \int_{-\infty}^{+\infty} [g(z+x) - g(z)] d e^{itz} = -\frac{1}{it} \int_{-\infty}^{+\infty} e^{itz} d[g(z+x) - g(z)]$$

由此,引用公式(148),可得

$$I = \frac{1}{it} \varphi(t) - \frac{1}{it} \int_{-\infty}^{+\infty} e^{itz} dg(z+x)$$

在上面积分中使用积分变数代换$z+x=u$,可得下面公式

$$\int_{-\infty}^{+\infty} [g(z+x) - g(z)] e^{itz} dz = \frac{1 - e^{-itx}}{it} \varphi(t) \tag{165}$$

代入公式(164),可得反演公式(161).

注意,在表现平常傅里叶变换的反演的公式(160)中,如所已知[Ⅱ;143],必须设左边的$f(x)$在其间断点处等于其左、右极限的算术中项. 所以在公式(164)的左边及反演公式(161)的左边也是如此. 当$g(x)$是囿变函数时,积分(148)的反演公式(161)也是正确的. 为了证明这点,只需把$g(x)$表示成两个增函数之差,把积分(148)分解成两个积分,并对于每个积分引用上面证明的反演公式.

29. 折合定理

我们知道,平常傅里叶积分的反演公式与拉普拉斯积分的反演公式是直接联系着的[Ⅳ;69,70]. 对于后一种积分,有一对于应用很重要的折合定理. 现在对于傅里叶-斯蒂尔切斯积分证明一类似定理. 设$h_1(x)$及$h_2(x)$是在无穷区间$(-\infty, +\infty]$上两个右连续有界增函数,并设它在这区间的右端$x=+\infty$处是连续的. 对于任意t,函数$h_2(t+x)$也具有上述那些性质,而在第20小节中已经见到,下面的基本斯蒂尔切斯积分存在

$$h_3(t) = \int_{(-\infty, +\infty)} h_2(t-x) dh_1(x) \tag{166}$$

这种形式的积分在概率论中就会遇到. 设$h_1(x)$及$h_2(x)$是独立随机变量u_1及u_2的分布函数,就是说,例如$h_1(x)$的随机变量u_1遵守不等式$-\infty < u_1 \leqslant x$的概率. 这时由公式(166)定义的函数$h_3(x)$是和$u_1+u_2$的分布函数. 由上述函数$h_1(x)$及$h_2(x)$的性质及公式(166),直接可知函数$h_3(x)$是增而有界的. 把函数$h_2(x)$分解成跃度函数及连续部分,用与第20小节中证明(126)形式的

积分存在时所使用的方法一样,可证函数 $h_3(x)$ 是右连续的,而如果 $h_1(x)$ 与 $h_2(x)$ 是连续的,那么 $h_3(x)$ 也是连续的. 对于函数 $h_i(x)$ 作傅里叶-斯蒂尔切斯变换

$$\psi_k(t) = \int_{-\infty}^{+\infty} e^{itx} \, dh_k(x) \quad (k=1,2,3) \tag{167}$$

折合定理乃是下面的命题:这些象函数满足下面的简单等式

$$\psi_3(t) = \psi_1(t)\psi_2(t) \tag{168}$$

对于函数 $\psi_3(t)$ 应用公式(165)

$$\frac{1-e^{-iut}}{it}\psi_3(t) = \int_{-\infty}^{+\infty} [h_3(z+u) - h_3(z)] e^{itz} \, dz$$

用式(166)代换 $h_3(x)$,可得

$$\frac{1-e^{-iut}}{it}\psi_3(t) = \int_{-\infty}^{+\infty} \left\{ \int_{-\infty}^{+\infty} [h_2(z+u-x) - h_2(z-x)] \, dh_1(x) \right\} e^{itz} \, dz$$

交换积分的次序(这里不详证这交换的可能性. 它可以由一个关于交换积分次序的一般定理得出,而这定理将在以后证明). 如此可得

$$\frac{1-e^{-iut}}{it}\psi_3(t) = \int_{-\infty}^{+\infty} \left\{ \int_{-\infty}^{+\infty} [h_2(z+u-x) - h_2(z-x)] e^{itz} \, dz \right\} dh_1(x)$$

在里边的积分中以新的积分变量 y 来换 z,令 $z-x=y$. 这时上面的公式可以改写成

$$\frac{1-e^{-iut}}{it}\psi_3(t) = \int_{-\infty}^{+\infty} \left\{ \int_{-\infty}^{+\infty} [h_2(y+u) - h_2(y)] e^{ity} \, dy \right\} e^{itx} \, dh_1(x)$$

依公式(165),里面的积分可以表示成 $\psi_2(t)$,于是得公式

$$\frac{1-e^{-iut}}{it}\psi_3(t) = \frac{1-e^{-iut}}{it}\psi_2(t) \int_{-\infty}^{+\infty} e^{itx} \, dh_1(x)$$

而依(167),这正是公式(168).

由折合定理直接可知,如果 $\psi_1(t)$ 及 $\psi_2(t)$ 表示成(148)型的积分,就是说属于正定函数类 P,那么它们的积也属于 P. 显然由正系数做成的线性组合式 $c_1\psi_1(t) + c_2\psi_2(t)$ 也属于这类. 此外,如果 $\psi(t)$ 属于 P,那么 $\overline{\psi(t)}$ 也属于 P. 因为如果 $g_0(x)$ 决定 $\psi(t)$,那么关于 $\overline{\psi(t)}$ 可得

$$\overline{\psi(t)} = \int_{-\infty}^{+\infty} e^{-itx} \, dg_0(x) = \int_{-\infty}^{+\infty} e^{itx} \, dg_1(x)$$

其中 $g_1(x) = -g_0(-x)$,而 $g_1(x)$ 是设在间断点处右连续的. 如此 $|\psi(t)|^2$ 也属于 P,而由函数

$$h(x) = \int_{(-\infty,+\infty)} g_0(x-t) \, dg_1(t)$$

决定,其中在间断点处作为 t 的函数的 $g_0(x-t)$ 是左连续的. 如果 $g_0(x)$ 是连续的,那么 $h(x)$ 也是连续的,而依第 27 小节中的证明,可知

$$M\{|\psi(t)|^2\} = 0$$

回到由公式(148)所定义的函数 $\varphi(t)$,设与前边一样,a_k 是与 $\lambda = \lambda_k$ 相应的广义傅里叶系数.注意正数 a_k 组成收敛级数,并注意(154),可知

$$\sum_k |a_k|^2 = M\{|\varphi_1(t)|^2\} \tag{169}$$

另一方面,根据上面所证的

$$M\{|\varphi_2(t)|^2\} = 0 \tag{170}$$

又

$$|\varphi(t)|^2 = |\varphi_1(t) + \varphi_2(t)|^2 = |\varphi_1(t)|^2 + |\varphi_2(t)|^2 + \varphi_1(t)\overline{\varphi_2(t)} + \overline{\varphi_1(t)}\varphi_2(t)$$

依布尼亚科夫斯基-施瓦兹不等式

$$\left|\frac{1}{\omega}\int_{-\omega}^{+\omega}\varphi_1(t)\overline{\varphi_2(t)}dt\right|^2 \leqslant \frac{1}{\omega}\int_{-\omega}^{+\omega}|\varphi_1(t)|^2 dt \cdot \frac{1}{\omega}\int_{-\omega}^{+\omega}|\varphi_2(t)|^2 dt$$

而留意(169)及(170),可知当无限地增大 ω 时右边趋向于零.这样 $M\{\varphi_1(t)\overline{\varphi_2(t)}\} = 0$,同样 $M\{\overline{\varphi_1(t)}\varphi_2(t)\} = 0$.由公式(169)及(170)对于类 P 中的任意函数可得下面的封闭性定理

$$\sum_k a_k^2 = M\{|\varphi|^2\} \tag{171}$$

30. 柯西-斯蒂尔切斯积分

考察在全实数轴上作的柯西积分

$$\omega(z) = \int_{-\infty}^{+\infty} \frac{\psi(x)}{x-z} dx \tag{172}$$

在关于 $\psi(x)$ 的某些条件之下,这积分存在,而复变数 z 的函数 $\omega(z)$ 在上半平面及下半平面中都是正则函数.在这些半平面中,上述两正则函数是不同的解析函数,而我们知道,$\psi(x)$ 可以由 $\omega(z)$ 在实数轴上的跃度表示出来,就是说下面的公式成立

$$\psi(x) = \lim_{\tau \to +0} \frac{1}{2\pi i}[\omega(x+\tau i) - \omega(x-\tau i)]$$

设 $g(x)$ 是无穷区间 $[-\infty, +\infty]$ 上的囿变函数,而对于复数 z 作柯西-斯蒂尔切斯积分

$$\omega(z) = \int_{-\infty}^{+\infty} \frac{1}{x-z} dg(x) \tag{173}$$

被积分的函数 $\frac{1}{x-z}$ 在全实数轴上是连续的,并当 $x \to \pm\infty$ 时趋向于零.积分(173)可以看作斯蒂尔切斯积分.对于积分(173)可以证明下面的反演公式

$$g(x) - g(0) = \lim_{\tau \to +0} \frac{1}{2\pi i}\int_0^x [\omega(\sigma+\tau i) - \omega(\sigma-\tau i)]d\sigma \tag{174}$$

对于函数 $g(x)$ 的间断点左边必须取左、右极限值之和的一半.可以预见这反演公式,与在讨论傅里叶-斯蒂尔切斯积分时完全一样.

在证明公式(174)之前,先考察对于半平面情形的布阿桑积分. 设 $z=\sigma+\tau i$, 而在柯西核中分开实数及虚数两部分

$$\frac{1}{x-z}=\frac{x-\sigma}{(x-\sigma)^2+\tau^2}+\frac{\tau}{(x-\sigma)^2+\tau^2}i$$

在积分(172)中分开虚数部分,并添上因子 $\frac{1}{\pi}$,可得对于半平面的布阿桑积分

$$F(\sigma,\tau)=\frac{1}{\pi}\int_{-\infty}^{+\infty}\frac{\tau}{(x-\sigma)^2+\tau^2}\psi(x)\mathrm{d}x \quad (175)$$

这显然在上半平面及下半平面中都是调和函数. 关于这积分证明下面命题: 如果 $\psi(x)$ 是有界的并在一切有穷区间上是依黎曼可积的函数(例如囿变函数 $g(x)$),那么积分(175)(它显然存在)当 τ 从正数方向趋向于零时在 $\psi(x)$ 的连续点处趋向于 $\psi(\sigma)$,而在第一类间断点处趋向于其左、右极限值之和的一半,并且在任意位于 $\psi(x)$ 的连续性区间内部的 σ 值闭区间中,这收敛是依 σ 一致的. 为了证明,首先注意显然的等式

$$\frac{2}{\pi}\int_0^\infty \frac{\tau}{x^2+\tau^2}\mathrm{d}x=1 \quad (176)$$

在积分(175)中把 x 用新积分变数 $y=x-\sigma$ 代替

$$F(\sigma,\tau)=\frac{1}{\pi}\int_{-\infty}^{+\infty}\frac{\tau}{y^2+\tau^2}\psi(y+\sigma)\mathrm{d}y$$

把积分区间分解为 $[-\infty,0)$ 和 $[0,+\infty]$,而在所得的第一积分中取新积分变量 $y_1=-y$. 得下面的公式

$$F(\sigma,\tau)=\frac{2}{\pi}\int_0^\infty \frac{\tau}{x^2+\tau^2}\cdot\frac{\psi(\sigma+x)+\psi(\sigma-x)}{2}\mathrm{d}x \quad (177)$$

设 σ 是 $\varphi(x)$ 的连续点或第一种间断点. 把公式(176)两边乘以

$$\frac{\psi(\sigma+0)+\psi(\sigma-0)}{2}$$

并由公式(177)逐项相减,可得下面公式

$$F(\sigma,\tau)-\frac{\psi(\sigma+0)+\psi(\sigma-0)}{2}=\frac{2}{\pi}\int_0^\infty \frac{\tau}{x^2+\tau^2}w(x)\mathrm{d}x \quad (178)$$

其中

$$w(x)=\frac{\psi(\sigma+x)-\psi(\sigma+0)}{2}+\frac{\psi(\sigma-x)-\psi(\sigma-0)}{2} \quad (179)$$

设 ε 是预定的正数. 这时存在一正数 η,使当 $0<x\leqslant\eta$ 时 $|w(x)|<\varepsilon$. 如果 σ 在一个位于 $\psi(x)$ 的连续性区间内部的闭区间中,那么由于 $\psi(x)$ 的一致连续性,数 η 只由数 ε 决定,而与 σ 无关. 在积分(178)中分割积分区间成 $[0,\eta]$ 及 $[\eta,\infty]$. 对于第一积分区间

$$\left|\frac{2}{\pi}\int_0^\eta \frac{\tau}{x^2+\tau^2}w(x)\mathrm{d}x\right|\leqslant\varepsilon\cdot\frac{2}{\pi}\int_0^\eta \frac{\tau}{x^2+\tau^2}\mathrm{d}x$$

$$< \varepsilon \cdot \frac{2}{\pi} \int_0^\infty \frac{\tau}{x^2+\tau^2} \mathrm{d}x = \varepsilon$$

为了估计在第二区间上的积分,首先注意函数 $w(x)$ 是有界的,这是因为函数 $\psi(x)$ 有界,就是说,有一正数 L 存在,使 $|w(x)| \leqslant L$. 如此得

$$\left| \frac{2}{\pi} \int_\eta^\infty \frac{\tau}{x^2+\tau^2} w(x) \mathrm{d}x \right| \leqslant L \cdot \frac{2}{\pi} \int_\eta^\infty \frac{\tau}{x^2+\tau^2} \mathrm{d}x$$
$$= \frac{2L}{\pi}\left(\frac{\pi}{2} - \arctan \frac{\eta}{\tau}\right)$$

而对于公式(178)左边的差,可得

$$\left| F(\sigma,\tau) - \frac{\psi(\sigma+0)+\psi(\sigma-0)}{2} \right| \leqslant \varepsilon + \frac{2L}{\pi}\left(\frac{\pi}{2} \quad \arctan \frac{\eta}{\tau}\right)$$

第二项中的差当正数 τ 趋向于零时显然趋向于零,于是对于一切足够接近零的 τ 值,这第二项必小于 ε. 如此,对于一切足够接近于零的 τ 值,可得

$$\left| F(\sigma,\tau) - \frac{\psi(\sigma+0)+\psi(\sigma-0)}{2} \right| \leqslant 2\varepsilon$$

既然 ε 是任意的,可知上面所述的结论是正确的. τ 和零的接近程度由 η 的值制约着,而后者对于上述那 $\psi(x)$ 的连续性区间是与 σ 无关的. 由此可知在上述的连续性区间中收敛是一致的. 现在回来证明反演公式(174). 作函数

$$F_1(\sigma,\tau) = \frac{1}{2\pi \mathrm{i}}[\omega(\sigma+\tau \mathrm{i}) - \omega(\sigma-\tau \mathrm{i})]$$
$$= \frac{1}{\pi}\int_{-\infty}^{+\infty} \frac{\tau}{(x-\sigma)^2+\tau^2} \mathrm{d}g(x)$$

使用分部积分法,可得

$$F_1(\sigma,\tau) = -\frac{1}{\pi}\int_{-\infty}^{+\infty} g(x) \frac{\partial}{\partial x}\left(\frac{\tau}{(x-\sigma)^2+\tau^2}\right) \mathrm{d}x$$
$$= \frac{1}{\pi}\int_{-\infty}^{+\infty} g(x) \frac{\partial}{\partial \sigma}\left(\frac{\tau}{(x-\sigma)^2+\tau^2}\right) \mathrm{d}x$$

既然 $g(x)$ 是有界的,上面的广义积分依属于任意有穷区间的 σ 一致收敛,而依 σ 在区间 $[0,x_0]$ 上积分上式的两边,并且右边在积分号下取积分,可得

$$\frac{1}{2\pi \mathrm{i}}\int_0^{x_0} [\omega(\sigma+\tau \mathrm{i}) - \omega(\sigma-\tau \mathrm{i})] \mathrm{d}\sigma = \frac{1}{\pi}\int_{-\infty}^{+\infty} \frac{\tau}{(x-x_0)^2+\tau^2} g(x) \mathrm{d}x -$$
$$\frac{1}{\pi}\int_{-\infty}^{+\infty} \frac{\tau}{x^2+\tau^2} g(x) \mathrm{d}x$$

右边的积分是布阿桑积分,而应用上面证明了的定理可得反演公式(174). 这公式首先是由斯蒂尔切斯提出的,一般叫作斯蒂尔切斯公式. 留意对于积分(173)函数 $g(x)$ 在区间 $[-\infty,+\infty]$ 两端的值无关宏旨,因为被积分的函数当 $x \to \pm\infty$ 时趋向于零.

集合函数与勒贝格积分

第二章

§1 集合函数与测度论

31. 集合的运算

在树立更一般的积分概念时,我们将把积分的基本区间不分成区间,而分成更一般型的点集合.此外,有时积分的基本区域也不是区间,而是某种更一般型的点集合.本章 §1 将讨论这种更一般型的集合以及定义于这种集合上的函数,并从叙述关于一般集合(不仅是点集合,而且是由任意元组成的集合)的基本概念及基本事实开始.对于这些一般的集合将首先介绍几个基本概念与记号,以便以后使用.但我们要用的主要是点集合,就是其中元是直线上、平面上,或多维空间中的点.

如果元 x 属于集合 A,那么可以表示成 $x \in A$. 如果 x 不属于 A,那么写成 $x \bar{\in} A$. 如果凡在 A 中的元也在 B 中,那么我们说 A 是 B 的部分,并且表成 $A \subset B$ 或 $B \supset A$. 如果 A 与 B 两集合由相同的元组成,我们表成 $A = B$. 如果凡属于 A 的元也属于 B,而在 B 的元中有不属于 A 的,那么我们说 A 是 B 的真部分.如果 $A \subset B$ 而 $B \subset C$,那么 $A \subset C$. 设有有穷个或可数无穷个集合

$$A_1, A_2, A_3, \cdots \tag{1}$$

所谓(1)中集合的和,是指由至少属于一个集合 A_n 的元所组成的集合 $\mathscr{E}_1$. 为了表示集合之和,常使用下列记号

$$\mathscr{E}_1 = A_1 + A_2 + \cdots \quad \text{或} \quad \mathscr{E}_1 = \sum_n A_n$$

所谓(1)中集合的交是指由凡属于一切集合 A_n 的元所组成的集合 $\mathscr{E}_2$. 集合的交通常表成

$$\mathscr{E}_2 = A_1 A_2 \cdots \quad \text{或} \quad \mathscr{E}_2 = \prod_n A_n$$

集合的交可以不含元. 一个元也不含的集合叫作空集合,我们用 Λ 表示. 例如设 A 与 B 两集合没有公共元,则 $AB = \Lambda$. 集合的和与交满足交换律与结合律

$$\begin{cases} A + B = B + A \\ A + (B + D) = (A + B) + D \\ AB = BA \\ A \cdot (BD) = (AB) \cdot D \end{cases} \tag{2}$$

分配律也是正确的

$$B \sum_n A_n = \sum_n BA_n \tag{3}$$

为了证明这公式,只需证明凡在公式右边的集合中的元 x 必属于公式左边的集合,并且反之也正确. 如果 x 是公式(3)左边的集合中的元,那么它既属于 B,也属于集合 A_n 之和,所以至少属于一个集合 A_n. 设 $x \in A_k$,那么 $x \in B, x \in A_k$,所以 $x \in BA_k$,从而 x 属于公式(3)右边的集合. 反之,如果 x 属于(3)右边的集合,它至少属于和中的一项. 设它属于 BA_k,则 $x \in B$, 且 $x \in A_k$. 由此 $x \in B$, $x \in \sum A_n$,从而 x 属于式(3)左边的集合. 于是公式得证. 如果 $B \subset A$,那么 $A + B = A$. 由此,并依(2)与(3)可直接得

$$(A + B)(A + D) = A + BD \tag{4}$$

现在定义差. 所谓两集合的差 $A - B$,是指由凡属于 A 而不属于 B 的元所组成的集合. 如果 $A \subset B$,那么 $A - B$ 是空集合. 注意在定义差时并没有设 $B \subset A$. 如果 $B \subset A$,那么显然

$$A = B + (A - B)$$

一般情形则

$$A \subset B + (A - B) \tag{5}$$

现在举出几个以后要用的公式. 其证明并不难. 如果 $A - B = \mathscr{E}_2$, $B - A = \mathscr{E}_1$,则 $A + \mathscr{E}_1 = B + \mathscr{E}_2$. 如果 $A_n \subset B_n$,则

$$\sum_n A_n \subset \sum_n B_n, \quad \sum_n B_n - \sum_n A_n \subset \sum_n (B_n - A_n) \tag{6}$$

再举几个关于差的公式

$$A - (B - D) \subset (A - B) + D \tag{7}$$
$$AB = A - (A - B) \tag{7'}$$
$$(A_1 - A_2) - (B_1 - B_2) \subset (A_1 - B_1) + (B_2 - A_2) \tag{8}$$
$$A + B = (A - B) + (B - A) + AB \tag{8'}$$

现在讨论单调集合序列与极限的概念. 如果有无穷的集合序列 $\mathcal{E}_1, \mathcal{E}_2, \cdots$，且

$$\mathcal{E}_1 \subset \mathcal{E}_2 \subset \mathcal{E}_3 \subset \cdots \tag{9}$$

那么我们说这序列是涨序列. 缩序列则由下列条件定义

$$\mathcal{E}_1 \supset \mathcal{E}_2 \supset \mathcal{E}_3 \supset \cdots \tag{10}$$

在(9)的情形中，集合 $\mathcal{E}_n$ 的极限是指由至少属于一个集合 $\mathcal{E}_n$ 的元全体所成的集合 $\mathcal{E}$. 我们写成 $\mathcal{E} = \lim_{n \to \infty} \mathcal{E}_n$. 注意在(9)的情形下，凡属于集合 $\mathcal{E}_k$ 的元 x 必属于一切 $n > k$ 的集合 $\mathcal{E}_n$. 在(9)的情形下显然

$$\mathcal{E} = \lim_{n \to \infty} \mathcal{E}_n = \sum_{n=1}^{\infty} \mathcal{E}_n \tag{11}$$

也可以写成

$$\mathcal{E} = \lim_{n \to \infty} \mathcal{E}_n = \mathcal{E}_1 + \sum_{k=1}^{\infty} (\mathcal{E}_{k+1} - \mathcal{E}_k) \tag{12}$$

在上面公式右边的和中各项彼此无公共点. 在(10)的情形下所谓集合 $\mathcal{E}_n$ 的极限是由属于一切集合 $\mathcal{E}_n$ 的元全体所组成的集合. 在这情形下

$$\mathcal{E} = \lim_{n \to \infty} \mathcal{E}_n = \prod_{n=1}^{\infty} \mathcal{E}_n \tag{13}$$

而此外，在(10)的情形下

$$\mathcal{E}_1 = \mathcal{E} + \sum_{k=1}^{\infty} (\mathcal{E}_k - \mathcal{E}_{k+1}) \tag{14}$$

在这式中右边各项彼此没有公共元. 现只就单调集合序列定义了集合序列的极限. 在一般情形也可以定义极限，但既然以后不用，这里就不详述了.

再特别就点集合介绍一个概念. 设 $\mathcal{E}$ 是平面上点集合. 所谓 $\mathcal{E}$ 的补集合是指由平面上不属于 $\mathcal{E}$ 的一切点所组成的点集合. 通常用 $\complement \mathcal{E}$ 表示 $\mathcal{E}$ 的补集合. 现在叙述关于这一概念的几个公式. 如果使用两次补集合的概念，那么仍得原集合：$\complement(\complement \mathcal{E}) = \mathcal{E}$. 如果 $\mathcal{E}_1 \subset \mathcal{E}_2$，那么 $\complement \mathcal{E}_1 \supset \complement \mathcal{E}_2$. 此外

$$\prod_n \mathcal{E}_n = \complement \sum_n \complement \mathcal{E}_n \tag{15}$$
$$\sum_n \mathcal{E}_n = \complement \prod_n \complement \mathcal{E}_n \tag{16}$$
$$\complement \prod_n \mathcal{E}_n = \sum_n \complement \mathcal{E}_n \tag{17}$$
$$\complement \sum_n \mathcal{E}_n = \prod_n \complement \mathcal{E}_n \tag{18}$$

$$\complement \mathscr{E}_1 - \complement \mathscr{E}_2 = \mathscr{E}_2 - \mathscr{E}_1 \tag{19}$$

$$\mathscr{E}_1 - \mathscr{E}_2 = \mathscr{E}_1 \cdot \complement \mathscr{E}_2 \tag{20}$$

其证明都不难. 如果所给的集合是在直线上的, 也可以相对于直线取补集合. 对于多维空间也是如此. 相对于某一集合 A 也可以取补集合. 如果集合 $\mathscr{E}$ 的一切点属于 A, 那么所谓 $\mathscr{E}$ 相对于 A 的补集合是指差 $A - \mathscr{E}$. 我们将只使用相对于整个空间的补集合, 就是相对于直线、平面等.

32. 点集合

现在叙述特别关于点集合的概念与结果. 在研究黎曼多重积分时曾论及关于平面上或 n 维空间中点集合的一些知识. 现在重述一下这些内容, 并加以补充. 为确定起见我们只谈 xOy 平面上的点集合. 所论述的一切不难推广到任意 n 维空间上去.

考察附有直角坐标 xOy 的平面, 并考察它上面的点集合. 所谓有界集合, 是指这集合中的一切点到原点的距离都小于一个确定的正数 N; 对于这集合的一切点 (x,y), $x^2 + y^2 < N^2$. 所谓点 $P(a,b)$ 的 ε 邻域是指以 P 为中心以 ε 为半径的闭圆, 就是指由满足条件 $(x-a)^2 + (y-b)^2 \leqslant \varepsilon^2$ 的一切点 (x,y) 所组成的集合. 所谓点 P 是集合 $\mathscr{E}$ 的聚点或极限点, 是指点 P 的任意 ε 邻域包含 $\mathscr{E}$ 中的无穷多个点. 至于点 P 本身可以属于 $\mathscr{E}$, 也可以不属于 $\mathscr{E}$. 如果集合 $\mathscr{E}$ 包含它的一切聚点, 则 $\mathscr{E}$ 叫作闭的. 属于集合 $\mathscr{E}$ 的点 P 叫作 $\mathscr{E}$ 的内点, 是指点 P 的某一 ε 邻域完全含于 $\mathscr{E}$ 中. 所谓集合 $\mathscr{E}$ 是开集合, 是指它的一切点都是内点. 闭集合常用字母 F 表示, 有时附以标号 (这是由于法文的 "闭" 是 fermé). 开集合常用字母 O 表示 (法文 ouvert 是 "开" 的意思). 空集合是既开且闭. 所谓开集合 O 的界, 是指凡有下列性质的点 P 所组成的集合 l: 点 P 本身不属于 O, 但点 P 的任意 ε 邻域包含 O 中的点. 既然 O 是由内点所组成的, 可以知道点 P 的任意 ε 邻域必包含无穷多个属于 O 的点, 因此可以把开集合的界 l 定义为由凡不属于 O 而又是 O 的聚点的点所组成的集合. 不难证明, 开集合的界是闭集合.

设 $\mathscr{E}$ 是某一集合. 添加上它的一切聚点, 所得的集合表示成 $\bar{\mathscr{E}}$. 这种运算通常叫作封闭集合 $\mathscr{E}$, 而 $\bar{\mathscr{E}}$ 叫作 $\mathscr{E}$ 的闭包. 如果 $\mathscr{E}$ 是闭的, 那么 $\bar{\mathscr{E}} = \mathscr{E}$, 而如果 $\mathscr{E}$ 不是闭的, 那么 $\mathscr{E} \subset \bar{\mathscr{E}}$. 可以证明 $\bar{\mathscr{E}}$ 一定是闭的. 设 P 是 $\bar{\mathscr{E}}$ 的聚点, 需要证明它属于 $\bar{\mathscr{E}}$. 在 $\bar{\mathscr{E}}$ 的点中, 可选出趋向于 P 的点序列 $P_n (n=1,2,\cdots)$. 如果在 P_n 各点中有无穷多点属于 $\mathscr{E}$, 那么点 P 是 $\mathscr{E}$ 的聚点, 而依封闭的定义, P 属于 $\bar{\mathscr{E}}$. 再设从某一标号 n 起, 一切点 P_n 都不属于 $\mathscr{E}$. 依条件, 它们都是 $\bar{\mathscr{E}}$ 的点, 所以是 $\mathscr{E}$ 的聚点. 在点 P 的任意 ε 邻域中有无穷多个点 P_n, 而在每个点 P_n 的任意 ε 邻域中有无穷多个属于 $\mathscr{E}$ 的点, 所以, 在 P 的任意 ε 邻域中必有无穷多个属于 $\mathscr{E}$ 的点, 因此 P 是 $\mathscr{E}$ 的聚点, 而依封闭的定义, P 必属于 $\bar{\mathscr{E}}$. 由此得证, 由封闭任意集合 $\mathscr{E}$ 而得的集合 $\bar{\mathscr{E}}$ 必是闭集合. 注意全平面是既开且闭的集合. 我们并不把无穷远点算在平面

之中. 凡有穷集合必是闭集合. 有穷集合没有聚点.

现在介绍"集合间的距离"这一概念. 所谓集合 $\mathscr{E}_1$ 与 $\mathscr{E}_2$ 间的距离是指从 $\mathscr{E}_1$ 的任一点到 $\mathscr{E}_2$ 的任一点距离的下确界. 如果两集合有公共点, 则它们间的距离是零. 但两集合间距离等于零不一定表示它们有公共点. 两个无公共点的集合可以是无限地接近的. 如果两集合都是闭而有界的, 则这是不可能的, 而在第二卷中曾证明过下面的定理: 如果 $\mathscr{E}_1$ 与 $\mathscr{E}_2$ 是无公共点的有界闭集合, 那么它们间的距离 d 是正数, 并且至少有 $\mathscr{E}_1$ 中的一点 P_1 与 $\mathscr{E}_2$ 中的一点 P_2, 使 $P_1P_2 = d$. 从这定理的证明直接可知, 如果这两闭集合中只有一个是有界的, 那么定理依然成立. 特别可知, 由开集合任意一点到这集合的界的距离是正数.

33. 闭集合与开集合的性质

现在有闭集合与开集合的几个特殊性质.

定理 1 有穷多或可数无穷多开集合的和仍是开集合. 有穷多开集合的交仍是开集合.

考察有穷或可数无穷多开集合的和

$$\mathscr{E} = \sum_n O_n$$

如果 $P \in \mathscr{E}$, 那么 P 至少属于一个 O_n. 设 $P \in O_k$. 既然 O_k 是开集合, 必有点 P 的某一 ε 邻域完全属于 O_k. 点 P 的这 ε 邻域也必属于和 $\mathscr{E}$, 由此知 $\mathscr{E}$ 是开集合. 现在考察有穷交

$$\mathscr{E} = \prod_{n=1}^{m} O_n$$

而设 P 属于 $\mathscr{E}$. 现在和以上一样要证明点 P 有一 ε 邻域属于 $\mathscr{E}$. 既然 P 属于 $\mathscr{E}$, P 一定属于一切 $O_k (k=1, \cdots, m)$. 既然 O_k 是开集合, 对于任意 k, 必有点 P 的某一 ε_k 邻域属于 O_k. 如果 ε 表示 $\varepsilon_k (1 \leqslant k \leqslant m)$ 中最小的, 那么点 P 的 ε 邻域必属于一切 O_k, 所以也属于 $\mathscr{E}$. 注意我们不能证明可数无穷多开集合的积仍是开集合 (例如 $O_n = \left(-\dfrac{1}{n}, 1+\dfrac{1}{n}\right)$, 则 O_n 是开集合, 但 $\prod_n O_n = [0,1]$ 是闭集合).

定理 2 有穷或可数无穷多闭集合的交仍是闭集合. 有穷多闭集合的和仍是闭集合.

定理 3 如果 $F \subset O$, 那么 $O - F$ 是开集合. 如果 $O \subset F$, 那么 $F - O$ 是闭集合.

现在证明定理 3, 并只证其前半. 如果 $P \in O - F$, 则 $P \in O$ 而 $P \notin F$, 而要证明点 P 有一 ε 邻域属于 $O - F$, 即属于 O 而不属于 F. 既然 $P \notin F$, 由于 F 是闭的, 可知 P 有一 ε_1 邻域不与 F 相交. 另一方面, 既然 $P \in O$, P 有一 ε_2 邻域属于 O. 如果取 ε 为 ε_1 与 ε_2 二者较小的那个, 则 P 的 ε 邻域属于 O 而不属于 F, 定理于是得证. 由这定理可直接得出下列结论: 闭集合的补集合是开的, 而开集合

的补集合是闭的.

现在证明定理 2. 要证集合
$$\mathscr{E} = \prod_n F_n$$
是闭的. 取上面集合的补集合, 则
$$\complement \mathscr{E} = \sum_n \complement F_n$$
集合 $\complement F_n$ 是开的, 所以依定理 1, 集合 $\complement \mathscr{E}$ 是开集合, 而依定理 3, 它的补集合 $\complement(\complement \mathscr{E}) = \mathscr{E}$ 是闭集合, 如所欲证. 注意可数无穷多闭集合的和可以不是闭的 (例如取 $F_n = \left[\dfrac{1}{n+1}, \dfrac{1}{n}\right]$, 则 $\sum_n F_n = (0, 1]$ 不是闭的). 由此可知开集合与闭集合的对偶性.

所谓集合 $\mathscr{E}$ 被某些集合所构成的组 M 所覆盖, 是指凡 $\mathscr{E}$ 的点至少属于 M 组中的某一集合.

定理 4(波埃勒) 如果有界闭集合 F 被由无穷多开集合 O 所构成的组 α 所覆盖, 那么由这无穷组 α 可以取出有穷个开集合来, 使它们也覆盖 F.

用归谬法证明这定理. 设任何有穷个属于组 α 的开集合都不能覆盖 F, 从而推出矛盾来. 既然 F 是有界集合, 凡 F 的点必属于某一有穷的二维区间 $\Delta_0 (a \leqslant x \leqslant b, c \leqslant y \leqslant d)$. 把这闭区间 Δ_0 分成四个相等部分, 这可由平分区间 $[a, b]$ 与 $[c, d]$ 而得. 所得四个区间仍取作闭的. 依定理 2, 凡既属于 F 又属于这四个闭区间中的一个的点构成闭集合, 而至少有一个这样的闭集合不被组 α 中有穷个开集合所覆盖. 挑出相应的那个闭区间, 将它再分成四个相等的部分, 并仍如上推理. 如此得出一串依次相含的区间 $\Delta_0, \Delta_1, \Delta_2, \cdots$, 其中每一个是它前一个的四分之一, 并且对于一切 k, F 与 Δ_k 的公共部分不能被组 α 中有穷个开集合所覆盖. 无限地增大 k, 则区间 Δ_k 无限地缩成一点 P, 而 P 属于一切区间 Δ_k. 既然对于任意 k, Δ_k 都包含集合 F 中的无穷多个点, 点 P 必是 F 的聚点, 因此必属于 F, 因为 F 是闭集合. 这点 P 必被组 α 中的某一开集合 O' 所覆盖. 点 P 的某一 ε 邻域必属于开集合 O'. 当 k 足够大时区间 Δ_k 必完全落于点 P 这一 ε 邻域内部. 所以 Δ_k 也被这一个属于组 α 的开集合 O' 所覆盖, 但上边说过 F 与 Δ_k 的共同部分对于任意 k 都不能被有穷个属于组 α 的开集合所覆盖, 由此得出了矛盾. 于是证明了定理.

定理 5 凡开集合可以表示成可数无穷多个相互无公共点的半开区间之和.

所谓平面上的半开区间是指由不等式 $a < x \leqslant b, c < y \leqslant d$ 定义的有穷区间.

在平面上作正方形的网, 使其边平行于坐标轴, 并使其边长都是 1. 由这些正方形取出完全包含在那开集合 O 之中的那些正方形来. 这种正方形的数目可以是有穷的或可数无穷的, 也可以是零. 把剩下的正方形都各分成同样的四个正方形, 而由所得的新正方形取出完全包含在开集合 O 中的那些来. 把所余的那些正方形再各分成四个相等的部分, 并由所得的新正方形取出完全包含在 O 中的那些, 如此继续下去. 现在证明凡 O 中的点必属于上面所取的那些含于 O 中的正方形的一个里面. 事实上, 设 d 是 P 到 O 的边界的正距离. 如果分割到对角线长小于 d 的那些正方形, 那么点 P 一定属于一个完全包含在 O 中的正方形. 如果所有正方形都取作半开的, 那么它们彼此无公共点, 而证明了定理. 组成 O 的正方形数目一定是可数无穷多的, 因为有穷多个半开区间之和不可能是开集合. 用 Δ_n 表示上面所做的那些正方形, 则

$$O = \sum_{n=1}^{\infty} \Delta_n \tag{21}$$

在一维的情形, 即在直线的情形, 下面命题是正确的: 凡直线上的开集合必是有穷或可数无穷多个相互无公共点的开区间之和. 以后并不用这一结果, 所以不加证明.

上节和本节中所述的一切可适用于直线、三维空间以及一般的 n 维空间. 其区别只在于 ε 邻域与区间的定义. 在三维空间中所谓点 P 的 ε 邻域是以 P 为中心、以 ε 为半径的球体, 而区间是其棱平行于坐标轴的长方体. 半开区间由不等式 $a_1 < x \leqslant b_1, a_2 < y \leqslant b_2, a_3 < z \leqslant b_3$ 定义. 在直线的情形下, 点 x_0 的 ε 邻域是由不等式 $x_0 - \varepsilon \leqslant x \leqslant x_0 + \varepsilon$ 定义的.

34. 初等图形

以后有穷半开区间将起基本的作用, 我们简称之为区间. 设已知一个非负的、加法的、正常的区间函数 $G(\Delta)$. 我们的问题是把它推广使其定义于一种更广的点集合类, 并使它仍能保留上述的性质. 所谓初等图形是指凡由有穷个互无公共点的区间 $\Delta_k (k=1, 2, \cdots, m)$ 所组成的和. 用 R 表示这种初等图形, 我们可以写成

$$R = \sum_{k=1}^{m} \Delta_k \tag{22}$$

这一初等图形可以用其他方式分解成有穷多个相互无公共点的区间之和

$$R = \sum_{k=1}^{m'} \Delta'_k \tag{23}$$

不难看出, 对于任意两种分解法, 可得

$$\sum_{k=1}^{m} G(\Delta_k) = \sum_{k=1}^{m'} G(\Delta'_k) \tag{24}$$

为了证明, 只需取 (22) 与 (23) 两分解法的积而作新分解法, 并注意 $G(\Delta)$ 的加法性就够了. 如此则式 (24) 的左、右两边都是依新分解法各区间所作的值

$G(\Delta)$ 之和. 为了得出式(24)的左边,只需把同一个 Δ_k 的各部分区间所对应的各项加起来,而为了得出式(24)的右边,只需把同一个 Δ'_k 的各部分区间所对应的各项加起来. 如此可知,如果初等图形 R 以任意方式分解成互无公共点的部分区间,那么对于所得各部分区间所作函数值 $G(\Delta)$ 之和有确定的数值,与 R 的分解法无关. 这和可以取作函数 $G(R)$ 对于初等图形 R 之值

$$G(R) = \sum_{k=1}^{m} G(\Delta_k) \qquad (25)$$

对于任何分解 R 成有穷个相互无公共点的区间之和的方式都成立. 如此很简单地已把函数 $G(\Delta)$ 延展到初等图形上去了. 使用公式(21)也可以同样地把 $G(\Delta)$ 延展到一切开集合上去. 但我们将采取别的途径. 其中开集合将在我们的研究中起着基本作用. 在本节将再讨论区间与初等图形的几个简单性质.

注意: 如果 $R_1 \subset R_2$, 则 $G(R_1) \leqslant G(R_2)$. 这从 $G(\Delta)$ 的非负性可以直接推出, 因为可以取 R_2 的一种分解成区间的方法, 使凡与 R_1 有公共点的部分区间完全属于 R_1. 设 $\delta_k (k=1, \cdots, p)$ 是彼此可能有公共点的区间. 延长 δ_k 各边成直线, 可以把 δ_k 分成部分区间, 而这些部分区间有下列性质: 如果两个部分区间有公共点, 它们必重合. 把重合的区间看作一个, 可得一初等图形 R_0, 这图形显然也是各 δ_k 之和: $R_0 = \sum_{k=1}^{p} \delta_k$, 而

$$G(R_0) \leqslant \sum_{k=1}^{p} G(\delta_k) \qquad (26)$$

而如果对于某一个重合区间 Δ, 函数 $G(\Delta)$ 的值是正的, 则上面式中必取 "$<$" 号.

现在介绍一个以后要用到的新概念. 设 $\Delta(a < x \leqslant b, c < y \leqslant d)$ 是某一区间, α 是正数. 所谓区间 Δ 的 α 压缩形是指由不等式 $a+\alpha < x \leqslant b, c+\alpha < y \leqslant d$ 定义的区间, 并用记号 $^{(\alpha)}\Delta$ 表示它. 所谓区间 Δ 的 α 延展形是指由不等式 $a < x \leqslant b+\alpha, c < y \leqslant d+\alpha$ 定义的区间, 并用记号 $\Delta^{(\alpha)}$ 表示它. 差 $\Delta - {}^{(\alpha)}\Delta = {}^{(\alpha)}R$ 及 $\Delta^{(\alpha)} - \Delta = R^{(\alpha)}$ 都是初等图形. 由 $G(\Delta)$ 的非负性, 可知

$$G({}^{(\alpha)}R) = G(\Delta) - G({}^{(\alpha)}\Delta) \geqslant 0$$

而

$$G(R^{(\alpha)}) = G(\Delta^{(\alpha)}) - G(\Delta) \geqslant 0$$

而由函数 $G(\Delta)$ 的正常性可知

$$\lim_{\alpha \to +0} G({}^{(\alpha)}\Delta) = \lim_{\alpha \to +0} G(\Delta^{(\alpha)}) = G(\Delta) \qquad (26')$$

现在证明一个以后要用到的辅助定理.

辅助定理 如果初等图形 R 被有穷或可数无穷多个区间 δ'_k 所覆盖(这些区间可能有公共点), 那么

$$\sum_k G(\delta'_k) \geqslant G(R) \tag{27}$$

这辅助定理的结论直观上是很显然的. 现在引用定理 4 而予以严谨的证明. 设 ε 是预定的正数. 分解 R 成有穷个相互无公共点的区间 $\Delta_k(k=1,2,\cdots,m)$, 并取每个部分区间 Δ_k 的 α 压缩形, 而令正数 α 足够小, 使得对于压缩形所取的函数值 $G(\Delta)$ 之和大于或等于 $G(R)-\varepsilon$. 用 R_a 表示由这些压缩形之和所组成的初等图形, 那么

$$G(R_a) \geqslant G(R) - \varepsilon \tag{28}$$

对于凡覆盖 R 的区间 δ'_k 取其 α_k 延展形, 而令正数 α_k 足够小, 以使

$$G(\delta'^{(\alpha_k)}_k) \leqslant G(\delta'_k) + \frac{\varepsilon}{2^k} \tag{29}$$

把凡相加而得 R_a 的压缩形区间封闭, 构成闭区间. 所得闭区间(有穷个)的和是一个闭集合 F, 显然 $F \subset R$. 如果从 $\delta'^{(\alpha_k)}_k$ 去掉它的界, 即是去掉它的两边和一顶点, 那么所余是一个开区间 $\delta'^{(\alpha_k)}_k$. 注意一下区间 δ'_k 的延展, 可知开区间 $\delta'^{(\alpha_k)}_k$ 覆盖上述的那些闭区间, 也就是覆盖了闭集合 F. 比如设区间 δ'_k 的数目无穷. 依定理 4 只需取有穷个 $\delta'^{(\alpha_k)}_k(k=1,2,\cdots,q)$ 就足以覆盖 F, 而后者又覆盖着 R_a.

区间 $\delta'^{(\alpha_k)}_k(k=1,2,\cdots,q)$ 之和是一个初等图形 R', 而 $R_a \subset R'$, 所以 $G(R_a) \leqslant G(R')$. 由(26)与(29)

$$G(R') \leqslant \sum_{k=1}^{q} G(\delta'^{(\alpha_k)}_k) \leqslant \sum_{k=1}^{q} G(\delta'_k) + \varepsilon \sum_{k=1}^{q} \frac{1}{2^k}$$

由此可以直接推出

$$G(R_a) \leqslant G(R') \leqslant \sum_{k=1}^{q} G(\delta'_k) + \varepsilon$$

因此

$$G(R_a) \leqslant \sum_{k=1}^{\infty} G(\delta'_k) + \varepsilon$$

比较(28)得

$$G(R) - \varepsilon \leqslant \sum_{k=1}^{\infty} G(\delta'_k) + \varepsilon$$

所以

$$\sum_{k=1}^{\infty} G(\delta'_k) \geqslant G(R) - 2\varepsilon$$

左边的和与 ε 无关, 由于 ε 是任意的, 可得不等式(27). 注意式(27)左边的和中各项是非负的、有穷的, 但其和可能是 $+\infty$.

以后常要遇到非负项的无穷和. 如果和中有一项是 $+\infty$, 那么和也需算作

$+\infty$. 但即使是每项都有穷,其和也可能是 $+\infty$,就是说级数发散.

35. 外测度及其性质

用函数 $G(\Delta)$ 可以对平面上每一点集合给予一个非负的数与它相应,后者称作该集合的外测度.

定义 设有穷多或可数无穷多个区间 $\Delta_n (n=1,2,\cdots)$ 覆盖了集合 $\mathscr{E}$. 所谓 $\mathscr{E}$ 的外测度是指对于一切可能的覆盖集合 $\mathscr{E}$ 的区间组 Δ_n 所取相应和值

$$\sum_n G(\Delta_n) \tag{30}$$

的下确界. 我们用记号 $|\mathscr{E}|_G$ 表示外测度,其中标号 G 表示用以定义外测度的那个函数 $G(\Delta)$. 如此对于任意的覆盖组

$$\sum_n G(\Delta_n) \geqslant |\mathscr{E}|_G$$

而

$$|\mathscr{E}|_G = \inf \sum_n G(\Delta_n) \tag{31}$$

如果对于任意覆盖组(30)中的和总是 $+\infty$,那么外测度也算作是 $+\infty$. 有界集合的外测度常是有穷的,因为它可以包括在一个区间 Δ_0 内,而依条件 $G(\Delta_0)$ 是有穷的. 注意无界集合 $\mathscr{E}$ 不能被有穷个区间所覆盖,因为每个区间都是有穷的. 但无界集合的外测度仍可能是有穷数. 现在证明一系列关于外测度的定理.

定理 1 如果 $\mathscr{E}' \subset \mathscr{E}''$,那么 $|\mathscr{E}'|_G \leqslant |\mathscr{E}''|_G$.

凡 $\mathscr{E}''$ 的覆盖组必是 $\mathscr{E}'$ 的覆盖组,所以对 $\mathscr{E}'$ 所作的和(30)的下确界可能小于对 $\mathscr{E}''$ 所作的,但绝不会大于后者,所以定理证毕.

定理 2 如果 R 是初等图形,那么其外测度等于 $G(R)$,就是说 $|R|_G = G(R)$.

如果以某种方法分割 R 成部分区间 Δ_k,那么后者覆盖 R,而由(25)以及外测度的定义为对一切覆盖组所作的和(30)的下确界,必然 $|R|_G \leqslant G(R)$. 现在证明相反的不等式. 如果区间 Δ'_n 覆盖 R,依上小节的辅助定理,$\sum_n G(\Delta'_n) \geqslant G(R)$,由此可知 $|R|_G \geqslant G(R)$. 由上面证明了的两个不等式可知 $|R|_G = G(R)$.

定理 3 对于可数或有穷项集合之和,和集合的外测度小于或等于各项集合外测度的和. 这就是说

$$\left|\sum_n \mathscr{E}_n\right|_G \leqslant \sum_n |\mathscr{E}_n|_G \tag{32}$$

以后我们常用一个字母 S 表示某集合的覆盖. 同时对这覆盖所做的和(30)表示成 $\sigma(S)$. 设预给一正数 ε. 依下确界的定义,存在集合 $\mathscr{E}_n$ 的一覆盖 S_n,使 $\sigma(S_n) \leqslant |\mathscr{E}_n|_G + \dfrac{\varepsilon}{2^n}$. 取所有出现于一切 $S_n (n=1,2,\cdots)$ 中的区间. 这些区间成

为 $\sum_n \mathcal{E}_n$ 的一覆盖 S,而对于这一覆盖,显然

$$\sigma(S) = \sum_n \sigma(S_n) \leqslant \sum_n |\mathcal{E}_n|_G + \varepsilon \sum_n \frac{1}{2^n} \leqslant \sum_n |\mathcal{E}_n|_G + \varepsilon$$

依下确界的定义

$$\left|\sum_n \mathcal{E}_n\right|_G \leqslant \sum_n |\mathcal{E}_n|_G + \varepsilon$$

而既然 ε 是任意的,可得不等式(32).注意(32)右边的和或其中个别项可能是 $+\infty$.由于各项都不是负的,各项的次序并无作用.定义了外测度之后,就把函数 $G(\Delta)$ 推广到一切可能的点集合上去,但如此一来则失去了这函数的加法性.事实上,可以证明,如果集合 $\mathcal{E}_n$ 相互无公共点,那么在公式(32)中可能有些情形要用"$<$"号.以后将介绍某类集合,对于这类集合外测度保持其加法性.先证明关于外测度的另一定理.

定理 4 任何集合 $\mathcal{E}$ 可以被一个适当的开集合 O 所覆盖,使后者的外测度与 $\mathcal{E}$ 的外测度相差任意小,这就是说:如果 $\mathcal{E}$ 是任意集合,ε 是预定的正数,那么必存在一个开集合 O,满足 $\mathcal{E} \subset O$,而 $|O|_G \leqslant |\mathcal{E}|_G + \varepsilon$.

如果 $|\mathcal{E}|_G = +\infty$,那么凡覆盖集合 $\mathcal{E}$ 的开集合 O 都能满足不等式 $|O|_G \leqslant |\mathcal{E}|_G + \varepsilon$.以后设 $|\mathcal{E}|_G$ 是有穷的.设 ε 是预定的正数.取 $\mathcal{E}$ 的覆盖区间组 Δ_n,使其满足不等式

$$\sum_n G(\Delta_n) \leqslant |\mathcal{E}|_G + \frac{\varepsilon}{2} \tag{33}$$

取每个区间 Δ_n 的 α_n 延展形,并取正数 α_n 使它满足

$$G(\Delta_n^{(\alpha_n)}) \leqslant G(\Delta_n) + \frac{\varepsilon}{2^{n+1}} \tag{34}$$

如果取消 $\Delta_n^{(\alpha_n)}$ 的界,就是说取去它的两边与一顶点,则所得开区间 $\Delta_n^{(\alpha_n)}$ 的和是开集合 O,并且 O 被区间 $\Delta_n^{(\alpha_n)}$ 所覆盖.由下确界的定义

$$|O|_G \leqslant \sum_n G(\Delta_n^{(\alpha_n)})$$

引用(34),可得

$$|O|_G \leqslant \sum_n G(\Delta_n) + \frac{\varepsilon}{2}$$

而注意(33),可得

$$|O|_G \leqslant |\mathcal{E}|_G + \frac{\varepsilon}{2} + \frac{\varepsilon}{2} = |\mathcal{E}|_G + \varepsilon$$

36.可测集合

现在介绍一类集合,叫作可测集合,我们在以后要证明它们的外测度有加法性.对于这类可测集合,它们的外测度简称测度.

定义 集合 $\mathcal{E}$ 称为可测的,是指它可以被一个开集合 O 所覆盖,使差 $O-$

$\mathcal{E}$ 的外测度任意小. 这就是说, 集合 $\mathcal{E}$ 叫作可测的, 是指对于任意预给的正数 ε, 必存在一个开集合 O, 使 $\mathcal{E} \subset O$, 而 $|O-\mathcal{E}|_G \leqslant \varepsilon$. 可测集合的外测度简称这集合的测度.

在定义可测集合时所用的条件比在定理 4 中所陈述的强. 定理 4 中的性质是一切集合所共有的, 但却有集合存在对于所选函数 $G(\Delta)$ 是不可测的, 从而不满足定义中的条件. 为了表示可测集合的测度, 可以仍用符号 $|\mathcal{E}|_G$, 因为由定义对于可测集合来说测度就是外测度. 现在证明, 任意区间 Δ 是可测的. 依定理 1, 它的外测度等于 $G(\Delta)$. 以后我们将看到, 凡初等图形也必可测. 从而可以用记号 $G(\mathcal{E})$ 来表示任意可测集合的测度. 现在规定空集合的外测度以及测度都是零. 这与上述定义完全相符. 再介绍一个定义: 集合 $\mathcal{E}$ 叫作依 $G(\Delta)$ 是测度为零的集合, 或简称测度为零的集合, 是指对于这固定了的 $G(\Delta)$, $|\mathcal{E}|_G=0$. 由这定义直接得知: 凡测度为零的集合的部分集合也是测度为零的. 现在证明可测集合的一系列性质. 这些性质将用作以后全部研究的基础.

定理 1 凡开集合必是可测的.

如果 $\mathcal{E}$ 是开集合, 那么只需在定义的条件中令 $O=\mathcal{E}$ 就够了, 因为 $|O-\mathcal{E}|_G=0$.

定理 2 任意区间 Δ 是可测集合, 其测度等于 $G(\Delta)$.

设 Δ 是某一区间. 取它的 α 延展, 得出区间 $\Delta^{(\alpha)}$. 差 $\Delta^{(\alpha)}-\Delta$ 是初等图形, 而由于 $G(\Delta)$ 是正常函数, 得 $G(\Delta^{(\alpha)}-\Delta)=G(\Delta^{(\alpha)})-G(\Delta) \to 0$ 当 $\alpha \to +0$ 时成立, 这就是说对于任意预定的正数 ε, 必存在数 α, 使 $G(\Delta^{(\alpha)}-\Delta) \leqslant \varepsilon$. 设 O 是由区间 $\Delta^{(\alpha)}$ 去掉其边界而得的开区间. 依延展的方法 $\Delta \subset O$. 为了证明 Δ 的可测性, 只剩下证明 $|O-\Delta|_G \leqslant \varepsilon$ 了. 因为 $O \subset \Delta^{(\alpha)}$, 而依第 35 小节中的定理 1, $|O-\Delta|_G \leqslant |\Delta^{(\alpha)}-\Delta|_G$. 但 $\Delta^{(\alpha)}-\Delta$ 是初等图形, 依第 35 小节中的定理 2, $|\Delta^{(\alpha)}-\Delta|_G=G(\Delta^{(\alpha)}-\Delta) \leqslant \varepsilon$, 就是说 $|O-\Delta|_G \leqslant \varepsilon$. 这正是所要证的. Δ 的测度等于其外测度, 所以与 $G(\Delta)$ 相等, 因为 Δ 是初等图形的特例.

定理 3 "测度为零的集合"—— 就是外测度为零的集合, 与"测度等于零的可测集合"两概念是相同的.

如果 $|\mathcal{E}|_G=0$, 那么依第 35 小节中的定理 4, 对于任意预定的正数 ε 有开集合 O 存在, 使 $\mathcal{E} \subset O$, 而 $|O|_G \leqslant \varepsilon$, 故依第 35 小节中的定理 1, $|O-\mathcal{E}|_G \leqslant \varepsilon$, 所以 $\mathcal{E}$ 是可测的. $\mathcal{E}$ 的测度等于其外测度, 所以等于零. 反之, 如果 $\mathcal{E}$ 是可测集合, 而其测度等于零, 那么依测度的定义, 它的外测度等于零, 从而证明了定理.

定理 4 有穷多或可数无穷多可测集合的和仍是可测的.

设 $\mathcal{E}_n$ 是可测集合, $\mathcal{E}=\sum_n \mathcal{E}_n$, 而 ε 是预定的正数. 依可测集合的定义, 必存在开集合 O_n, 满足 $\mathcal{E}_n \subset O_n$ 及 $|O_n-\mathcal{E}_n|_G < \dfrac{\varepsilon}{2^n}$. 开集合 O_n 的和仍是一开集合

O,而且显然 $\mathscr{E} \subset O$,又依(6)得
$$O - \mathscr{E} \subset \sum_n (O_n - \mathscr{E}_n)$$
应用第 35 小节中的定理 1 与 3,得
$$|O - \mathscr{E}|_G \leqslant \left|\sum_n (O_n - \mathscr{E}_n)\right|_G \leqslant \sum_n |O_n - \mathscr{E}_n|_G$$
而因为 $|O_n - \mathscr{E}_n|_G \leqslant \frac{\varepsilon}{2^n}$,所以
$$|O - \mathscr{E}|_G < \varepsilon$$
于是证明了 $\mathscr{E}$ 是可测的. 现在转向证明闭集合的可测性. 首先证明一个辅助定理,这是在某些补充假设之下定理 4 的精确化.

辅助定理 如果两集合 $\mathscr{E}_1$ 及 $\mathscr{E}_2$ 间的距离是正数,那么
$$|\mathscr{E}_1 + \mathscr{E}_2|_G = |\mathscr{E}_1|_G + |\mathscr{E}_2|_G$$
设 d 是集合 $\mathscr{E}_1$ 与 $\mathscr{E}_2$ 间的正距离. 对于任意预定的正数 ε 必存在集合 $\mathscr{E}_1 + \mathscr{E}_2$ 的一个覆盖 S,使
$$\sigma(S) \leqslant |\mathscr{E}_1 + \mathscr{E}_2|_G + \varepsilon \tag{35}$$
将出现于 S 中的每一区间分割成有穷多区间,使后者的对角线长都小于 d. 这时出现于 S 中的区间可分成三类:第一类中的区间只覆盖 $\mathscr{E}_1$ 中的点,第二类中的只覆盖 $\mathscr{E}_2$ 中的点,而第三类中的既不覆盖 $\mathscr{E}_1$ 的点也不覆盖 $\mathscr{E}_2$ 的点. 既覆盖 $\mathscr{E}_1$ 的点也覆盖 $\mathscr{E}_2$ 的点的区间根本不存在. 第三类中的区间可以从 S 中删去. 如此则和 $\sigma(S)$ 只能减小,而不等式(35)依然有效. 如此覆盖 S 分解成覆盖 S_1 与覆盖 S_2,而 S_1 的各区间覆盖 $\mathscr{E}_1$ 并与 $\mathscr{E}_2$ 无公共点,S_2 的各区间覆盖 $\mathscr{E}_2$ 并与 $\mathscr{E}_1$ 无公共点. 此外,$\sigma(S) = \sigma(S_1) + \sigma(S_2)$,而依(35)
$$\sigma(S_1) + \sigma(S_2) \leqslant |\mathscr{E}_1 + \mathscr{E}_2|_G + \varepsilon \tag{36}$$
由下确界的定义得 $|\mathscr{E}_1|_G \leqslant \sigma(S_1)$ 而 $|\mathscr{E}_2|_G \leqslant \sigma(S_2)$,所以由不等式(36)可得 $|\mathscr{E}_1|_G + |\mathscr{E}_2|_G \leqslant |\mathscr{E}_1 + \mathscr{E}_2|_G + \varepsilon$,而既然 ε 是任意的,可得 $|\mathscr{E}_1|_G + |\mathscr{E}_2|_G \leqslant |\mathscr{E}_1 + \mathscr{E}_2|_G$. 另一方面,由定理 3 得知 $|\mathscr{E}_1 + \mathscr{E}_2|_G \leqslant |\mathscr{E}_1|_G + |\mathscr{E}_2|_G$. 由此得 $|\mathscr{E}_1 + \mathscr{E}_2|_G = |\mathscr{E}_1|_G + |\mathscr{E}_2|_G$,定理得证.

系 如果 F_1 与 F_2 是两个无公共点的闭集合,并且其中至少一个是有界的,那么 $|F_1 + F_2|_G = |F_1|_G + |F_2|_G$. 如果 $F_k(k=1,2,\cdots,m)$ 是相互无公共点的有界闭集合,那么 $\left|\sum_{k=1}^m F_k\right|_G = \sum_{k=1}^m |F_k|_G$. 为了证明这系,只需应用在第 32 小节中所述关于无公共点闭集合间距离的结果.

定理 5 凡闭集合必可测.

首先设 F 是某一有界闭集合,并设 ε 是预定的正数. 由 35 小节中的定理 4 存在一开集合 O,满足 $F \subset O$ 及 $|O|_G \leqslant |F|_G + \varepsilon$. 现在证明这开集合 O 满足

不等式
$$|O-F|_G \leqslant \varepsilon \qquad (37)$$
于是可测集合的条件满足.依第 33 小节中的定理 3,差 $O-F$ 是开集合,所以依定理 1,它可以表示成可数多个区间 Δ_n 的和,而这些区间相互无公共点
$$O-F = \sum_{n=1}^{\infty} \Delta_n \qquad (38)$$
固定正整数 m,考察(38)中和的前 m 项的和,对于凡出现于这后一和中的区间,取其 α 压缩形,而正数 α 可随意取定.如此可得一初等图形 R
$$R = \sum_{n=1}^{m}{}^{(\alpha)}\Delta_n$$
如果封闭每个区间 ${}^{(\alpha)}\Delta_n (n=1,2,\cdots,m)$,那么与上面和相应的和是一闭集合,这显然与初等图形 R 的闭包 $\overline{R}$ 相合.每个闭区间 $\overline{{}^{(\alpha)}\Delta_n}$ 被相应区间 Δ_n 所覆盖.这一闭集合 $\overline{R}$ 与 F 无公共点,所以它们间的距离是正数.所以 R 与 F 间的距离更是正数,而由辅助定理
$$\left|\sum_{n=1}^{m}{}^{(\alpha)}\Delta_n + F\right|_G = \left|\sum_{n=1}^{m}{}^{(\alpha)}\Delta_n\right|_G + |F|_G$$
但由(38),$\sum_{n=1}^{m}{}^{(\alpha)}\Delta_n + F \subset O$,所以
$$\left|\sum_{n=1}^{m}{}^{(\alpha)}\Delta_n\right|_G + |F|_G \leqslant |O|_G$$
注意不等式 $|O|_G \leqslant |F|_G + \varepsilon$,可得
$$\left|\sum_{n=1}^{m}{}^{(\alpha)}\Delta_n\right|_G + |F|_G \leqslant |F|_G + \varepsilon$$
由条件,F 是有界集合,所以 $|F|_G$ 是有穷数.由上述不等式得不等式
$$\left|\sum_{n=1}^{m}{}^{(\alpha)}\Delta_n\right|_G \leqslant \varepsilon$$
但
$$\left|\sum_{n=1}^{m}{}^{(\alpha)}\Delta_n\right|_G = G(R) = \sum_{n=1}^{m} G({}^{(\alpha)}\Delta_n) = \sum_{n=1}^{m}|{}^{(\alpha)}\Delta_n|_G$$
上述不等式可以写成下面形式
$$\sum_{n=1}^{m}|{}^{(\alpha)}\Delta_n|_G \leqslant \varepsilon$$
首先令 α 趋向于零,然后令 m 趋向于无穷,可得不等式
$$\sum_{n=1}^{\infty}|\Delta_n|_G \leqslant \varepsilon$$
最后由公式(38)与第 35 小节中定理 3 可得

$$|O-F|_G \leqslant \sum_{n=1}^{\infty}|\Delta_n|_G \leqslant \varepsilon$$

这正是不等式(37). 现在设闭集合 F 是无界的. 设 γ_n 是以原点为中心、以 n 为半径的闭圆. 构作有界闭集合 $F_n = F \cdot \gamma_n$, 可得

$$F = \sum_{n=1}^{\infty} F_n$$

而 F 的可测性可由定理 4 直接推出. 如此证明了定理 5.

定理 6 如果 $\mathscr{E}$ 是可测集合，那么补集合 $\complement \mathscr{E}$ 也是可测的.

由于 $\mathscr{E}$ 是可测的，必存在开集合 O_n，使 $\mathscr{E} \subset O_n$，并且 $|O_n - \mathscr{E}|_G < \dfrac{1}{n}$. 构作闭集合 $F_n = \complement O_n$. 由于 $\mathscr{E} \subset O_n$，得 $F_n \subset \complement \mathscr{E}$. 此外，依第 31 小节的(19)可得等式 $\complement \mathscr{E} - F_n = O_n - \mathscr{E}$. 用一切 F_n 的和代替左边的 F_n，得

$$\complement \mathscr{E} - \sum_{n=1}^{\infty} F_n \subset \complement \mathscr{E} - F_n$$

就是说

$$\complement \mathscr{E} - \sum_{n=1}^{\infty} F_n \subset O_n - \mathscr{E}$$

而由于 $|O_n - \mathscr{E}|_G < \dfrac{1}{n}$，得

$$\left| \complement \mathscr{E} - \sum_{n=1}^{\infty} F_n \right|_G < \frac{1}{n}$$

上面不等式的左边与 n 无关，令 n 增加至无穷，得

$$\left| \complement \mathscr{E} - \sum_{n=1}^{\infty} F_n \right|_G = 0$$

由此得知左边的差是测度为零的集合 $\mathscr{E}_0$. 如此可以把 $\complement \mathscr{E}$ 写成可测集合的和

$$\complement \mathscr{E} = \mathscr{E}_0 + \sum_{n=1}^{\infty} F_n$$

由此得知，依定理 4，$\complement \mathscr{E}$ 是可测的.

依定义，集合的可测性是借开集合而建立的. 在下面定理中将证明同样也可以借闭集合建立集合的可测性.

定理 7 $\mathscr{E}$ 可测的必要且充分的条件是对于任意预定的 ε 存在一闭集合 F，满足 $F \subset \mathscr{E}$ 与 $|\mathscr{E} - F|_G < \varepsilon$.

$\mathscr{E}$ 的可测性与 $\complement \mathscr{E}$ 的可测性是同效的，而后者可测的必要且充分的条件是对于任意预定的正数 ε，必存在一开集合 O，使 $\complement \mathscr{E} \subset O$，而 $|O - \complement \mathscr{E}|_G \leqslant \varepsilon$. 如果令 $F = \complement O$，依第 31 小节的(19)可知 $O - \complement \mathscr{E} = \mathscr{E} - \complement O = \mathscr{E} - F$，而 $F \subset \mathscr{E}$，所以得到定理中的结论.

定理 8 有穷多或可数无穷多个可测集合的交是可测集合. 两可测集合的

差也是可测集合.

如果集合 $\mathscr{E}_n$ 都是可测的,它们的交的可测性可以由第 31 小节中的公式
$$\prod_n \mathscr{E}_n = \complement \sum_n \complement \mathscr{E}_n$$
与定理 4 及 6 得出.如果 A 与 B 是可测的,那么它们的差的可测性可由第 31 小节中的公式 $A-B = A \cdot \complement B$ 与刚才证明的交的可测性直接推出.

定理 9 有穷多或可数无穷多个相互无公共点的可测集合的和的测度等于和中各项集合的测度之和.

设 $\mathscr{E}_n$ 是相互无公共点的可测集合.其和的可测性可由定理 4 得知.首先设一切集合 $\mathscr{E}_n$ 都是有界的.依定理 7,对于任意预给的正数 ε,必存在闭集合 F_n,使 $F_n \subset \mathscr{E}_n$,而 $|\mathscr{E}_n - F_n|_G \leqslant \dfrac{\varepsilon}{2^n}$,其中集合 F_n 显然是有界集合,并且相互无公共点.由公式 $\mathscr{E}_n = F_n + (\mathscr{E}_n - F_n)$ 直接可得
$$|\mathscr{E}_n|_G \leqslant |F_n|_G + \frac{\varepsilon}{2^n}$$
另一方面,考察集合 F_n 中的前 m 个,则
$$\sum_{n=1}^m F_n \subset \sum_n \mathscr{E}_n$$
所以
$$\left|\sum_{n=1}^m F_n\right|_G \leqslant \left|\sum_n \mathscr{E}_n\right|_G$$
对于有穷多相互无公共点的闭集合 F_n 之和,可以引用上面证明过的辅助定理,再引用不等式 $|F_n|_G \geqslant |\mathscr{E}_n|_G - \dfrac{\varepsilon}{2^n}$,可得
$$\left|\sum_n \mathscr{E}_n\right|_G \geqslant \sum_{n=1}^m |F_n|_G \geqslant \sum_{n=1}^m |\mathscr{E}_n|_G - \sum_{n=1}^m \frac{\varepsilon}{2^n}$$
再考察较复杂的情形,即集合 $\mathscr{E}_n$ 的数目无穷.在上面不等式中无限地增大 m,可得
$$\left|\sum_{n=1}^\infty \mathscr{E}_n\right|_G \geqslant \sum_{n=1}^\infty |\mathscr{E}_n|_G - \varepsilon$$
而既然 ε 是任意的,则
$$\left|\sum_{n=1}^\infty \mathscr{E}_n\right|_G \geqslant \sum_{n=1}^\infty |\mathscr{E}_n|_G$$
把这不等式与不等式(32)比较,可得等式
$$\left|\sum_{n=1}^\infty \mathscr{E}_n\right|_G = \sum_{n=1}^\infty |\mathscr{E}_n|_G \tag{39}$$
于是证明了定理.注意 $\mathscr{E}_n$ 及其和是可测的,可以把上式写成

$$G(\mathscr{E}_1+\mathscr{E}_2+\mathscr{E}_3+\cdots)=G(\mathscr{E}_1)+G(\mathscr{E}_2)+G(\mathscr{E}_3)+\cdots \tag{40}$$

现在考察在集合 $\mathscr{E}_n$ 中至少有一个无界集合的情形. 设 γ_n 是以原点为中心、以 n 为半径的闭圆. 考察集合

$$\mathscr{E}_n^{(1)}=\mathscr{E}_n\gamma_1,\mathscr{E}_n^{(2)}=\mathscr{E}_n(\gamma_2-\gamma_1),\mathscr{E}_n^{(3)}=\mathscr{E}_n(\gamma_3-\gamma_2),\cdots$$

这一切都是有界的,并且是可测的,因为闭集合 γ_1 与闭集合的差 $\gamma_k-\gamma_{k-1}$ 都是可测集合,而可测集合的交也是可测的. 可以把每个集合 $\mathscr{E}_n$ 表示成相互无公共点的有界可测集合的和

$$\mathscr{E}_n=\sum_{k=1}^{\infty}\mathscr{E}_n^{(k)}$$

而由上面所证明过的,得

$$|\mathscr{E}_n|_G=\sum_{k=1}^{\infty}|\mathscr{E}_n^{(k)}|_G \tag{41}$$

集合 $\mathscr{E}_n$ 的和 $\mathscr{E}$ 可以表示成有界集合 $\mathscr{E}_n^{(k)}$ 的双重和,而后者彼此无公共点,其中也可能有空集合

$$\mathscr{E}=\sum_{n=1}^{\infty}\sum_{k=1}^{\infty}\mathscr{E}_n^{(k)}$$

由上面所证的,得

$$|\mathscr{E}|_G=\sum_{n=1}^{\infty}\sum_{k=1}^{\infty}|\mathscr{E}_n^{(k)}|_G$$

非负项的和中各项次序无关紧要. 可以先就 k,后就 n 取和. 注意(41),并据公式(39),可以完全证明了这定理.

注意:如果改变假设,不令可测集合 $\mathscr{E}_n$ 是彼此无公共点的,那么依定理 4 它们的和仍是可测的,但(40)必须改成不等式

$$G(\mathscr{E})\leqslant \sum_{n=1}^{\infty}G(\mathscr{E}_n) \tag{40$'$}$$

这是因为可测集合的测度就是它的外测度. 如果每一集合 $\mathscr{E}_n$ 的测度都是零,那么依(40$'$),$G(\mathscr{E})\leqslant 0$. 但测度不能是负的,因此 $G(\mathscr{E})=0$,这就是说,有穷多或可数无穷多个测度为零的集合之和仍是测度为零的.

对于测度无穷的集合,上述的定理也成立. 在下面的定理中关于这点需稍有保留.

定理 10 如果 A 与 B 是可测的,而 $B\subset A$,并且 B 的测度有穷,那么

$$G(A-B)=G(A)-G(B) \tag{42}$$

差 $A-B=D$ 依定理 8 是可测的. $A=B+D$,而 B 与 D 相互无公共点. 依定理 9,$G(A)=G(B)+G(D)$,而从两侧减去有穷数 $G(B)$,可得(42).

定理 11 如果 $\mathscr{E}_n(n=1,2,\cdots)$ 是可测集合的不缩序列,那么极限集合 $\mathscr{E}$ 也是可测的,而

$$G(\mathscr{E}) = \lim_{n\to\infty} G(\mathscr{E}_n) \tag{43}$$

$\mathscr{E}$ 的可测性直接由下面公式得出

$$\mathscr{E} = \lim_{n\to\infty} \mathscr{E}_n = \mathscr{E}_1 + (\mathscr{E}_2 - \mathscr{E}_1) + (\mathscr{E}_3 - \mathscr{E}_2) + \cdots \tag{44}$$

右边各项相互无公共点,而如果一切 $\mathscr{E}_n$ 的测度都是有穷的,那么

$$G(\mathscr{E}) = G(\mathscr{E}_1) + [G(\mathscr{E}_2) - G(\mathscr{E}_1)] + [G(\mathscr{E}_3) - G(\mathscr{E}_2)] + \cdots$$

前 n 项的和等于 $G(\mathscr{E}_n)$,所以由上式可得(43).如果某一 $\mathscr{E}_n$ 有无穷测度,公式(43)是显然的.注意如此则需把 $G(\mathscr{E}_n)$ 及 $G(\mathscr{E})$ 都换成 $+\infty$.

定理 12 如果 $\mathscr{E}_n (n=1,2,\cdots)$ 是具有有穷测度的集合的不涨序列,那么极限集合 $\mathscr{E}$ 也是可测的,并且公式(43)成立.

把 $\mathscr{E}_1$ 表示成相互无公共点集合的和

$$\mathscr{E}_1 = \mathscr{E} + (\mathscr{E}_1 - \mathscr{E}_2) + (\mathscr{E}_2 - \mathscr{E}_3) + (\mathscr{E}_3 - \mathscr{E}_4) + \cdots \tag{45}$$

$\mathscr{E}$ 的可测性可由定理 4 及 10 得出.把定理 9 及 10 应用到(45),可得

$$G(\mathscr{E}_1) = G(\mathscr{E}) + [G(\mathscr{E}_1) - G(\mathscr{E}_2)] + [G(\mathscr{E}_2) - G(\mathscr{E}_3)] + [G(\mathscr{E}_3) - G(\mathscr{E}_4)] + \cdots$$

就是说

$$G(\mathscr{E}_1) = G(\mathscr{E}) + G(\mathscr{E}_1) - \lim_{n\to\infty} G(\mathscr{E}_n)$$

于是得(43).

注意:极限集合 $\mathscr{E}$ 的可测性也可以不必假设 $\mathscr{E}_n$ 的测度有穷而由(45)推出.

37. 可测集合(续)

我们列举由上面证过的关于可测集合的定理得出的一些推论.初等图形 R 既然是有穷多区间之和,它自然是可测集合,而其测度等于它的外测度,由公式(25)表示,其中 $\Delta_k (k=1,2,\cdots,m)$ 是把 R 分解所得的相互无公共点的区间.用 L_G 表示凡可测集合的族,其中记号 G 指示原来用以建立这族的函数 $G(\Delta)$.上面已把函数 $G(\Delta)$ 扩展到凡属于 L_G 的集合 $\mathscr{E}$ 上去,而所得的函数 $G(\mathscr{E})$ 仍是非负的,而依第 36 小节中的定理 9,加法性不仅对于有穷多项,而且对于可数无穷多项相互无公共点集合的和都成立.令 $\mathscr{E}_n$ 表示属于 L_G 的集合的零序列,又令它们的测度都是有穷的,这就是说 $\mathscr{E}_1 \supset \mathscr{E}_2 \supset \mathscr{E}_3 \supset \cdots$,而 $\mathscr{E}_n$ 的极限集合 $\mathscr{E}$ 是空的.由第 36 小节中的定理 12 直接可知 $G(\mathscr{E}_n) \to 0$,就是说函数 $G(\mathscr{E})$ 对于 L_G 不仅是非负的、加法的,而且是正常的.为了表明加法性对于 L_G 中的集合不仅适用于有穷多项之和,而且适用于可数无穷多项的和,我们说这函数是完全加法的.族 L_G 也包含无界集合.这些集合中有些是有有穷测度的,但也有些的测度等于 $+\infty$.但并非一切无界集合都是可测的.有时在作可测集合族时只考虑有界集合,或是属于确定的有穷区间之内的集合.在上面我们并没有以此条件自限.还要注意,我们曾设函数 $G(\Delta)$ 对于一切有穷区间都有定义.如果 $G(\Delta)$ 只对属于某区间 Δ_0 的一切区间 Δ 定义,那么可以把它扩张到一切区间 Δ 上去,这

只需用公式 $G(\Delta)=G(\Delta\cdot\Delta_0)$，并注意两区间的交仍是区间.

集合族 L_G 是与出发函数 $G(\Delta)$ 的选择有关的. 但对于这函数的任意选择，这族总是包括一切区间、初等图形、开集合及闭集合. 下面将给出为一切 L_G 公有的集合的更完备的特征. 我们将把集合函数解释成质量. 给出初始函数 $G(\Delta)$ 就是给出在任意区间 Δ 上的质量，并设这质量满足平常的条件：即非负性、加法性及正常性. 所谓点集合 $\mathscr{E}$ 可测，是指"在 $\mathscr{E}$ 上的质量"是有意义的，而 $G(\mathscr{E})$ 就是这质量. 可以举简单的例，使集合 L_G 包含平面上的一切点集合. 设质量 1 集中在点 P 处. 如果区间 Δ 包含点 P，那么 $G(\Delta)=1$，而如果 Δ 不包含 P，则 $G(\Delta)=0$. 不难看出，对于这函数 $G(\Delta)$，族 L_G 包含一切点集合，而如 $\mathscr{E}$ 含 P 则 $G(\mathscr{E})=1$，如 $\mathscr{E}$ 不含 P 则 $G(\mathscr{E})=0$.

考察重要的特例，即 $G(\Delta)$ 等于区间 Δ 的面积. 在这情形中族 L_G 可以简单表示成 L. 如此可以把面积概念推广到很宽广的集合族 L 上. 这特例首先由法国数学家勒贝格所考察. 在这情形中函数 $G(\mathscr{E})$ 可以用记号 $m(\mathscr{E})$ 表示. 集合族 L 平常叫作依勒贝格可测的集合族. 对于这些集合，谈它的"面积"是有意义的. 如果 $\mathscr{E}$ 是有穷的或可数无穷的点集合，那么 $m(\mathscr{E})=0$. 同样，如果 $\mathscr{E}$ 是一个线段或是整个直线，那么 $m(\mathscr{E})=0$. 如果同一区间 Δ 或取成开的，或半开的，或闭的，则 $m(\Delta)$ 的值是相同的. 如果可测集合 $\mathscr{E}$ 有内点，则显然 $m(\mathscr{E})>0$. 可以证明，存在有界开集合，其界 l 的测度 $m(l)>0$（l 是闭的，从而是可测的）. 对于开集合 O，$m(O)$ 等于凡出现于公式（21）的区间面积之和，而这和与把 O 表示成区间的和的方式无关. 如果 F 是有界闭集合，那么把它用开区间 Δ_0 覆盖，可以把 $m(F)$ 确定为两开集合的测度值之差：$m(F)=m(\Delta_0)-m(\Delta_0-F)$.

整个作族 L_G 的方法可以与以上一样地施行于任意有穷维的空间中. 取其特例，在三维空间中族 L 是凡有确定"体积"的集合族，而在一维的情形中，这是凡具有确定"长度"的集合族. 在具有任意有穷维数的空间中，如果集合属于 L，则无所谓体积等名称而一律称作测度.

38. 可测性的鉴定法

可以给可测集合以种种定义，都与上述的同效. 现在举出一些这类定义，但首先以有界集合为限.

定理 1 有界集合 $\mathscr{E}$ 属于族 L_G 的充分必要条件是对于任意预给的正数 ε 必存在一初等图形 R，满足
$$\mathscr{E}+e_1=R+e_2 \tag{46}$$
而集合 e_1 与 e_2 满足下列不等式
$$|e_1|_G\leqslant\varepsilon,\quad |e_2|_G\leqslant\varepsilon \tag{47}$$

先证明必要性. 令 $\mathscr{E}$ 属于 L_G. 那么必存在开集合 O，使 $\mathscr{E}\subset O$，而 $|O-\mathscr{E}|_G\leqslant\varepsilon$. 令 $O-\mathscr{E}=e_1$，则 $O=\mathscr{E}+e_1$，而对于 e_1，不等式（47）成立. 另一

面,依第 33 小节的定理 5,O 是元素集合 R_n 所组成的涨序列的极限,R_n 表示公式(21)右边的前 n 项之和.依前一小节定理 11 得 $G(O)=\lim\limits_{n\to\infty}G(R_n)$,所以可以取足够大的值 $n=m$,使当 $R=R_m$ 时得 $O=R+e_2$,而 $|e_2|_G\leqslant\varepsilon$.比较上面得出的两个表示 O 的方式,可得公式(46),并且其中的 e_1 与 e_2 确满足不等式(47).

再证明充分性.设对于任意预先给定的正数 ε(46) 与 (47) 成立.既然 R 是可测的,必存在开集合 O_1,使 $R\subset O_1$,而 $|O_1-R|_G\leqslant\varepsilon$.另一方面,依第 35 小节中的定理 4 存在开集合 O_2,满足 $e_2\subset O_2$ 与 $|O_2|_G\leqslant|e_2|_G+\varepsilon$,所以由(47),$|O_2|_G\leqslant 2\varepsilon$.开集合 $O=O_1+O_2$ 覆盖 $\mathscr{E}+e_1$ 因而
$$O-\mathscr{E}\subset[O-(\mathscr{E}+e_1)]+e_1$$
而依第 31 小节的(6)
$$O-\mathscr{E}\subset[(O_1+O_2)-(R+e_2)]+e_1$$
$$\subset(O_1-R)+(O_2-e_2)+e_1$$
注意 $|O_1-R|_G\leqslant\varepsilon$,$|O_2-e_2|_G\leqslant|O_2|_G\leqslant 2\varepsilon$ 及(47),可知 $|O-\mathscr{E}|_G\leqslant 4\varepsilon$,而既然 ε 是任意的,得 $\mathscr{E}$ 是可测的.

定理 2 有界集合 $\mathscr{E}$ 属于 L_G 的充分必要条件是对于任意预定的正数 ε 必存在初等图形 R,使
$$|\mathscr{E}-R|_G\leqslant\varepsilon,\quad|R-\mathscr{E}|_G\leqslant\varepsilon \tag{48}$$

证明其必要性.令 $\mathscr{E}$ 属于 L_G.那么存在初等图形 R,满足(46)及(47).不等式(48)可以由显然的关系 $\mathscr{E}-R\subset e_2$ 及 $R-\mathscr{E}\subset e_1$ 得出.设对于任意预定的正数 ε 存在初等图形 R 满足不等式(48).那么如果令 $\mathscr{E}-R=e_2$ 而 $R-\mathscr{E}=e_1$,则得 $\mathscr{E}+e_1=R+e_2$,而 e_1 及 e_2 满足不等式(47),至于 $\mathscr{E}$ 的可测性则由定理 1 可以得知.

定理 3 集合 $\mathscr{E}$(可以是无界的)属于 L_G 的充分必要条件是对于任意预定的正数 ε 存在开集合 O 及闭集合 F,满足
$$F\subset\mathscr{E}\subset O,\quad|O-F|_G\leqslant\varepsilon \tag{49}$$

如果 $\mathscr{E}$ 是可测的,那么依定义及第 36 小节的定理 7,存在闭集合 F 及开集合 O,满足 $F\subset\mathscr{E}\subset O$ 与 $|\mathscr{E}-F|_G\leqslant\dfrac{\varepsilon}{2}$,$|O-\mathscr{E}|_G\leqslant\dfrac{\varepsilon}{2}$.此外,$O-F=(O-\mathscr{E})+(\mathscr{E}-F)$,由此可得(49).反之,设(49)成立.如上则 $|O-\mathscr{E}|_G\leqslant\varepsilon$,而依定义 $\mathscr{E}$ 是可测的.

再举一个可测性的鉴定法而不加证明.$\mathscr{E}$ 是可测集合的充分必要条件是对于任意集合 A,下面公式成立
$$|A|_G=|A\cdot\mathscr{E}|_G+|A-\mathscr{E}|_G \tag{50}$$

39. 集合体

现在介绍关于点集合组的一个新观念.所谓集合体,是指具有下列性质的

集合族:(1)如果集合 $\mathscr{E}_1$ 与 $\mathscr{E}_2$ 属于这族,那么它们的差 $\mathscr{E}_1 - \mathscr{E}_2$ 也在这族中;(2)如果 $\mathscr{E}_1$ 与 $\mathscr{E}_2$ 相互无公共点,并都在这族中,那么它们的和 $\mathscr{E}_1 + \mathscr{E}_2$ 也属于这族.

由定义可以得出一些直接推论来.空集合是属于那族的一个集合与它自己的差,那么它一定属于任意集合体.又从第 31 小节中的公式

$$\mathscr{E}_1 \cdot \mathscr{E}_2 = \mathscr{E}_1 - (\mathscr{E}_1 - \mathscr{E}_2), \quad \mathscr{E}_1 + \mathscr{E}_2 = \mathscr{E}_1 + (\mathscr{E}_2 - \mathscr{E}_1)$$

直接可得:族中两集合的交以及族中两有公共点集合的和也都属于这族.这命题显然可以推广到任意多有穷个集合的交与和上去,就是说,属于体的有穷个集合的交与和都属于这体.

现在加强集合体定义中的第二条件,就是说凡可数无穷多个相互无公共点并属于这体的集合的和仍属于这体.如此的集合体叫作闭体.这就是说,所谓闭的集合体是指具有下列两性质的集合族:(1)如果集合 $\mathscr{E}_1$ 及 $\mathscr{E}_2$ 属于这族,其差 $\mathscr{E}_1 - \mathscr{E}_2$ 也属于这族;(2)如果有穷多或可数无穷多个互无公点的集合 $\mathscr{E}_n$ 都属于这族则它们的和也属于这族.与以前一样可证明:闭体中任意有穷个集合的交与和也属于这体.现在证明,其中可数无穷多集合的和与交也必属于这闭体.为了证明这点,只需引用下列公式

$$\sum_{n=1}^{\infty} \mathscr{E}_n = \mathscr{E}_1 + (\mathscr{E}_2 - \mathscr{E}_1) + [\mathscr{E}_3 - (\mathscr{E}_1 + \mathscr{E}_2)] + [\mathscr{E}_4 - (\mathscr{E}_1 + \mathscr{E}_2 + \mathscr{E}_3)] + \cdots \quad (51)$$

$$\prod_{n=1}^{\infty} \mathscr{E}_n = \mathscr{E}_1 - [(\mathscr{E}_1 - \mathscr{E}_2) + (\mathscr{E}_1 - \mathscr{E}_3) + (\mathscr{E}_1 - \mathscr{E}_4) + \cdots] \quad (52)$$

这两公式的证明并不难.只需有凡属于式右边的集合的点必属于式左边的集合,反之凡属于式左边的集合的点也必属于式右边的集合.令 $\mathscr{E}_n$ 属于闭的集合体 T.如此则式(51)右边各项彼此互无公共点,并都属于 T.所以依闭体 T 的定义, $\mathscr{E}_n$ 的和也属于 T.式(52)右边方括号中各项都在 T 中,因此它们的和也属于 T.所以整个右边属于 T,就是说各集合 $\mathscr{E}_n$ 的交属于 T,于是得证.

由第 36 小节所证直接得知 L_G 是一集合的闭体.考察区间函数 $G(\Delta)$,并推广它到闭体 L_G 上.区间的族并不是体,因为两区间之差已不是区间了.初等图形 R 的族是体,但不是闭体.扩展函数 $G(\Delta)$ 的方法是首先扩展它到初等图形体上去,然后再延展它到闭体 L_G 上去.所得的函数 $G(\mathscr{E})$ 在 L_G 中是非负的、完全加法的、正常的,这些形容词的含义是依照第 37 小节中所规定的.现在揭示出集合函数的正常性与加法性间的关系.

令 T 是一集合体,设它可能是非闭的.对于凡属于 T 的集合定义的函数 $G(\mathscr{E})$ 叫作在 T 中完全加法的,是指它满足下列条件:如果集合 $\mathscr{E}$ 属于 T,并且它是有穷多或可数无穷多个属于 T 的集合 $\mathscr{E}_n$ 的和,并且 $\mathscr{E}_n$ 相互无公共点,那么

$$G(\mathscr{E}_1 + \mathscr{E}_2 + \cdots) = G(\mathscr{E}_1) + g(\mathscr{E}_2) + \cdots$$

前面已经提到过完全加法函数的概念. 在完全加法函数与正常函数两概念之间有直接的关系, 由下列定理表示出来.

定理 在某集合体 T 上定义并只取有穷值的函数 $G(\mathscr{E})$ 是加法的与正常的充分必要条件是它是完全加法的.

由加法性可知, 如果 $A \subset B$, 则 $G(B-A) = G(B) - G(A)$. 设函数 $G(\mathscr{E})$ 是加法的与正常的, 现在证明它是完全加法的. 设 $\mathscr{E}$ 是可数无穷多个相互无公共点的集合 $\mathscr{E}_n$ 之和 $(n=1,2,\cdots)$. 可以写成

$$\mathscr{E} = \mathscr{E}_1 + \mathscr{E}_2 + \cdots + \mathscr{E}_n + [\mathscr{E} - (\mathscr{E}_1 + \mathscr{E}_2 + \cdots + \mathscr{E}_n)]$$

而由于这函数的加法性, 可知

$$G(\mathscr{E}) = G(\mathscr{E}_1) + \cdots + G(\mathscr{E}_n) + G[\mathscr{E} - (\mathscr{E}_1 + \cdots + \mathscr{E}_n)] \tag{53}$$

但 $\mathscr{E} - (\mathscr{E}_1 + \mathscr{E}_2 + \cdots + \mathscr{E}_n)$ 是零序列. 由等式 (53) 取极限值并利用正常性, 可得

$$G(\mathscr{E}) = \lim_{n\to\infty}[G(\mathscr{E}_1) + \cdots + G(\mathscr{E}_n)] = \sum_{n=1}^{\infty} G(\mathscr{E}_n)$$

这证明了 $G(\mathscr{E})$ 是完全加法的. 现在反之, 设 $G(\mathscr{E})$ 是完全加法的, 而有它是正常的. 令 $\mathscr{E}'_1 \supset \mathscr{E}'_2 \supset \cdots$ 是某一零序列. 需要证明 $G(\mathscr{E}'_n) \to 0$. 因为

$$\mathscr{E}'_1 = (\mathscr{E}'_1 - \mathscr{E}'_2) + (\mathscr{E}'_2 - \mathscr{E}'_3) + \cdots + (\mathscr{E}'_{n-1} - \mathscr{E}'_n) + \mathscr{E}'_n$$

和中各项彼此无公点, 所以由于 $G(\mathscr{E})$ 的加法性, 得

$$G(\mathscr{E}'_n) = G(\mathscr{E}'_1) - [G(\mathscr{E}'_1 - \mathscr{E}'_2) + G(\mathscr{E}'_2 - \mathscr{E}'_3) + \cdots + G(\mathscr{E}'_{n-1} - \mathscr{E}'_n)] \tag{54}$$

另一方面, 由公式

$$\mathscr{E}'_1 = \sum_{k=1}^{\infty}(\mathscr{E}'_k - \mathscr{E}'_{k+1})$$

并由 $G(\mathscr{E})$ 的完全加法性可知

$$G(\mathscr{E}'_1) = \sum_{k=1}^{\infty} G(\mathscr{E}'_k - \mathscr{E}'_{k+1}) = \lim_{n\to\infty} \sum_{k=1}^{n} G(\mathscr{E}'_k - \mathscr{E}'_{k+1})$$

与 (54) 比较可知 $G(\mathscr{E}'_n) \to 0$, 这正是所要证的. 以前我们曾扩展非负的、加法的、正常的区间函数 $G(\Delta)$ 到闭体 L_G 上去, 而如此得出的函数 $G(\mathscr{E})$ 是完全加法的. 可以证明, 把 $G(\Delta)$ 扩展到 L_G 上去并保存完全加法性的其他方法是没有的.

40. 与坐标轴的选择无关

关于测度与坐标轴的选择无关, 还需作些说明. 初始函数 $G(\Delta)$ 是定义于各边平行于 x 轴与 y 轴的半开矩形之上.

体 L_G 包含平面上边的方向为任意的半开矩形, 因为凡这样的矩形是一闭矩形与由其两边及三顶点所组成的闭集合的差. 特别, 函数 $G(\mathscr{E})$ 也定义于各边平行于另一笛卡儿坐标系的轴 x' 与 y' 的一切半开矩形 Δ', 而函数 $G(\Delta')$ 在这些矩形上是加法的与正常的. 如果取新坐标轴 x' 与 y', 那么从函数 $G(\Delta')$ 出

发,可与以前一样地把它扩张到某一体 $L_{G'}$ 上去. 不难证明体 $L_{G'}$ 与体 L_G 重合, 而在新的扩展之下,即从 $G(\Delta')$ 出发,所得对于一切区间的值 $G(\mathcal{E})$ 与从 $G(\Delta)$ 出发而得的完全一样. 这结论的基础在于下面的事实:即凡开集合 O 可以表示成相互无公共点的区间 Δ_k 之和,也可以表示成相互无公共点的区间 Δ'_k 之和,而且

$$G(O) = \sum_{k=1}^{\infty} G(\Delta_k) = \sum_{k=1}^{\infty} G(\Delta'_k)$$

由此,依 35 小节的定理 4 直接可得,在两坐标系中任意集合的外测度是相同的. 于是由可测性的定义可知在两坐标系中可测集合是一样的,就是说 $L_{G'}$ 与 L_G 两体相重合. 在两坐标系中测度的相等,是因为依上面证过的定理, $G(\mathcal{E})$ 是凡覆盖 $\mathcal{E}$ 的开集合测度的下确界. 再注意,如果 $G(\Delta)$ 是矩形 Δ 的平常面积,也就是勒贝格测度 $m(\Delta)$,那么 $G(\Delta')$ 也是 Δ' 的面积.

41. 体 B

以前曾指出,闭体 L_G 与函数 $G(\Delta)$ 的选择有关. 现在指出一闭体,其中的集合都属于任意闭体 L_G,特别也属于 L. 考察所有包括一切闭区间的闭体 T,作凡属于一切闭体 T 的集合的族 B. 不难看出集合族 B 是一个闭体. 事实上,如果 $\mathcal{E}_1$ 与 $\mathcal{E}_2$ 属于 B,那么它们也属于上述的一切闭体 T,因此其差 $\mathcal{E}_1 - \mathcal{E}_2$ 属于一切 T, 从而也属于 B. 同理可证明闭体定义中的第二条件. 如此闭体 B 是凡包括一切闭区间的闭体的公共部分. 这闭体 B 显然含于一切 L_G 之内,因为 L_G 都是含一切闭区间的闭体. 凡开集合都可以表示成可数无穷多个闭区间之和,这在 33 小节中已看到,因此闭体 B 包含一切开集合. 凡闭集合 F 都是某一开集合 O 的补集合,从而是全平面(开集合)与开集合 O 的差,因此体 B 包括一切闭集合. 集合体 B 在勒贝格之前已首先为法国数学家波埃勒所考察过. 凡属于体 B 的集合叫作 B 可测的集合,或叫作依波埃勒可测的集合.

体 B 也可以用另外方式定义:即所谓集合 $\mathcal{E}$ 属于体 B,是指它可以由闭区间经使用下列两种运算有穷多次或可数无穷多次而得出:(1) 由可数无穷多或有穷多已得的集合作和;(2) 由可数无穷多或有穷多已得的集合作交. 这定义还需要几点解释,现在我们暂不详述. 我们也不去证明体 B 的新定义与旧定义同价. 在本小节末尾证明两个简单定理.

定理 1 如果 $\mathcal{E}$ 是 L_G 中的任意集合,那么必存在两个集合 $\mathcal{E}_1$ 及 $\mathcal{E}_2$,这两集合都属于体 B(于是也属于体 L_G),并且

$$\mathcal{E}_1 \subset \mathcal{E} \subset \mathcal{E}_2, \quad G(\mathcal{E}_1) = G(\mathcal{E}_2) = G(\mathcal{E}) \tag{55}$$

我们知道,既然集合 $\mathcal{E}$ 属于 L_G,必存在闭集合 F_n 及开集合 O_n,满足

$$F_n \subset \mathcal{E} \subset O_n, \quad G(\mathcal{E} - F_n) \leqslant \frac{1}{n}$$

$$G(O_n - \mathscr{E}) \leqslant \frac{1}{n} \qquad (56)$$

集合 F_n 与 O_n 属于体 B. 所以,依闭体的定义,可知集合 F_n 的和与集合 O_n 的交都属于体 B

$$\mathscr{E}_1 = \sum_{n=1}^{\infty} F_n, \quad \mathscr{E}_2 = \prod_{n=1}^{\infty} O_n \qquad (57)$$

注意 $F_n \subset \mathscr{E} \subset O_n$,所以 $\mathscr{E}_1 \subset \mathscr{E} \subset \mathscr{E}_2$. 此外,$\mathscr{E} - \mathscr{E}_1 \subset \mathscr{E} - F_n$ 而 $\mathscr{E}_2 - \mathscr{E} \subset O_n - \mathscr{E}$,所以 $G(\mathscr{E} - \mathscr{E}_1) \leqslant \frac{1}{n}$,$G(\mathscr{E}_2 - \mathscr{E}) \leqslant \frac{1}{n}$ 对于一切 n 都成立. 但左边都与 n 无关,所以由上面不等式可得等式(55),而定理得证了. 我们可以把这定理陈述如下:在 L_G 中的任一集合 $\mathscr{E}$ 介于两个属于体 B 并与 $\mathscr{E}$ 有相同测度的集合之间.

从体 B 中可以挑出一些我们以后将用到的集合族来.

定义 集合 $\mathscr{E}$ 叫作 G_δ 集合,是指它是开集合,或是可数无穷多个开集合的交.

首先注意,在 33 小节中曾提及,可数无穷多开集合的交不一定是开集合. 由 G_δ 集合的定义直接可知,有穷多或可数无穷多个 G_δ 集合的交仍是 G_δ 集合. 现在证明凡闭区间 $\Delta[a \leqslant x \leqslant b, c \leqslant y \leqslant d]$ 是 G_δ 集合. 事实上我们可以把它表示成开区间 $\Delta_n(a - \varepsilon_n < x < b + \varepsilon_n, c - \varepsilon_n < y < d + \varepsilon_n)$ 的交,而 ε_n 是趋向于零的正数序列. 不难证明,凡闭集合是 G_δ 集合. 由上面定理的证明直接可得下面的结论:

定理 2 凡可测集合 $\mathscr{E}$ 可以为一 G_δ 型的集合 H 所覆盖,并且 H 满足 $G(\mathscr{E}) = G(H)$.

还要注意,如果 $\mathscr{E}$ 属于闭区间 Δ 之中,那么可以取覆盖集合 H,使它也属于 Δ 之中. 事实上,如果 H 是 G_δ 集合,而 H 覆盖 $\mathscr{E}$,并满足条件 $G(\mathscr{E}) = G(H)$,那么集合 $H' = H\Delta$ 也是 G_δ 集合,并覆盖 $\mathscr{E}$,且满足条件 $G(\mathscr{E}) = G(H')$,而 H' 也包含于 Δ 中.

42. 一个变数的情形

测度论在一个变数的情形采取了较简单的形式. 半开区间的非负、加法、正常函数是由不减点函数 $g(x)$ 依下式得出的

$$G(\Delta) = G((a, b]) = g(b+0) - g(a+0)$$

由这函数 $G(\Delta)$ 出发,如以上一样,可以做出集合函数 $G(\mathscr{E})$,这函数对于一切属于 L_G 的集合有定义. 如果 $\mathscr{E}$ 是属于 L_G 的集合,值 $G(\mathscr{E})$ 叫作 $g(x)$ 在集合 $\mathscr{E}$ 上的改变量. 如果 $g(x) = x$,那么可得依勒贝格可测的集合,而且 $G(\mathscr{E})$ 是这些集合的推广的长度概念. 如果 $g(x)$ 只定义于某一区间内,那么它可以推广到全轴上,与以前所说的一样.

用新变数 t 代换旧变数 x

$$t = g(x) \tag{58}$$

并且这个代换要这样来理解:如果在某点 x 处,函数 $g(x)$ 是连续的,那么相应值 t 由公式(58)定义.如果 x 是间断点,那么值 x 与变数 t 的相应闭区间 $[g(x-0), g(x+0)]$ 相对应.如此变数 x 的半开区间 $(a,b]$ 变成半开区间 $(g(a+0), g(b+0)]$,而当 $g(b+0) = g(a+0)$ 时上面半开区间变成一点.如果 e_x 是 x 轴上某集合,而 e_t 是 t 轴上相应集合,那么可以证明,依 $g(x)$ 作的 e_x 外测度等于依勒贝格的 e_t 外测度,即是依据半开区间长度概念而作的 e_t 外测度.在一个变数情形中初等图形是有穷多个相互无公共点的半开区间之和,而引用 35 小节中的定理 1,不难证明,如果 e_x 是可测的,e_t 也是可测的,而且显然 e_x 依 $g(x)$ 的测度等于集合 e_t 的勒贝格测度.

§2 可测函数

43. 可测函数的定义

本小节及以下几小节的任务是做出某一函数类,并研究这些函数的性质.以后将基于这类函数而下积分的一般定义.在叙述中将设作为测度论基础的函数 $G(\Delta)$ 是以某种方式固定了的,也就是说将考察某一确定体 L_G.这可能是依勒贝格可测的集合的体 L.令在可测集合 $\mathscr{E}$ 上给出点函数 $f(P)$ 来,并设这函数取实数值.这些值可能是有穷的,也可能是无穷的,就是说函数 $f(P)$ 除了取有穷值外也可以取值 $+\infty$ 及 $-\infty$.现在介绍下面的记号.用记号 $\mathscr{E}[f>a]$ 表示 $\mathscr{E}$ 中满足 $f(P) > a$ 的一切点 P 所成的集合.同样用记号 $\mathscr{E}[f \leqslant a]$ 表示 $\mathscr{E}$ 中满足 $f(P) \leqslant a$ 的一切点 P 所成的集合.如果 $f(P)$ 与 $g(P)$ 是两个函数,那么记号 $\mathscr{E}[f=g]$ 表示 $\mathscr{E}$ 中满足 $f(P) = g(P)$ 的一切点 P 所成的集合.

定义 1 定义于可测集合 $\mathscr{E}$ 上的函数 $f(P)$ 叫作可测的,是指对于任意实数 a,集合

$$\mathscr{E}[f \geqslant a], \quad \mathscr{E}[f < a], \quad \mathscr{E}[f > a], \quad \mathscr{E}[f \leqslant a] \tag{1}$$

都是可测的.首先证明下面定理:

定理 1 为了集合(1)对任意的 a 可测,只需其中一个集合是对任意 a 可测的.

集合 $\mathscr{E}[f \geqslant a]$ 与 $\mathscr{E}[f < a]$ 是相补的集合,而对于任意的 a,其中一个的可测性与另一个的可测性是同效的.同理(1)中第三个集合的可测性与第四个的可测性是同效的.现在证明由第三个集合对于任意 a 的可测性可推知其他集合的可测性.事实上,由第三个集合的可测性可知第四个集合的可测性.那么集合 $\mathscr{E}[f=a]$ 也是可测的了,因为它可以表示成

$$\mathscr{E}[f=a]=\mathscr{E}[f\leqslant a]\cdot\prod_{n=1}^{\infty}\mathscr{E}\left[f>a-\frac{1}{n}\right]$$

这是因为可数无穷多可测集合的交仍是可测的. 最后,第一集合的可测性可以由下面公式看出来

$$\mathscr{E}[f\geqslant a]=\mathscr{E}[f>a]+\mathscr{E}[f=a]$$

再注意,集合 $\mathscr{E}[f=+\infty]$ 与集合 $\mathscr{E}[f=-\infty]$ 可以表示成

$$\mathscr{E}[f=+\infty]=\prod_{n=1}^{\infty}\mathscr{E}[f>n]$$

$$\mathscr{E}[f=-\infty]=\prod_{n=1}^{\infty}\mathscr{E}[f<-n]$$

注意只需知道集合(1)对于一切有理数 a 可测就足以推知它们对于一切 a 值可测. 事实上任意无理数 a 可以表示成有理数 a_n 的减序列, 而 $\mathscr{E}[f>a]$ 的可测性可由下面公式得出

$$\mathscr{E}[f>a]=\sum_{n=1}^{\infty}\mathscr{E}[f>a_n]$$

现在叙述可测函数一系列的性质,它们都可以由上面的定义直接得出.

定理 2 如果 $f(P)$ 在 $\mathscr{E}$ 上是可测的,那么它在 $\mathscr{E}$ 的任意可测部分 $\mathscr{E}'$ 上也是可测的. 如果 $f(P)$ 在有穷多或可数无穷多集合 $\mathscr{E}_n$ 上可测,而这些集合彼此无公共点,那么这函数在集合 $\mathscr{E}_n$ 的和 $\mathscr{E}$ 上也是可测的.

这些结论可由下面式子看出

$$\mathscr{E}'[f>a]=\mathscr{E}[f>a]\cdot\mathscr{E}',\quad \mathscr{E}[f>a]=\sum_{n}\mathscr{E}_n[f>a]$$

定理 3 如果 $\mathscr{E}$ 是测度为零的集合,那么任意函数 $f(P)$ 在它上面都是可测的.

事实上,对于任意实数 a,集合 $\mathscr{E}[f>a]$ 是 $\mathscr{E}$ 的部分,而后者是测度为零的,所以集合 $\mathscr{E}[f>a]$ 是测度为零的,从而也是可测的.

定义 2 两个定义在集合 $\mathscr{E}$ 上面的函数 $f(P)$ 及 $g(P)$ 叫作在这集合上相抵的,或简称相抵,是指集合 $\mathscr{E}[f\neq g]$ 的测度等于零. 关于相抵函数可证明下列定理.

定理 4 如果 $f(P)$ 与 $g(P)$ 是在可测集合 $\mathscr{E}$ 上相抵的函数,而其中一个是可测的,那么另一个也是可测的.

依定理的条件,集合 $\mathscr{E}[f\neq g]=A$ 是测度等于零的可测集合. 在可测集合 $\mathscr{E}'=\mathscr{E}-A$ 上 $f(P)=g(P)$. 由 $f(P)$ 在 $\mathscr{E}$ 上的可测性可知 $f(P)$ 在 $\mathscr{E}'$ 上可测, 因此 $g(P)$ 在 $\mathscr{E}'$ 上可测. 在集合 A 上函数 $g(P)$ 依定理 3 是可测的. 如此依定理 2, $g(P)$ 在集合 $\mathscr{E}=\mathscr{E}'+A$ 上是可测的, 而定理得证.

不难证明,如果 f_1 与 g_1 相抵,而 f_2 与 g_2 相抵,那么 f_1+f_2 与 g_1+g_2 相

抵,并且 $f_1 f_2$ 与 $g_1 g_2$ 相抵,$\dfrac{f_1}{f_2}$ 与 $\dfrac{g_1}{g_2}$ 相抵,这里假设上述的运算是始遍有意义的.

如果两个连续函数在某一区间上或在全平面上依勒贝格测度是相抵的,那么不难看出它们在一切点处有相同数值. 事实上,如果在某点 P_0 处 $f(P_0) - g(P_0) > 0$,那么依连续函数的定义可知这不等式在 P_0 的某一足够小的 ε 邻域 δ 中仍有效,并且 $m(\delta) > 0$,但这与函数相抵性的定义矛盾了.

举可测函数的简单例子. 设 $f(P)$ 是在有穷闭区间 Δ_0 上连续的. 对于任意 a 考察集合 $\Delta_0[f(P) \geqslant a]$,并证明它是闭集合. 由此可知它是可测的,于是 $f(P)$ 是连续函数. 如果 $P_n(n=1,2,\cdots)$ 是 Δ_0 中的点序列而其极限是 P,并且 $f(P_n) \geqslant a$,那么依连续函数的定义,$f(P) \geqslant a$,于是得证集合 $\Delta_0[f(P) \geqslant a]$ 是闭的. 同理可证,如果 $f(P)$ 是在全平面上连续的,那么它是可测的. 事实上,如果 Δ_0 是任意闭区间,那么上面已经证明 $\Delta_0[f(P) \geqslant a]$ 是可测的. 增大 Δ_0 时极限集合仍是可测的. 这极限集合恰是平面上满足 $f(P) \geqslant a$ 的一切点所成的集合.

现在设 $f(P)$ 有一间断点 P_0. 把它用一开区间 Δ_n 序列 $(n=1,2,\cdots)$ 来包括,并使这序列无限地缩于点 P_0. 在 Δ_n 外 $f(P)$ 是连续的,而在 Δ_n 之外凡满足 $f(P) \geqslant a$ 的点 P 所成的集合 e_n 是闭的. 令 n 增大则集合 e_n 不缩,并趋向于可测集合 e. 如果 $f(P_0) \geqslant a$,还需把点 P_0 加到这集合中,于是得凡满足 $f(P) \geqslant a$ 的点所成的集合,依上面的推理是可测的. 同样推理可用于有穷个间断点的情形上,即具有有穷个间断点的函数是可测的.

现在陈述下列定理而不加证明:如果 $f(P)$ 在闭区间 Δ_0 上只取有穷值,而其间断点所组成的集合是测度为零的;那么 $f(P)$ 在 Δ_0 上是可测的. 但这个关于可测性的条件只是充分的. 不难举出一例来,使集合 $\mathscr{E}$ 的一切点都是间断点,而函数却仍是可测的. 考察函数 $f(x)$,定义于区间 $[0,1]$ 上,并设当 x 是有理数时 $f(x)=0$,当 x 是无理数时 $f(x)=1$. 取勒贝格测度,就是令 $G(\Delta)$ 表示区间长度. 依这测度,任意点的测度是零. 区间 $[0,1]$ 中的有理数是可数集合,而由于测度的完全加法性,有理点所成的集合是测度为零的. 函数 $f(x)$ 与在这区间上恒等于 1 的函数只在有理点所成的集合上相差异,而这一集合的测度是零,所以 $f(x)$ 与恒等于 1 的函数相抵,从而依定理 4,$f(x)$ 是可测的. 不难看出,凡区间 $[0,1]$ 中的点 x_0 都是函数 $f(x)$ 的间断点. 事实上,在 x_0 的任意 ε 邻域中必有有理点,也必有无理点 x,这就是说在 $x=x_0$ 的任意邻域中函数 $f(x)$ 既取值 0 又取值 1,因此 x_0 是它的间断点. 在 46 小节中将说明可测性概念与连续性概念的更深刻的联系.

再考察所谓在可测集合上片段定值的函数,就是在 $\mathscr{E}$ 上只取有穷多或可数

无穷多不同数值 $c_k(k=1,2,\cdots)$ 的函数 $f(P)$. 如果 $\mathscr{E}_k$ 表示凡满足 $f(P)=c_k$ 的点所成的集合,而 $\mathscr{E}_k$ 是可测的那么依可测性的定义直接可知片段定值的函数 $f(P)$ 在 $\mathscr{E}$ 上是可测的. 再举一例. 令 $f(P)$ 在可测集合 $\mathscr{E}$ 上是可测的. 设它在补集合 $\complement\mathscr{E}$ 上等于零. 如此得的新函数在 $\mathscr{E}$ 与 $\complement\mathscr{E}$ 上都是可测的,所以依定理 2 它在全平面上是可测的.

再考察一个变数的情形. 令 $g(x)$ 是作为测度基础的不减函数,而 $f(x)$ 是可测函数. 有时我们说 $f(x)$ 依 $g(x)$ 是可测的,而如果 $g(x)=x$,则简单地说 $f(x)$ 是可测的.

44. 可测函数的性质

再叙述一些可测函数的性质.

定理 1　如果 $f(P)$ 是可测函数,那么 $|f(P)|$ 是可测函数.

这结论可由下列公式得出

$$\mathscr{E}[|f|>a]=\mathscr{E}[f>a]+\mathscr{E}[f<-a]$$

定理 2　如果 $f(P)$ 是可测函数,而 d 是有穷常数,并且 $c\neq 0$,那么 $c+f(P)$ 与 $cf(P)$ 都是可测函数.

第一结论可以由下列公式看出

$$\mathscr{E}[c+f(P)>a]=\mathscr{E}[f(P)>a-c]$$

而第二结论可以由下列公式看出：

当 $c>0$ 时

$$\mathscr{E}[cf(P)>a]=\mathscr{E}\left[f(P)>\frac{a}{c}\right]$$

当 $c<0$ 时

$$\mathscr{E}[cf(P)>a]=\mathscr{E}\left[f(P)<\frac{a}{c}\right]$$

定理 3　如果 $f(P)$ 与 $g(P)$ 是可测函数,那么集合 $\mathscr{E}[f>g]$ 是可测的.

把有理数附以角标而成序列 $r_1,r_2,\cdots$. 定理中所述的集合的可测性可由下列公式看出

$$\mathscr{E}[f>g]=\sum_{k=1}^{\infty}\mathscr{E}[f>r_k]\mathscr{E}[g<r_k]$$

定理 4　如果 $f(P)$ 与 $g(P)$ 是可测函数,并且它们只取有穷值,那么函数 $f-g, f+g, fg$, 与 $\dfrac{f}{g}$ (设 $g\neq 0$) 是可测的.

差 $f-g$ 的可测性可以由公式

$$\mathscr{E}[f-g>a]=\mathscr{E}[f>a+g]$$

及定理 2 及 3 得出. 和的可测性可以由公式 $f+g=f-(-g)$ 与定理 2 (取 $c=-1$) 得出. 可测函数 f 的平方 f^2 的可测生可以直接由公式

$$\mathscr{E}[f^2 > a] = \mathscr{E}[f > \sqrt{a}] + \mathscr{E}[f < -\sqrt{a}]$$

得出,而积 fg 的可测性可以由公式

$$fg = \frac{1}{4}[(f+g)^2 - (f-g)^2]$$

得出. 今在 g 不取零值的条件下证明函数 $\frac{1}{g}$ 的可测性. 这可以由下列公式得出

$$\mathscr{E}\left[\frac{1}{g} > a\right] = \mathscr{E}[g > 0] \cdot \mathscr{E}\left[g < \frac{1}{a}\right] \quad (a > 0)$$

$$\mathscr{E}\left[\frac{1}{g} > a\right] = \mathscr{E}[g > 0] + \mathscr{E}\left[g > \frac{1}{a}\right] \quad (a < 0)$$

$$\mathscr{E}\left[\frac{1}{g} > a\right] = \mathscr{E}[g > 0] \quad (a = 0)$$

最后由公式 $\frac{f}{g} = f \cdot \frac{1}{g}$ 可得商的可测性. 在上面定理中假设两函数 $f(P)$ 及 $g(P)$ 在集合 $\mathscr{E}$ 上只取有穷值是很重要的. 在相反的情形下, 对于这两函数所施的运算可能没有意义. 例如在某点 $f = +\infty$ 而 $g = -\infty$, 那么在这点处和 $f + g$ 就没有意义. 如果没有这种施于 f 与 g 上的运算的不确定性, 那么也可以令 $f(P)$ 与 $g(P)$ 取无穷值. 证明下列定理做例.

定理 5 如果 $f(P)$ 与 $g(P)$ 是可测函数, 并能取有穷值或值 $+\infty$, 那么函数 $f + g$ 是可测的.

设 A 是凡满足 $f(x) = +\infty$ 与 $g(x) = +\infty$ 中至少一式的点 x 所组成的集合. 依 f 与 g 的可测性, 这集合是可测的, 而在集合 A 上和 $f + g$ 的值是常数 $(+\infty)$, 所以是可测的. 在集合 $\mathscr{E}' = \mathscr{E} - A$ 上函数 f 与 g 都取有穷值, 而依定理 4, 和 $f + g$ 在 $\mathscr{E}'$ 上是可测的. 因此它在 $\mathscr{E} = \mathscr{E}' + A$ 上是可测的, 于是定理证明了.

45. 可测函数的极限

本小节中将讨论可测函数的极限. 基本的结果是可测函数的极限仍是可测函数. 首先解释关于极限概念的几点情况. 设有实数序列

$$a_1, a_2, a_3, \cdots \tag{2}$$

其中的数可能有等于 $+\infty$ 或 $-\infty$ 的. 用 s_n 表示数集合 $[a_n, a_{n+1}, \cdots]$ 的下确界, t_n 表示它的上确界, 就是说

$$s_n = \inf[a_n, a_{n+1}, \cdots], \quad t_n = \sup[a_n, a_{n+1}, \cdots] \tag{3}$$

当 n 增大时, 上面的集合变小, 所以 s_n 不减, t_n 不增. 如此, 当无限地增大 n 时, 单调序列 s_n 及 t_n 都有有穷或无穷的极限

$$\lim_{n \to \infty} s_n = S, \quad \lim_{n \to \infty} t_n = T \tag{4}$$

而依单调性, 可知

$$S = \sup s_n, \quad T = \inf t_n$$

并由 $s_n \leqslant t_n$ 可知 $S \leqslant T$. 如果序列是 $+\infty, +\infty, \cdots$,可以规定它的极限等于 $+\infty$,同样序列 $-\infty, -\infty, \cdots$ 的极限规定等于 $-\infty$. 数 S 叫作序列(2)的下极限,数 T 叫作这序列的上极限.现在证明一个辅助定理.

辅助定理 序列(2)有(有穷或无穷)极限的充分必要条件是 $S = T$,而如果这条件满足,则极限值等于 S.

首先证明充分性.如果 $k \geqslant n$,则 $s_n \leqslant a_k \leqslant t_n$,而如果 s_n 与 t_n 的极限相同,就是说如果 $S = T$,那么 $a_n \to S$. 现在证明必要性.设序列(2)有有穷极限 σ. 当 n 足够大时一切数 a_n 都包含在区间 $(\sigma - \varepsilon, \sigma + \varepsilon)$ 之中,这里的 ε 表示预定的任意小的正数.因此当 n 足够大时一切 s_n 及 t_n 也都包含于上述那区间之中.既然 ε 是任意小的,可知 $s_n \to \sigma$,而 $t_n \to \sigma$,就是说 $S = T = \sigma$. 序列(2)有无穷极限的情形也可以类似地处理.现在证明可测函数序列的某些性质.

定理 1 如果 $f_n(P)$ 是可测函数序列,那么 $f_n(P)$ 在集合 $\mathscr{E}$ 中任意点 P 的值的上下确界也是可测函数,就是说

$$\varphi(P) = \inf_n f_n(P), \quad \psi(P) = \sup_n f_n(P)$$

是可测的.

现在证明 $\varphi(P)$ 是可测函数.如果在点 P 处 $\varphi(P) < a$,那么至少有一个 $f_n(P)$ 值小于 a,而反之如果至少有一个函数值 $f_n(P) < a$,那么 $\varphi(P) < a$. 由此可得

$$\mathscr{E}[\varphi(P) < a] = \sum_{n=1}^{\infty} \mathscr{E}[f_n(P) < a]$$

由函数 $f_n(P)$ 的可测性,可知 $\varphi(P)$ 是可测的.

定理 2 如果可测是函数序列 $f_n(P)$ 在集合 $\mathscr{E}$ 的每一点 P 处是单调增大的(或单调减小的),那么极限函数 $f(P)$ 也是可测的.

本定理由前一定理直接可以推出,因为如果函数序列是单调增大的,它的极限函数就是它的上确界函数 $\psi(P)$,而如果函数序列是单调减小的,它的极限函数就是它的下确界 $\varphi(P)$.

定理 3 如果 $f_n(P)$ 是可测函数序列,那么这序列的下极限 $S(P)$ 与上极限 $T(P)$ 也是可测函数.

取函数

$$s_n(P) = \inf[f_n(P), f_{n+1}(P), \cdots] \tag{5}$$

$$t_n(P) = \sup[f_n(P), f_{n+1}(P), \cdots] \tag{6}$$

依定理1,这些函数是可测的.函数 $S(P)$ 与 $T(P)$ 各是单调序列 $s_n(P)$ 与 $t_n(P)$ 的极限函数,所以依定理2,它们也是可测函数.

定理 4 如果 $f_n(P)$ 是可测函数序列,并且这序列在集合 $\mathscr{E}$ 的每一点 P 处

收敛;那么极限函数 $f(P)$ 是可测的.

$f(P)$ 的可测性可以由定理 3 直接推出,因为在每一点处 $f(P)$ 与 $S(P)$ 及 $T(P)$ 都相等.这定理对于以后是重要的,现在稍予推广如下.

所谓某某性质在集合 $\mathcal{E}$ 上殆遍成立,是指除 $\mathcal{E}$ 中某一测度为零的部分以外,这性质在 $\mathcal{E}$ 中剩余的集合上成立.

定理 5 如果 $f_n(P)$ 是 $\mathcal{E}$ 上可测函数的序列,并且这序列在 $\mathcal{E}$ 上殆遍收敛,那么极限函数 $f(P)$ 是 $\mathcal{E}$ 上可测的函数.

注意极限函数 $f(P)$ 可能在集合 $\mathcal{E}$ 的某一部分 A 上无定义,而 A 的测度是零.在 A 上可以随意定义 $f(P)$.序列 $f_n(P)$ 在可测集合 $\mathcal{E}' = \mathcal{E} - A$ 的一切点处都收敛,所以依定理 4,$f(P)$ 在 $\mathcal{E}'$ 上是可测的.此外,依 43 小节的定理 3 它在 A 上也是可测的.所以 $f(P)$ 在 $\mathcal{E} = \mathcal{E}' + A$ 上也是可测的,而定理证明了.

现在再证明一个以后要用到的定理.

定理 6 设 $\mathcal{E}$ 是具有有穷测度的可测集合,$f_n(P)$ 是在 $\mathcal{E}$ 上可测函数的序列,而这些函数在 $\mathcal{E}$ 上殆遍取有穷值,并且在 $\mathcal{E}$ 上殆遍收敛于函数 $f(P)$,而 $f(P)$ 在 $\mathcal{E}$ 上也是殆遍取有穷值的.那么对于任意预定的正数 ε,凡满足不等式 $|f(P) - f_n(P)| \geq \varepsilon$ 的点所组成的集合的测度当 n 无限增加时趋近于零.

用 $\mathcal{E}_n$ 表示定理中所说的集合,就是说

$$\mathcal{E}_n = \mathcal{E}[|f(P) - f_n(P)| \geq \varepsilon]$$

需要证明,$G(\mathcal{E}_n) \to 0$.取使 $f(P)$ 与 $f_n(P)$ 取无穷值的一切点所成的集合,与使 $f_n(P)$ 不收敛于 $f(P)$ 的一切点所成的集合

$$A = \mathcal{E}[|f(P)| = +\infty], \quad A_n = \mathcal{E}[|f_n(P)| = +\infty]$$
$$B = \mathcal{E}[f_n(P) \not\to f(P)]$$

依定理的条件,这些集合的测度都是零.它们的和集合

$$C = A + \sum_{n=1}^{\infty} A_n + B$$

也必是测度为零的,即 $G(C) = 0$.如果 P_0 不属于 C,那么 $f_n(P_0)$ 与 $f(P_0)$ 都是有穷值,而 $f_n(P_0) \to f(P_0)$.取集合

$$R_n = \sum_{k=n}^{\infty} \mathcal{E}_k, \quad S = \prod_{n=1}^{\infty} R_n \tag{7}$$

序列 $R_n (n=1,2,\cdots)$ 是具有有穷测度的集合的不涨序列,因为 $\mathcal{E}$ 的测度是有穷的,又因 S 是 R_n 的极限集合,所以

$$G(R_n) \to G(S) \tag{8}$$

现在证明 $S \subset C$,就是证明:如果 P_0 不属于 C,那么 P_0 也不属于 S.事实上,如果 P_0 不属于 C,那么 $f_n(P_0)$ 与 $f(P_0)$ 是有穷值,而 $f_n(P_0) \to f(P_0)$,就是说有一数 N 存在,例当 $n > N$ 时 $|f(P_0) - f_n(P_0)| < \varepsilon$.由此可知当 $n > N$ 时 P_0 不

属于 $\mathscr{E}_n$，就是说只要 $n > N, P_0$ 不属于 R_n，所以 P_0 不属于 S. 因此 $S \subset C$. 但 $G(C) = 0$，所以 $G(S) = 0$，而依 (8)，$G(R_n) \to 0$. 但依公式 (7) 的第一式，$\mathscr{E}_n \subset R_n$，所以 $G(\mathscr{E}_n) \to 0$，这正是所要证的.

注意：我们可以把集合 C 归并到一切 $\mathscr{E}_n$ 中. 既然 $G(C) = 0$，归并之后仍是 $G(\mathscr{E}_n) \to 0$，但在集合 $(\mathscr{E} - \mathscr{E}_n)$ 的一切点处不等式 $|f(P) - f_n(P)| < \varepsilon$ 能满足. 还有一定理，说明在可测函数的情形，函数序列的收敛在基本集合 $\mathscr{E}$ 的大部分上是到处一致的. 以后我们不用这定理，所以只把它陈述如下：

令 $\mathscr{E}$ 是有有穷测度的可测集合，$f_n(P)$ 是在 $\mathscr{E}$ 上可测函数的序列，这些函数在 $\mathscr{E}$ 上殆遍取有穷值，并在 $\mathscr{E}$ 上殆遍收敛于函数 $f(P)$，而 $f(P)$ 在 $\mathscr{E}$ 上也是殆遍取有穷值的. 那么对于任一正数 η 必存在一个包含在 $\mathscr{E}$ 中的闭集合 F，满足 $G(\mathscr{E} - F) < \eta$，而 $f_n(P) \to f(P)$ 的收敛在 F 上是一致的[①].

46. 性质 C

在定义勒贝格积分时曾介绍殆连续函数的概念. 可以证明这概念与可测函数概念是同效的. 我们只陈述相应的结果，但在这里考察更一般的情形，就是说函数是定义在可测集合之上，并不设它是有界的. 首先介绍几个新概念.

定义在闭集合 F 上的函数 $f(P)$ 叫作在这集合中的点 P_0 处连续，是指对于任意预定的正数 ε 必存在一个正数 η，使 $P \in F$ 并且属于点 P_0 的 η 邻域时 $|f(P_0) - f(P)| \leqslant \varepsilon$. 函数 $f(P)$ 叫作在闭集合 F 上连续，是指它在这集合的每一点处连续. 注意依上面在一点处连续性的定义，任意函数在集合的孤立点 P_0 处总是连续的，所谓孤立点 P_0 就说它有一 ε 邻域，其中除 P_0 外不包含 F 的点. 上面的方法也可以用来定义不一定是闭的任意集合上的连续函数. 再介绍一个新概念，以与殆连续性概念相应.

定义 所谓定义于可测集合 $\mathscr{E}$ 上的函数 $f(P)$ 在这集合上具有性质 C，是指对于任意预定的正数 ε 必存在一个闭集合 $F \subset \mathscr{E}$，满足 (1). $G(\mathscr{E} - F) \leqslant \varepsilon$ 及 (2). $f(P)$ 在 F 上连续.

性质 C 与可测性的同效曾首先于 1913 年为院士 H·H·鲁金所证明，现在陈述成下列定理：

定理 如果函数 $f(P)$ 定义于具有有穷测度的可测集合 $\mathscr{E}$ 上，而它在 $\mathscr{E}$ 上殆遍取有穷值，那么这函数可测的必要且充分的条件是它在 $\mathscr{E}$ 上具有性质 C.

以后并不用到这定理，所以现在不去证它[②].

47. 片段定值函数

现在定义一类在理论研究中极有用的函数.

---

① 参照 И. Н. 那汤松《实变函数论》中译本，第四章. 该书中 F 仅是可测集合. 但由 36 小节的定理 7，不难用一含于 F 中的闭集合代替 F. —— 译者注

② 参照 И. Н. 那汤松《实变函数论》中译本，第四章. —— 译者注

定义 定义在可测集合 $\mathscr{E}$ 上的函数 $f(P)$ 叫作在这集合上片段定值的,是指它在 $\mathscr{E}$ 上只取有穷多或可数无穷多个不同数值.

设 $c_k(k=1,2,\cdots)$ 是函数 $f(P)$ 在 $\mathscr{E}$ 上所取的诸不同值,其中可能有 $+\infty$ 与 $-\infty$. 显然函数 $f(P)$ 可测的必要且充分的条件是对于一切 k 凡满足 $f(P)=c_k$ 的点 P 所组成的集合 $\mathscr{E}_k$ 是可测的. 以后只考察可测的片段定值函数.

介绍一新概念如下. 如果 $\mathscr{E}'$ 是某一点集合,那么所谓这集合的特征函数 $\omega_{\mathscr{E}'}(P)$ 是指定义于全平面上,当 $P\in\mathscr{E}'$ 时等于 1,当 $P\in\complement\mathscr{E}'$ 时等于零的函数. 任何片段定值函数 $f(P)$ 是特征函数的线性组合:即当 $P\in\mathscr{E}$ 时

$$f(P)=\sum_k c_k \omega_{\mathscr{E}_k}(P) \tag{9}$$

显然特征函数 $\omega_{\mathscr{E}'}(P)$ 可测的必要且充分的条件是 $\mathscr{E}'$ 是可测集合.

现在证明凡可测函数可以看作是片段定值函数的极限. 我们只限于讨论非负的函数.

定理 1 对于任一在可测集合 $\mathscr{E}$ 上的非负有界可测函数 $f(P)$ 必存在 $\mathscr{E}$ 上非负片段定值函数的增序列 $f_n(P)$,每个 $f_n(P)$ 只取有穷多不同值,并且这序列在整个 $\mathscr{E}$ 上一致收敛于函数 $f(P)$.

由于 $f(P)$ 是有界的,必有一正数 L,使 $0\leqslant f(P)<L$ 对于任一 $P\in\mathscr{E}$ 成立. 把区间 $[0,L]$ 用点

$$x_k = k\frac{L}{2^n} \quad (k=1,2,\cdots,2^n-1)$$

分成 2^n 等份. 取可测集合

$$\mathscr{E}_k^{(n)} = \mathscr{E}\left[k\frac{L}{2^n}\leqslant f(P)<(k+1)\frac{L}{2^n}\right]$$

而定义函数序列 $f_n(P)$ 如下

$$f_n(P) = k\frac{L}{2^n} \quad \text{当 } P\in\mathscr{E}_k^{(n)} \text{ 时} \tag{10}$$

不难看出序列 $f_n(P)$ 满足定理中的一切要求. 所有函数 $f_n(P)$ 在 $\mathscr{E}$ 上只取有穷个不同值. 由 n 进到 $n+1$ 时,每个区间

$$\left[k\frac{L}{2^n},(k+1)\frac{L}{2^n}\right]$$

分成两个

$$\left[2k\frac{L}{2^{n+1}},(2k+1)\frac{L}{2^{n+1}}\right]$$

及

$$\left[(2k+1)\frac{L}{2^{n+1}},(2k+2)\frac{L}{2^{n+1}}\right]$$

而每个集合 $\mathscr{E}_k^{(n)}$ 分成两个集合

$$\mathscr{E}_k^{(n)} = \mathscr{E}_{2k}^{(n+1)} + \mathscr{E}_{2k+1}^{(n+1)}$$

$f_n(P)$ 在整个 $\mathscr{E}_k^{(n)}$ 上都等于同一数 $k\dfrac{L}{2^n}$，而 $f_{n+1}(P)$ 在集合 $\mathscr{E}_{2k}^{(n+1)}$ 上也等于这个数，但在集合 $\mathscr{E}_{2k+1}^{(n+1)}$ 上则等于

$$k\frac{L}{2^n} + \frac{L}{2^{n+1}}$$

所以函数序列 $f_n(P)$ 是增序列. 在任意集合 $\mathscr{E}_k^{(n)}$ 上

$$f_n(P) = k\frac{L}{2^n}$$

而

$$k\frac{L}{2^n} \leqslant f(P) < (k+1)\frac{L}{2^n}$$

所以在凡属于 $\mathscr{E}$ 的点 P 处

$$0 \leqslant f(P) - f_n(P) < \frac{L}{2^n}$$

由此可知序列 $f_n(P)$ 在 $\mathscr{E}$ 上一致收敛于 $f(P)$. 在下面定理中将考察 $f(P)$ 不一定是有界的情形.

定理 2 设 $f(P)$ 是集合 $\mathscr{E}$ 上非负、可测的函数，并且它在 $\mathscr{E}$ 上只取有穷值，那么必存在增序列 $f_n(P)$，其中每个 $f_n(P)$ 是 $\mathscr{E}$ 上的非负片段定值函数，而这序列一致收敛于 $f(P)$.

在这情形中用点

$$x_k = \frac{k}{2^n} \quad (k=1,2,3,\cdots)$$

把无穷区间 $[0,+\infty)$ 分成部分. 定义集合 $\mathscr{E}_k^{(n)} = \mathscr{E}\left[\dfrac{k}{2^n} \leqslant f(P) < \dfrac{k+1}{2^n}\right]$ 及函数

$$f_n(P) = \frac{k}{2^n} \quad \text{当 } P \in \mathscr{E}_k^{(n)} \text{ 时} \tag{11}$$

与在上面定理中一样，可以证明序列 $f_n(P)$ 满足定理中一切要求. 在函数 $f(P)$ 无界的情况下函数 $f_n(P)$ 可以取可数无穷多个不同数值. 如果放弃一致近似的要求，可以仍令 $f_n(P)$ 只取有穷个不同值. 此外，在下面定理中将把 $+\infty$ 也算作函数 $f(P)$ 的可能值.

定理 3 对于凡在可测集合 $\mathscr{E}$ 上的非负可测函数 $f(P)$ 必存在增序列 $\varphi_n(P)$，其中每一 $\varphi_n(P)$ 是 $\mathscr{E}$ 上非负片段定值函数，并只取有穷个不同的有穷值，而这序列在 $\mathscr{E}$ 的每点处收敛于 $f(P)$.

除了在上面定理所用的集合 $\mathscr{E}_k^{(n)}$ 外还引入集合 $\mathscr{E}_0 = \mathscr{E}[f(P) = +\infty]$，并定义函数序列 $\varphi_n(P)$ 如下

$$\varphi_n(P) = f_n(P) \quad \text{如果} \quad f_n(P) \leqslant n$$

而 $\varphi_n(P) = n$,如果 $f_n(P) > n$ 或 $P \in \mathscr{E}_0$. 不难看出,函数 $\varphi_n(P)$ 满足定理中的一切条件. 以后常要使用上面的定理.

48. 类 B

在 41 小节中曾介绍点集合的一个闭体,其中的集合属于任意的集合体 L_G. 同样可以做出某一函数族,其中任意函数对于任意函数 $G(\Delta)$ 的选择都是可测函数.

定义 定义于 B 可测的集合 $\mathscr{E}$ 上的函数 $f(P)$ 叫作 B 函数,是指对于任意实数 a,集合

$$\mathscr{E}[f \geqslant a], \quad \mathscr{E}[f < a], \quad \mathscr{E}[f > a], \quad \mathscr{E}[f \leqslant a]$$

都是 B 可测的.

由这定义直接可得:凡 B 函数对于任意选择的 $G(\Delta)$ 都是可测的. 也可以用别的方式定义 B 函数,与在 41 小节中定义 B 可测集合时完全相似. 考察凡具有下列两性质的一切可能的函数族:第一,这族包含一切在 $\mathscr{E}$ 上连续的函数;第二,如果这族包含函数序列 $f_n(P)$,而这序列在 $\mathscr{E}$ 的每点处收敛,那么这族也包含这序列的极限函数. 所谓 B 函数族,是属于具有上述两性质的一切函数族中的函数族. 我们现在不去证明这一定义与前面定义的同效性.

现在讲一下与上面定义相联系的一些细节. 凡连续函数都是 B 函数,平常叫作属于零类. 如果函数 $f(P)$ 是在 $\mathscr{E}$ 上处处收敛的连续函数序列的极限,而函数 $f(P)$ 自己不是连续函数,则函数 $f(P)$ 属于第一类. 凡第一类中的函数都是 B 函数. 如果函数 $f(P)$ 是在 $\mathscr{E}$ 上到处收敛的第一类函数序列的极限函数,而函数 $f(P)$ 本身不是第一类函数,那么这函数 $f(P)$ 属于第二类. 凡第二类的函数也是 B 函数. 这种做法可以继续. 如果 $f_n(P)$ 都是属于具有有穷序数的类中的函数,而 $f(P)$ 是这函数序列 $f_n(P)$ 的极限函数,并且函数 $f(P)$ 并不属于一个具有有穷序数的类,那么我们说函数 $f(P)$ 属于具有超穷序数 ω 的类. 凡这类的函数也是 B 函数. 再进一步可以定义具有超穷序数 $\omega + 1$ 的类,其余类推. 由上述方法可以得到一切 B 函数. 这命题的证明需用关于超穷数的补充说明,不予详述.

可以证明,凡在 B 可测集合 $\mathscr{E}$ 上可测的函数 $f(P)$ 必在这集合上与某一 B 函数 $\varphi(P)$ 相抵.

§3 勒贝格积分

49. 有界函数的积分

现在讨论有界函数积分的平常定义,但这时基本集合的分割法是分成种种

可能的可测集合，并将证明凡可测有界函数是可积分的. 令 $\mathscr{E}$ 是可测集合，它的测度是有穷数，在其上定义一个有界的点函数 $f(P)$，就是说在 $\mathscr{E}$ 上，$|f(P)| \leqslant L$，其中 L 是某一正数. 把 $\mathscr{E}$ 分成有穷个相互无公点的可测部分集合 $\mathscr{E}_k$

$$\mathscr{E} = \sum_{k=1}^{n} \mathscr{E}_k \tag{1}$$

令 m_k 及 M_k 是 $f(P)$ 在 $\mathscr{E}_k$ 上的下确界与上确界. 作平常的和

$$s_\delta = \sum_{k=1}^{n} m_k G(\mathscr{E}_k), \quad S_\delta = \sum_{k=1}^{n} M_k G(\mathscr{E}_k) \tag{2}$$

其中 δ 表示集合 $\mathscr{E}$ 的分割(1). 和 s_δ 与 S_δ 对于一切分割是有界的，就是说，$|s_\delta|$ 及 $|S_\delta| \leqslant L \cdot G(\mathscr{E})$. 令 i 表示和 s_δ 的上确界，I 表示和 S_δ 的下确界，这里确界是就 $\mathscr{E}$ 分成有穷个可测集合的一切可能分割法而取的.

定义 如果 $i = I$，我们说 $f(P)$ 是在 $\mathscr{E}$ 上依 $G(\mathscr{E})$ 可积分的，且说积分的数值等于 i

$$i = \int_{\mathscr{E}} f(P) G(d\mathscr{E})$$

如此定义的积分叫作勒贝格－斯蒂尔切斯积分. 如果 δ 是分割(1)，而 δ' 是某另一个分割

$$\mathscr{E} = \sum_{k=1}^{n'} \mathscr{E}'_k \tag{3}$$

那么两分割的积 $\delta\delta'$ 是指由一切部分集合 $\mathscr{E}_k \mathscr{E}'_l$ 所组成的分割. 这些部分集合显然互无公点. 其中可能有几个是空的. 分割(3)叫作分割(1)的后继，是指凡集合 $\mathscr{E}'_l$ 是某一个 $\mathscr{E}_k$ 的部分.

除掉(2)中诸和外，也与讨论斯蒂尔切斯积分时一样，作和

$$\sigma_\delta = \sum_{k=1}^{n} f(P_k) G(\mathscr{E}_k) \tag{4}$$

其中 P_k 表示 $\mathscr{E}_k$ 中某一点. 凡在 3 小节中论及 $s_\delta, S_\delta, \sigma_\delta, i$ 与 I 的都依然有效.

现在对于任意一个在 $\mathscr{E}$ 上可测而有界的函数 $f(P)$ 指出一分割的序列，使 $S_\delta - s_\delta \to 0$，而使 σ_δ 有确定的极限. 由此可知 $f(P)$ 依 $G(\mathscr{E})$ 的积分 i 存在，并且 s_δ, S_δ 与 σ_δ 对于这一分割序列收敛于 i.

令有界函数 $f(P)$ 定义于 $\mathscr{E}$ 上，并在 $\mathscr{E}$ 上可测，而 m 与 M 各表示 $f(P)$ 在 $\mathscr{E}$ 上的下确界与上确界. 把函数值的变化区间 $[m, M]$ 分割成部分区间，使其分割点为 y_k

$$m = y_0 < y_1 < y_2 < \cdots < y_{n-1} < y_n = M \tag{5}$$

而令 η 表示差 $y_k - y_{k-1}$ 中的最大者. 作分割 δ，把集合分成可测部分集合 $\mathscr{E}_k$，其定义如下

$$\mathscr{E}_1 = \mathscr{E}[y_0 \leqslant f(P) \leqslant y_1], \quad \mathscr{E}_k = \mathscr{E}[y_{k-1} < f(P) < y_k] \tag{6}$$

$$(k=2,3,\cdots,n)$$

由集合 $\mathscr{E}_k$ 的这个定义直接可知 $y_{k-1} \leqslant m_k$，而 $M_k \leqslant y_k$，从而

$$\sum_{k=1}^n y_{k-1} G(\mathscr{E}_k) \leqslant s_\delta \leqslant S_\delta \leqslant \sum_{k=1}^n y_k G(\mathscr{E}_k) \tag{7}$$

所以

$$\sum_{k=1}^n y_{k-1} G(\mathscr{E}_k) \leqslant i \leqslant I \leqslant \sum_{k=1}^n y_k G(\mathscr{E}_k) \tag{8}$$

考察上面两端和的差值

$$\sum_{k=1}^n y_k G(\mathscr{E}_k) - \sum_{k=1}^n y_{k-1} G(\mathscr{E}_k) = \sum_{k=1}^n (y_k - y_{k-1}) G(\mathscr{E}_k) \tag{9}$$

注意 $y_k - y_{k-1} \leqslant \eta$，又因为 $G(\mathscr{E})$ 是加法函数，可得

$$0 \leqslant \sum_{k=1}^n y_k G(\mathscr{E}_k) - \sum_{k=1}^n y_{k-1} G(\mathscr{E}_k) \leqslant \eta G(\mathscr{E}) \tag{10}$$

如此当 $\eta \to 0$ 时上面的差值趋向于零。由此，并依(7)及(8)可知 $i=I$，而 $S_\delta - s_\delta \to 0$。分基本集合 $\mathscr{E}$ 成部分集合 $\mathscr{E}_k$ 的分割法(6)叫作勒贝格分割法。这分割是由可测函数 $f(P)$ 值的区间 $[m,M]$ 的分割(5)所定义的。与分割(6)相应并出现于(7)及(8)两式中的和叫作勒贝格和。由上面所说的可得下面的基本定理。

基本定理 设 $\mathscr{E}$ 是可测集合，它的测度有穷。定义于 $\mathscr{E}$ 上的有界可测函数 $f(P)$ 必在 $\mathscr{E}$ 上可积分，而当无限地细分可测函数 $f(P)$ 的区间 $[m,M]$ 所分成的部分时，无论怎样地选择点 P_k，依勒贝格分割法所做的勒贝格和或和 σ_δ 的极限必等于积分值。

注意：对于基本定理中所述诸分割的任意后继分割，和 σ_δ 有相同的极限。由此，积分既然可以作为和 σ_δ 的极限而定义，与平常一样，那么它必保持黎曼及古典的斯蒂尔切斯积分的平常性质。后面再证明这些性质。

上面所做的积分曾叫作勒贝格－斯蒂尔切斯积分。在特殊情形下，取 $G(\Delta)$ 为区间 Δ 的面积，则上面所做的积分简称做勒贝格积分。

以前曾指出，凡只具有有穷多间断点的有界函数都是可测的。令 $f(P)$ 表示定义在闭的有穷区间 Δ 上的一个这样的函数。我们知道这样的函数在区间 Δ 上是依黎曼可积分的。既然是有界的可测函数，它依勒贝格也是可积分的。现在证明它的勒贝格积分与黎曼积分相同。事实上，为了得勒贝格积分，只需取区间 Δ 分割成可测集合的分割法序列，使对于这序列和(4)有确定的极限，这极限值即勒贝格积分的值。但既然那函数依黎曼是可积分的，那么分割 Δ 成部分区间，并无限地细分这些部分区间时，和(4)也有确定的极限值，而这极限值就是黎曼积分。由此可以看出黎曼积分及勒贝格积分在这情形中相合。

勒贝格曾证明，黎曼积分在区间 Δ 上存在的必要且充分的条件是：$f(P)$ 是有界的，而它的间断点的集合的勒贝格测度存在，并等于零。以前曾证明，这样

的函数是依勒贝格可测的.与上面完全一样可以证明勒贝格积分与黎曼积分重合.如此,凡在有穷的闭区间上依黎曼(依正常的意义)可积分的函数依勒贝格也必可积分,而勒贝格积分与黎曼积分重合.

50. 积分的性质

现在叙述勒贝格－斯蒂尔切斯积分的基本性质.在下面的定理中都设 $\mathscr{E}$ 是测度有穷的可测集合.

1. 如果 c 是常数,那么
$$\int_{\mathscr{E}} c\, G(d\mathscr{E}) = c\, G(\mathscr{E}) \tag{11}$$

因为对任意的分割 δ,和 s_δ 与 S_δ 都等于 $cG(\mathscr{E})$,由此可得(11).

2. 如果 $f_1(P)$ 及 $f_2(P)$ 在 $\mathscr{E}$ 上有界并可测,那么
$$\int_{\mathscr{E}} [f_1(P) + f_2(P)] G(d\mathscr{E}) = \int_{\mathscr{E}} f_1(P) G(d\mathscr{E}) + \int_{\mathscr{E}} f_2(P) G(d\mathscr{E}) \tag{12}$$

令 δ_n 及 δ'_n 表示两分割序列,使对于函数 $f_1(P)$ 所做的 σ_{δ_n} 的极限等于 $f_1(P)$ 的积分,对 $f_2(P)$ 作的 $\sigma_{\delta'_n}$ 的极限等于 $f_2(P)$ 的积分,对于分割 $\delta''_n = \delta_n \delta'_n$,就 $f_1(P)$ 及 $f_2(P)$ 所做的各和 $\sigma_{\delta''_n}$ 的极限各等于相应的积分,而(12)可根据和的极限的定理得出.下面我们将假定函数可测、有界而不特别说明.

3. $$\int_{\mathscr{E}} \sum_{k=1}^{p} c_k f_k(P) G(d\mathscr{E}) = \sum_{k=1}^{p} c_k \int_{\mathscr{E}} f_k(P) G(d\mathscr{E}) \tag{13}$$

把常数因子从积分号下移出来的可能性是由于这种常数因子可以从和 σ_{δ_n} 中提出.此外,还须应用几次性质2.

4. 如果 $f(P) \geqslant 0$ 在 $\mathscr{E}$ 上成立,那么
$$\int_{\mathscr{E}} f(P) G(d\mathscr{E}) \geqslant 0 \tag{14}$$

因为所有和 σ_{δ_n} 是非负的.

5. 如果 $f_1(P) \geqslant f_2(P)$,那么
$$\int_{\mathscr{E}} f_1(P) G(d\mathscr{E}) \geqslant \int_{\mathscr{E}} f_2(P) G(d\mathscr{E}) \tag{15}$$

只需把4应用到差 $f_1(P) - f_2(P)$ 上去,并应用3即可.

6. $$\left| \int_{\mathscr{E}} f(P) G(d\mathscr{E}) \right| \leqslant \int_{\mathscr{E}} |f(P)| G(d\mathscr{E}) \tag{16}$$

证明时只需就 f 与 $|f|$ 及分割(6),对和 σ_δ 作相似的不等式即可.

7. 如果在 $\mathscr{E}$ 上 $a \leqslant f(P) \leqslant b$,那么
$$aG(\mathscr{E}) \leqslant \int_{\mathscr{E}} f(P) G(d\mathscr{E}) \leqslant bG(\mathscr{E}) \tag{17}$$

这可以直接由5及1得出.

8. 如果 $|f(P)| \leqslant L$,那么

$$\left|\int_{\mathcal{E}} f(P)G(\mathrm{d}\mathcal{E})\right| \leqslant LG(\mathcal{E}) \tag{18}$$

因为由所给条件，$-L \leqslant f(P) \leqslant +L$，而不等式(18)不过是性质7的推论而已.

9. 如果 $\mathcal{E} = \mathcal{E}' + \mathcal{E}''$，而 $\mathcal{E}'$ 与 $\mathcal{E}''$ 可测并无公共点，那么

$$\int_{\mathcal{E}} f(P)G(\mathrm{d}\mathcal{E}) = \int_{\mathcal{E}'} f(P)G(\mathrm{d}\mathcal{E}) + \int_{\mathcal{E}''} f(P)G(\mathrm{d}\mathcal{E}) \tag{19}$$

证明时，只需取集合 $\mathcal{E}'$ 及 $\mathcal{E}''$ 的分割(8)，并对这些分割分别作 σ_δ 而取其和. 这和一定有确定的极限，而公式(19)证明了.

10. 如果 $\mathcal{E}$ 分割成有穷多或可数无穷多可测集合 $\mathcal{E}_k$，那么

$$\int_{\mathcal{E}} f(P)G(\mathrm{d}\mathcal{E}) = \sum_k \int_{\mathcal{E}_k} f(P)G(\mathrm{d}\mathcal{E}) \tag{20}$$

如果 $\mathcal{E}$ 分成有穷多项，则结论可以直接由性质9得出. 考察集合 $\mathcal{E}_k$ 有可数无穷多的情形. 令 $|f(P)| \leqslant L$. 我们可以写成 $\mathcal{E} = \mathcal{E}_1 + \mathcal{E}_2 + \cdots + \mathcal{E}_n + R_n$，而 $R_n = \mathcal{E} - (\mathcal{E}_1 + \mathcal{E}_2 + \cdots + \mathcal{E}_n)$ 显然是集合的零序列，所以 $G(R_n) \to 0$. 应用有穷多分割项的相应性质可得

$$\int_{\mathcal{E}} f(P)G(\mathrm{d}\mathcal{E}) = \sum_{k=1}^n \int_{\mathcal{E}_k} f(P)G(\mathrm{d}\mathcal{E}) + \int_{R_n} f(P)G(\mathrm{d}\mathcal{E}) \tag{21}$$

对于最后积分，可得估值

$$\left|\int_{R_n} f(P)G(\mathrm{d}\mathcal{E})\right| \leqslant LG(R_n)$$

而由于 $G(R_n) \to 0$，当取极限时(21)变成了(20). 我们刚证完的性质通常叫作积分的完全加法性.

11. 如果序列 e_n 中的各集合都属于 $\mathcal{E}$，并有性质 $G(e_n) \to 0$，那么

$$\int_{e_n} f(P)G(\mathrm{d}\mathcal{E}) \to 0 \tag{22}$$

这性质可以由下面不等式得出

$$\left|\int_{e_n} f(P)G(\mathrm{d}\mathcal{E})\right| \leqslant LG(e_n)$$

这性质通常叫作积分的绝对连续性.

12. 如果 $\mathcal{E}$ 是测度为零的集合，就是说如果 $G(\mathcal{E}) = 0$，那么对于任意一个在 $\mathcal{E}$ 上有界的函数 $f(P)$

$$\int_{\mathcal{E}} f(P)G(\mathrm{d}\mathcal{E}) = 0$$

依43小节函数 $f(P)$ 是可测的，而对于任意的分割法，和 S_δ 与 s_δ 都等于零.

13. 如果 $f(P)$ 与 $g(P)$ 在 $\mathcal{E}$ 上是相抵的，那么

$$\int_{\mathcal{E}} f(P)G(\mathrm{d}\mathcal{E}) = \int_{\mathcal{E}} g(P)G(\mathrm{d}\mathcal{E}) \tag{23}$$

令 A 表示 $\mathcal{E}$ 中凡 $f \neq g$ 的一切点所组成的集合. 依条件，这集合的测度等于零.

在集合 $\mathscr{E}'=\mathscr{E}-A$ 上函数 $f(P)$ 与 $g(P)$ 相等. 所以得
$$\int_A f(P)G(\mathrm{d}\mathscr{E}) = \int_A g(P)G(\mathrm{d}\mathscr{E}) = 0$$
$$\int_{\mathscr{E}'} f(P)G(\mathrm{d}\mathscr{E}) = \int_{\mathscr{E}'} g(P)G(\mathrm{d}\mathscr{E})$$
而加两式可得(23).

14. 如果在 $\mathscr{E}$ 上 $f(P) \geqslant 0$, 而
$$\int_{\mathscr{E}} f(P)G(\mathrm{d}\mathscr{E}) = 0 \tag{24}$$
那么 $f(P)$ 与零相抵. 我们只需证明集合 $\mathscr{E}[f>0]$ 的测度等于零. 这集合可以表示成和的形式
$$\mathscr{E}[f>0] = \sum_{n=1}^{\infty} \mathscr{E}\left[f > \frac{1}{n}\right]$$
而如果它的测度是正的, 那么右边和中至少必有一项的测度是正的. 例如设 $B = \mathscr{E}\left[f > \frac{1}{n_0}\right]$ 的测度是正的. 把积分分成两项
$$\int_{\mathscr{E}} f(P)G(\mathrm{d}\mathscr{E}) = \int_B f(P)G(\mathrm{d}\mathscr{E}) + \int_{\mathscr{E}-B} f(P)G(\mathrm{d}\mathscr{E}) \tag{25}$$
由于 $f \geqslant 0$, 第二项是非负的. 在集合 B 上 $f > \frac{1}{n_0}$, 所以第一项大于等于 $\frac{1}{n_0}G(B)$. 如此, 既然 $G(B)>0$, 公式(25)左边是正的, 而与(24)冲突了.

15. 如果 $f_n(P)$ 是 $\mathscr{E}$ 上可测函数的序列, 并且一致有界, 就是说 $|f_n(P)| \leqslant L$, L 是确定的正数(与 n 无关), 而这序列在 $\mathscr{E}$ 上殆遍趋近于极限函数 $f(P)$, 那么
$$\lim_{n\to\infty}\int_{\mathscr{E}} f_n(P)G(\mathrm{d}\mathscr{E}) = \int_{\mathscr{E}} f(P)G(\mathrm{d}\mathscr{E}) \tag{26}$$
极限函数 $f(P)$ 在 $\mathscr{E}$ 上殆遍满足不等式 $|f(P)| \leqslant L$. 必要时可以换成一个相抵函数, 以使上面不等式在 $\mathscr{E}$ 上到处成立. 有界的可测函数 $f(P)$ 在 $\mathscr{E}$ 上的积分存在. 作差 $f(P)-f_n(P)$ 的积分, 并引用性质 6, 可得
$$\left|\int_{\mathscr{E}}[f(P)-f_n(P)]G(\mathrm{d}\mathscr{E})\right| \leqslant \int_{\mathscr{E}} |f(P)-f_n(P)|G(\mathrm{d}\mathscr{E}) \tag{27}$$
设 ε 是预定的正数, 而 $\mathscr{E}_n$ 是 $\mathscr{E}$ 中凡满足 $|f(P)-f_n(P)| \geqslant \varepsilon$ 的点的集合. 依 45 小节的定理 6, $G(\mathscr{E}_n) \to 0$. 在集合 $\mathscr{E}-\mathscr{E}_n$ 上不等式 $|f(P)-f_n(P)| < \varepsilon$ 成立. 此外, 在 $\mathscr{E}$ 中任意点 P 处
$$|f(P)-f_n(P)| \leqslant |f(P)| + |f_n(P)| \leqslant 2L$$
在式(27)右边的积分分成两个
$$\int_{\mathscr{E}} |f(P)-f_n(P)|G(\mathrm{d}\mathscr{E}) = \int_{\mathscr{E}_n} |f(P)-f_n(P)|G(\mathrm{d}\mathscr{E}) +$$

$$\int_{\mathscr{E}-\mathscr{E}_n} |f(P) - f_n(P)| G(\mathrm{d}\mathscr{E})$$

由此,依上面所说的,可得

$$\int_{\mathscr{E}} |f(P) - f_n(P)| G(\mathrm{d}\mathscr{E}) \leqslant 2LG(\mathscr{E}_n) + \varepsilon G(\mathscr{E} - \mathscr{E}_n)$$

因此更加有

$$\int_{\mathscr{E}} |f(P) - f_n(P)| G(\mathrm{d}\mathscr{E}) \leqslant 2LG(\mathscr{E}_n) + \varepsilon G(\mathscr{E})$$

由 $G(\mathscr{E}_n) \to 0$ 而知存在一数 N,使 $G(\mathscr{E}_n) \leqslant \varepsilon$ 对所有 $n > N$ 成立,如此则

$$\int_{\mathscr{E}} |f(P) - f_n(P)| G(\mathrm{d}\mathscr{E}) \leqslant [2L + G(\mathscr{E})]\varepsilon$$

当 $n > N$ 时成立. 比较(27)可得

$$\left| \int_{\mathscr{E}} f(P) G(\mathrm{d}\mathscr{E}) - \int_{\mathscr{E}} f_n(P) G(\mathrm{d}\mathscr{E}) \right| \leqslant [2L + G(\mathscr{E})]\varepsilon$$

当 $n > N$ 时成立. 而由此,既然 ε 是任意的,可得(26). 注意在证明(26)时只需假设 $|f_n(P)| \leqslant L$ 在 $\mathscr{E}$ 上殆遍成立. 必要时换成相抵函数,可使上面不等式在 $\mathscr{E}$ 上到处成立. 上述性质说明只要在令 $f_n(P)$ 依绝对值与标号 n 无关地有界这一假设之下,就可以在积分号下取极限值. 对于斯蒂尔切斯积分有一相似性质,在 11 小节已证明了. 实际上那个性质只是现在证明的定理的系,因为在连续函数 $f_n(P)$ 及 $f(P)$ 的情形下勒贝格-斯蒂尔切斯积分变成斯蒂尔切斯积分.

16. 如果在集合 $\mathscr{E}$ 上 $m < f(P) \leqslant M$,那么函数

$$g(y) = G(\mathscr{E}[m < f(P) \leqslant y])$$

是 y 的增函数,而勒贝格-斯蒂尔切斯积分依下式变成斯蒂尔切斯积分

$$\int_{\mathscr{E}} f(P) G(\mathrm{d}\mathscr{E}) = \int_m^M y \, \mathrm{d}g(y) \tag{28}$$

证明时只需注意勒贝格和(8)在此时正是(28)右边斯蒂尔切斯积分的和 s_δ 与 S_δ.

对于勒贝格积分的情形,就是说在 $G(\Delta)$ 是区间面积的情形下,积分通常表示成下面的方式

$$\iint_{\mathscr{E}} f(x,y) \mathrm{d}x \mathrm{d}y$$

在一维与三维空间的情形中也用相似的方式表示勒贝格积分

$$\int_{\mathscr{E}} f(x) \mathrm{d}x, \quad \iiint_{\mathscr{E}} f(x,y,z) \mathrm{d}x \mathrm{d}y \mathrm{d}z$$

51. 无界非负函数的积分

现在就 $f(P)$ 是在测度有穷的可测集合 $\mathscr{E}$ 上非负无界的可测函数的情形来定义积分. 在这情形下不把 $\mathscr{E}$ 分成有穷多,而分成可数无穷多个可测部分集合

$\mathscr{E}_k$. 其余和就有界函数的情形作积分相同. 令有分解 $\mathscr{E}_k$

$$\mathscr{E} = \sum_k \mathscr{E}_k \tag{29}$$

作与它相应的和 s_δ 与 S_δ

$$s_\delta = \sum_k m_k G(\mathscr{E}_k), \quad S_\delta = \sum_k M_k G(\mathscr{E}_k) \tag{30}$$

在这情形中将出现非负项的无穷级数,而数 m_k 与 M_k 可以发散 $(+\infty)$. 如果有某项 $G(\mathscr{E}_k)=0$,那么相应项可以算作等于零,即使是第一因子 m_k 与 M_k 是 $+\infty$ 也如此,(30) 中的级数和不因其各项次序之改变而改变. 再注意,如果取有穷分割 δ,那么在和 S_δ 中至少有一个 M_k 等于 $+\infty$,因为 $f(P)$ 是无界的. 和 s_δ 与 S_δ 也可能取无穷值. 这两和与前面讨论过的有穷 s_δ 与 S_δ 有同样性质. 与以前一样令 i 表示 s_δ 的上确界,I 表示 S_δ 的下确界. 这些数可能发散而成为 $+\infty$. 与有界函数的情形一样可以证明 $i=I$. 把集合 $\mathscr{E}$ 分割如下:首先取出凡 $\mathscr{E}$ 中满足 $f(P)=+\infty$ 的点 P 所成的集合 $\mathscr{E}_0$(如果这集合存在),把剩下来的集合依下述方式分割成集合 $\mathscr{E}_k$:把区间 $[0,+\infty)$ 分成部分 $0=y_0<y_1<y_2<\cdots$,并作集合

$$\mathscr{E}_1 = \mathscr{E}[y_0 \leqslant f \leqslant y_1], \quad \mathscr{E}_k = \mathscr{E}[y_{k-1} < f < y_k] \tag{31}$$

显然 $m_k \geqslant y_{k-1}, M_k \leqslant y_k$,而

$$(+\infty)G(\mathscr{E}_0) + \sum_{k=1}^\infty y_{k-1} G(\mathscr{E}_k) \leqslant s_\delta \leqslant S_\delta \leqslant (+\infty)G(\mathscr{E}_0) + \sum_{k=1}^\infty y_k G(\mathscr{E}_k) \tag{32}$$

从而

$$(+\infty)G(\mathscr{E}_0) + \sum_{k=1}^\infty y_{k-1} G(\mathscr{E}_k) \leqslant i \leqslant I \leqslant (+\infty)G(\mathscr{E}_0) + \sum_{k=1}^\infty y_k G(\mathscr{E}_k) \tag{33}$$

如果 $G(\mathscr{E}_0)>0$,那么显然 $i=I=+\infty$. 现在设 $G(\mathscr{E}_0)=0$. 如此则不等式(32)与(33)变成下列形式

$$\sum_{k=1}^\infty y_{k-1} G(\mathscr{E}_k) \leqslant s_\delta \leqslant S_\delta \leqslant \sum_{k=1}^\infty y_k G(\mathscr{E}_k) \tag{34}$$

$$\sum_{k=1}^\infty y_{k-1} G(\mathscr{E}_k) \leqslant i \leqslant I \leqslant \sum_{k=1}^\infty y_k G(\mathscr{E}_k) \tag{34'}$$

设区间 $[0,+\infty)$ 的分割使差值 $(y_k - y_{k-1})$ 有界 $(k=1,2,\cdots)$. 令 η 表示其上确界. 注意 $y_k \leqslant y_{k-1} + \eta$,可得

$$\sum_{k=1}^\infty y_k G(\mathscr{E}_k) \leqslant \sum_{k=1}^\infty y_{k-1} G(\mathscr{E}_k) + \eta G(\mathscr{E}) \tag{35}$$

由此直接可得,如果对于某分割其 η 有穷,而(34')右边的和等于 $+\infty$,那么可知左边的和也是 $+\infty$. 如此,依(34'),$i=I=+\infty$. 反之,如果 $I=+\infty$,则依

(34′),(35) 左边的和是 $+\infty$,并且无论取任意具有有穷 η 的分割都如此,因此 (35) 右边的和也等于 $+\infty$,而依(34′), $i = +\infty$. 由此,依(34),如果对于某一具有有穷 η 的分割和 S_δ 等于 $+\infty$,那么 s_δ 等于 $+\infty$,而此时 s_δ 与 S_δ 对于任意具有有穷 η 的分割都等于 $+\infty$. 在这情形下 $i = I = +\infty$. 在和有穷的情形中,与在 49 小节中一样

$$0 \leqslant \sum_{k=1}^{\infty} y_k G(\mathscr{E}_k) - \sum_{k=1}^{\infty} y_{k-1} G(\mathscr{E}_k) \leqslant \eta G(\mathscr{E})$$

而当 $\eta \to 0$ 时上面的差趋向于零,由此可得 $i = I$. 从而当 $\eta \to 0$ 时两勒贝格和 (34) 及 s_δ 与 S_δ 都趋向于积分值. 而对于从 $\mathscr{E}_k$ 中任意择出的点 P_k,和

$$\sigma_k = \sum_{k=1}^{\infty} f(P_k) G(\mathscr{E}_k) \tag{36}$$

也趋于同一极限值. 在 $i = I = +\infty$ 的情形中和(36)显然等于 $+\infty$. 如果 s_{δ_n} 与 S_{δ_n} 及 σ_{δ_n} 趋向于积分值(在积分有穷的情形),并且 $\delta_n' \geqslant \delta_n$,那么可知 $s_{\delta_n'}$, $S_{\delta_n'}$, $\sigma_{\delta_n'}$ 也趋向于这积分值.

49 小节中的基本定理可以毫无改变地适用于无界非负的可测函数的情形. 特别重要的情形是积分值有穷的情形. 在这情形下函数 $f(P)$ 叫作在集合 $\mathscr{E}$ 上可和的. 由上面所讲的可以直接得知,函数可知的必要条件是集合 $\mathscr{E}_0 = \mathscr{E}[f = +\infty]$ 的测度等于零.

再叙述无界非负可测函数的积分的另一定义,这定义与上面所讲的同效. 用 $[f(P)]_N$ 表示依下面方式定义的一个有界非负函数

$$当 \begin{cases} f(P) \leqslant N \text{ 时} \\ f(P) > N \text{ 时} \end{cases}, [f(P)]_N = \begin{cases} f(P) \\ N \end{cases} \tag{37}$$

这函数的可测性可以由公式当 $a < N$ 时 $\mathscr{E}[[f]_N > a] = \mathscr{E}[f > a]$,当 $a \geqslant N$ 时 $\mathscr{E}[[f]_N > a] = \Delta$ 看出,Δ 在这里表示空集合. 作积分

$$i_N = \int_{\mathscr{E}} [f]_N G(\mathrm{d}\mathscr{E}) \tag{38}$$

当 N 增加时这积分值增加,而这单调序列的极限值(有穷或无穷)叫作 $f(P)$ 的积分值. 现在证明这积分的新定义与前面所讲的同效. 首先设满足 $f(P) = +\infty$ 的所有点所组成的集合 $\mathscr{E}_0$ 是测度为零的. 积分(38)的值等于函数 $[f]_N$ 的和 $s_\delta^{(N)}$ 的上限 i_N. 这些和都小于等于对 f 作的相应和 s_δ,因此 $i_N \leqslant i$. 我们需要证明当 $N \to +\infty$ 时单调变数 i_N 的极限是 i. 用归谬法证明. 令 $i_N \to i' < i$(从而 i' 必是有穷的). 我们可以对 $f(P)$ 作和 s_δ,使 $s_\delta > i'$. 在这和中只取有穷多项,使所得的有穷和 s'_δ 仍大于 i'

$$s'_\delta = \sum_k {}' m_k G(E_k) > i' \tag{$*$}$$

这和是有穷的,而包括去掉上述诸项后所余一切项,和号上的撇就表示去掉那

些项. 如果 $m_k = +\infty$, 那么 $f(P) = +\infty$ 在 $\mathscr{E}_k$ 的一切点处都成立, 所以 $\mathscr{E}_k \subset \mathscr{E}_0$, 因此 $G(\mathscr{E}_k) = 0$, 因为依所设 $G(\mathscr{E}_0) = 0$. 由以前所说, 上述和中与这相应的项等于零, 所以可以不和写出它来. 如此, 可以设在和 (*) 的一切项中 m_k 都是有穷的. 对 $[f]_N$ 作相类的和

$$s'^{(N)}_\delta = \sum_k{}' m_k^{(N)} G(\mathscr{E}_k) \quad (m_k^{(N)} = \inf[f]_N, 在 \mathscr{E}_k 上)$$

如果数 N 大于一切出现于 (*) 中的数 m_k (这些数是有穷的), 那么 $m_k^{(N)} = m_k$, $s'^{(N)}_\delta = s'_\delta > i'$. 于是对于 $[f]_N$ 所做的整个和 $s^{(N)}$ 更大于 i', 所以 $i_N = \sup s^{(N)}_\delta > i'$, 但这与 i_N 增大而趋向于 i' 相冲突. 如此 $i_N \to i$, 而第二定义中的积分值与第一定义中者相等.

如果 $G(E_0) > 0$, 那么在第一定义中积分值等于 $+\infty$. 现在证明在第二定义中积分也等于 $+\infty$. 注意函数 $[f]_N$ 是非负的, 可知

$$i_N = \int_{\mathscr{E}} [f]_N G(\mathrm{d}\mathscr{E}) \geqslant \int_{\mathscr{E}_0} [f]_N G(\mathrm{d}\mathscr{E}) = NG(\mathscr{E}_0)$$

因为依定义 $[f]_N = N$ 在 $\mathscr{E}_0$ 的一切点处成立. 由不等式 $i_N \geqslant NG(\mathscr{E}_0)$ 直接可得当 $N \to +\infty$ 时 $i_N \to +\infty$, 这正是要证的.

52. 积分的性质

利用和 σ_δ 可以证明非负无界函数的积分的几个性质, 与在 50 小节中所做的完全一样. 此外, 在证明这些性质时也可以用积分的第二个定义. 还要注意, 如果 $f(P)$ 是有界非负函数, 那么 $[f(P)]_N$ 对于足够大的 N 值与 $f(P)$ 相等, 从而积分的新定义与 49 小节中的完全相合.

现在证明积分的性质. 与在 50 小节中一样, 我们设 $\mathscr{E}$ 是测度有穷的可测集合.

1. 如果 $f_k(P)(k=1,2,\cdots,m)$ 是可和函数, 那么它们以常数为系数的线性组合仍是可和函数, 并且公式(13)成立.

证明与 50 小节中完全一样.

2. 如果在 $\mathscr{E}$ 上 $f(P)$ 可和, 那么在集合 $\mathscr{E}$ 的任意可测部分 $\mathscr{E}'$ 上它仍是可和的.

由于非负性与 50 小节中的性质 9, 对于 $[f(P)]_N$ 可得

$$\int_{\mathscr{E}'} [f(P)]_N G(\mathrm{d}\mathscr{E}) \leqslant \int_{\mathscr{E}} [f(P)]_N G(\mathrm{d}\mathscr{E})$$

取极限值可得

$$\int_{\mathscr{E}'} f(P) G(\mathrm{d}\mathscr{E}) \leqslant \int_{\mathscr{E}} f(P) G(\mathrm{d}\mathscr{E}) \tag{39}$$

而如果右边有穷, 左边也必有穷, 这正是所要证的.

3. 如果 $f(P)$ 在 $\mathscr{E}$ 上可和, 而集合 $\mathscr{E}$ 分割成有穷多或可数无穷多可测集合, 那么公式(20)成立.

现在考察集合 $\mathscr{E}_k$ 共有可数无穷多个的情形. 对于有界函数 $[f]_N$, 可知

$$\int_{\mathscr{E}}[f]_N G(\mathrm{d}\mathscr{E}) = \sum_{k=1}^{\infty}\int_{\mathscr{E}_k}[f]_N G(\mathrm{d}\mathscr{E}) \tag{40}$$

由此可得

$$\int_{\mathscr{E}}[f]_N G(\mathrm{d}\mathscr{E}) \leqslant \sum_{k=1}^{\infty}\int_{\mathscr{E}_k}f(P) G(\mathrm{d}\mathscr{E}) \tag{41}$$

无限地增大 N 可得

$$\int_{\mathscr{E}}f(P) G(\mathrm{d}\mathscr{E}) \leqslant \sum_{k=1}^{\infty}\int_{\mathscr{E}_k}f(P) G(\mathrm{d}\mathscr{E}) \tag{42}$$

再证明相反的不等式. 既然 $f(P)$ 是非负的, 依(40)对于任意有穷的 m 可写成

$$\int_{\mathscr{E}}[f]_N G(\mathrm{d}\mathscr{E}) \geqslant \sum_{k=1}^{m}\int_{\mathscr{E}_k}[f]_N G(\mathrm{d}\mathscr{E})$$

无限地增大 N, 得极限

$$\int_{\mathscr{E}}f(P) G(\mathrm{d}\mathscr{E}) \geqslant \sum_{k=1}^{m}\int_{\mathscr{E}_k}f(P) G(\mathrm{d}\mathscr{E})$$

再无限地增大 m 可得不等式

$$\int_{\mathscr{E}}f(P) G(\mathrm{d}\mathscr{E}) \geqslant \sum_{k=1}^{\infty}\int_{\mathscr{E}_k}f(P) G(\mathrm{d}\mathscr{E})$$

这正好是和(42)相反的不等式. 因此(20)成立.

4. 如果 $\mathscr{E}$ 分解成有穷多或可数无穷多个可测集合 $\mathscr{E}_k$, 函数 $f(P)$ 在每个 $\mathscr{E}_k$ 上可和, 而由非负项所做的级数

$$\sum_{k=1}^{\infty}\int_{\mathscr{E}_k}f(P) G(\mathrm{d}\mathscr{E}) \tag{43}$$

有有穷和(收敛), 那么 $f(P)$ 在 $\mathscr{E}$ 上可和, 并且公式(20)成立.

对于函数 $[f]_N$ 与上面一样可得公式(40)及不等式(41), 而后者的右边是有穷数. 由这不等式直接可知积分(38)的极限有穷, 也就是说 $f(P)$ 在 $\mathscr{E}$ 上可和. 由此公式(20)可以由上一性质直接得出.

5. 如果 $f(P)$ 在 $\mathscr{E}$ 上可和, 而序列 e_n 中各集合 e_n 都属于 $\mathscr{E}$, 并且满足 $G(e_n) \to 0$, 那么公式(22)成立.

令 ε 表示预定的正数. 可以固定 N, 使

$$\int_{\mathscr{E}}[f-[f]_N] G(\mathrm{d}\mathscr{E}) \leqslant \varepsilon \quad (f \geqslant [f]_N)$$

如此, 依(39), 对于任意 n, 可得

$$\int_{e_n}[f-[f]_N] G(\mathrm{d}\mathscr{E}) \leqslant \varepsilon$$

就是说

$$\int_{e_n} f G(\mathrm{d}\mathcal{E}) \leqslant \int_{e_n} [f]_N G(\mathrm{d}\mathcal{E}) + \varepsilon \tag{44}$$

但对于足够大的 n，依 50 小节中的性质 11，可知

$$\int_{e_n} [f]_N G(\mathrm{d}\mathcal{E}) \leqslant \varepsilon$$

而不等式(44)变成不等式

$$\int_{e_n} f G(\mathrm{d}\mathcal{E}) \leqslant 2\varepsilon$$

由此，既然 ε 是任意的，直接可得公式(22)。最后两性质说明无界非负函数的积分也与有界函数的积分一样具有完全加法性与绝对连续性。

6. 如果 $\mathcal{E}$ 是测度为零的集合，那么 $f(P)$ 的积分等于零。

证明与 50 小节中一样。

7. 在 $\mathcal{E}$ 上相抵的函数在 $\mathcal{E}$ 上的积分必相等。

8. 如果 $f(P)$ 的积分等于零，这函数必与零相抵。

9. 如果 $f_2(P) \leqslant f_1(P)$ 在 $\mathcal{E}$ 上成立，而 $f_1(P)$ 可和，那么 $f_2(P)$ 也可和，而下面不等式成立

$$\int_{\mathcal{E}} f_2(P) G(\mathrm{d}\mathcal{E}) \leqslant \int_{\mathcal{E}} f_1(P) G(\mathrm{d}\mathcal{E}) \tag{45}$$

在上式中可把 f_1 与 f_2 各换成 $[f_1]_N$ 及 $[f_2]_N$，而不等式仍成立。令 $N \to +\infty$ 并取极限值，可得(45)。如果右边有穷，则左边也有穷。

7, 8, 9 的证明与 50 小节中的完全一样。现在转而讨论可以改变符号的无界函数的勒贝格-斯蒂尔切斯积分的定义。对于负(非正)函数，定义积分的方法与上面完全一样。

53. 任意符号的函数

设 $\mathcal{E}$ 是测度有穷的可测集合，在它上面定义了一个可测实函数 $f(P)$，这函数和可能取具有两种符号的值。定义函数 $f(P)$ 的正负部分如下

$$\text{如果 } \begin{cases} f(P) \geqslant 0 \\ f(P) < 0 \end{cases} \text{则 } f^+(P) = \begin{cases} f(P) \\ 0 \end{cases}$$

$$\text{如果 } \begin{cases} f(P) \leqslant 0 \\ f(P) > 0 \end{cases} \text{则 } f^-(P) = \begin{cases} -f(P) \\ 0 \end{cases} \tag{46}$$

这定义也可以写成下面形式

$$f^+(P) = \frac{1}{2}[|f(P)| + f(P)]$$

$$f^-(P) = \frac{1}{2}[|f(P)| - f(P)] \tag{46'}$$

函数 $f(P)$ 可以表示成这两个非负函数之差

$$f(P) = f^+(P) - f^-(P)$$

定义 函数 $f(P)$ 叫作在 $\mathscr{E}$ 上可和的,是指 $f^+(P)$ 及 $f^-(P)$ 在 $\mathscr{E}$ 上可和. 此时函数 $f(P)$ 的积分值由下列公式定义

$$\int_{\mathscr{E}} f(P)G(\mathrm{d}\mathscr{E}) = \int_{\mathscr{E}} f^+(P)G(\mathrm{d}\mathscr{E}) - \int_{\mathscr{E}} f^-(P)G(\mathrm{d}\mathscr{E}) \tag{47}$$

注意:如果两函数 $f^+(P)$ 及 $f^-(P)$ 中只有一个是可和的,那么由上面公式 $f(P)$ 的积分可得确定,但其值是无穷的. 例如,设 $f^+(P)$ 是可和的,而 $f^-(P)$ 不是,则 $f(P)$ 的积分值等于 $-\infty$.

定理 $f(P)$ 在 $\mathscr{E}$ 上可和的必要且充分的条件是非负函数 $|f(P)|$ 在 $\mathscr{E}$ 上可和.

如果 $f(P)$ 可和,那么 $f^+(P)$ 及 $f^-(P)$ 也可和,所以其和 $f^+(P)+f^-(P)=|f(P)|$ 也可和. 反之,如果 $f^+(P)+f^-(P)$ 可和,那么由于 52 小节的性质 9,其中每项也必可和,因此 $f(P)$ 也可和. 注意对于有界函数也可分解它成为正负部分,而其积分间的关系也可以表示成公式 (47). 以后所谓可和函数也用来包括有界的可测函数. 现在转而讨论符号任意的可和函数的积分的基本性质. 这些性质几乎直接可以由非负函数 $f^+(P)$ 及 $f^-(P)$ 的积分性质看出来.

1. 如果 $f_k(P)(k=1,2,\cdots,p)$ 是可和函数,那么由它们用常数系数所做的线性组合式仍是可和函数,并且公式 (13) 成立.

线性组合式的可和性可以由不等式

$$\left|\sum_{k=1}^{p} c_k f_k(P)\right| \leqslant \sum_{k=1}^{p} |c_k||f_k(P)|$$

看出,只需引用上述定理及 52 小节中的性质 1 就够了. 为了证明公式 (13),分别考察用常数乘函数及取两函数之和的两个情形,令 $f(P)$ 是可和函数,c 是常数. 我们要证明公式

$$\int_{\mathscr{E}} cf(P)G(\mathrm{d}\mathscr{E}) = c\int_{\mathscr{E}} f(P)G(\mathrm{d}\mathscr{E})$$

为了确定起见,可设 c 是负数. 如此则 $(cf)^+ = -cf^-$,而 $(cf)^- = -cf^+$. 由 (47) 的定义可知

$$\int_{\mathscr{E}} cfG(\mathrm{d}\mathscr{E}) = -c\int_{\mathscr{E}} f^-G(\mathrm{d}\mathscr{E}) + c\int_{\mathscr{E}} f^+G(\mathrm{d}\mathscr{E}) = c\int_{\mathscr{E}} fG(\mathrm{d}\mathscr{E})$$

而公式 (13) 得证. 现在设 $f_1(P)$ 与 $f_2(P)$ 是可和函数. 要证明

$$\int_{\mathscr{E}} (f_1+f_2)G(\mathrm{d}\mathscr{E}) = \int_{\mathscr{E}} f_1 G(\mathrm{d}\mathscr{E}) + \int_{\mathscr{E}} f_2 G(\mathrm{d}\mathscr{E}) \tag{48}$$

分解函数 $f_1, f_2, f = f_1 + f_2$ 为正负部分

$$f_1 = f_1^+ - f_1^-, \quad f_2 = f_2^+ - f_2^-, \quad f = f^+ - f^-$$

那么

$$f_1^+ + f_2^+ + f^- = f_1^- + f_2^- + f^+$$

凡上式中的函数都是非负的,可和的.应用 52 小节中的性质 1 可得
$$\int_{\mathscr{E}} f_1^+ g(\mathrm{d}\mathscr{E}) + \int_{\mathscr{E}} f_2^+ G(\mathrm{d}\mathscr{E}) + \int_{\mathscr{E}} f^- G(\mathrm{d}\mathscr{E})$$
$$= \int_{\mathscr{E}} f_1^- G(\mathrm{d}\mathscr{E}) + \int_{\mathscr{E}} f_2^- G(\mathrm{d}\mathscr{E}) + \int_{\mathscr{E}} f^+ G(\mathrm{d}\mathscr{E})$$

由此
$$\int_{\mathscr{E}} f^+ G(\mathrm{d}\mathscr{E}) - \int_{\mathscr{E}} f^- G(\mathrm{d}\mathscr{E}) = \int_{\mathscr{E}} f_1^+ G(\mathrm{d}\mathscr{E}) - \int_{\mathscr{E}} f_1^- G(\mathrm{d}\mathscr{E}) +$$
$$\int_{\mathscr{E}} f_2^+ G(\mathrm{d}\mathscr{E}) - \int_{\mathscr{E}} f_2^- G(\mathrm{d}\mathscr{E})$$

这正是公式(48).

2. 如果 $f_1(P)$ 及 $f_2(P)$ 是在 $\mathscr{E}$ 上可和的,并且 $f_1(P) \geqslant f_2(P)$,那么公式(15) 成立.

依性质 1 函数 $f_1(P) - f_2(P)$ 是非负的,可和的,而其积分(非负) 等于 $f_1(P)$ 与 $f_2(P)$ 各积分之差,于是得(15).

3. 如果 $f(P)$ 可和,那么公式(16) 成立.

不等式(16) 与下面不等式是同效的
$$\left| \int_{\mathscr{E}} [f^+(P) - f^-(P)] G(\mathrm{d}\mathscr{E}) \right| \leqslant \int_{\mathscr{E}} [f^+(P) + f^-(P)] G(\mathrm{d}\mathscr{E})$$

4. 如果 $f(P)$ 在 $\mathscr{E}$ 上可和,那么它在集合 $\mathscr{E}$ 的任意可测部分 $\mathscr{E}'$ 上也可和.

5. 如果 $f(P)$ 在 $\mathscr{E}$ 上可和,而集合 $\mathscr{E}$ 分割成有穷多或可数无穷多可测集合 $\mathscr{E}_k$,那么公式(20) 成立.

上述两性质可以由对于 $f^+(P)$ 及 $f^-(P)$ 的相似性质得出.

6. 如果 $\mathscr{E}$ 分解成有穷多或无数无穷多可测集合 $\mathscr{E}_k$,而函数 $f(P)$ 在每个 $\mathscr{E}_k$ 上可和,并且级数
$$\sum_{k=1}^{\infty} \int_{\mathscr{E}_k} |f(P)| G(\mathrm{d}\mathscr{E}) \tag{49}$$
收敛,那么 $f(P)$ 在 $\mathscr{E}$ 上可和,而公式(20) 成立.

非负函数 $|f(P)|$ 在一切 $\mathscr{E}_k$ 上可和,而级数(49)既然收敛,依 52 小节中的性质 4,$|f(P)|$ 在 $\mathscr{E}$ 上可和,所以 $f(P)$ 在 $\mathscr{E}$ 上可和.如此则公式(20)可以直接由上述性质 5 得出.注意由级数(43)的收敛并不足以断定 $f(P)$ 的可和性.

7. 如果 $f(P)$ 在 $\mathscr{E}$ 上可和,而集合序列 e_n 中各集合属于 $\mathscr{E}$,并满足性质 $G(e_n) \to 0$,那么公式(22) 成立.

这性质由 52 小节中 $f^+(P)$ 与 $f^-(P)$ 的性质 6 直接可以得出.如此我们证明了任意可和函数积分的完全加法性及绝对连续性.

8. 如果 $\mathscr{E}$ 是测度为零的集合,那么任意函数 $f(P)$ 在 $\mathscr{E}$ 上的积分等于零.

9. 在 $\mathscr{E}$ 上相抵的函数在 $\mathscr{E}$ 上的积分必相等.

这两性质都可以由 $f^+(P)$ 及 $f^-(P)$ 的相类性质直接得出;只需注意相抵函数的正负部分也各个相抵.

10. 如果 $f(P)$ 在 $\mathscr{E}$ 上可测,$F(P)$ 在 $\mathscr{E}$ 上可测、非负并可和,并且 $|f(P)|\leqslant F(P)$,那么 $f(P)$ 也可和,而下面公式成立

$$\left|\int_{\mathscr{E}} f(P)G(\mathrm{d}\mathscr{E})\right|\leqslant \int_{\mathscr{E}} F(P)G(\mathrm{d}\mathscr{E}) \tag{50}$$

依 52 小节中的性质 9 可以证明,$|f(P)|$ 可和,所以 $f(P)$ 也可和.不等式(50)可以直接由 52 小节中的性质 3 及 9 得出.由上面所证的直接可知,可和函数与有界的可测函数之和仍是可和函数.

再注意积分的两个性质,我们在下面将要用到.

11. 如 $f(P)$ 在有穷区间 Δ_0 上可和,并且它在属于 Δ_0 的任意区间 Δ 上的积分等于零,那么 $f(P)$ 在 Δ_0 上与零相抵.

用归谬法证明:如果 $f(P)$ 不与零相抵,那么必存在一正数 a,使两集合 $\Delta_0[f(P)\geqslant a]$ 及 $\Delta_0[f(P)\leqslant -a]$ 中至少有一个有大于零的测度.令第一个的测度大于零,并用 $\mathscr{E}$ 表示.则

$$\int_{\mathscr{E}} f(P)G(\mathrm{d}\mathscr{E})\geqslant aG(\mathscr{E})>0$$

但存在集合 e_1 及 e_2,其测度任意小,并且 $\mathscr{E}+e_1=R+e_2$,而 R 是初等图形,就是说 R 是有穷多个互无公点的区间之和.依条件,$f(P)$ 在 R 上的积分等于零,所以可写成

$$\int_{\mathscr{E}} f(P)G(\mathrm{d}\mathscr{E})=\int_{e_2} f(P)G(\mathrm{d}\mathscr{E})-\int_{e_1} f(P)G(\mathrm{d}\mathscr{E})$$

依积分的绝对连续性,右边的绝对值可以弄成任意小,而左边却是确定的正数.于是得出矛盾,可知定理正确.

12. 如果 $f(P)$ 在 $\mathscr{E}$ 上可和,并且对任意在 $\mathscr{E}$ 上可测并有界的函数 $\varphi(P)$ 满足条件

$$\int_{\mathscr{E}} \varphi(P)f(P)G(\mathrm{d}\mathscr{E})=0 \tag{51}$$

那么 $f(P)$ 必与零相抵.如果条件(51)对任意在 $\mathscr{E}$ 上可测有界并满足

$$\int_{\mathscr{E}} \varphi(P)G(\mathrm{d}\mathscr{E})=0 \tag{52}$$

的 $\varphi(P)$ 成立,那么 $f(P)$ 与一常数相抵.

设 $\mathscr{E}'$ 是 $\mathscr{E}$ 中凡满足 $f(P)\geqslant 0$ 的点所成的集合.令 $\varphi(P)$ 在 $\mathscr{E}'$ 上等于 1,在 $\mathscr{E}-\mathscr{E}'$ 上等于零.由条件(51)可知 $f^+(P)$ 在 $\mathscr{E}'$ 上的积分等于零,而由此,依 52 小节中的性质 8 可知 $f^+(P)$ 与零相抵.同样可证 $f^-(P)$ 与零相抵,因此 $f(P)$ 与零相抵.

现在证明上面命题的第二部分.用 $kG(\mathscr{E})$ 表示 $f(P)$ 在 $\mathscr{E}$ 上的积分值.依

(52),函数 $f(P)-k$ 也满足条件(51),就是说
$$\int_{\mathscr{E}}\varphi(P)[f(P)-k]G(\mathrm{d}\mathscr{E})=0$$
此外,依 k 的定义,对于任意常数 c,总有
$$\int_{\mathscr{E}}c[f(P)-k]G(\mathrm{d}\mathscr{E})=0 \tag{53}$$
设 $\psi(P)$ 是 $\mathscr{E}$ 上任意的可测有界函数,而 $cG(\mathscr{E})$ 是它的积分值.函数 $\varphi(P)=\psi(P)-c$ 满足条件(52),因而
$$\int_{\mathscr{E}}[\psi(P)-c][f(P)-k]G(\mathrm{d}\mathscr{E})=0$$
或依(53)
$$\int_{\mathscr{E}}\psi(P)[f(P)-k]G(\mathrm{d}\mathscr{E})=0$$
由此,依上面已证得的,可知 $f(P)-k$ 与零相抵,从而 $f(P)$ 与 k 相抵.

在本小节末,考察一下一个变数的勒贝格-斯蒂尔切斯积分.令 $g(x)$ 是非负函数,取作测度的基础,而 $f(x)$ 依 $g(x)$ 可测,并在 x 轴的可测集合 $\mathscr{E}$ 上或区间 $[a,b]$($[a,b]$ 也可以换成区间 (a,b))上可和.相应积分可以写成
$$\int_{\mathscr{E}}f(x)\mathrm{d}g(x) \ 或 \int_{[a,b]}f(x)\mathrm{d}g(x) \ 或 \int_{(a,b)}f(x)\mathrm{d}g(x),\ 等等$$
如果 $g(x)=x$,那么就得勒贝格积分.在这情形下任意一点的测度是零,而区间端点是否算在内并无关紧要,在区间上所取的积分平常表示成
$$\int_a^b f(x)\mathrm{d}x$$
此时设 $a<b$.此外,采取下列规定
$$\int_b^a f(x)\mathrm{d}x=-\int_a^b f(x)\mathrm{d}x$$

54. 复数值的可和函数

不难对取复数值的函数 $f(P)$ 定义可和函数及积分.把这函数分解成实数及虚数两部分
$$f(P)=f_1(P)+\mathrm{i}f_2(P)$$
函数 $f(P)$ 叫作可和的,是指 $f_1(P)$ 与 $f_2(P)$ 可和,而 $f(P)$ 的积分在这情形下由下列公式定义
$$\int_{\mathscr{E}}f(P)G(\mathrm{d}\mathscr{E})=\int_{\mathscr{E}}f_1(P)G(\mathrm{d}\mathscr{E})+\mathrm{i}\int_{\mathscr{E}}f_2(P)G(\mathrm{d}\mathscr{E}) \tag{54}$$
在这情形,上面证明过的定理成立:$f(P)$ 可和的充分必要条件是它的绝对值函数 $|f(P)|$ 是可和的.

首先注意,依 $f_1(P)$ 及 $f_2(P)$ 的可测性可知两函数平方的和也是可测的,因此这和的算术平方根也是可测的:$|f|=\sqrt{f_1^2+f_2^2}$ 也是可测的,因为

$$\mathscr{E}[\sqrt{f_1^2+f_2^2}>a]=\mathscr{E}[f_1^2+f_2^2>a^2]$$

又由不等式

$|f_1|\leqslant\sqrt{f_1^2+f_2^2},\quad |f_2|\leqslant\sqrt{f_1^2+f_2^2},\quad \sqrt{f_1^2+f_2^2}\leqslant|f_1|+|f_2|$

及 52 小节的性质 9 及 1 直接可知 $|f_1|$ 与 $|f_2|$ 的可和性与 $|f|$ 的可和性同效,由此可得上面所述的结论.

上面所述的性质 1,3,4,5,6,7,8,9,10 也都成立,但在作线性组合式时可以用复数做系数. 现在只证明性质 3

$$\left|\int_{\mathscr{E}}fG(\mathrm{d}\mathscr{E})\right|\leqslant\int_{\mathscr{E}}|f|G(\mathrm{d}\mathscr{E})\tag{55}$$

函数 f_1,f_2 及 $\sqrt{f_1^2+f_2^2}$ 是可和的,因此对于这三函数各存在一个勒贝格分割序列 $\delta_n^{(1)},\delta_n^{(2)},\delta_n^{(3)}$,使所做的和 $\sigma_{\delta_n}^{(1)},\sigma_{\delta_n}^{(2)},\sigma_{\delta_n}^{(3)}$ 趋向于各该函数的积分. 如果取分割序列 $\xi_n=\delta_n^{(1)}\delta_n^{(2)}\delta_n^{(3)}$,则对于函数 f_1,f_2,及 $\sqrt{f_1^2+f_2^2}$ 所做的和 σ_{δ_n} 趋向于各相应积分. 如果 δ_n 分割法把 $\mathscr{E}$ 分成 $\mathscr{E}_k^{(n)}$,而 $P_k^{(n)}$ 是 $\mathscr{E}_k^{(n)}$ 上的某点,则

$$\left|\sum_k[f_1(P_k^{(n)})+\mathrm{i}f_2(P_k^{(n)})]G(\mathscr{E}_k^{(n)})\right|$$
$$\leqslant\sum_k|f_1(P_k^{(n)})+\mathrm{i}f_2(P_k^{(n)})|G(\mathscr{E}_k^{(n)})$$

而取其极限可得 (55).

55. 积分号下取极限

现在证明对可和函数在积分号下取极限的几个定理.

定理 1 如果 $f_n(P)$ 是在测度有穷的集合 $\mathscr{E}$ 上可和函数的序列,并且对于所有函数 $f_n(P)$ 下列不等式恒成立

$$|f_n(P)|\leqslant F(P)\tag{56}$$

而 $F(P)$ 是 $\mathscr{E}$ 上的一个可和函数,$f_n(P)\to f(P)$ 在 $\mathscr{E}$ 上殆遍成立,那么 $f(P)$ 在 $\mathscr{E}$ 上可和,并且

$$\lim_{n\to\infty}\int_{\mathscr{E}}f_n(P)G(\mathrm{d}\mathscr{E})=\int_{\mathscr{E}}f(P)G(\mathrm{d}\mathscr{E})\tag{57}$$

由定理的条件可知极限函数在 $\mathscr{E}$ 上殆遍满足不等式

$$|f(P)|\leqslant F(P)\tag{56'}$$

必要时换成它的相抵函数可设上面不等式在 $\mathscr{E}$ 上到处成立. 依性质 10(53 小节),$f_n(P)$ 与 $f(P)$ 在 $\mathscr{E}$ 上可和,因此它们在 $\mathscr{E}$ 上殆遍取有穷值. 考察差 $f(P)-f_n(P)$ 的积分,并引用 53 小节的性质 10,可得

$$\left|\int_{\mathscr{E}}[f(P)-f_n(P)]G(\mathrm{d}\mathscr{E})\right|\leqslant\int_{\mathscr{E}}|f(P)-f_n(P)|G(\mathrm{d}\mathscr{E})\tag{58}$$

设 ε 是预定的正数,而 $\mathscr{E}_n=\mathscr{E}[|f(P)-f_n(P)|\geqslant\varepsilon]$. 依 45 小节的定理 6 可知

$$G(\mathscr{E}_n)\to 0$$

而如 $P \in \mathscr{E} - \mathscr{E}_n$ 则
$$| f(P) - f_n(P) | \leqslant \varepsilon \tag{59}$$
此外在 $\mathscr{E}$ 的任意点 P 处
$$| f(P) - f_n(P) | \leqslant | f(P) | + | f_n(P) | \leqslant 2F(P) \tag{60}$$
(58)右边的积分可分成两部分
$$\int_{\mathscr{E}} | f(P) - f_n(P) | G(\mathrm{d}\mathscr{E}) = \int_{\mathscr{E}_n} | f(P) - f_n(P) | G(\mathrm{d}\mathscr{E}) + \int_{\mathscr{E}-\mathscr{E}_n} | f(P) - f_n(P) | G(\mathrm{d}\mathscr{E})$$
由此,依(59)及(60)可知
$$\int_{\mathscr{E}} | f(P) - f_n(P) | G(\mathrm{d}\mathscr{E}) \leqslant 2 \int_{\mathscr{E}_n} F(P) G(\mathrm{d}\mathscr{E}) + \varepsilon G(\mathscr{E} - \mathscr{E}_n)$$
所以
$$\int_{\mathscr{E}} | f(P) - f_n(P) | G(\mathrm{d}\mathscr{E}) \leqslant 2 \int_{\mathscr{E}_n} F(P) G(\mathrm{d}\mathscr{E}) + \varepsilon G(\mathscr{E}) \tag{61}$$
由 $G(\mathscr{E}_n) \to 0$,并由 $F(P)$ 积分的绝对连续性,可知存在一数 N,使
$$\int_{\mathscr{E}_n} F(P) G(\mathrm{d}\mathscr{E}) \leqslant \varepsilon \quad \text{当 } n > N \text{ 时成立}$$
而依(61)
$$\int_{\mathscr{E}} | f(P) - f_n(P) | G(\mathrm{d}\mathscr{E}) \leqslant [2 + G(\mathscr{E})]\varepsilon \quad \text{当 } n > N \text{ 时成立}$$
比较(58),得
$$\left| \int_{\mathscr{E}} f(P) G(\mathrm{d}\mathscr{E}) - \int_{\mathscr{E}} f_n(P) G(\mathrm{d}\mathscr{E}) \right| \leqslant [2 + G(\mathscr{E})]\varepsilon$$
而 ε 既然是任意的,可得(57). 与在 50 小节证明性质 15 时一样,在本定理中只需设不等式(56)在 $\mathscr{E}$ 上殆遍成立就够了.

定理 2 如果 $f_n(P)$ 是在测度有穷的集合 $\mathscr{E}$ 上可和函数的不减序列,那么极限函数 $f(P)$ 在 $\mathscr{E}$ 上的积分等于有穷数或 $+\infty$,而公式(57)成立.

可和函数 $f_n(P)$ 在 $\mathscr{E}$ 上是殆遍有穷的,而不减序列 $f_n(P)$ 在 $\mathscr{E}$ 上任一点处都有极限,但这极限值可能是 $+\infty$. 考察非负函数 $f_n(P) - f_1(P)$ 的不减序列. 显然
$$0 \leqslant f_n(P) - f_1(P) \leqslant f(P) - f_1(P)$$
如果非负函数 $f(P) - f_1(P)$ 在 $\mathscr{E}$ 上可和,那么 $f(P)$ 可和. 差 $f(P) - f_1(P)$ 要以起着 $F(P)$ 在定理 1 中的作用,而应用那一定理可得
$$\lim_{n \to \infty} \int_{\mathscr{E}} [f_n(P) - f_1(P)] G(\mathrm{d}\mathscr{E}) = \int_{\mathscr{E}} [f(P) - f_1(P)] G(\mathrm{d}\mathscr{E})$$
在等式两边各加 $f_1(P)$ 的积分可得(57). 现在设 $f(P) - f_1(P)$ 的积分等于 $+\infty$. 既然 $f_1(P)$ 是可和,$f(P)$ 的积分也等于 $+\infty$. 再注意,如果某一序列

$\varphi_n(P)$ 殆遍收敛于 $\varphi(P)$,那么对于任意 N,$[\varphi_n(P)]_N \to [\varphi(P)]_N$ 殆遍成立.

为了证明这点,只需注意,如果在某点处 $\varphi_n(P) \to \varphi(P)$,那么在这点处 $[\varphi_n(P)]_N \to [\varphi(P)]_N$. 只需分别考察 $\varphi(P) \leqslant N$ 与 $\varphi(P) > N$ 两种情形就可以了. 如此非负函数 $[f_n(P) - f_1(P)]_N$ 的不减序列殆遍收敛于 $[f(P) - f_1(P)]_N$. 极限函数既然有界,自然是可和的. 依上面所证的

$$\lim_{n\to\infty}\int_{\mathscr{E}}[f_n(P) - f_1(P)]_N G(\mathrm{d}\mathscr{E})$$
$$= \int_{\mathscr{E}}[f(P) - f_1(P)]_N G(\mathrm{d}\mathscr{E}) \tag{62}$$

令 K 是任意预给的正数. 既然 $[f(P) - f_1(P)]$ 的积分等于 $+\infty$,可以固定 N,使(62)右边的积分大于 K. 由(62),对于凡足够大的 n

$$\int_{\mathscr{E}}[f_n(P) - f_1(P)]_N G(\mathrm{d}\mathscr{E}) > K$$

从而

$$\int_{\mathscr{E}}[f_n(P) - f_1(P)] G(\mathrm{d}\mathscr{E}) > K$$

既然 K 是任意的,可知

$$\lim_{n\to\infty}\left[\int_{\mathscr{E}}f_n(P)G(\mathrm{d}\mathscr{E}) - \int_{\mathscr{E}}f_1(P)G(\mathrm{d}\mathscr{E})\right] = +\infty$$

就是说

$$\lim_{n\to\infty}\int_{\mathscr{E}}f_n(P)G(\mathrm{d}\mathscr{E}) = +\infty$$

所以当 $f(P)$ 的积分等于 $+\infty$ 时,公式(57)也证明了.

注意:对于可和函数的减序列也有相似的定理成立. 如此的极限函数的积分可以等于 $-\infty$,但不能等于 $+\infty$. 如果 $f_n(P)$ 是减序列,那么令 $\varphi_n = -f_n$,就得一增序列,而负号可以从积分号下提出来.

从已证的定理可以引出一个对以后很重要的推论.

定理 3 如果函数 $u_k(P)$($k=1,2,3,\cdots$) 在 $\mathscr{E}$ 上是非负的、可和的,并且由非负项组成的级数

$$\sum_{k=1}^{\infty}\int_{\mathscr{E}}u_k(P)G(\mathrm{d}\mathscr{E}) \tag{63}$$

收敛,那么级数

$$\sum_{k=1}^{\infty}u_k(P) \tag{64}$$

在 $\mathscr{E}$ 上殆遍收敛,而 $u_k(P) \to 0$ 在 $\mathscr{E}$ 上殆遍成立.

考察在 $\mathscr{E}$ 上非负可和函数的不减序列

$$f_n(P) = \sum_{k=1}^{n}u_k(P)$$

并把上面证明了的定理应用到这序列上. 既然级数(63)收敛, 当 n 无限地增加时 $f_n(P)$ 的积分有有穷极限. 所以在这情形下, 由级数(64)表出的极限函数

$$f(P) = \sum_{k=1}^{\infty} u_k(P)$$

在 $\mathscr{E}$ 上可和, 因此在 $\mathscr{E}$ 上殆遍有有穷值, 就是说级数(64)事实上在 $\mathscr{E}$ 上殆遍收敛. 但任何收敛级数的一般项收敛于零, 就是说在 $\mathscr{E}$ 上殆遍 $u_k(P) \to 0$, 而定理完全证明.

定理 4 如果 $f_n(P)$ 是在 $\mathscr{E}$ 上非负可和函数的序列, 而这序列在 $\mathscr{E}$ 上殆遍收敛于极限函数 $f(P)$, 并且对于任意 $n, f_n(P)$ 的积分不超过某数 A, 就是说

$$\int_{\mathscr{E}} f_n(P) G(\mathrm{d}\mathscr{E}) \leqslant A$$

那么 $f(P)$ 在 $\mathscr{E}$ 上可和, 而下面不等式成立

$$\int_{\mathscr{E}} f(P) G(\mathrm{d}\mathscr{E}) \leqslant A \tag{65}$$

不等式

$$\int_{\mathscr{E}} [f_n]_N G(\mathrm{d}\mathscr{E}) \leqslant \int_{\mathscr{E}} f_n G(\mathrm{d}\mathscr{E}) \leqslant A \tag{66}$$

成立, 依 50 小节的性质 15, 其中 L 的作用由 N 担当, 可得

$$\lim_{n \to \infty} \int_{\mathscr{E}} [f_n]_N G(\mathrm{d}\mathscr{E}) = \int_{\mathscr{E}} [f]_N G(\mathrm{d}\mathscr{E})$$

在(66)不等式中令 $n \to \infty$ 而取其极限, 得

$$\int_{\mathscr{E}} [f]_N G(\mathrm{d}\mathscr{E}) \leqslant A$$

由此可得, $f(P)$ 有和, 而当 $N \to \infty$ 时得(65).

56. 函数类 L_2

在本小节中考察某一类可测函数. 这类函数在把上面构成的理论应用于数学及数学物理的不同问题上起着很大的作用.

定义 设 $\mathscr{E}$ 是测度有穷的集合, $\mathscr{E}$ 上的实值函数叫作在 $\mathscr{E}$ 上平方可和的函数, 是指它的平方 $f^2(P)$ 在 $\mathscr{E}$ 上可和, 就是说

$$\int_{\mathscr{E}} f^2(P) G(\mathrm{d}\mathscr{E}) < +\infty$$

在 $\mathscr{E}$ 上平方可和的函数类用记号 L_{2G} 表示. 在勒贝格的情形中, 就是当 $G(\Delta)$ 表示区间 Δ 的面积时, 就表示成 L_2. 在下面为简单起见也不用 L_{2G} 而表示成 L_2. 但必须注意所讲的一切都适用于任意选择的 $G(\Delta)$. 现在证明类 L_2 的一系列性质.

定理 1 如果 $f(P)$ 与 $g(P) \in L_2$, 那么 $f(P)$ 与积 $f(P)g(P)$ 在 $\mathscr{E}$ 上都可和.

定理中的结论直接可以从下面不等式

$$|f| \leqslant \frac{1}{2}(1+f^2), \quad |fg| \leqslant \frac{1}{2}(f^2+g^2)$$

及 53 小节中的性质 1 及 10 得出. 注意在这里与以后只考察实值函数.

定理 2 如果 $f(P)$ 与 $g(P) \in L_2$, 那么 $cf(P)$ 与 $f(P)+g(P)$ 也属于 L_2. 关于 $cf(P)$ 的结论很显然. 对于 $f(P)+g(P)$, 可以由公式

$$(f+g)^2 = f^2 + 2fg + g^2$$

及定理 1 及 53 小节中的性质 1 得出.

定理 3 如果 f 与 $g \in L_2$, 那么下面(布尼亚夫斯基-施瓦兹)不等式成立

$$\left[\int_{\mathcal{E}} fg G(\mathrm{d}\mathcal{E})\right]^2 \leqslant \int_{\mathcal{E}} f^2 G(\mathrm{d}\mathcal{E}) \cdot \int_{\mathcal{E}} g^2 G(\mathrm{d}\mathcal{E}) \tag{67}$$

证明与对于黎曼积分的相似公式完全一样. 现在重述一下. 首先注意, 如果实系数的二次三项式 $au^2 + 2bu + c$ 中 $a > 0$, 那么从恒等式

$$au^2 + 2bu + c = \frac{1}{a}[(au+b)^2 + (ac-b^2)]$$

直接可知, 如果对于一切实值 u 上面的三项式永远取非负值, 那么 $b^2 \leqslant ac$. 我们可设 f 与 g 不与零相抵, 否则不等式(67)不足道, 因为它的左边等于零. 写出显然的公式

$$\int_{\mathcal{E}}(fu+g)^2 G(\mathrm{d}\mathcal{E}) = u^2 \int_{\mathcal{E}} f^2 G(\mathrm{d}\mathcal{E}) + 2u \int_{\mathcal{E}} fg G(\mathrm{d}\mathcal{E}) + \int_{\mathcal{E}} g^2 G(\mathrm{d}\mathcal{E})$$

而 u 是某一参数. 左边的积分对于任意的实数 u 必有非负值. 所以右边的三项式也必是非负的. 对于这三项式, $b^2 \leqslant ac$, 以相应的积分值代替 a, b, c, 就得不等式(67). 注意在上面三项式中 a 是正的, 因为函数 f 不与零相抵①.

系 如果 $f \in L_2$, 那么显然 $|f| \in L_2$, 而把 $|f|$ 表示成 $|f| = |f| \cdot 1$, 于是得下面不等式

$$\left|\int_{\mathcal{E}} f G(\mathrm{d}\mathcal{E})\right| \leqslant \int_{\mathcal{E}} |f| G(\mathrm{d}\mathcal{E}) \leqslant \sqrt{\int_{\mathcal{E}} f^2 G(\mathrm{d}\mathcal{E}) \cdot G(\mathcal{E})} \tag{68}$$

定理 4 如果 f 与 $g \in L_2$, 那么下面不等式成立

$$\sqrt{\int_{\mathcal{E}} (f+g)^2 G(\mathrm{d}\mathcal{E})} \leqslant \sqrt{\int_{\mathcal{E}} f^2 G(\mathrm{d}\mathcal{E})} + \sqrt{\int_{\mathcal{E}} g^2 G(\mathrm{d}\mathcal{E})} \tag{69}$$

由不等式(67)得

$$\int_{\mathcal{E}} fg G(\mathrm{d}\mathcal{E}) \leqslant \sqrt{\int_{\mathcal{E}} f^2 G(\mathrm{d}\mathcal{E})} \cdot \sqrt{\int_{\mathcal{E}} g^2 G(\mathrm{d}\mathcal{E})}$$

把这不等式两边各乘以 2, 并把所得新不等式两侧各加上 f^2 及 g^2 的积分. 所得

---

① 不难看出, 在(67)中等式成立的充分必要条件是 f 及 g 的某线性组合式与 0 相抵. ——译者注

的不等式是

$$\int_{\mathcal{E}} f^2 G(\mathrm{d}\mathcal{E}) + 2\int_{\mathcal{E}} fg G(\mathrm{d}\mathcal{E}) + \int_{\mathcal{E}} g^2 G(\mathrm{d}\mathcal{E})$$
$$\leqslant \int_{\mathcal{E}} f^2 G(\mathrm{d}\mathcal{E}) + 2\sqrt{\int_{\mathcal{E}} f^2 G(\mathrm{d}\mathcal{E})} \cdot \sqrt{\int_{\mathcal{E}} g^2 G(\mathrm{d}\mathcal{E})} + \int_{\mathcal{E}} g^2 G(\mathrm{d}\mathcal{E})$$

可以变成下面形式

$$\int_{\mathcal{E}} (f+g)^2 G(\mathrm{d}\mathcal{E}) \leqslant \left[\sqrt{\int_{\mathcal{E}} f^2 G(\mathrm{d}\mathcal{E})} + \sqrt{\int_{\mathcal{E}} g^2 G(\mathrm{d}\mathcal{E})}\right]^2$$

而这正是所要证的(69).

再注意,如果 $f(P) \in L_2$,那么由于 $f^2(P)$ 的可和性,函数 $f(P)$ 在 $\mathcal{E}$ 上殆遍取有穷值.

57. 依中值收敛

现在介绍在 L_2 类中一个新的收敛概念.

定义 所谓 L_2 中的函数序列 $f_n(P)$ 依中值收敛于 L_2 中的函数 $f(P)$,或简称在 L_2 中收敛于 $f(P)$,是指

$$\lim_{n\to\infty}\int_{\mathcal{E}} [f(P) - f_n(P)]^2 G(\mathrm{d}\mathcal{E}) = 0 \tag{70}$$

首先要注意,如果把 $f(P)$ 换成与它相抵的函数 $g(P)$,那么在式(70)中的积分值并不改变,而 $g(P)$ 也是 $f_n(P)$ 依中值收敛的极限. 在下面将把相抵的函数等同之,就是说把属于 L_2 而相抵的函数看作是同一函数. 现在证明极限的唯一性,就是说证明下列定理:

定理 1 如果 L_2 中的序列 $f_n(P)$ 在 L_2 中收敛于两个函数 $f(P)$ 与 $g(P)$,则这两函数相抵.

写出显然的公式

$$f - g = (f - f_n) + (f_n - g)$$

并把不等式(69)应用于右边,则

$$\sqrt{\int_{\mathcal{E}} (f-g)^2 G(\mathrm{d}\mathcal{E})} \leqslant \sqrt{\int_{\mathcal{E}} (f-f_n)^2 G(\mathrm{d}\mathcal{E})} + \sqrt{\int_{\mathcal{E}} (g-f_n)^2 G(\mathrm{d}\mathcal{E})}$$

当 $n \to \infty$ 时右边趋近于零,而左边与 n 无关,所以

$$\int_{\mathcal{E}} (f-g)^2 g(\mathrm{d}\mathcal{E}) = 0$$

依 52 小节中的性质 8 可知 $f-g$ 与零相抵,从而 f 与 g 相抵. 刚才证明的定理建立了 $f_n(P)$ 在 L_2 中极限的唯一性,但并非一切函数序列都有依中值收敛的极限. 注意如果序列 $f_n(P)$ 在 L_2 中殆遍收敛于 L_2 的函数 $f(P)$;而反之,如果 $f_n(P)$ 依中值收敛于 $f(P)$,也不能由此推知 $f_n(P)$ 殆遍收敛于 $f(P)$. 但我们

可以证明下面的定理.

定理 2　如果 L_2 中的序列 $f_n(P)$ 依中值收敛于 $f(P)$，那么由这序列可以提取出一个部分序列 $f_{n_k}(P)$，而这部分序列在 $\mathscr{E}$ 上殆遍收敛于 $f(P)$.

由定理中的条件可以取标号 n_k，使下面不等式成立

$$\int_{\mathscr{E}}(f-f_{n_k})^2 G(\mathrm{d}\mathscr{E}) \leqslant \frac{1}{2^k}$$

如此则级数

$$\sum_{k=1}^{\infty}\int_{\mathscr{E}}(f-f_{n_k})^2 g(\mathrm{d}\mathscr{E})$$

收敛，而依 55 小节的定理 3，由此可知 $f_{n_k}(P) \to f(P)$ 在 $\mathscr{E}$ 上殆遍成立，于是所要证的得到了.

系　如果 $f_n(P)$ 依中值收敛于 $f(P)$，并在 $\mathscr{E}$ 上殆遍收敛于 $\varphi(P)$，则 $\varphi(P)$ 与 $f(P)$ 在 $\mathscr{E}$ 上相抵.

如果 $f_n(P) \to \varphi(P)$ 在 $\mathscr{E}$ 上殆遍成立，则 $f_{n_k}(P) \to \varphi(P)$ 殆遍成立. 但依上面定理可以提取部分序列 $f_{n_k}(P)$，使殆遍 $f_{n_k}(P) \to f(P)$. 所以 $f(P)$ 与 $\varphi(P)$ 相抵.

关于依中值收敛，可以建立必要且充分的条件，与数列极限存在的柯西条件相类似. 首先介绍新定义.

定义　所谓在 L_2 中的函数序列 $f_n(P)$ 自收敛，是指对于任意预定的正数 ε 必存在一数 N，使

$$\int_{\mathscr{E}}(f_n-f_m)^2 G(\mathrm{d}\mathscr{E}) \leqslant \varepsilon \tag{71}$$

当 n 与 $m > N$ 时成立.

定理 3　序列 $f_n(P)$ 依中值收敛于 L_2 中某一函数的必要条件是它是自收敛序列.

设这序列依中值收敛于某一函数 $f(P)$. 把差 $f_n(P)-f_m(P)$ 表示成下面形式

$$f_n-f_m = (f_n-f)+(f-f_m)$$

并应用不等式 (69)

$$\sqrt{\int_{\mathscr{E}}(f_n-f_m)^2 G(\mathrm{d}\mathscr{E})} \leqslant \sqrt{\int_{\mathscr{E}}(f-f_n)^2 G(\mathrm{d}\mathscr{E})} + \sqrt{\int_{\mathscr{E}}(f-f_m)^2 G(\mathrm{d}\mathscr{E})}$$

令 ε 表一预定的正数. 既然这序列依中值收敛于 $f(P)$，必有一数 N 存在，使当 n 与 $m > N$ 时上面不等式右边根号下的两积分各小于等于 $\dfrac{\varepsilon^2}{4}$. 依这不等式直接

可得不等式(71). 现在再证明逆定理.

定理 4 序列 $f_n(P)$ 依中值收敛于某函数的充分条件是这序列自收敛.

设 $f_n(P)$ 自收敛,从而证明它依中值收敛于某函数. 它既然是自收敛序列,必存在标号的一个增序列 $n_1 < n_2 < n_3 < \cdots$,使

$$\int_{\mathscr{E}} [f_{n_{k+1}}(P) - f_{n_k}(P)]^2 G(\mathrm{d}\mathscr{E}) \leqslant \frac{1}{2^{2k}}$$

应用不等式(67)于 $f = |f_{n_{k+1}} - f_{n_k}|$ 及 $g \equiv 1$ 的情形可得

$$\int_{\mathscr{E}} |f_{n_{k+1}}(P) - f_{n_k}(P)| G(\mathrm{d}\mathscr{E})$$

$$\leqslant \sqrt{\int_{\mathscr{E}} [f_{n_{k+1}}(P) - f_{n_k}(P)]^2 G(\mathrm{d}\mathscr{E})} \sqrt{\int_{\mathscr{E}} G(\mathrm{d}\mathscr{E})}$$

而由上面不等式

$$\int_{\mathscr{E}} |f_{n_{k+1}}(P) - f_{n_k}(P)| G(\mathrm{d}\mathscr{E}) \leqslant \frac{1}{2^k}\sqrt{G(\mathscr{E})}$$

由此得知下面级数收敛

$$\sum_{k=1}^{\infty} \int_{\mathscr{E}} |f_{n_{k+1}}(P) - f_{n_k}(P)| G(\mathrm{d}\mathscr{E})$$

而依 55 小节的定理 3,级数

$$\sum_{k=1}^{\infty} |f_{n_{k+1}}(P) - f_{n_k}(P)|$$

在 $\mathscr{E}$ 上殆遍收敛. 从而级数

$$f_{n_1}(P) + \sum_{k=1}^{\infty} [f_{n_{k+1}}(P) - f_{n_k}(P)]$$

也殆遍收敛,但此级数的前 p 项之和正是 $f_{n_p}(P)$,所以序列

$$f_{n_1}(P), f_{n_2}(P), f_{n_3}(P), \cdots$$

在 $\mathscr{E}$ 上殆遍收敛于某一函数 $f(P)$,并且后者的值是有穷的. 我们证明 $f(P) \in L_2$,并且 $f_n(P)$ 依中值收敛于 $f(P)$. 既然序列 $f_n(P)$ 是自收敛的,对于任意预给的正数 ε 存在一个数 N,使当 n_k 及 $n > N$ 时

$$\int_{\mathscr{E}} [f_{n_k}(P) - f_n(P)]^2 G(\mathrm{d}\mathscr{E}) \leqslant \varepsilon$$

使 n_k 无限增加,并引用 55 小节中定理 4,可得

$$\int_{\mathscr{E}} [f(P) - f_n(P)]^2 G(\mathrm{d}\mathscr{E}) \leqslant \varepsilon \quad \text{当 } n > N \text{ 时成立} \tag{72}$$

由此可知差 $f(P) - f_n(P) \in L_2$. 但 $f_n(P)$ 是属于 L_2 的. 取 $f_n(P)$ 与 $f(P) - f_n(P)$ 之和,依定理 2 可知 $f(P) \in L_2$. 不等式(72)说明 $f_n(P)$ 依中值趋向于 $f(P)$. 由上面两定理可得下面结论:序列 $f_n(P)$ 自收敛是这序列依中值收敛于某一函数的必要且充分的条件.

注意:依中值的收敛也可以不对其绝对值平方定义,而对其一次幂定义.就是说,如果 $f_n(P)(n=1,2,\cdots)$ 是在 $\mathscr{E}$ 上可和函数的序列,而存在一个可和函数 $f(P)$ 并满足

$$\lim_{n\to\infty}\int_{\mathscr{E}}|f(P)-f_n(P)|G(\mathrm{d}\mathscr{E})=0$$

的必要且充分的条件是:对于任意预定的正数 ε,必存在一数 N,使当 n 与 m 都大于 N 时

$$\int_{\mathscr{E}}|f_n-f_m|G(\mathrm{d}\mathscr{E})\leqslant\varepsilon$$

这结论之证明与前边的相似.

58. 希尔伯特函数空间

函数族 L_2 与我们在 15 小节中所论的族 C 一样,也是函数空间. 这空间中的元是在 $\mathscr{E}$ 上平方可和的实值函数. 相抵的函数看作这空间中的同一元. 这些元的加法与用实数乘两运算都是确定的,并满足通常初等代数中的定律. 元 $f(P)$ 的范数(矢量之长) 是依下式定义的非负数

$$\|f(P)\|=\sqrt{\int_{\mathscr{E}}f^2G(\mathrm{d}\mathscr{E})} \tag{73}$$

收敛性定义作依中值收敛. 再介绍两元 $f(P)$ 与 $g(P)$ 的数积. 它由下面等式定义

$$(f,g)=\int_{\mathscr{E}}fgG(\mathrm{d}\mathscr{E}) \tag{74}$$

而显然下面公式成立

$$\|f\|=\sqrt{(f,f)} \tag{75}$$

两元 f 与 g 间的距离由下面公式定义

$$\rho(f,g)=\sqrt{\int_{\mathscr{E}}(f-g)^2G(\mathrm{d}\mathscr{E})}=\sqrt{(f-g,f-g)} \tag{76}$$

设有三元 f,g,h. 写出等式 $f-h=(f-g)+(g-h)$ 并应用(69). 如此依定义(74)可得所谓的三角形法则

$$\rho(f,h)\leqslant\rho(f,g)+\rho(g,h) \tag{77}$$

所谓空间中的零或零元是指 $\mathscr{E}$ 上恒等于零的函数,或与零相抵的函数. 零元的范数等于零,而依 50 小节中的性质 4 任意其他元的范数是正的. 距离满足 $\rho(f,g)\geqslant 0$,而其中等式成立的充分必要条件是 f 与 g 两元相重合,就是说函数 f 与 g 相抵. 距离与数积都是对称的,就是说 $\rho(f,g)=\rho(g,f)$,而 $(g,f)=(f,g)$. 在这函数空间中元的序列有极限的必要且充分的条件是它自收敛,就是说对于任意预定的正数 ε 必存在一数 N,使当 n 与 $m>N$ 时 $\|f_m-f_n\|<\varepsilon$. 这一性质通常叫作空间 L_2 的完备性.

与上述完全一样,也可以做出复函数(54)的函数空间 L_2. 如此的函数 $f(P)$ 属于 L_2,是指 $f_1(P)$ 与 $f_2(P)$ 都属于 L_2. 如此则绝对值平方 $|f(P)|^2$ 是可和函数. 定理1与2依然成立. 不等式(67)与(69)改换成

$$\begin{cases} \left|\int_{\mathcal{E}} fg G(\mathrm{d}\mathcal{E})\right|^2 \leqslant \int_{\mathcal{E}} |f|^2 G(\mathrm{d}\mathcal{E}) \cdot \int_{\mathcal{E}} |g|^2 G(\mathrm{d}\mathcal{E}) \\ \sqrt{\int_{\mathcal{E}} |f+g|^2 G(\mathrm{d}\mathcal{E})} \leqslant \sqrt{\int_{\mathcal{E}} |f|^2 G(\mathrm{d}\mathcal{E})} + \sqrt{\int_{\mathcal{E}} |g|^2 G(\mathrm{d}\mathcal{E})} \end{cases} \quad (78)$$

在定义依中值收敛与自收敛时差平方 $(f-f_n)^2$ 与 $(f_n-f_m)^2$ 必须换成差的绝对值的平方 $|f-f_n|^2$ 及 $|f_n-f_m|^2$. 57小节中的定理3与4依然有效. 而在作函数空间时不但可用实数乘函数还可用复数来乘. 元的范数由下面公式定义

$$\|f\| = \sqrt{\int_{\mathcal{E}} |f|^2 G(\mathrm{d}\mathcal{E})} \quad (79)$$

而数积由下面公式定义

$$(f,g) = \int_{\mathcal{E}} f\bar{g} G(\mathrm{d}\mathcal{E}) \quad (80)$$

其中 $\bar{\alpha}$ 表示与复数 α 共轭的复数. 公式(77)依然成立. 两元间的距离由公式(76)定义,只需把 $(f-g)^2$ 换成 $|f-g|^2$,并且距离与在实空间中的性质一样. 关于数积,公式 $(g,f) = \overline{(f,g)}$ 成立. 上述复函数空间中的性质可以由下一事实直接推出: 即 $f_1(P)$ 与 $f_2(P)$ 都属于实空间 L_2 中. 函数空间 L_2 常叫作希尔伯特函数空间.

注意一个特殊情形. 设函数 $G(\mathcal{E})$ 与集中于点 $P_1, P_2, \cdots, P_m$ 的质量相应, 而这些质量各等于1. 如此则在这些点取有穷数值的任意函数 $f(P)$ 在任意一个包含这些点的集合 $\mathcal{E}$ 上的勒贝格－斯蒂尔切斯积分等于下面的有穷和

$$\int_{\mathcal{E}} f(P) G(\mathrm{d}\mathcal{E}) = \sum_{k=1}^{m} f(P_k)$$

如果把任意函数 $f(P)$ 在 $P_k (k=1,\cdots,m)$ 点所取的值看作一个 m 维矢量的分量,那么得一 m 维空间 R_m. 其理论我们在第三卷已讲过(见[Ⅲ;25]). 上面定义的和,以数相乘,范数,数积等与在与以往所定义者相符.

59. 正交函数组

正交函数组的理论与函数空间 L_2 直接联系. 在前一卷已经讲过[Ⅳ;38, 80]. 现在加以补充,并引入勒贝格－斯蒂尔切斯与勒贝格积分的观念. 首先论实函数.

定义 设 $\mathcal{E}$ 是可测集合,其测度有穷. 所谓定义于 $\mathcal{E}$ 上并属于 L_2 的函数

$$\varphi_1(P), \varphi_2(P), \cdots \quad (81)$$

组成一规格化正交组,是指下面条件满足

$$当 \begin{cases} k \neq l \text{ 时} \\ k = l \text{ 时} \end{cases}, \int_{\mathcal{E}} \varphi_k(P) \varphi_l(P) G(\mathrm{d}\mathcal{E}) = \begin{cases} 0 \\ 1 \end{cases} \quad (82)$$

如果 $f(P)$ 是 L_2 中的函数，可以作它对于组(81)的傅里叶系数如下
$$a_n = \int_{\mathscr{E}} f(P)\varphi_n(P)G(\mathrm{d}\mathscr{E}) \tag{83}$$
而所谓它的傅里叶级数是指
$$\sum_{n=1}^{\infty} a_n \varphi_n(P) \tag{84}$$
关于这级数的收敛与否我们尚无所知，但可作这级数的部分和
$$S_n(f) = \sum_{k=1}^{n} a_k \varphi_k(P) \tag{85}$$
如果在
$$\int_{\mathscr{E}} \left[f(P) - \sum_{k=1}^{n} b_k \varphi_k(P) \right]^2 G(\mathrm{d}\mathscr{E}) \tag{86}$$
式中取系数 b_k 各等于傅里叶系数 a_k，则这式取最小值。此时式(86)取得下面的简单形式
$$\int_{\mathscr{E}} [f(P) - S_n(f)]^2 G(\mathrm{d}\mathscr{E}) = \int_{\mathscr{E}} f^2(P) G(\mathrm{d}\mathscr{E}) - \sum_{k=1}^{n} a_k^2 \tag{87}$$
由此可得贝色勒不等式
$$\sum_{k=1}^{\infty} a_k^2 \leqslant \int_{\mathscr{E}} f^2(P) G(\mathrm{d}\mathscr{E}) \tag{88}$$
而在这不等式左边的级数必收敛。如果式(88)成为等式，那么所得的公式
$$\int_{\mathscr{E}} f^2(P) G(\mathrm{d}\mathscr{E}) = \sum_{k=1}^{\infty} a_k^2 \tag{89}$$
叫作封闭性方程。依(87)封闭性方程与下面性质同效：即傅里叶级数的部分和 $S_n(f)$ 依中值收敛于函数 $f(P)$。现在证明下面的基本定理。

定理 1（栗斯－费舍）　如果 c_n 是任意预定的实数列，其平方组成一收敛级数
$$\sum_{n=1}^{\infty} c_n^2 < +\infty \tag{90}$$
那么在 L_2 中存在着唯一的函数，这函数相对于组(81)所取的傅里叶系数恰是 c_n，而封闭性方程(89)成立。

作函数
$$S_n(P) = \sum_{k=1}^{n} c_k \varphi_k(P) \tag{91}$$
既然组(81)是正交且规格化的，那么
$$\int_{\mathscr{E}} [S_q(P) - S_p(P)]^2 G(\mathrm{d}\mathscr{E}) = c_{p+1}^2 + c_{p+2}^2 + \cdots + c_q^2 \quad (q > p)$$
而由级数(90)的收敛，上式右边当无限地增大 p 时趋向于零，就是说 L_2 中的函

数序列(91)自收敛.所以必存在一个属于 L_2 的函数 $f(P)$,$S_n(P)$ 依中值收敛于 $f(P)$

$$\lim_{n\to\infty}\int_{\varepsilon}[f(p)-S_n(P)]^2G(\mathrm{d}\mathcal{E})=0 \tag{92}$$

现在证明 c_k 正是这函数的傅里叶系数 a_k.注意(83)及组(81)的规格化正交性,可知

$$\int_{\varepsilon}[f(P)-S_n(P)]^2G(\mathrm{d}\mathcal{E})$$
$$=\left[\int_{\varepsilon}f^2(P)G(\mathrm{d}\mathcal{E})-\sum_{k=1}^{n}a_k^2\right]+\sum_{k=1}^{n}(c_k-a_k)^2 \tag{93}$$

在右边方括号中的差依贝色勒不等式是非负的.右边的其他项也是非负的.当 $n\to\infty$ 时左边趋向于零,所以右边也必然如此.由此直接可知,每个非负项 $(c_k-a_k)^2$ 必等于零,就是说 $c_k=a_k$,这正是我们所要证的.如此函数(91)正是函数 $f(P)$ 的傅里叶级数的部分和,而依(92)直接可知对于 $f(P)$ 封闭性公式成立.剩下的只是要证明具有所述性质的函数 $f(P)$ 是唯一的.如果除 $f(P)$ 以外还有函数 $g(P)$ 也具有所要求的性质,那么(85)将同时是 $f(P)$ 和 $g(P)$ 的傅里叶级数的部分和.依条件封闭性方程对 $f(P)$ 及 $g(P)$ 都成立,就是说序列 $S_n(P)$ 依中值既收敛于 $f(P)$ 也收敛于 $g(P)$.由 L_2 中极限的唯一性可知 $f(P)$ 与 $g(P)$ 相低,就是说它们在 L_2 中表同一元,而定理证明完了.现在介绍封闭组的定义.

定义 1 规格化正交组(81)叫作封闭的,是指对于凡属于 L_2 的函数 $f(P)$,封闭性方程(89)成立.

证明定理 1 时并没有假设组(81)是封闭的.如果组(81)是封闭的,就无须证明那函数 $f(P)$ 满足封闭性方程,因为依封闭组的定义此时(89)对于凡属于 L_2 函数都成立.因此对于封闭组定理 1 可陈述如下:

定理 1′ 如果组(81)是封闭的,而 c_n 是任意预定的实数序列,并且级数(90)收敛,那么在 L_2 中必存在唯一的函数,使其傅里叶系数恰是 c_n.

除封闭组概念之外,还要引入完备组的概念.

定义 2 组(81)叫作完备的,是指在 L_2 中除零元以外(即与零相抵者以外)不存在与一切 $\varphi_k(P)$ 正交的函数.

现在证明完备组的必要且充分的条件是它是封闭组.

证必要性时用归谬证法.设函数组(81)是完备的,而不是封闭的,就是说存在一个属于 L_2 的函数 $h(P)$,其傅里叶系数是 a_k,而

$$\int_{\varepsilon}h^2(P)G(\mathrm{d}\mathcal{E})>\sum_{k=1}^{\infty}a_k^2 \tag{94}$$

另一方面,依定理 1,在 L_2 中存在一函数 $f(P)$,其傅里叶系数是 a_k,而封闭性公

式(89)对于 f 成立.把这式与(94)比较可得
$$\int_{\mathscr{E}} h^2(P)G(\mathrm{d}\mathscr{E}) > \int_{\mathscr{E}} f^2(P)G(\mathrm{d}\mathscr{E}) \tag{95}$$
但差 $f(P)-h(P)$ 的一切傅里叶系数都等于零,就是说它与一切 $p_k(P)$ 正交,而由于(81)是完备组,这一差必与零相抵,就是说 $h(P)$ 与 $f(P)$ 相抵,但这与(95)相冲突,于是必要性证明了.再证明其充分性.就是说设(81)是封闭组,而证明它是完备组,就是要证明,如果某函数 $f(P)$ 的一切傅里叶系数等于零,那么这函数必与零相抵.既然组(81)是封闭的,函数 $f(P)$ 必满足封闭性方程(89),而既然 $f(P)$ 的一切傅里叶系数等于零,必然
$$\int_{\mathscr{E}} f^2(P)G(\mathrm{d}\mathscr{E}) = 0$$
由此,依52小节中的性质8,可知 $f(P)$ 与零相抵.

注意对于 L_2 中的任意函数组 $\psi_n(P)$,我们可以使用正交化法(见[IV;38]).

上面所说的一切可以直接推广到 L_2 中的复函数上来.组(81)的规格化与正交性可以表示成下面等式
$$\int_{\mathscr{E}} \varphi_k(P)\overline{\varphi_l(P)}G(\mathrm{d}\mathscr{E}) = \begin{cases} 0 & \text{如果 } k \neq 1 \\ 1 & \text{如果 } k = 1 \end{cases} \tag{96}$$
而傅里叶系数由下面公式定义
$$a_n = \int_{\mathscr{E}} f(P)\overline{\varphi_n(P)}G(\mathrm{d}\mathscr{E}) \tag{97}$$
在其他公式中到处要把函数及数的平方换成绝对值的平方.例如,封闭性方程可以写成下列形式:
$$\int_{\mathscr{E}} |f(P)|^2 G(\mathrm{d}\mathscr{E}) = \sum_{k=1}^{\infty} |a_k|^2 \tag{98}$$
上面讲过的定理仍有效,但需把级数(90)换成由数 $|c_n|^2$ 组成的级数.

现在讨论所谓广义的封闭性方程.令 a_n 及 b_n 各表示函数 $f(P)$ 及 $g(P)$ 的傅里叶系数,而组(81)是封闭的.函数 $f(P)+g(P)$ 的傅里叶系数是 a_n+b_n,而函数 $f(P)+\mathrm{i}g(P)$ 的傅里叶系数是 $a_n+\mathrm{i}b_n$.对于它们封闭性方和取得下面的形式
$$\int_{\mathscr{E}} |f+g|^2 G(\mathrm{d}\mathscr{E}) = \sum_{n=1}^{\infty} |a_n+b_n|^2$$
$$\int_{\mathscr{E}} |f+\mathrm{i}g|^2 G(\mathrm{d}\mathscr{E}) = \sum_{n=1}^{\infty} |a_n+\mathrm{i}b_n|^2$$
就是说
$$\int_{\mathscr{E}} [|f|^2+|g|^2+(\overline{f}g+f\overline{g})]G(\mathrm{d}\mathscr{E})$$

$$= \sum_{n=1}^{\infty} [\,|a_n|^2 + |b_n|^2 + (\overline{a_n}b_n + a_n\overline{b_n})]$$

$$\int_{\mathscr{E}} [\,|f|^2 + |g|^2 + \mathrm{i}(\overline{f}g - f\overline{g})]G(\mathrm{d}\mathscr{E})$$

$$= \sum_{n=1}^{\infty} [\,|a_n|^2 + |b_n|^2 + \mathrm{i}(\overline{a_n}b_n - a_n\overline{b_n})]$$

使用关于 f 与 g 的封闭性方程,把第二个等式乘以 i,再把它加到第一个等式上去,可得广义封闭性方程

$$\int_{\mathscr{E}} f\overline{g} G(\mathrm{d}\mathscr{E}) = \sum_{n=1}^{\infty} a_n \overline{b_n} \tag{99}$$

在实函数的情形中广义封闭性方程取得下面形式

$$\int_{\mathscr{E}} fg G(\mathrm{d}\mathscr{E}) = \sum_{n=1}^{\infty} a_n b_n \tag{100}$$

由广义封闭性方程直接可知可以把 L_2 中任意函数 $f(P)$ 的傅里叶级数在 $\mathscr{E}$ 上逐项积分,或在 $\mathscr{E}$ 的任意可测部分 $\mathscr{E}'$ 上逐项积分,就是说,如果 $a_k(k=1,2,\cdots)$ 是 $f(P)$ 的傅里叶系数,那么

$$\int_{\mathscr{E}'} f(P) G(\mathrm{d}\mathscr{E}) = \sum_{k=1}^{\infty} a_k \int_{\mathscr{E}'} \varphi_k(P) G(\mathrm{d}\mathscr{E}) \tag{101}$$

再证明空间 L_2 的一性质,而由这性质可知在 L_2 中存在一个封闭的规格化正交组.这性质通常叫作可分性,叙述如下:L_2 中存在可数多个元 $\psi_k(P)(k=1,2,\cdots)$,这些元所组成的集合在 L_2 中处处稠密;就是说,对于 L_2 中的任意元 $f(P)$ 与任意预定的正数 ε 必存在一个属于上述集合中的元 $\psi_m(P)$,这元满足 $\|f(P) - \psi_m(P)\| \leqslant \varepsilon$.在下面的一节中,将证明 L_2 的可分性.现在证明,由可分性可以证明有封闭的规格化正交组存在.应用正交化方法于 $\psi_k(P)$ 上,可得某一规格化正交组 $\varphi_k(P)(k=1,2,\cdots)$.现在证明它是封闭的.依上面所说的,对于 L_2 中的任意 $f(P)$,与任意预定的正数 ε,必存在一个 $\psi_m(P)$,满足 $\|f - \psi_m\| \leqslant \varepsilon$.但 $\psi_m(P)$ 依正交化方法是诸函数 $\varphi_k(P)$ 的某一有穷线性组合式,就是说 $\psi_m(P) = c_1\varphi_1(P) + c_2\varphi_2(P) + \cdots + c_l\varphi_l(P)$,而如此则

$$\|f - \psi_m\|^2 = \int_{\mathscr{E}} [f(P) - \sum_{k=1}^{l} c_k \varphi_k(P)]^2 G(\mathrm{d}\mathscr{E}) \leqslant \varepsilon^2$$

如果把 c_k 换成 $f(P)$ 对于组 $\varphi_k(P)$ 的傅里叶级数,那么上面不等式更成立

$$\int_{\mathscr{E}} [f(P) - S_l(f)]^2 G(\mathrm{d}\mathscr{E}) \leqslant \varepsilon^2$$

而 $S_l(f)$ 表示函数 $f(P)$ 的傅里叶级数的部分和.既然 ε 是任意的,依这不等式可知组 $\varphi_k(P)$ 是封闭的.

再注意,如果 $G(\mathscr{E})$ 和集中于点 $P_1, P_2, \cdots, P_m$ 处的质量相当,那么封闭组只包含 m 个元.这情形不足注意,因为它可归结到有穷维空间 R_m 去.

60. 空间 l_2

与 L_2 空间同时可以考察无穷序列空间 l_2, 这与 L_2 有密切的联系, 而且我们将考察复数的情形. 所谓 l_2 中的元是指复数的无穷序列 $x(x_1, x_2, \cdots)$, 而级数 $\sum_{n=1}^{\infty} |x_n|^2$ 是收敛的. 元与复数相乘及元与元的加法都定义如常. 元 cx 的坐标是 $(cx_1, cx_2, \cdots)$, 而如 x 与 y 的坐标各是 x_n 与 y_n, 则其和的坐标是 $x_n + y_n$. 后者确实属于 l_2, 因为由 $|x_n|^2$ 及 $|y_n|^2$ 所成的级数既是收敛的, 而且 $|x_n + y_n|^2 \leqslant 2(|x_n|^2 + |y_n|^2)$, 所以 $\sum_{n=1}^{\infty} |x_n + y_n|^2$ 收敛. 元 x 的范数由下面公式定义

$$\|x\| = \sqrt{\sum_{n=1}^{\infty} |x_n|^2} \tag{102}$$

而元 x 与 y 的数积由下面公式定义

$$(x, y) = \sum_{n=1}^{\infty} x_n \bar{y}_n \tag{103}$$

右边的级数绝对收敛, 因为 $|x_n \bar{y}_n| \leqslant \frac{1}{2}(|x_n|^2 + |y_n|^2)$. 于是

$$\|x\|^2 = (x, x) \tag{104}$$

元 x 与 y 间的距离由下面公式定义

$$\rho(x, y) = \sqrt{(x-y, x-y)} = \|x - y\| = \sqrt{\sum_{n=1}^{\infty} |x_n - y_n|^2} \tag{105}$$

与不等式 (67) 及 (69) 完全相类的有不等式

$$\left|\sum_{n=1}^{\infty} x_n \bar{y}_n\right|^2 \leqslant \sum_{n=1}^{\infty} |x_n|^2 \cdot \sum_{n=1}^{\infty} |y_n|^2 \tag{106}$$

$$\sqrt{\sum_{n=1}^{\infty} |x_n + y_n|^2} \leqslant \sqrt{\sum_{n=1}^{\infty} |x_n|^2} + \sqrt{\sum_{n=1}^{\infty} |y_n|^2} \tag{107}$$

其证法也与不等式 (67) 与 (69) 相同. 注意不等式 (106) 可以表示成下列形式

$$|(x, y)|^2 \leqslant \|x\|^2 \cdot \|y\|^2 \tag{108}$$

关于距离, 依 (107) 可知三角形法则成立. 空间中的零元是坐标都是零的元. 我们说元序列 $x^{(n)}$ 趋向于元 x, 是指 $\|x - x^{(n)}\| \to 0$. 设 $x_k^{(n)}$ 是 $x^{(n)}$ 的坐标, 而 x_k 是 x 的坐标. 那么 $x^{(n)}$ 趋向于 x 与下面的关系同效

$$\|x - x^{(n)}\|^2 = \sum_{k=1}^{\infty} |x_k - x_k^{(n)}|^2 \to 0 \quad \text{当 } n \to \infty \text{ 时成立} \tag{109}$$

现在指出空间 L_2 及 l_2 间的关系. 取某一封闭的规格化正交组 (81). 对 L_2 中的任一函数 $f(P)$ 可以取一复数序列即其傅里叶系数 a_k 与之相应, 如此则

$\sum\limits_{k=1}^{\infty} |a_k|^2$ 收敛. 反之,对于凡满足后一条件之复数序列必有一属于 L_2 之函数与之相应,这由 59 小节的定理 1 可知. 如此借助一封闭的规格化正交组,可建立起 L_2 与 l_2 中元的一一对应来. 对 L_2 中的任一元有一 l_2 的元与它相应,反之也成立. 既然有穷个函数的线性组合式 $\sum\limits_{k=1}^{m} c_k f_k(P)$ 的傅里叶系数正是和中各项函数 $f_k(P)$ 的傅里叶系数的同样线性组合式,可知上述的一对一对应是分配的: 即是说,如果 L_2 中的元 $f_k(P)$ 与 l_2 的元 $x^{(k)}$ 各个相应,那么元 $\sum\limits_{k=1}^{m} c_k f_k(P)$ 与元 $\sum\limits_{k=1}^{m} c_k x^{(k)}$ 相应. 由于广义封闭性方程(99),可知依上面的对应关系 L_2 与 l_2 中相应元的数积也正好相应. 由封闭性方程(98)可知相应元的范数也相应. 如此由于上述对应关系空间 L_2 与 l_2 几何上是全等的. 它们只是同一抽象空间的不同表现而已. 以后我们将研究这抽象空间的性质,以及其中的运算子,并用一组公理来规定这个空间. 再注意一下空间 l_2 中自收敛的概念. 我们说,元序列 $x^{(n)}$ 在 l_2 中自收敛,是指对于任意预定的正数 ε,必存在一数 N,使当 m 与 $n \geqslant N$ 时 $\|x^{(n)} - x^{(m)}\| \leqslant \varepsilon$. 注意上面所说 L_2 及 l_2 间的对应关系及 57 小节的定理 7 及 8,我们可以作结论: 序列 $x^{(n)}$ 在 l_2 中有极限的必要与充分的条件是它自收敛. 极限只可能有一个.

考察 l_2 中只有有穷个异于零的坐标的一切元,取其异于零的坐标都是有理复数的,就是说可以表示成 $a+bi$ 的形式,而 a 与 b 是有理实数. 把这些元的集合叫作 K. 既然有理数的集合是可数的,可知元集合 K 是可数集合. 我们证明这集合在 l_2 中到处稠密. 令 $x(x_1, x_2, \cdots)$ 是 l_2 是某元,而 $z(c_1, c_2, \cdots, c_n, 0, 0, \cdots)$ 是上述集合 K 中的元. 那么

$$\|x - z\|^2 = \sum_{k=1}^{n} |x_k - c_k|^2 + \sum_{k=n+1}^{\infty} |x_k|^2 \tag{110}$$

设 ε 是预定的正数. 级数 $\sum\limits_{k=1}^{\infty} |x_k|^2$ 既然是收敛的,可以固定 $n = n_0$,使

$$\sum_{k=n_0+1}^{\infty} |x_k|^2 \leqslant \frac{1}{2}\varepsilon^2$$

在有穷和

$$\sum_{k=1}^{n_0} |x_k - c_k|^2$$

中,可以取有理数 c_k 足够接近 x_k,使这和小于等于 $\frac{1}{2}\varepsilon^2$. 如此则由(110), $\|x - z\|^2 \leqslant \varepsilon^2$,就是说 $\|x - z\| \leqslant \varepsilon$. 这证明了上面那可数集合 K 在 l_2 中处处稠

密.如此可知空间 l_2 是可分的.这空间中的元
$$e_1(1,0,0,\cdots),e_2(0,1,0,0,\cdots),e_2(0,0,1,0,\cdots),\cdots$$
组成一个封闭的规格化正交组.

61. L_2 中的线性簇

我们再介绍几个与 L_2 有关的新概念.为简单起见可设 L_2 中的函数是单变数的且定义于某有穷区间 $[a,b]$ 上,而积分是依勒贝格的意义的.

定义 集合叫作线性簇,是指它满足下列条件:如果元 $f_k(x)(k=1,2,\cdots,m)$ 属于 L_2,那么它们的任意线性组合式 $c_1f_1(x)+c_2f_2(x)+\cdots+c_mf_m(x)$ 也属于 L_2.举几个线性簇的例子.令 M 是在 $[a,b]$ 上有界函数所组成的族,就是说对于 M 中任意函数 $f(x)$,存在一正数 L_f,满足 $|f(x)|\leqslant L_f$.族 M 显然组成一线性簇.同理在 $[a,b]$ 上的连续函数族与多项式族也都组成线性簇.

定理 1 连续函数的线性簇在 L_2 中是处处稠密的.需要证明,对于任意属于 L_2 中的元 $f(x)$ 与任意预定的正数 ε,必存在 $[a,b]$ 上的一个连续函数 $\varphi(x)$,使

$$\|f-\varphi\|^2=\int_a^b(f-\varphi)^2\mathrm{d}x\leqslant\varepsilon^2 \tag{111}$$

我们可以写 $f(x)=f^+(x)-f^-(x)$,而 $f^+(x)$ 与 $f^-(x)$ 是 $f(x)$ 的正负部分.函数 $f^+(x)$ 与 $f^-(x)$ 也属于 L_2,而在 $[a,b]$ 上也是可和的,所以是只取有穷个数值的片段定值函数 $\omega_n^+(x)$ 及 $\omega_n^-(x)$ 序列的极限,而 $0\leqslant\omega_n^+(x)\leqslant f^+(x)+\frac{1}{2^n},0\leqslant\omega^-(x)\leqslant f^-+\frac{1}{2^n}$.应用第 55 小节中的定理 1,可知

$$\lim_{n\to\infty}\int_a^b(f^+-\omega_n^+)^2\mathrm{d}x=0,\quad \lim_{n\to\infty}\int_a^b(f^--\omega_n^-)^2\mathrm{d}x=0 \tag{112}$$

此外,依不等式 $(x_1+x_2)^2\leqslant 2(x_1^2+x_2^2)$,可知

$$[f-(\omega_n^+-\omega_n^-)]^2\leqslant 2(f^+-\omega_n^+)^2+2(f^--\omega_n^-)^2$$

而 $\omega_n=\omega_n^+-\omega_n^-$ 是只取有穷个数值的片段定值函数,于是依(112)可以固定 n 的值,使 $\|f-\omega_n\|\leqslant\varepsilon_0$,而 ε_0 是任意预定的正数.因为 $\|f-\varphi\|\leqslant\|f-\omega_n\|+\|\omega_n-\varphi\|$,为了证明(111)只需证明有连续函数 $\varphi(x)$ 存在,使 $\|\omega-\varphi\|\leqslant\varepsilon$,其中 ω 是只取有穷个值的函数.如此的函数可以表示成下列形式

$$\omega(x)=\sum_{k=1}^m c_k\omega_{\mathscr{E}_k}(x)$$

而 $\omega_{\mathscr{E}_k}(x)$ 是 $[a,b]$ 中集合 $\mathscr{E}_k$ 的特征函数.如果 $\varphi_k(x)(k=1,2,\cdots,m)$ 是某一连续函数,而 $\varphi(x)=c_1\varphi_1(x)+c_2\varphi_2(x)+\cdots+c_m\varphi_m(x)$,那么

$$\|\omega-\varphi\|\leqslant\sum_{k=1}^m|c_k|\cdot\|\omega_{\mathscr{E}_k}-\varphi_k\|$$

所以定理的证明变成下面断语的证明:对于 $[a,b]$ 中的任意可测集合 $\mathscr{E}$ 的特征

函数 $\omega_{\mathscr{E}}(x)$，及任意预定的正数 ε，必存在某一连续函数 $\varphi(x)$，使 $\|\omega-\varphi\| \leqslant \varepsilon$. 我们知道，存在一个闭集合 F，属于 $\mathscr{E}$，并且 $m(\mathscr{E}-F) \leqslant \varepsilon_0^2$，而 ε_0 是任意预定的正数. 如此

$$\|\omega_{\mathscr{E}}-\omega_F\|^2 = \int_a^b [\omega_{\mathscr{E}}(x)-\omega_F(x)]^2 \mathrm{d}x = \int_{\mathscr{E}-F} \mathrm{d}x = m(\mathscr{E}-F) \leqslant \varepsilon_0^2$$

而由于不等式 $\|\omega_{\mathscr{E}}-\varphi\| \leqslant \|\omega_{\mathscr{E}}-\omega_F\| + \|\omega_F-\varphi\|$，所以只需对于闭集合的特征函数而证明上述的结论. 用 $r(x)$ 表示点 x 到闭集合 F 的距离，而 F 属于 $[a,b]$. 对于任意 h，可得 $r(x+h) \leqslant r(x)+|h|$，而 $r(x)$ 是连续函数. 此外，既然 F 是闭的，$r(x)=0$ 的充分必要条件是 $x \in F$. 不难看出，$\omega_F(x)$ 是连续函数的不增序列的极限

$$\omega_F(x) = \lim_{n \to \infty} \frac{1}{1+nr(x)}$$

为简单起见，令 $\varphi_n(x) = \dfrac{1}{1+nr(x)}$. 依 55 小节的性质 15，当 $n \to \infty$ 时 $\|\omega_F-\varphi_n\| \to 0$，所以对于任意预定的正数 ε 可求得一 n 值，使 $\|\omega_F-\varphi_n\| \leqslant \varepsilon$，而 $\varphi_n(x)$ 是连续函数，于是定理证明了. 现在陈述这定理的几个系.

系 1 如果函数 $\varphi(x)$ 是 $[a,b]$ 上任意的连续函数，那么可以作一多项式 $p(x)$，使在 $[a,b]$ 上 $|\varphi(x)-p(x)| \leqslant \varepsilon_0$，而 ε_0 是任意预定的正数. 如此

$$\|\varphi-p\|^2 = \int_a^b [\varphi(x)-p(x)]^2 \mathrm{d}x \leqslant \varepsilon_0^2(b-a)$$

注意 $\|f-p\| \leqslant \|f-\varphi\| + \|\varphi-p\|$，并且 ε 是任意数，可知多项式的线性簇在区间 $[a,b]$ 上的 L_2 中是处处稠密的.

系 2 设 $\varphi(x)$ 在 $[a,b]$ 上是连续的，而 ε_0 是预定的正数. 依 $\varphi(x)$ 的一致连续性，可以把 $[a,b]$ 分成有穷个区间 $\Delta_1, \Delta_2, \cdots, \Delta_m$，并固定数 $a_k(k=1, 2, \cdots, m)$，使 $|\varphi(x)-a_k| \leqslant \varepsilon_0^2$ 当 $x \in \Delta_k$ 时成立. 现在在区间 $[a,b]$ 上定义函数 $\pi(x)$ 如下：如果 $x \in \Delta_k$，则 $\pi(x)=a_k$. 在区间内的分点处，可以令 $\pi(x)$ 等于与以此为左端的区间相应的数 a_k. 依如此定义的 $\pi(x)$，可知

$$\begin{aligned}\|\varphi-\pi\|^2 &= \sum_{k=1}^m \int_{\Delta_k} [\varphi(x)-\pi(x)]^2 \mathrm{d}x \\ &\leqslant \sum_{k=1}^m \varepsilon_0^2 \int_{\Delta_k} \mathrm{d}x = \varepsilon_0^2(b-a)\end{aligned} \tag{113}$$

而与在上面的系中一样，可由此得出结论，上述类型的函数 $\pi(x)$ 在 L_2 中处处稠密. 这种函数取有穷多值 $a_1, a_2, \cdots, a_m$，而且在每个区间上各取同一值.

系 3 既然有理数是处处稠密地分布在数直线之上，对于任意预定的正数 ε_0，可以将数 a_k 及构成区间 Δ_k 的各分点都取为有理数，以使不等式 (113) 能满足. 在 a_k 及构成区间 Δ_k 的分点都是有理数的限制之下，上述函数 $\pi(x)$ 也构成 L_2 中的处处稠密集合. 但不难看出，这类函数 $\pi(x)$ 共有可数无穷多. 事实上，

如果 $m=1$,函数 $\pi(x)$ 在 $[a,b]$ 上等于有理数 a_1.如此的函数组成可数集合.当 $m=2$ 时,在 $[a,b]$ 内部取一有理分点,而把 $[a,b]$ 分解成两个区间 Δ_1 与 Δ_2 共有可数无穷多方法.在这两个区间中的任一个上,$\pi(x)$ 等于某一有理数,而因可数多个可数集合仍是可数的,所以当 $m=2$ 时,上述那种类型的函数 $\pi(x)$ 构成可数集合.同样也可以证明 $m=3$ 的情形.如此全部 $\pi(x)$ 的集合是可数的,于是证明了,在 L_2 中存在一个处处稠密的可数集合.因此 L_2 是可分的.

为了证明某规格化正交组 $\varphi_k(x)(k=1,2,\cdots)$ 是封闭的,只需证明封闭性方程对于某一在 L_2 中处处稠密的函数集合成立,这就是说,下面定理成立:

定理 2 如果 K 是在 L_2 中处处稠密的一个集合,而封闭性方程对于凡 K 中的函数成立,那么这方程对于凡 L_2 中的函数也成立.

设 $f(P)$ 是 L_2 中某一元,而 ε 是预定的正数.既然 K 在 L_2 中是处处稠密的,可以从 K 中取出一函数 $\varphi(x)$,使 $\|f-\varphi\| \leqslant \varepsilon$.依条件,函数 $\varphi(x)$ 既然属于 K,必然满足封闭性方程,从而可以取函数 $\varphi(x)$ 对于组 $\varphi_k(x)$ 的傅里叶级数的一部分和 $s_n(\varphi)$,使 $\|\varphi-s_n(\varphi)\| \leqslant \varepsilon$.

由等式 $f-s_n(f)=(f-\varphi)+(\varphi-s_n(\varphi))+(s_n(\varphi)-s_n(f))$ 与三角形法则可得 $\|f-s_n(f)\| \leqslant 2\varepsilon+\|s_n(\varphi)-s_n(f)\|$.但 φ 与 f 两函数的傅里叶级数的 n 阶部分和之差正是函数 $\varphi-f$ 的傅里叶级数的 n 阶部分和,就是说,$s_n(\varphi)-s_n(f)=s_n(\varphi-f)$.此处,依贝色勒不等式,$\|s_n(\varphi-f)\| \leqslant \|\varphi-f\|$,所以 $\|f-s_n(f)\| \leqslant 2\varepsilon+\|f-\varphi\| \leqslant 3\varepsilon$,而因为 ε 是任意的,由此可知封闭性方程对于 $f(x)$ 也成立,于是定理证明了.由这定理与前面的系 1 可得结论:在有穷区间的情形,证明封闭性时,只需验明封闭性方程对于多项式成立就够了.

上面所论的一切都容易推广到平在上某一有穷区间上的 L_2 空间.只是在证明系 1 时,必须首先证明下面的别尔恩斯坦定理:即在任意有穷平面区间之上,任意连续函数 $f(x,y)$ 可以借 x 与 y 的多项式一致地逼近.

62. 封闭组的例

介绍几个在有穷区间 $[a,b]$ 上规格化正交封闭组的简单例.如果应用正交化法于 x 的非负整幂 $1,x,x^2,\cdots$ 上去,可得区间 $[a,b]$ 上的正交多项式 $p_k(x)$ 组 $(k=0,1,2,\cdots)$,而 $p_k(x)$ 的次数是 k.凡 n 次多项式 $p(x)$ 可以表示成线性组合式

$$p(x)=\sum_{k=0}^{n}c_k p_k(x) \tag{114}$$

为了明了这点,只需定义 c_n,使右边 x^n 的系数与 $p(x)$ 中 x^n 的系数相同.如此再取 c_{n-1},使 $c_{n-1}p_{n-1}(x)$ 的 x^{n-1} 项系数等于 $p(x)-c_n p_n(x)$ 的 x^{n-1} 项系数,如此类推.在公式(114)中系数 c_k 显然就是 $p(x)$ 对于 $p_k(x)$ 的傅里叶系数.由等

式(114)可知,在 $p_k(x)$ 为正交组的情形中,封闭性方程对于任意多项式 $p(x)$ 成立,由此可知,再由上节中的定理 2,正交多项式组是封闭的. 上面已看到,在区间 $[-l,l]$ 上,对于正交组

$$\sin\frac{n\pi x}{l} \quad (n=1,2,3,\cdots)$$
$$\cos\frac{n\pi x}{l} \quad (n=0,1,2,\cdots) \tag{115}$$

封闭性方程对于任意连续函数都满足,由此可知组(115)在 L_2 中也是封闭的. 同样在区间 $[0,l]$ 上正交函数组

$$\sin\frac{n\pi x}{l} \quad (n=1,2,\cdots)$$
$$\cos\frac{n\pi x}{l} \quad (n=0,1,2,\cdots)$$

是封闭的.

在边界值问题中的特征函数 $\varphi_k(x)$ 的情形 $(k=1,2,\cdots)$,凡具有连续的二阶导数并满足边界条件的函数依函数 $\varphi_k(x)$ 可以展开成一致收敛的傅里叶级数. 对于如此的函数封闭性方程自然成立. 改变函数在积分两限极近处小区间内的值,不难证明,即使不要求在端点的边界条件,封闭性方程仍是对于一切具有二阶连续导数的函数都成立. 封闭性方程自然对于一切多项式也满足,因此特征函数 $\varphi_k(x)$ 组是封闭的.

63. 赫勒德尔与闵可夫斯基不等式

与类 L_2 同时也常考察绝对值的 p 次幂 $|f(p)|^p$ 在 $\mathscr{E}$ 上可和的可测函数类 L_p(如果是复值函数,也是一样). 首先对于任意大于 1 的指数 p,介绍关于和与积分的与不等式(67)与(69)相似的不等式.

设 a 是某一正数. 在平面 XY 上考察曲线 $y=x^a$,并引与坐标轴

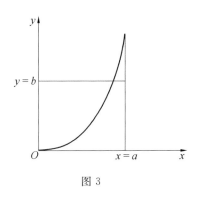

图 3

平行的直线 $x=a$ 与 $y=b$(见图 3). 这两直线与坐标轴及上面的曲线包围两个平面区域,其面积各是

$$S_1=\int_0^a x^a \mathrm{d}x = \frac{a^{1+a}}{1+a}, \quad S_2=\int_0^b y^{\frac{1}{a}}\mathrm{d}y = \frac{b^{1+\frac{1}{a}}}{1+\frac{1}{a}}$$

这些面积之和不小于具有边长 a 与 b 的矩形的面积 ab,就是说

$$ab \leqslant \frac{a^{1+\alpha}}{1+\alpha} + \frac{b^{1+\frac{1}{\alpha}}}{\frac{1+\alpha}{\alpha}}$$

令 $p=1+\alpha$ 及 $p'=1+\frac{1}{\alpha}$，可以把上面不等式变成

$$ab \leqslant \frac{a^p}{p} + \frac{b^{p'}}{p'} \tag{116}$$

而 p 与 p' 两数满足关系

$$\frac{1}{p} + \frac{1}{p'} = 1 \tag{117}$$

正数 α 既然是任意的，不等式(116)对于满足关系(117)的任意正数 p 与 p' 都成立。这两数显然都必须大于1. 如果 $p=2$，那么 $p'=2$，而不等式(116)变成显明的不等式 $2ab \leqslant a^2 + b^2$. 由图3可以看出，公式(116)中等号成立的充分必要条件是 $x=a$ 与 $y=b$ 两直线交点位于 $y=x^\alpha$ 的曲线上，就是说，$b=a^\alpha$，也就是 $b=a^{p-1}$. 设正数 a'_k 与 $b'_k (k=1,2,\cdots,n)$ 满足关系

$$\sum_{k=1}^{n} a'^{p}_{k} = 1, \quad \sum_{k=1}^{n} b'^{p'}_{k} = 1 \tag{118}$$

在(116)中令 $a=a'_k, b=b'_k$. 依 k 取和，并注意(117)与(118)，得

$$\sum_{k=1}^{n} a'_k b'_k \leqslant 1 \tag{119}$$

现在考察任意正数 a_k 及 b_k，并令

$$A = \left(\sum_{k=1}^{n} a^p_k\right)^{\frac{1}{p}}, \quad B = \left(\sum_{k=1}^{n} b^{p'}_k\right)^{\frac{1}{p'}} \tag{120}$$

数 $a'_k = \frac{a_k}{A}$ 与 $b'_k = \frac{b_k}{B}$ 显然满足关系(118)，所以它们满足不等式(119)，而在这情形中可以写成下列形式

$$\sum_{k=1}^{n} a_k b_k \leqslant AB$$

就是说

$$\sum_{k=1}^{n} a_k b_k \leqslant \left(\sum_{k=1}^{n} a^p_k\right)^{\frac{1}{p}} \cdot \left(\sum_{k=1}^{n} b^{p'}_k\right)^{\frac{1}{p'}} \tag{121}$$

取极限值，对于无穷和可得相似的不等式

$$\sum_{k=1}^{\infty} a_k b_k \leqslant \left(\sum_{k=1}^{\infty} a^p_k\right)^{\frac{1}{p}} \cdot \left(\sum_{k=1}^{\infty} b^{p'}_k\right)^{\frac{1}{p'}} \tag{122}$$

而右边的级数假设都是收敛的. 如此则左边的级数也收敛. 数 a_k 与 b_k 中也可能有几个是零. 对于复数，应用不等式

$$\left|\sum_k a_k b_k\right| \leqslant \sum_k |a_k| |b_k|$$

可以把上述不等式写成

$$\left|\sum_k a_k b_k\right| \leqslant \left(\sum_k |a_k|^p\right)^{\frac{1}{p}} \cdot \left(\sum_k |b_k|^{p'}\right)^{\frac{1}{p'}} \tag{123}$$

上边不等式通常叫作赫勒德尔关于和的不等式. 当 $p=p'=2$ 时, 它变成通常的 60 小节中的不等式(106). 对于积分也有完全相类的不等式成立. 设 $f(P) \in L_p, g(P) \in L_{p'}$. 依(116)可知

$$|f(P)g(P)| \leqslant \frac{|f(P)|^p}{p} + \frac{|g(P)|^{p'}}{p'}$$

右边依条件是可和的. 因此积 $f(P)g(P)$ 也是可和函数, 就是说, 如果 $f(P) \in L_p, g(P) \in L_{p'}$, 那么积 $f(P)g(P)$ 是可和函数(比较 56 小节中的定理 1). 对于这乘积, 与 56 小节中(67)相类的赫勒德尔不等式成立

$$\left|\int_\mathcal{E} fg \, dx \, dy\right| \leqslant \left(\int_\mathcal{E} |f|^p dx dy\right)^{\frac{1}{p}} \cdot \left(\int_\mathcal{E} |g|^{p'} dx dy\right)^{\frac{1}{p'}} \tag{124}$$

而只就勒贝格积分写出来. 这不等式通常是由不等式(122)借助极限值而得出. 设 δ'_n 与 δ''_n 是对于 $|f|$ 与 $|g|$ 的无限细分的勒贝格分割序列, 而 $\delta_n = \delta'_n \cdot \delta''_n$ 是两分割 δ'_n 与 δ''_n 之积. 令 $\mathcal{E}_k^{(n)}$ 是在分割 δ_n 中集合 $\mathcal{E}$ 的部分, 而 $m'_{k,n}$ 与 $m''_{k,n}$ 是 $|f|$ 与 $|g|$ 在 $\mathcal{E}_k^{(n)}$ 上所取值的上确界. 注意(117)可知

$$\sum_k m'_{k,n} m''_{k,n} m(\mathcal{E}_k^{(n)}) = \sum_k m'_{k,n} m^{\frac{1}{p}}(\mathcal{E}_k^{(n)}) \cdot m''_{k,n} m^{\frac{1}{p'}}(\mathcal{E}_k^{(n)})$$

现在把赫勒德尔不等式应用到数 $a_k = m'_{k,n} m^{\frac{1}{p}}(\mathcal{E}_k^{(n)})$ 及 $b_k = m''_{k,n} m^{\frac{1}{p'}}(\mathcal{E}_k^{(n)})$ 上去, 可得

$$\sum_k m'_{k,n} m''_{k,n} m(\mathcal{E}_k^{(n)}) \leqslant \left(\sum_k m'^p_{k,n} m(\mathcal{E}_k^{(n)})\right)^{\frac{1}{p}} \left(\sum_k m''^{p'}_{k,n} m(\mathcal{E}_k^{(n)})\right)^{\frac{1}{p'}} \tag{125}$$

用 $m_{k,n}$ 表示积 $|f| \cdot |g|$ 在 $\mathcal{E}_k^{(n)}$ 上所取值的上确界. 显然可得不等式 $m_{k,n} \leqslant m'_{k,n} m''_{k,n}$, 而由(125)得

$$\sum_k m_{k,n} m(\mathcal{E}_k^{(n)}) \leqslant \left(\sum_k m'^p_{k,n} m(\mathcal{E}_k^{(n)})\right)^{\frac{1}{p}} \cdot \left(\sum_k m''^{p'}_{k,n} m(\mathcal{E}_k^{(n)})\right)^{\frac{1}{p'}}$$

对于勒贝格分割序列取极限值, 可得

$$\int_\mathcal{E} |f||g| \, dx \, dy \leqslant \left(\int_\mathcal{E} |f|^p dx dy\right)^{\frac{1}{p}} \left(\int_\mathcal{E} |g|^{p'} dx dy\right)^{\frac{1}{p'}} \tag{126}$$

由此可得(124).

现在再证明与 56 小节中(69)相类的不等式. 首先考察和的情形. 令 a_k 与 b_k 是两正数序列. 把明显的等式

$$(a_k + b_k)^p = (a_k + b_k)^{p-1} a_k + (a_k + b_k)^{p-1} b_k$$

相加, 可得

$$\sum_k (a_k + b_k)^p = \sum_k (a_k + b_k)^{p-1} a_k + \sum_k (a_k + b_k)^{p-1} b_k$$

把赫勒德尔不等式应用到右边手上去, 可得不等式

$$\sum_k (a_k+b_k)^p \leqslant (\sum_k a_k^p)^{\frac{1}{p}} \cdot (\sum_k (a_k+b_k)^{(p-1)p'})^{\frac{1}{p'}} +$$
$$(\sum_k b_k^p)^{\frac{1}{p}} \cdot (\sum_k (a_k+b_k)^{(p-1)p'})^{\frac{1}{p'}}$$

但依(117), $p' = \dfrac{p}{p-1}$, 而上面不等式变成

$$\sum_k (a_k+b_k)^p \leqslant (\sum_k (a_k+b_k)^p)^{1-\frac{1}{p}} [(\sum_k a_k^p)^{\frac{1}{p}} + (\sum_k b_k^p)^{\frac{1}{p}}]$$

把上式两边用右边方括号前的因子除,可得闵可夫斯基对于和的不等式

$$(\sum_k (a_k+b_k)^p)^{\frac{1}{p}} \leqslant (\sum_k a_k^p)^{\frac{1}{p}} + (\sum_k b_k^p)^{\frac{1}{p}} \tag{127}$$

由这不等式,并利用 $|f+g| \leqslant |f|+|g|$, 与上面一样可得闵可夫斯基积分不等式

$$(\int_{\mathscr{E}} |f+g|^p \mathrm{d}x \mathrm{d}y)^{\frac{1}{p}} \leqslant (\int_{\mathscr{E}} |f|^p \mathrm{d}x \mathrm{d}y)^{\frac{1}{p}} + (\int_{\mathscr{E}} |g|^p \mathrm{d}x \mathrm{d}y)^{\frac{1}{p}} \tag{128}$$

在所得不等式(127)及(128)中,我们假设 $p > 1$. 当 $p = 1$ 时这两式是显然的,但当 $p < 1$ 时它们不成立.

应用上面的不等式,很容易证明关于函数族 $L_p(p > 1)$ 的一些性质,与以前关于 L_2 所讲的一样,并可设函数是复值的. 这里枚举一些性质. 如果 $f(P)$ 与 $g(P) \in L_p$, 而 c 是常数,那么 $cf(P)$ 与 $f(P) + g(P)$ 属于 L_p. 我们说序列 $f_n(P)$ 在 L_p 中依中值收敛于 L_p 中的 $f(P)$, 是指

$$\lim_{n \to \infty} \int_{\mathscr{E}} |f(P) - f_n(P)|^p m(\mathrm{d}\mathscr{E}) = 0$$

如果这关系成立,由序列 $f_n(P)$ 可以取出一个在 $\mathscr{E}$ 上殆遍收敛于 $f(P)$ 的部分序列. 我们说 L_p 中的函数序列 $f_n(P)$ 在 L_p 中自收敛,是指对于任意预定的正数 ε, 必存在一个数 N, 使当 n 与 $m > N$ 时

$$\int_{\mathscr{E}} |f_n - f_m|^p m(\mathrm{d}\mathscr{E}) \leqslant \varepsilon$$

L_p 中函数序列依中值收敛于 L_p 中某函数的充分必要条件是这序列在 L_p 中自收敛. 注意极限函数的确定可能不是唯一的,但它们相差的不过是与零相抵的函数,这点与在 L_2 中同. 在 L_p 中可以定义元的范数如下

$$\|f\| = (\int_{\mathscr{E}} |f|^p m(\mathrm{d}\mathscr{E}))^{\frac{1}{p}}$$

而两元之间的距离定义作

$$\rho(f, g) = (\int_{\mathscr{E}} |f-g|^p m(\mathrm{d}\mathscr{E}))^{\frac{1}{p}}$$

并且三角形法则成立. 但在 L_p 中不能与在 L_2 中一样地定义数积.

完全与 l_2 一样,我们也可以考察空间 l_p, 其中的元是满足 $\sum_k |x_n|^p < +\infty$

的复数序列$(x_1, x_2, \cdots)$. 当$p > 1$时, 可以证明l_p与l_2有一些相类似的性质, 与L_p及L_2间的关系相似.

64. 无穷测度集合上的积分

到此为止我们所考察的是在测度有穷的可测集合上的积分. 推广到测度无穷的集合上的方法, 本质上与定义无穷区间上的黎曼积分一样. 设在测度无穷的可测集合$\mathscr{E}$上有一个可测的非负函数$f(P)$. 考察集合的无穷涨序列

$$\mathscr{E}_1 \subset \mathscr{E}_2 \subset \mathscr{E}_3 \subset \cdots \tag{129}$$

其测度都是有穷的, 并且其极限集合是$\mathscr{E}$. 例如可以定义集合$\mathscr{E}_n$为集合$\mathscr{E}$与区间$\Delta_n(-n \leqslant x \leqslant +n, -n \leqslant y \leqslant +n)$的交. 对于有界集合, 下列积分存在

$$\int_{\mathscr{E}_n} f(P) G(\mathrm{d}\mathscr{E}) \tag{130}$$

而由于$f(P)$是非负的, 上面序列当n增加时是不减的. 单调序列(130)的极限叫作$f(P)$在$\mathscr{E}$上的积分

$$\int_{\mathscr{E}} f(P) G(\mathrm{d}\mathscr{E}) = \lim_{n \to \infty} \int_{\mathscr{E}_n} f(P) G(\mathrm{d}\mathscr{E}) \tag{131}$$

注意, 积分(130)可能等于$+\infty$. 如此则$f(P)$在$\mathscr{E}$上的积分也显然等于$+\infty$. 也可能一切积分(130)都是有穷的, 但在$\mathscr{E}$上的积分等于$+\infty$. 为了保证上述积分定义合法, 我们必须证明, 序列(130)的极限与单调的集合涨序列$\mathscr{E}_n$总有同一极限值.

用归谬法证明. 设除集合序列(129)之外, 另有测度有穷的集合涨序列$\mathscr{E}'_1 \subset \mathscr{E}'_2 \subset \mathscr{E}'_3 \cdots$, 其极限集合是$\mathscr{E}$, 并且设对于这两序列$\mathscr{E}_n$及$\mathscr{E}'_n$, 积分序列(130)具有不同的极限值

$$\lim_{n \to \infty} \int_{\mathscr{E}_n} f(P) G(\mathrm{d}\mathscr{E}) = a, \quad \lim_{n \to \infty} \int_{\mathscr{E}'_n} f(P) G(\mathrm{d}\mathscr{E}) = b > a \tag{132}$$

数a在任何情形下是有穷的, 而且

$$\int_{\mathscr{E}_n} f(P) G(\mathrm{d}\mathscr{E}) \leqslant a \quad (n = 1, 2, \cdots) \tag{133}$$

首先设数b是有穷的. 选择正数$c < b - a$, 可以固定正整数值m, 使

$$\int_{\mathscr{E}'_m} f(P) G(\mathrm{d}\mathscr{E}) > a + c \tag{134}$$

既然$f(P)$是非负的

$$\int_{\mathscr{E}'_m \mathscr{E}_n} f(P) G(\mathrm{d}\mathscr{E}) \leqslant a \tag{135}$$

考察集合$\mathscr{E}'_m \mathscr{E}_n$. 当$n$增大时, 这集合增大, 而因为$\mathscr{E}_n$的极限集合是$\mathscr{E}$, 所以集合$\mathscr{E}'_m \mathscr{E}_n$的极限集合是$\mathscr{E}'_m$, 由此可知

$$\lim_{n \to \infty} G(\mathscr{E}'_m - \mathscr{E}'_m \mathscr{E}_n) = 0 \tag{136}$$

既然b是有穷的, 那么$f(P)$在$\mathscr{E}'_m$上可和, 而由公式(136)及$f(P)$积分的

绝对连续性,得
$$\lim_{n\to\infty}\int_{\mathscr{E}'_m\mathscr{E}_n} f(P)G(\mathrm{d}\mathscr{E}) = \int_{\mathscr{E}'_m} f(P)G(\mathrm{d}\mathscr{E})$$
而这与不等式(134)与(135)相冲突. 如果 $b=+\infty$, 那么用 $[f(P)]_N$ 代替 $f(P)$, 取 N 与 m 足够大, 使下面不等式成立
$$\int_{\mathscr{E}'_m} [f(P)]_N G(\mathrm{d}\mathscr{E}) > a + 1$$
由(133)
$$\int_{\mathscr{E}'_m\mathscr{E}_n} [f(P)]_N G(\mathrm{d}\mathscr{E}) \leqslant a$$
用上面的推理仍可以达到矛盾, 而定理得证.

如果非负函数 $f(P)$ 在 $\mathscr{E}$ 上的积分值有穷, 那么我们说 $f(P)$ 在 $\mathscr{E}$ 上可和. 由此及上面所下的定义直接可知, 如果 $f(P)$ 可和, 而非负函数 $\varphi(P)$ 在 $\mathscr{E}$ 上满足不等式 $\varphi(P) \leqslant f(P)$, 那么 $\varphi(P)$ 也可和. 现在考察在 $\mathscr{E}$ 上可测的函数, 而这函数在 $\mathscr{E}$ 上可以改变符号, 并把它分解成正负两部分
$$f(P) = f^+(P) - f^-(P) \tag{137}$$
函数 $f(P)$ 叫作在 $\mathscr{E}$ 上可和, 是指 $f^+(P)$ 与 $f^-(P)$ 是可和的. 如此则积分值由下列公式定义
$$\int_{\mathscr{E}} f(P)G(\mathrm{d}\mathscr{E}) = \int_{\mathscr{E}} f^+(P)G(\mathrm{d}\mathscr{E}) - \int_{\mathscr{E}} f^-(P)G(\mathrm{d}\mathscr{E}) \tag{138}$$
如果 $f^+(P)$ 及 $f^-(P)$ 两函数中只有一个可和, 那么与在 53 小节中一样, $f(P)$ 的积分仍有意义, 但它的值等于 $+\infty$ 或 $-\infty$ 是最常见的情形, 是在其上取积分的集合 $\mathscr{E}$ 是全平面, 全直线, 或整个 n 维空间.

关于在测度无穷的可测集合上的积分, 53 小节中的定理及性质 1, 2, 3, 4, 5, 6, 7, 9, 10 都成立. 我们只证明完全加法性及绝对连续性. 那些定理及其余性质的证明都很简单. 首先证明下列简单的辅助定理.

辅助定理 如果非负数 $a_k^{(s)}$ 当 s 增大时不减, 而 $\lim\limits_{s\to\infty} a_k^{(s)} = a_k$, 那么令
$$a^{(s)} = \sum_{k=1}^{\infty} a_k^{(s)}$$
可得
$$\lim_{s\to\infty} a^{(s)} = \sum_{k=1}^{\infty} a_k \tag{139}$$
用归谬证法证明. 注意, 上写的和可能等于 $+\infty$. 用 a 表示 $a^{(s)}$ 的极限, 首先令
$$a > \sum_{k=1}^{\infty} a_k$$
对于足够大的值 s, 可使 $a^{(s)} > c$, 而 c 是级数(139)的和, 固定 s, 可以取大的 m

值,使
$$\sum_{k=1}^{m} a_k^{(s)} > \sum_{k=1}^{\infty} a_k$$
而因此
$$\sum_{k=1}^{m} a_k > \sum_{k=1}^{\infty} a_k$$
这与 $a_k \geqslant 0$ 相矛盾. 现在设
$$a < \sum_{k=1}^{\infty} a_k$$
那么对于某个固定的 m
$$\sum_{k=1}^{m} a_k > a$$
现在可以取大的 s 值,使
$$\sum_{k=1}^{m} a_k^{(s)} > a$$
上写的有穷和显然小于等于 $a^{(s)}$, 因此 $a^{(s)} > a$, 这与 $a^{(s)}$ 序列不减而趋向于 a 相矛盾. 于是辅助定理得证.

现在证明积分的完全加法性. 令 $f(P)$ 在 $\mathscr{E}$ 上可和, 而这集合分解成有穷多或可数无穷多可测集合 $\mathscr{E}_k$, 而这些集合的测度有穷或无穷. 如此则 $f(P)$ 在每个 $\mathscr{E}_k$ 上都可和. 再设 $\mathscr{E}^{(1)} \subset \mathscr{E}^{(2)} \subset \cdots$ 是测度有穷的集合序列,其极限是 $\mathscr{E}$. 考察测度有穷的集合 $\mathscr{E}_k^{(s)} = \mathscr{E}_k \mathscr{E}^{(s)}$. 当 s 增大时这集合增大, 而 $\lim_{s \to \infty} \mathscr{E}_k^{(s)} = \mathscr{E}_k$, $\mathscr{E}^{(s)} = \mathscr{E}_1^{(s)} + \mathscr{E}_2^{(s)} + \mathscr{E}_3^{(s)} + \cdots$, 并且右边的集合两两无公点. 对于测度有穷的集合 $\mathscr{E}^{(s)}$
$$\int_{\mathscr{E}^{(s)}} f(P) G(\mathrm{d}\mathscr{E}) = \sum_{k=1}^{\infty} \int_{\mathscr{E}_k^{(s)}} f(P) G(\mathrm{d}\mathscr{E})$$
设函数 $f(P)$ 是正的, 在这公式中令 $s \to \infty$, 并应用上面的辅助定理, 可得 50 小节中的 (20). 在一般情形下, 这结论也是正确的, 这可以由公式 (137) 及它对于 $f^+(P)$ 与 $f^-(P)$ 都正确这一事实得出.

与这完全一样, 可以证明 50 小节中的性质 6. 现在证明积分的绝对连续性. 设 $f(P) \geqslant 0$, 并且设它在 $\mathscr{E}$ 上可和. 预定正数 ε. 取 m 足够大, 使不等式
$$\int_{\mathscr{E} - \mathscr{E}^{(m)}} f G(\mathrm{d}\mathscr{E}) \leqslant \frac{\varepsilon}{2} \tag{140}$$
成立. 对于含于 $\mathscr{E}$ 中的任意集合 e, 可以写
$$\int_e f G(\mathrm{d}\mathscr{E}) = \int_{\mathscr{E}^{(m)} e} f G(\mathrm{d}\mathscr{E}) + \int_{(\mathscr{E} - \mathscr{E}^{(m)}) e} f G(\mathrm{d}\mathscr{E})$$
依积分在测度有穷的集合 $\mathscr{E}^{(m)}$ 上的绝对连续性, 在 $\mathscr{E}^{(m)} e$ 上的积分当 $G(e) \to 0$ 时趋向于零. 如此在 $\mathscr{E}^{(m)} e$ 上的积分可以取成小于 $\frac{\varepsilon}{2}$, 只需取 $G(e)$ 足够小就够

了. 依 (140), 在 $(\mathscr{E}-\mathscr{E}^{(m)})e$ 上的积分也小于等于 $\frac{\varepsilon}{2}$. 所以在 e 上的积分不大于 ε, 而绝对连续性证明了.

55 小节中的定理 1, 2, 3, 4 也不难推广到测度无穷的集合上去. 例如可证明定理 1. 设 ε 是预定的正数. 取足够大的 m, 使下面不等式成立

$$\int_{\mathscr{E}-\mathscr{E}^{(m)}} F(P)G(\mathrm{d}\mathscr{E}) \leqslant \varepsilon \tag{141}$$

估计差 $f(P)-f_n(P)$ 的积分

$$\left|\int_{\mathscr{E}} (f-f_n)G(\mathrm{d}\mathscr{E})\right| \leqslant \left|\int_{\mathscr{E}^{(m)}} (f-f_n)G(\mathrm{d}\mathscr{E})\right| + \\ \left|\int_{\mathscr{E}-\mathscr{E}^{(m)}} (f-f_n)G(\mathrm{d}\mathscr{E})\right| \tag{142}$$

在集合 $\mathscr{E}-\mathscr{E}^{(m)}$ 上, 用不等式 $|f-f_n| \leqslant 2F$, 而依 (141) 可得

$$\left|\int_{\mathscr{E}-\mathscr{E}^{(m)}} (f-f_n)G(\mathrm{d}\mathscr{E})\right| \leqslant \int_{\mathscr{E}-\mathscr{E}^{(m)}} |f-f_n|G(\mathrm{d}\mathscr{E}) \\ \leqslant \int_{\mathscr{E}-\mathscr{E}^{(m)}} 2FG(\mathrm{d}\mathscr{E}) \leqslant 2\varepsilon$$

对于测度有穷的集合 $\mathscr{E}^{(m)}$ 定理 1 已得证, 所以存在一数 N, 使当 $n > N$ 时 (142) 右边第一项小于等于 ε. 如此得当 $n > N$ 时

$$\left|\int_{\mathscr{E}} (f-f_n)G(\mathrm{d}\mathscr{E})\right| \leqslant 3\varepsilon$$

而依然 ε 是任意的, 定理得证. 55 小节中其余定理也完全同样地证明.

65. 无穷测度集合上的 L_2 类

类 L_2 的做法及正交函数的理论不难推广到测度无穷的集合 $\mathscr{E}$ 上去. 我们说在测度无穷的集合 $\mathscr{E}$ 上的函数 $f(P)$ 属于 L_2, 是指它在 $\mathscr{E}$ 上可测, 而它的平方 $f^2(P)$ 或它的绝对值平方 $|f(P)|^2$ 是在 $\mathscr{E}$ 上可和的函数. 56 小节中的一切定理, 除定理 1 外, 仍旧有效. 在定理 1 中本质上应用了测度有穷这一性质. 很容易举一个例, 说明属于 L_2 的函数不一定可和. 例如函数 $\frac{1}{x}$ 在 $[1,\infty]$ 上属于 L_2; 因为 $\frac{1}{x^2}$ 可和, 但函数 $\frac{1}{x}$ 不可和. 此外, 证明定理 8 时也应用了测度有穷. 现在证明, 这定理在 $\mathscr{E}$ 的测度无穷的情形下仍旧正确. 设属于 $\mathscr{E}$ 上的 L_2 的函数序列 $f_n(P)(n=1,2,\cdots)$ 自收敛. 设 Δ_m 是由下面不等式定义的区间: $-m \leqslant x \leqslant m$, $-m \leqslant y \leqslant m(m=1,2,\cdots)$. 函数 $f_n(P)$ 属于 L_2, 并在每个 Δ_m 上自收敛, 因为非负函数在 Δ_m 上的积分不大于这函数在全平面上的积分. 由 57 小节中定理 8 的证明可知从序列 $f_n(P)$ 中可取一部分序列 $f_{n_1^{(1)}}(P), f_{n_2^{(2)}}(P), \cdots$, 在 $\mathscr{E}$ 上殆遍收敛. 设 $f(P)$ 是这部分序列的极限函数. 既然序列 $f_n(P)$ 在 $\mathscr{E}$ 上自收敛, 对于任意预定的正数 ε, 必存在一个数 N, 使

$$\int_{\mathscr{E}} [f_{n_k^{(k)}}(P) - f_n(P)]^2 G(\mathrm{d}\mathscr{E}) \leqslant \varepsilon$$

当 $n_k^{(k)}$ 及 $n \geqslant N$ 时成立. 无限地增加 k, 与在 57 小节中一样, 可得

$$\int_{\mathscr{E}} [f(P) - f_n(P)]^2 G(\mathrm{d}\mathscr{E}) \leqslant \varepsilon$$

当 $n > N$ 时成立. 于是定理 8 证明了.

现在考察在无穷区间 $(-\infty, +\infty)$ 上关于勒贝格积分的类 L_2. 对于任意元 $f(x)$ 及任意预定的正数 ε_0, 必存在一个正数 N, 使

$$0 \leqslant \int_{-\infty}^{+\infty} f^2(x) \mathrm{d}x - \int_{-N}^{+N} f^2(x) \mathrm{d}x \leqslant \varepsilon_0$$

定义函数 $\psi(x)$ 如下: 在区间 $[-N, +N]$ 上 $\psi(x) = f(x)$, 而在这区间之外 $\psi(x) = 0$. 依上面不等式可知

$$\| f - \psi \|^2 = \int_{-\infty}^{+\infty} [f(x) - \psi(x)]^2 \mathrm{d}x$$
$$= \int_{-\infty}^{-N} f^2(x) \mathrm{d}x + \int_{N}^{+\infty} f^2(x) \mathrm{d}x \leqslant \varepsilon_0^2$$

由此可知只在某一有穷区间上异于零的函数 $\psi(x)$ 组成一个线性簇, 而这线性簇在 L_2 中到处稠密. 由此, 与在 61 小节中完全一样, 可知在区间 $(-\infty, +\infty)$ 上连续而属于 L_2 的函数组成一个在 L_2 中到处稠密的线性簇. 与在 61 小节中一样, 容易证明, 凡在有穷区间 Δ_k 上等于常数 $a_k (k=1,2,\cdots,n)$ 而在这些区间之外等于零的函数 $\omega(x)$ 组成在 L_2 中到处稠密的集合. 此时可限定数 a_k 以及区间 Δ_k 的端点都是有理的, 于是与在 61 小节中一样, 证明了 L_2 的可分性. 在区间 $(-\infty, +\infty)$ 上 61 小节的第二定理也是正确的. 在这情形中多项式已显然不属于 L_2 了. 在这情形中也可以与在 58 小节中一样地作由复值函数所做的类 L_2.

作为例, 可取埃尔米特函数做为区间 $(-\infty, +\infty)$ 上的封闭正交组

$$\varphi_k(x) = (-1)^k \mathrm{e}^{\frac{1}{2}x^2} \frac{\mathrm{d}^k}{\mathrm{d}x^k} (\mathrm{e}^{-x^2})$$

而拉盖尔函数是区间 $(0, \infty)$ 上的封闭正交组

$$\varphi_k(x) = \mathrm{e}^{\frac{1}{2}x} \frac{\mathrm{d}^k}{\mathrm{d}x^k} (x^k \mathrm{e}^{-x})$$

这些命题的证明可以在古朗和希尔伯特的《数学物理方法》[1]一书中找到.

66. 围变的积分函数

到此为止在研究勒贝格-斯蒂尔切斯积分时曾假设函数 $G(\mathscr{E})$ 是非负的. 现在转向另一情形, 即积分函数 $G(\mathscr{E})$ 是由围变区间函数 $G(\Delta)$ 得出的. 关于这

---

[1] R. Courant, D. Hilbert, Methoden der Mathematischen Physik. —— 译者注

种函数,有表成两个非负函数之差的典式
$$G(\Delta) = G_1(\Delta) - G_2(\Delta)$$
而
$$G_1(\Delta) = \frac{1}{2}[V(\Delta) + G(\Delta)], \quad G_2(\Delta) = \frac{1}{2}[V(\Delta) - G(\Delta)]$$
并且 $V(\Delta)$ 是 $G(\Delta)$ 在区间 Δ 上的全变分. 由函数 $G_1(\Delta)$ 与 $G_2(\Delta)$ 各可以得出非负的、加法的、正常函数 $G_2(\mathscr{E})$ 与 $G_2(\mathscr{E})$ 来,其相应的集合闭体各表示作 L_{G_1} 及 L_{G_2}. 用 L_G 表示 L_{G_1} 与 L_{G_2} 的公共部分,则 L_G 仍是集合的闭体. 在这闭体上定义完全加法的正常函数
$$G(\mathscr{E}) = G_1(\mathscr{E}) - G_2(\mathscr{E})$$
取非负的加法正常区间函数
$$V(\Delta) = G_1(\Delta) + G_2(\Delta)$$
扩展它可得函数 $V(\mathscr{E})$,后者定义于闭体 L_V 之上. 应用上面公式与函数 $G_i(\Delta)$ 的非负性,容易证明,L_V 是 L_{G_1} 及 L_{G_2} 的公共部分,就是说 L_V 与 L_G 重合. 首先必须证明,对于任意集合 $\mathscr{E}$,相对于函数 $V(\Delta)$ 的外测度(就是 $|\mathscr{E}|_V$)等于相对于函数 $G_1(\Delta)$ 及 $G_2(\Delta)$ 的外测度之和:就是说 $|\mathscr{E}|_V = |\mathscr{E}|_{G_1} + |\mathscr{E}|_{G_2}$. 然后,应用可测性的定义,容易证明,如果 $\mathscr{E}$ 相对于 $V(\Delta)$ 是可测的,那么它相对于 $G_1(\Delta)$ 及 $G_2(\Delta)$ 也是可测的,而反之,如果它相对于 $G_1(\Delta)$ 及 $G_2(\Delta)$ 是可测的,那么它相对于 $V(\Delta)$ 也是可测的. 积分时,必须考察相对于 $V(\Delta)$ 可测的函数 $f(P)$,也就是考察相对于 $G_1(\Delta)$ 及 $G_2(\Delta)$ 可测的函数类. 积分自然地由下面公式定义
$$\int_{\mathscr{E}} f(P)G(\mathrm{d}\mathscr{E}) = \int_{\mathscr{E}} f(P)G_1(\mathrm{d}\mathscr{E}) - \int_{\mathscr{E}} f(P)G_2(\mathrm{d}\mathscr{E})$$
它的存在是由右边两积分存在而决定的,而所谓存在是指这些积分的值有穷. 在相反的情形下上写的公式的右边可以变成不定式. 两个函数叫作相抵的,是指它们相对于 $V(\mathscr{E})$ 是相抵的. 53 小节中的积分性质 1,4,5,7,8,9 不经改变依然有效. 在性质 3 中不等式(16)须换成不等式
$$\left| \int_{\mathscr{E}} f(P)G(\mathrm{d}\mathscr{E}) \right| \leqslant \int_{\mathscr{E}} |f(P)| V(\mathrm{d}\mathscr{E})$$
在性质 6 中级数(49)的收敛须换成下面级数的收敛
$$\sum_{k=1}^{\infty} \int_{\mathscr{E}_k} |f(P)| V(\mathrm{d}\mathscr{E})$$
而最后,在性质 10 中不等式(50)换成不等式
$$\left| \int_{\mathscr{E}} f(P)G(\mathrm{d}\mathscr{E}) \right| \leqslant \int_{\mathscr{E}} F(P)V(\mathrm{d}\mathscr{E})$$
依积分的定义,可和函数是指相对于 $V(\mathscr{E})$ 可和的函数. 55 小节中定理 1 与 2(关于取极限值的)不经改变依然有效.

不难把积分概念推广到下面的情形;就是函数 $G(\Delta)$ 是复值函数
$$G(\Delta) = G'(\Delta) + G''(\Delta)\mathrm{i}$$
而 $G'(\Delta)$ 与 $G''(\Delta)$ 是囿变函数. 应用这两函数的典式分解
$$G'(\Delta) = G'_1(\Delta) - G'_2(\Delta), \quad G''(\Delta) = G''_1(\Delta) - G''_2(\Delta)$$
可得公式
$$G(\Delta) = (G'_1(\Delta) - G'_2(\Delta)) + (G''_1(\Delta) - G''_2(\Delta))\mathrm{i}$$
由函数 $G(\Delta)$ 可做出函数 $G(\mathscr{E})$,后者定义于闭体 L_G 上,而这闭体是闭体 $L_{G'_k}$ 及 $L_{G''_k}(k=1,2)$ 的公共部分. 相对于 $G(\mathscr{E})$ 可测函数的定义和积分的定义与以前完全一样,而被积分函数也可以是复值的.

在一个变数的情形,对于囿变函数,有典式 $g(x) = g_1(x) - g_2(x)$ 成立,而 $g_1(x)$ 与 $g_2(x)$ 都是不减函数;那么积分可以写成下列形式
$$\int_{\mathscr{E}} f(x)\mathrm{d}g(x) = \int_{\mathscr{E}} f(x)\mathrm{d}g_1(x) - \int_{\mathscr{E}} f(x)\mathrm{d}g_2(x)$$
如果取全变分 $v(x) = g_1(x) + g_2(x)$,那么下面不等式成立
$$\left| \int_{\mathscr{E}} f(x)\mathrm{d}g(x) \right| \leqslant \int_{\mathscr{E}} |f(x)| \mathrm{d}v(x)$$
而 $f(x)$ 依 $g_1(x)$ 及 $g_2(x)$ 的可和性与其依 $v(x)$ 的可和性同效.

67. 特殊情形

在建立积分概念时,我们把那积分的基本集合分成一切可能的可测集合. 在特殊情形中可以把积分的基本区域分成更特殊形式的部分区域. 在本小节中关于这问题要做一些注语,并为简单起见设被积分函数是有界的. 设积分是取于某一 B 集合 $\mathscr{E}$ 之上. 作和
$$s_\delta = \sum_{k=1}^n m_k G(\mathscr{E}_k)$$
这与某一分割法 $\mathscr{E} = \mathscr{E}_1 + \mathscr{E}_2 + \cdots + \mathscr{E}_n$ 相应. 把每一集合 $\mathscr{E}_k$ 换成集合 $\mathscr{E}'_k$,后者是含于 $\mathscr{E}_k$ 中的 B 集合,并满足 $G(\mathscr{E}'_k) = G(\mathscr{E}_k)$. 此时在 $\mathscr{E}'_k$ 上取的函数值下确界 m'_k 不小于 m_k,而剩余的集合 $\mathscr{E} - (\mathscr{E}'_1 + \mathscr{E}'_2 + \cdots + \mathscr{E}'_n)$ 是 B 集合,其测度是零.

与新分割法 δ' 相应的和 $s_{\delta'}$ 是
$$s_{\delta'} = \sum_{k=1}^n m'_k G(\mathscr{E}'_k)$$
这和不小于前面那和,而如此在决定 s_δ 的上确界时(这就是积分值),可以把 $\mathscr{E}$ 只分成 B 集合. 所以如果基本集合是 B 集合,那么在作积分时只需把这集合分解成 B 集合.

设基本集合 $\mathscr{E}$ 是开集合. 可以取一个含于 $\mathscr{E}_k$ 中的闭集合 F_k,使
$$0 \leqslant G(\mathscr{E}_k) - G(F_k) \leqslant \varepsilon_k \quad (k=1,2,\cdots,n)$$

而 $\mathcal{E}_k$ 是预定的正数.

所余的集合 $\mathcal{E}' = \mathcal{E} - (F_1 + F_2 + \cdots + F_n)$ 是开集合，而 $G(\mathcal{E}') \leqslant \varepsilon_1 + \varepsilon_2 + \cdots + \varepsilon_n = \varepsilon_0$. 令 δ' 是新分割，把 $\mathcal{E}$ 分成闭的及开的集合 $F_1, F_2, \cdots, F_n$, $\mathcal{E}'$，而 m'_k 及 m' 是 $f(P)$ 在 F_k 及 $\mathcal{E}'$ 上值的下确界. 那么 $m'_k \geqslant m_k$，而

$$s_\delta = \sum_{k=1}^n m_k G(\mathcal{E}_k), \quad s_{\delta'} = \sum_{k=1}^n m'_k G(F_k) + m' G(\mathcal{E}')$$

如果 $|f(P)| \leqslant L$，那么依前边的估计，$s_{\delta'} \geqslant s_\delta - 3L\varepsilon_0$，而既然 ε_0 是任意的，由此可知，在取和 s_δ 的上确界时只需考虑 $s_{\delta'}$，而在作这种和时只分割成开的与闭的集合，就是说，在开集合上积分时只需分解基本集合成开的与闭的集合.

如果 $\mathcal{E}$ 是有界开集合，而 $f(P)$ 是在 $\mathcal{E}$ 上一致连续的，那么积分是黎曼－斯蒂尔切斯和的极限

$$\sigma_\delta = \sum_{k=1}^n f(P_k) G(\mathcal{E}_k)$$

只需集合 $\mathcal{E}_k$ 的直径中最大的趋向于零. 提醒一下，所谓集合的直径是这集合中两任意点间距离的上确界. 上面结论之正确性可以由下面事实看出，即由于 $f(F)$ 的一致连续性 $S_\delta - s_\delta$ 在上述条件之下趋向于零.

这时只需设在开集合 $\mathcal{E}$ 上连续的函数 $f(P)$ 是有界的也就够了. 我们可以作一序列逐渐扩大的开集合 $\mathcal{E}^{(n)}$，使其极限是 $\mathcal{E}$，而 $\mathcal{E}^{(n)}$ 的闭包 $\overline{\mathcal{E}^{(n)}}$ 位于 $\mathcal{E}^{(n+1)}$ 之中. 如果这时凡与任意 $\mathcal{E}^{(n)}$ 有公点的部分集合 $\mathcal{E}_k$ 的直径中最大者趋向于零，那么与上面一样，直接可知，$S_\delta - s_\delta$ 趋于零. 基本开集合 $\mathcal{E}$ 可以是无界的，但有有穷的测度.

设有一测度有穷的开集合 $\mathcal{E}_0$，而测度是由函数 $G(\mathcal{E})$ 决定的. 为简单起见可设由 $\mathcal{E}_0$ 的界点组成的集合 l_0（它是闭的）有零测度，就是说 $G(l_0) = 0$. 设 $\mathcal{E}'$ 是属于 $\mathcal{E}_0$ 的开集合，而 l' 是由 $\mathcal{E}'$ 的界点所成的集合. 如果 $G(l') = 0$，那么集合 $\mathcal{E}'$ 叫作正则集合或是函数 $G(\mathcal{E})$ 的连续区域. 依函数 $G(\mathcal{E})$ 的正常性，正则集合的特征如下：如果 $\mathcal{E}_n$ 是开集合的缩序列，而其极限是集合 $\mathcal{E}'$ 的闭包 $\overline{\mathcal{E}'}$，那么 $G(\mathcal{E}_n) \to G(\mathcal{E}')$. 这与下述者同效：如果用 $\underline{\mathcal{E}_0 - \mathcal{E}'}$ 表示集合 $\mathcal{E}_0 - \mathcal{E}'$ 中内点的集合，那么

$$G(\mathcal{E}') + G(\underline{\mathcal{E}_0 - \mathcal{E}'}) = G(\mathcal{E}_0)$$

可以说，对于正则集合，其周界上的全部质量等于零. 如果取某一开集合的缩序列，而这序列是依存于某一连续变化的参数的，并且每个集合的周界含于它前面那集合的内部，那么在这序列开集合之中只能有有穷或可数无穷多个集合不是正则集合. 这证明与以前证明间断点数有穷或可数无穷时完全一样. 如此，相对于上述的参数，在任意预定的开集合的任意近处必有正则集合.

作 $\mathcal{E}_0$ 上的积分时可以分解 $\mathcal{E}_0$ 成开的正则集合，并在其相应和 s_δ, S_δ 及 σ_δ 中

考察 $G(\mathscr{E})$ 在分解出的开集合上的值,而在定确界时只在上述那些开集合的点上取被积分函数 $f(P)$ 的值.由上述正则开集合的界上的点组成的闭集合是测度为零的,而略去这些集合并不影响上述和与积分的数值.如果 $f(P)$ 在 $\mathscr{E}_0$ 是一致连续的(比如说),可以引用无限地细分上述正则集合时的任意序列 σ_δ.再注意一个事实.如果我们设被积分函数在积分基本集合 $\mathscr{E}_0$ 之外等于零,那么做为积分区域可以取足够"好"而包含 $\mathscr{E}_0$ 的集合;例如设 $\mathscr{E}_0$ 是有穷的,则可取一包含 $\mathscr{E}_0$ 的有穷开区间.

68. 重积分的约简

我们转向研究勒贝格重积分论的基本结果,把重积分化成累次的单积分.回忆一下以前重积分论中的相应结果.如果函数 $f(x,y)$ 在有穷闭区间 $\Delta[a\leqslant x\leqslant b, c\leqslant y\leqslant d]$ 上连续,那么把重积分化成两次单积分的公式成立

$$\iint_\Delta f(x,y)\mathrm{d}x\mathrm{d}y = \int_a^b\left[\int_c^d f(x,y)\mathrm{d}y\right]\mathrm{d}x$$
$$= \int_c^d\left[\int_a^b f(x,y)\mathrm{d}x\right]\mathrm{d}y$$

现在对于勒贝格积分陈述相类的定理.这定理首先由意大利数学家傅必尼在 1907 证明的.

傅必尼定理 设 $f(x,y)$ 是在有穷区间 $\Delta[a\leqslant x\leqslant b, c\leqslant y\leqslant d]$ 上的可和函数.如此则对于区间 $[a,b]$ 中的殆遍 x 值,$f(x,y)$ 在区间 $[c,d]$ 上都是对于 y 可和的,而函数

$$h(x) = \int_c^d f(x,y)\mathrm{d}y \tag{143}$$

在区间 $[a,b]$ 上殆遍有定义,在这区间上可和,并且等式

$$\iint_\Delta f(x,y)\mathrm{d}x\mathrm{d}y = \int_a^b\left[\int_c^d f(x,y,)\mathrm{d}y\right]\mathrm{d}x \tag{144}$$

成立.交换积分次序而得的完全相类似的命题也成立.如上可得公式

$$\iint_\Delta f(x,y)\mathrm{d}x\mathrm{d}y = \int_c^d\left[\int_a^b f(x,y)\mathrm{d}x\right]\mathrm{d}y \tag{145}$$

注意:在上述定理之中,积分都是取作勒贝格的意义的,而函数的可和性也是依这种意义的、关于函数可和性的结论自然包含着关于其可测性的结论.应当注意函数(143)可以不定义于区间 $[a,b]$ 的一切点处,但总是在这区间中殆遍定义的.关于函数

$$l(y) = \int_a^b f(x,y)\mathrm{d}x \tag{146}$$

也有同样的结论.傅必尼定理的证明相当复杂,为了证明较清楚起见,上面把定理的陈述限于特殊情形.下面将指出各种更一般的陈述.为了证明定理先叙述几个辅助定理.

辅助定理 1 如果对于在区间 Δ 上可和的函数 $f_1(x,y), f_2(x,y), \cdots, f_m(x,y)$ 傅必尼定理正确,那么对于这些函数的任意线性组合式

$$f(x,y) = \sum_{k=1}^{m} c_k f_k(x,y) \tag{147}$$

这定理也成立.

如果由变数 x 的区间上去掉某一测度为零的集合 A_k,每个上述的函数 $f_k(x,y)$ 依辅助定理的条件是在区间 $[c,d]$ 上依 y 可和的. 如果从区间 $[a,b]$ 上去掉集合 $A = A_1 + A_2 + \cdots + A_m$,那么对于其余 x 的值函数(147)在区间 $[c,d]$ 上依 y 是可和的,而 A 的测度是零. 凡函数

$$h_k(x) = \int_c^d f_k(x,y) \, \mathrm{d}y$$

在 $[a,b]$ 上除去集合 A 外都有定义. 依辅助定理 1 的条件,对于函数 $f_k(x,y)$,公式(144)成立. 注意和的积分规则及由积分号下取出常数因子的法则可知公式(144)对于函数(147)也正确. 辅助定理 1 于是证明了.

附注 1 如果关于函数 $f_k(x,y)$ 只设它们对于区间 $[a,b]$ 中的殆遍 x 值在区间 $[c,d]$ 上依 y 是可测的,那么显然关于函数(147)同样的结论成立,因为可测函数之和仍是可测的.

辅助定理 2 设在区间 Δ 上可和函数 $f_n(x,y)$ 的单调序列收敛于在 Δ 上可和的函数 $f(x,y)$. 如果对于一切函数 $f_n(x,y)$ 傅必尼定理成立,那么对于极限函数这定理也成立.

证明时可设 $f_n(x,y)$ 是不减序列. 不增序列的情形可以化成不减的情形,只需把 $f_n(x,y)$ 换成 $-f_n(x,y)$ 就够了. 依辅助定理 2 的条件函数 $f_n(x,y)$ 中每一个在区间 $[c,d]$ 上依 y 是可测的并且是可和的,如果从变数 x 的区间 $[a,b]$ 上去掉某一测度为零的集合 A_n. 如果从 $[a,b]$ 去掉集合 $A = A_1 + A_2 + \cdots$(这集合的测度也是零);那么对于所余的 x 值集合极限函数 $f(x,y)$ 在 $[c,d]$ 上对于 y 是可测的. 依辅助的定理 2 的条件,每个函数

$$h_n(x) = \int_c^d f_n(x,y) \, \mathrm{d}y \tag{148}$$

在除掉测度为零的 x 值集合 A_n 后的 $[a,b]$ 上有定义. 如果从 $[a,b]$ 上去掉测度为零的集合 A,那么(148)中一切函数对于其余 x 的值都有定义,就是说这些函数在集合 $[a,b] - A$ 上定义,而依条件,在 $[a,b]$ 上可和. 序列 $h_n(x)$ 是增序列,于是可在 $[a,b]$ 上殆遍定义其可测的极限函数 $h(x) = \lim_{n \to \infty} h_n(x)$. 注意依条件对于函数 $f_n(x,y)$ 傅必尼定理适用,而依条件极限函数在 Δ 上可和,我们可以写

$$\int_a^b h_n(x) \, \mathrm{d}x = \iint_\Delta f_n(x,y) \, \mathrm{d}x \, \mathrm{d}y \leqslant \iint_\Delta f(x,y) \, \mathrm{d}x \, \mathrm{d}y$$

由此,依 55 小节的定理 2 我们可以得出结论,$h(x)$ 在 $[a,b]$ 上可和,而下面公式

成立

$$\int_a^b h(x)\mathrm{d}x = \lim_{n\to\infty}\int_a^b h_n(x)\mathrm{d}x = \lim_{n\to\infty}\iint_\Delta f_n(x,y)\mathrm{d}x\mathrm{d}y$$

另一方面,依 55 小节的定理 2

$$\lim_{n\to\infty}\iint_\Delta f_n(x,y)\mathrm{d}x\mathrm{d}y = \iint_\Delta f(x,y)\mathrm{d}x\mathrm{d}y$$

而如此可以写

$$\int_a^b h(x)\mathrm{d}x = \iint_\Delta f(x,y)\mathrm{d}x\mathrm{d}y \tag{149}$$

我们曾定义函数 $h(x)$ 如下

$$h(x) = \lim_{n\to\infty} h_n(x) = \lim_{n\to\infty}\int_c^d f_n(x,y)\mathrm{d}y$$

为了完全证明辅助定理 2,还须证明函数 $f(x,y)$ 对于 $[a,b]$ 上殆遍 x 值在 $[c,d]$ 上依 y 可和,而且函数 $h(x)$ 在 $[a,b]$ 上殆遍可以用下列公式表示

$$h(x) = \int_c^d f(x,y)\mathrm{d}y \tag{150}$$

证明了这点之后,依(149),可知对于函数 $f(x,y)$ 傅必尼定理完全成立. 设 B 是 $[a,b]$ 中凡使 $h(x)$ 确定并等于 $+\infty$ 的一切点所成的集合. 依 $h(x)$ 的可和性,集合 B 的测度等于零. 如果从 $[a,b]$ 上去掉测度为零的集合 $A+B$,那么在所余集合上,就是说殆遍在 $[a,b]$ 上,增序列 $h_n(x)$ 趋向于函数 $h(x)$,而 $h(x)$ 只取有穷值,就是说对于凡属于集合 $[a,b]-(A+B)$ 的点 x,函数 $f_n(x,y)$ 的不减序列在 $[c,d]$ 上依 y 的积分以数 $h(x)$ 为界. 依 55 小节中的定理 2,对于上述的这些 x 值,$f(x,y)$ 对于 y 在 $[c,d]$ 上可和,而公式

$$\int_c^d f(x,y)\mathrm{d}y = \lim_{n\to\infty}\int_c^d f_n(x,y)\mathrm{d}y$$

成立,并且依(148),在 $[a,b]$ 上函数 $h(x)$ 殆遍由公式(150) 表示. 如此辅助定理 2 证明了.

附注 2 由上面证明的开始直接可知,如果关于函数 $f_n(x,y)$ 只设它对于 $[a,b]$ 上的殆遍 x 值在 $[c,d]$ 上依 y 可测,那么极限函数 $f(x,y)$ 对于 $[a,b]$ 上的殆遍 x 值是依 y 可测的.

69. 特征函数的情形

本小节的目的在于就一特殊情形证明傅必尼定理;这情形是积分号下函数是属于所论区间 Δ 中某可测集合 $\mathscr{E}$ 的特征函数. $\omega_{\mathscr{E}}(P) = \omega_{\mathscr{E}}(x,y)$ 的积分显然是集合 $\mathscr{E}$ 的测度 $m(\mathscr{E})$,而 $\mathscr{E}$ 是平面上的集合. 设 $\mathscr{E}_{x_0}$ 是 $\mathscr{E}$ 中横坐标为 x_0 的点所成的集合,就是说 $\mathscr{E}_{x_0}$ 是 $\mathscr{E}$ 与直线 $x=x_0$ 的相交部分,而这集合的特征函数是 $\omega_{\mathscr{E}}(x_0,y)$. $\mathscr{E}_{x_0}$ 相对于 y 的可测性与函数 $\omega_{\mathscr{E}}(x_0,y)$ 在区间 $[c,d]$ 上的可测性同效,而如果真的是可测的,那么 $\mathscr{E}_{x_0}$ 的一维测度(表示成 $m'(\mathscr{E}_{x_0})$)等于 $\omega_{\mathscr{E}}(x_0,y)$

在上述区间上的积分. $\omega_g(x_0,y)$ 的可测性是由其有界性而保证的. 如此对于特征函数 $\omega_g(x,y)$ 傅必尼定理变成了下列结论:函数 $\omega_g(x,y)$ 对于 $[a,b]$ 上的殆遍 x 值在区间 $[c,d]$ 上依 y 可测,而有界函数

$$h(x) = m'(\mathscr{E}_x) = \int_c^d \omega(x,y) \mathrm{d}y$$

在 $[a,b]$ 上可测,并且下面公式成立

$$m(\mathscr{E}) = \int_a^b \Big[\int_c^d \omega(x,y)\mathrm{d}y\Big]\mathrm{d}x \tag{151}$$

简言之,对于殆遍 x 值 $\mathscr{E}_x$ 依 y 可测,而下面公式成立

$$m(\mathscr{E}) = \int_a^b m'(\mathscr{E}_x)\mathrm{d}x \tag{152}$$

对于特征函数,我们将逐步地证明傅必尼定理.

辅助定理 1 对属于 Δ 的任意半开区间,开集合,及集合 G_δ 的特征函数,傅必尼定理正确.

如果有一属于 Δ 的半开区间 $\Delta'[\alpha < x \leqslant \beta, \gamma < y \leqslant \delta]$,那么 $\omega_{\Delta'}(x,y)$ 对于任意 x 值是依 y 可测的,而如 $\alpha < x < \beta$

$$h(x) = \int_c^d \omega_{\Delta'}(x,y)\mathrm{d}y = \delta - \gamma$$

如果 x 在 $\alpha < x \leqslant \beta$ 之外,$h(x)=0$,辅助定理是显然的,因为 Δ' 的测度等于积 $(\beta-\alpha)(\delta-\gamma)$. 开集合 $\mathscr{E}_0$ 是可数多个互无公点的半开区间 Δ_k 之和,而

$$\omega_{\mathscr{E}_0}(x,y) = \sum_{k=0}^{\infty} \omega_{\Delta_k}(x,y)$$

依 68 小节辅助定理 1,傅必尼定理对于有穷和

$$\sum_{k=1}^{m} \omega_{\Delta_k}(x,y)$$

是正确的. 当 m 增加时,这些和成为非减序列,而这序列趋向于有界的、从而是可和的函数 $\omega_{\mathscr{E}_0}(x,y)$,因此依辅助定理 2 傅必尼定理对于 $\omega_{\mathscr{E}_0}(x,y)$ 是正确的. 最后设 $\mathscr{E}'_0$ 是属于开区间 Δ 的某集合 G_δ. 可以把它表示成下列形式

$$\mathscr{E}'_0 = \prod_{k=1}^{\infty} O_k \tag{153}$$

而 O_k 是属于开区间 Δ 的开集合. 注意,如果有某一 O_k 不属于开区间 Δ,那么可以把 O_k 换成 O_k 与开区间 Δ 之交. 依(153),$\omega_{\mathscr{E}'_0}(x,y)$ 是开集合

$$\mathscr{E}_m = \prod_{k=1}^{m} O_k$$

的特征函数 $\omega_{\mathscr{E}_m}(x,y)$ 所组成的不增序列的极限,而既然傅必尼定理对于 $\omega_{\mathscr{E}_m}(x,y)$ 成立,依 68 小节中辅助定理 2 它对于 $\omega_{\mathscr{E}'_0}(x,y)$ 也正确. 如果 G_δ 型集合 $\mathscr{E}'_0$ 中的某些点在 Δ 的周上,那么可以扩大 Δ,使 $\mathscr{E}'_0$ 位于扩大后的区间 Δ_0 之

内. 傅必尼定理对于 $\omega_{\mathscr{E}_0'}(x,y)$ 在 Δ_0 上成立. 由此, 注意在 Δ 之外 $\omega_{\mathscr{E}_0'}(x,y)=0$, 直接可知傅必尼定理对于 $\omega_{\mathscr{E}_0'}(x,y)$ 在区间 Δ 上也成立. 注意凡在本辅助定理中所考察的 $\omega_{\mathscr{E}}(x,y)$ 都对于一切 x 值是依 y 可测的.

辅助定理 2 如果 $\mathscr{E}$ 是属于 Δ 的集合, 而其平面测度是零, 那么对于 $[a,b]$ 中几乎一切点 x, 一维测度 $\mathscr{E}_x$ 等于零, 而对于 $\omega_{\mathscr{E}}(x,y)$ 傅必尼定理成立.

作属于 Δ 的 G_δ 型集合 $\mathscr{E}_0'$, 使它覆盖 $\mathscr{E}$, 而使 $m(\mathscr{E}_0'-\mathscr{E})=0$. 那么 $\mathscr{E}_0'=\mathscr{E}+(\mathscr{E}_0'-\mathscr{E})$, 而既然 $m(\mathscr{E})=0, m(\mathscr{E}_0'-\mathscr{E})=0$, 那么 $m(\mathscr{E}_0')=0$. 对于 $\mathscr{E}_0'$ 傅必尼定理成立, 而可以写

$$\int_a^b \left[\int_c^d \omega_{\mathscr{E}_0'}(x,y)\mathrm{d}y\right]\mathrm{d}x = 0$$

位于方括号之内的量是非负的, 依 50 小节中的性质 14, 在区间 $a\leqslant x\leqslant b$ 上殆遍有

$$\int_c^d \omega_{\mathscr{E}_0'}(x,y)\mathrm{d}y = 0$$

由此可以看出, 集合 $\mathscr{E}_0'$ 与几乎一切平行于 y 轴的直线的相交部分的一维测度都等于零.

因为 $\mathscr{E}\subset\mathscr{E}_0'$, 所以对于集合 $\mathscr{E}$ 上述的性质成立, 就是说, 对于 $[a,b]$ 中的殆遍 x 值

$$\int_c^d \omega_{\mathscr{E}}(x,y)\mathrm{d}y = 0$$

因此, 对于 $\omega_{\mathscr{E}}(x,y)$ 傅必尼定理成立

$$m(\mathscr{E}) = 0 = \int_a^b \left[\int_c^d \omega_{\mathscr{E}}(x,y)\mathrm{d}y\right]\mathrm{d}x$$

辅助定理 3 对于 Δ 中任意可测集合 $\mathscr{E}$ 的特征函数 $\omega_{\mathscr{E}}(x,y)$, 傅必尼定理成立.

作属于 Δ 的 G_δ 型集合 $\mathscr{E}_0'$, 使它覆盖 $\mathscr{E}$, 并满足 $m(\mathscr{E}_0'-\mathscr{E})=0$. 依辅助定理 1 及 2, 傅必尼定理对于集合 $\mathscr{E}_0'$ 及 $\mathscr{E}_0'-\mathscr{E}$ 的特征函数都成立. 但 $\omega_{\mathscr{E}}(x,y) = \omega_{\mathscr{E}_0'}(x,y) + \omega_{\mathscr{E}_0'-\mathscr{E}}(x,y)$, 而依 68 小节辅助定理 1, 傅必尼定理对于 $\omega_{\mathscr{E}}(x,y)$ 也成立.

注意: 如果可测无界集合 $\mathscr{E}$ 的测度有穷, 那么 $\mathscr{E}_x$ 对于殆遍 x 值都可测, 并且公式 (152) 成立. 这结论可以由有界集合情形取极限值而直接得出. 如此容易证明, 如果 $\mathscr{E}$ 只是可测的, 那么 $\mathscr{E}_x$ 对于殆遍 x 值都是可测的. 如果此外, $(\mathscr{E}_x)$ 是可和的, 那么 $\mathscr{E}$ 的测度有穷, 而公式 (152) 成立. 辅助定理 2 显然对于无界集合也成立.

70. 傅必尼定理

为了完全证明傅必尼定理, 还需要一个简单的辅助定理.

辅助定理 设 $f(x,y)$ 是 Δ 上一个可测函数,并在 Δ 上只取有穷个有穷值,那么傅必尼定理对于 $f(x,y)$ 成立.

设 $\Delta = \mathscr{E}_1 + \mathscr{E}_2 + \cdots + \mathscr{E}_m$,而当点 (x,y) 属于集合 $\mathscr{E}_k$ 时,$f(x,y) = c_k (k=1,2,\cdots,m)$. 我们可以把 $f(x,y)$ 表示成集合 $\mathscr{E}_k$ 的特征函数的线性组合式

$$f(x,y) = \sum_{k=1}^{m} c_k \omega_{\mathscr{E}_k}(x,y)$$

而傅必尼定理由 68 小节辅助定理 1 及 69 小节辅助定理 3 直接得出.

在上面那些辅助定理的基础上,傅必尼定理的证明就很容易了. 设 $f(x,y)$ 在 Δ 上可和. 分解它成正负部分: $f(x,y) = f^+(x,y) - f^-(x,y)$. 依 68 小节辅助定理 1,只需证明对于 f^+ 及 f^- 傅必尼定理成立就够了,就是说,在证明中无妨设可和函数 $f(x,y)$ 是非负的. 由 47 小节得知,如此的函数可以表示成一个不减的函数序列的极限函数,而这序列中的函数 $f_n(x,y)$ 是可测的、非负的、并且只取有穷个值. 依 69 小节辅助定理 3,傅必尼定理对于函数 $f_n(x,y)$ 成立,所以依 68 小节辅助定理 2,这定理对于 $f(x,y)$ 也成立,于是傅必尼定理就证明了.

注意:在傅必尼定理中,曾假设 $f(x,y)$ 在区间 Δ 上可和. 在这条件之下,由傅必尼定理,在公式(144)及(145)中右边的两次积分有意义,并给出 $f(x,y)$ 在 Δ 上的重积分来. 如果右边积分有意义,而反过来断定重积分存在,那是不正确的. 有例存在,说明在公式(144)及(145)右边的积分存在,并且积分的结果彼此相等,但函数 $f(x,y)$ 在 Δ 上是不可测的,或可测而不可和. 但如果 $f(x,y)$ 在区间 Δ 上是非负的,那么反过来的结论也是正确的,而下面的定理成立.

定理 如果 $f(x,y)$ 在区间 Δ 上可测并是非负的,那么由公式(144)中右边累次积分的存在可知函数 $f(x,y)$ 在 Δ 上是可和的,并且对于这函数傅必尼定理成立.

设公式(144)右边的累次积分有意义,就是说,函数(143)对于区间 $[a,b]$ 上殆遍 x 值是存在的,并且在区间 $[a,b]$ 上可和. 取函数

$$[f(x,y)]_n = \begin{cases} n & \text{如果 } f(x,y) > n \\ f(x,y) & \text{如果 } f(x,y) \leqslant n \end{cases}$$

这些函数是有界的、可测的、并且组成一个不减序列,其极限是 $f(x,y)$. 显然这些函数是在 Δ 上可和的,而对于它们,傅必尼定理成立. 可以写

$$\iint_\Delta [f(x,y)]_n \mathrm{d}x\mathrm{d}y = \int_a^b \Big[\int_c^d [f(x,y)]_n \mathrm{d}y\Big]\mathrm{d}x$$

但 $[f(x,y)]_n \leqslant f(x,y)$,所以

$$\iint_\Delta [f(x,y)]_n \mathrm{d}x\mathrm{d}y \leqslant \int_a^b h(x)\mathrm{d}x$$

由此可知 53 小节 $f(x,y)$ 在 Δ 上可和.

系 1 如果 $f(x,y)$ 变号,但对 $|f(x,y)|$ 两个累次积分之中有一个存在,那么依定理 $|f(x,y)|$ 是可和的,因此 $f(x,y)$ 在 Δ 上也可和,而对于它傅必尼定理仍适用.

系 2 如果 $f(x,y)$ 在 Δ 上可测,并且对于殆遍 x 值都是依 y 可知的,那么由公式(143)定义的函数 $h(x)$ 是可测函数. 与通常一样,仍可设 $f(x,y)$ 是非负的. 对于有界的函数 $[f(x,y)]_n$ 傅必尼定理成立,而

$$h_n(x) = \int_c^d [f(x,y)]_n \, dy$$

可测. 无限地增加 n,可知其极限函数 $h(x)$ 也是可测的.

注意几个傅必尼定理的简单推广. 如果 $f(x,y)$ 在可测有界集合 $\mathscr{E}$ 上可和,那么下面公式成立

$$\iint_{\mathscr{E}} f(x,y) \, dx \, dy = \int_{B_x} \left[\int_{\mathscr{E}_x} f(x,y) \, dy \right] dx$$
$$= \int_{B_y} \left[\int_{\mathscr{E}_y} f(x,y) \, dx \right] dy \tag{154}$$

其中 $\mathscr{E}_x$ 是 $\mathscr{E}$ 中凡横坐标为 x 的点所成的集合,$\mathscr{E}_y$ 是 $\mathscr{E}$ 中凡纵坐标为 y 的点所成的集合,B_x 及 B_y 各是 $\mathscr{E}$ 在 x 轴与 y 轴上的投影. 在 $\mathscr{E}_x$ 及 $\mathscr{E}_y$ 上的积分可能对某些 x 及 y 值无意义,但这些值所成的集合的测度是零. 为了证明公式(154),只需用有穷区间 Δ 覆盖 $\mathscr{E}$,并作一函数 $f_0(x,y)$,使它在 $\mathscr{E}$ 的点处等于 $f(x,y)$,而在 Δ 中不属于 $\mathscr{E}$ 的点处等于零. 现在说明,如何把傅必尼定理推广到无界集合的情形. 作为例子,可以考察整个平面. 我们只需考察非负函数. 如此,设函数 $f(x,y)$ 在全平面上可测、非负、并可和,就是说,下面的重积分存在

$$A = \iint_{-\infty}^{+\infty} f(x,y) \, dx \, dy \tag{155}$$

函数 $f(x,y)$ 在任意有穷区间 $\Delta_{mn} [-m \leqslant x \leqslant m, -n \leqslant y \leqslant n]$ 上也是可和的. 在如此的区间上,傅必尼定理成立

$$\iint_{\Delta_{mn}} f(x,y) \, dx \, dy = \int_{-m}^{+m} \left[\int_{-n}^{+n} f(x,y) \, dy \right] dx$$

另一方面,既然函数 $f(x,y)$ 是非负的,那么

$$\iint_{\Delta_{mn}} f(x,y) \, dx \, dy \leqslant A$$

所以

$$\int_{-m}^{+m} \left[\int_{-n}^{+n} f(x,y) \, dy \right] dx \leqslant A$$

无限地增加 n,并应用 55 小节中的定理 4,可得

$$\int_{-m}^{+m} \left[\int_{-\infty}^{+\infty} f(x,y) \, dy \right] dx \leqslant A$$

再增加 m，并应用无穷直线上积分的定义，可得不等式

$$\int_{-\infty}^{+\infty}\left[\int_{-\infty}^{+\infty}f(x,y)\mathrm{d}y\right]\mathrm{d}x \leqslant A \tag{156}$$

最后，证明上面不等式中的"$<$"号不能成立. 如果它果真成立，那么必存在一个正数 α，使

$$\int_{-\infty}^{+\infty}\left[\int_{-\infty}^{+\infty}f(x,y)\mathrm{d}y\right]\mathrm{d}x < A-\alpha$$

从而

$$\iint_{\Delta_{mn}}f(x,y)\mathrm{d}x\mathrm{d}y = \int_{-n}^{+n}\left[\int_{-n}^{+n}f(x,y)\mathrm{d}y\right]\mathrm{d}x < A-\alpha$$

而这不可能，因为在区间 Δ_{nn} 上的积分当无限地增大 n 时必须趋向于积分 (155). 如此，在公式 (156) 中必然只有等号成立，而比较 (155)，可知在全平面上傅必尼定理也成立. 由上面的证明显然可知在这公式中出现的累次积分也存在.

也可以对于任意维的积分陈述傅必尼定理. 我们陈述其相应结果. 设 Δ_{m+n} 是空间 R_{m+n} 中的区间，其维数是 $m+n$，并且由下面不等式组定义

$$a_1 \leqslant x_1 \leqslant b_1, a_2 \leqslant x_2 \leqslant b_2, \cdots, a_{m+n} \leqslant x_{m+n} \leqslant b_{m+n}$$

而 Δ_m 与 Δ_n 各是空间 R_m 及 R_n 中的区间，各由下面的不等式组定义

$$\Delta_m : a_1 \leqslant x_1 \leqslant b_1, a_2 \leqslant x_2 \leqslant b_2, \cdots, a_m \leqslant x_m \leqslant b_m$$

$$\Delta_n : a_{m+1} \leqslant x_{m+1} \leqslant b_{m+1}, \cdots, a_{m+n} \leqslant x_{m+n} \leqslant b_{m+n}$$

再设 $f(P)$ 是在区间 Δ_{m+n} 上可和的函数. 如果固定 Δ_m 中一点 $P_0(x_1^0, x_2^0, \cdots, x_m^0)$，那么对于 R_m 中一个测度为零的集合以外任意选择的点 P_0，$f(P)$ 都是在 Δ_n 中可和的函数. $f(P)$ 在 Δ_n 上的积分

$$h(x_1, x_2, \cdots, x_m) = \int_{\Delta_n} f(P)\mathrm{d}x_{m+1}\mathrm{d}x_{m+2}\cdots\mathrm{d}x_{m+n}$$

是在 Δ_m 上可和的函数，而下面公式成立

$$\int_{\Delta_{m+n}} f(P)\mathrm{d}x_1\mathrm{d}x_2\cdots\mathrm{d}x_{m+n}$$
$$= \int_{\Delta_m}\left[\int_{\Delta_n} f(P)\mathrm{d}x_{m+1}\mathrm{d}x_{m+2}\cdots\mathrm{d}x_{m+n}\right]\mathrm{d}x_1\mathrm{d}x_2\cdots\mathrm{d}x_m \tag{157}$$

傅必尼定理还可以简单地推广到勒贝格－斯蒂尔切斯积分的情形上去. 设有两个有界增函数 $g(x)$ 及 $k(x)$. 使用这两函数，可以定义半开区间的测度 $G(\Delta)$ 及 $K(\Delta)$，然后扩展这些函数到闭体 L_G 及 L_K 上去. 如此可以得到 L_G 及 L_K 上的加法非负正常函数 $G(\mathscr{E})$ 及 $K(\mathscr{E})$. 同样，由定义于平面上的函数 $g(x)k(y)$ 出发，可以做出一个加法非负正常函数 $M(\mathscr{E})$，后者定义于平面上集合的一个闭体 L_M 上. 如果 $f(P) = f(x,y)$ 依 $M(\mathscr{E})$ 可测，并在平面的某区间 Δ 上可和，那么这函数在与平面的区间 Δ 相应的 y 轴上区间 Δ_y 之上依函数 $K(\mathscr{E})$

是可和的
$$h(x) = \int_{\Delta_y} f(x,y) K(\mathrm{d}\mathcal{E}) = \int_{\Delta_y} f(x,y) \mathrm{d}k(y)$$
但须从与平面的区间 Δ 相应的 x 轴上区间 Δ_x 中去掉一个依 $G(\mathcal{E})$ 测度为零的集合. 函数 $h(x)$ 在 Δ_x 上依 $G(\mathcal{E})$ 可和,并且下面公式成立
$$\iint_\Delta f(P) M(\mathrm{d}\mathcal{E}) = \iint_\Delta f(x,y) \mathrm{d}[g(x) k(y)]$$
$$= \int_{\Delta_x} \Big[\int_{\Delta_y} f(x,y) \mathrm{d}k(y)\Big] \mathrm{d}g(x) \tag{158}$$
交换积分的次序,可以得出相类的第二公式. 这个傅必尼定理的推广的证明与傅必尼基本定理字句上完全一样,只是把勒贝格积分换成勒贝格－斯蒂尔切斯积分,而依勒贝格意义的可测性要换成依函数 $G(\mathcal{E}), K(\mathcal{E}), M(\mathcal{E})$ 的可测性.

附注 注意,如果关于函数 $f(x,y)$,只设它在平面区间 Δ 上可测,那么由此可知,对于 $[a,b]$ 中的殆遍 x 值,这函数依 y 在 $[c,d]$ 上是可测的,而对于 $[c,d]$ 中的殆遍 y 值,它依 x 在 $[a,b]$ 上也是可测的. 这命题要以直接由 68 小节辅助定理 1 与 2 的证明后面以及傅必尼定理证明后面的附注得出.

71. 积分次序的改变

再举出一个关于积分次序交换的定理.

定理 设函数 $g(x,t)$ 对于区间 $[a,b]$ 上的一切 x 值都是在区间 $[c,d]$ 上依 t 可和的,并且对于 $[c,d]$ 上的一切 t 值,除掉具有勒贝格测度等于零的一个 t 值集合外,依 x 在 $[a,b]$ 上是囿变函数. 再设对于上述一切 t 值,函数 $g(x,t)$ 依 x 在区间 $[a,b]$ 上的全变分不超过在 $[c,d]$ 上的一个非负可测函数 $F(t)$,并且积分
$$\int_c^d F(t) \mathrm{d}t \tag{159}$$
存在. 那么函数
$$\int_c^d g(x,t) \mathrm{d}t \tag{160}$$
是在 $[a,b]$ 上依 x 的囿变函数,而对于 $[a,b]$ 上任意一个连续函数 $f(x)$,下面公式成立
$$\int_c^d \Big[\int_a^b f(x) \mathrm{d}_x g(x,t)\Big] \mathrm{d}t = \int_a^b f(x) \mathrm{d}_x \Big[\int_c^d g(x,t) \mathrm{d}t\Big] \tag{161}$$
而依 t 所取的积分是勒贝格积分.

为了证明函数 (160) 是囿变函数,分割区间 $[a,b]$ 成部分: $a = x_0 < x_1 < x_2 < \cdots < x_{n-1} < x_n = b$,并对于这分割作和 t_δ. 于是得
$$t_\delta = \sum_{k=1}^n \Big| \int_c^d g(x_k, t) \mathrm{d}t - \int_c^d g(x_{k-1}, t) \mathrm{d}t \Big|$$

$$= \sum_{k=1}^{n} \left| \int_{c}^{d} [g(x_k,t) - g(x_{k-1},t)] \mathrm{d}t \right|$$

由此

$$t_\delta \leqslant \int_{c}^{d} \sum_{k=1}^{n} |g(x_k,t) - g(x_{k-1},t)| \, \mathrm{d}t$$

但依定理的条件

$$\sum_{k=1}^{n} |g(x_k,t) - g(x_{k-1},t)| \leqslant F(t)$$

所以

$$t_\delta \leqslant \int_{c}^{d} F(t) \mathrm{d}t$$

而由此得知,函数(160)是囿变函数.写出显然的公式

$$\int_{c}^{d} \sum_{k=1}^{n} f(\xi_k)[g(x_k,t) - g(x_{k-1},t)] \mathrm{d}t$$
$$= \sum_{k=1}^{n} f(\xi_k) \left[\int_{c}^{d} g(x_k,t) \mathrm{d}t - \int_{c}^{d} g(x_{k-1},t) \mathrm{d}t \right] \quad (162)$$

其中 ξ_k 是区间 $[x_{k-1}, x_k]$ 中某一点.无限地细分部分区间时,上面公式的右边趋向于公式(161)右边的积分.对于区间 $[a,b]$ 上的连续函数 $f(x)$,下面不等式成立: $|f(x)| \leqslant L$,而 L 是某一正数.关于公式(162)左边的积分号下函数,有下列关系成立

$$\left| \sum_{k=1}^{n} f(\xi_k)[g(x_k,t) - g(x_{k-1},t)] \right|$$
$$\leqslant L \sum_{k=1}^{n} |g(x_k,t) - g(x_{k-1},t)| \leqslant LF(t)$$

使用55小节中的定理1,可知在公式(162)中左边的积分里,当无限地细分部分区间时可以在积分号下取极限值,而上述那个积分号下函数的极限是斯蒂尔切斯积分

$$\int_{a}^{b} f(x) \mathrm{d}_x g(x,t)$$

最后在公式(162)中取极限值就得出公式(161)来.刚才证明的定理有几个简单的推广.例如可以设区间 $[a,b]$ 无穷,而函数 $f(x)$ 在这区间的内部连续并且有界.依 t 取的勒贝格积分可以换成勒贝格-斯蒂尔切斯积分.依 $g(x,t)$ 取的初等斯蒂尔切斯积分可以换成一般斯蒂尔切斯积分,而可以设函数 $f(x)$ 只是在区间 $[a,b]$ 内有界的.如此由公式(161)右边积分的存在可以推知左边积分的存在,并且这两积分相等.

附录　论把勒贝格重积分化成累次积分

库德里亚夫采夫与卡什钦科（Кудрявцев, Л. Д. и Кашенко, Ю. Д.）（原载《数学科学的进展》第七卷第六期(1952)，211～212 页）．

在斯米尔诺夫《高等数学教程》第五卷(1947 年版，以下简称"教程"）中，在陈述一般的傅必尼定理时有一点不正确，本文目的就在于消除这一点．

今引入下面经常使用的符号与假定：n, p, q 是自然数，使 $n = p + q$，E^n, E^p 与 E^q 是维数各为 n, p, q 的欧几里得空间，而 E^n 是 E^p 与 E^q 之直和．空间 E^n 中的点将表示为 (x, y)，其中 $x \in E^p, y \in E^q$．所谓测度，恒指勒贝格测度，并用符号 mes 表示，而对于包含在 E^n, E^p, E^q 中的集合，将常是各考察 n 维的，p 维的，q 维的测度．设 $E \subseteq E^n$，用 E_x 表示 E 在 E^p 中的投影，而用 $E(x_0)$ 表示集合 E 与超平面 $x = x_0$ 的交；令 $E_x^0 = \mathop{\mathcal{E}}\limits_{x \in E_x} \{\text{mes } E(x) > 0\}$．下面常设集合 E 可测，而函数 $f(x, y)$ 定义于 E 上且在 E 上可和．

对于每个定义某集合 A 上的函数 φ，用 $\int \varphi \mathrm{d}A$ 表示函数在集合 A 上的勒贝格积分（如果它存在的话）．

在设集合 E 的测度有穷的补充假定之下，在"教程"中断言，下面公式成立

$$\int f(x, y) \mathrm{d}E = \int \left[\int f(x, y) \mathrm{d}E(x) \right] \mathrm{d}E_x$$

但上写的式子并非永远有意义，因为（由简单的例子可以看出）可测集合的投影一般说来不是可测的．事实上，上面的陈述应当是像下面的：

定理 1　对于每个集合 E 上可和的函数 $f(x, y)$，下面等式成立

$$\int f(x, y) \mathrm{d}E = \int \left[\int f(x, y) \mathrm{d}E(x) \right] \mathrm{d}E_x^0$$

（如此，右边的第二个积分是依"修整了"的投影而取的）．这一定理预设下面两个定理成立：

定理 2　集合 E_x^0 是可测的．

定理 3　对于殆遍 $x \in E_x^0$，集合 $E(x)$ 可测．

只需稍稍改变斯米尔诺夫"教程"中的推理即可得出这两定理的证明．

集合函数、绝对连续性、积分概念的推广

第三章

72. 集合的加法函数

设点函数 $f(P)$ 依非负加法正常函数 $G(\mathscr{E})$ 是可测的. 作不定积分

$$\varphi(\mathscr{E}) = \int_{\mathscr{E}} f(P) G(\mathrm{d}\mathscr{E}) \tag{1}$$

这积分对于闭体 L_G 中凡使 $f(P)$ 在其上可和的集合都有定义. 如果 $f(P)$ 在 $\mathscr{E}$ 上可和,则它在 $\mathscr{E}$ 的任意可测部分 $\mathscr{E}'$ 上也可和(见 53 小节的性质 4),而如果 $\mathscr{E}$ 分割成有穷多或可数无穷多互无公点的集合 $\mathscr{E}_k$,那么 $\varphi(\mathscr{E})$ 等于 $\varphi(\mathscr{E}_k)$ 的和(完全加法性). 现在,不仅就以不定积分形式给出的函数,而是就以任意形式给出的函数,来研究它的完全加法性. 如此,设 T 是一个包含一切闭集合与开集合的闭的集合体,C 是由 T 中一些集合所组成的集合族,而 $\varphi(\mathscr{E})$ 对于凡属于 C 的集合都取有穷值. 同时假设,如果 $\mathscr{E}$ 属于 C,那么所有 $\mathscr{E}$ 的部分,凡属于 T 的,也属于 C. 此外,设 $\varphi(\mathscr{E})$ 是完全加法的,就是说,如果 C 中的集合 $\mathscr{E}$ 分割成有穷多或可数无穷多互无公点的集合 $\mathscr{E}_k$,其中 $\mathscr{E}_k$ 都属于 T,因而也属于 C

$$\mathscr{E} = \sum_k \mathscr{E}_k \tag{2}$$

那么

$$\varphi(\mathscr{E}) = \sum_k \varphi(\mathscr{E}_k) \tag{3}$$

如果有无穷多项，上面级数必然是绝对收敛的. 在(1)的情形，闭体 T 是 L_G，而族 C 是由 L_G 中凡能使 $f(P)$ 在其上可和的集合 $\mathscr{E}$ 所组成的. 在下面最重要的情形中，C 是由某一属于 L_G 的集合 $\mathscr{E}_0$ 以及凡 L_G 中含于 $\mathscr{E}_0$ 内的集合所组成者. 这时 C 本身也是闭体.

注意：如果 $\varphi(\mathscr{E})$ 对于属于 T 并含于某闭区间 Δ 的集合定义，那么这函数可以定义于 T 中一切集合 $\mathscr{E}$，因为可以利用公式

$$\varphi(\mathscr{E}) = \varphi(\mathscr{E}\Delta) \tag{4}$$

如此它将只取有穷值，并且在整个体 T 上是完全加法的. 在下面，当我们谈到 $\varphi(\mathscr{E})$ 时，总是说 $\mathscr{E}\in C$. 由于加法性，可知如果 $\mathscr{E}$ 是空集合，$\varphi(\mathscr{E})=0$. 由加法性直接可知，如果 $\mathscr{E}'$ 及 $\mathscr{E}''$ 属于 C，而 $\mathscr{E}'\subset\mathscr{E}''$，那么

$$\varphi(\mathscr{E}''-\mathscr{E}') = \varphi(\mathscr{E}'') - \varphi(\mathscr{E}') \tag{5}$$

由于完全加法性可知，如果 $\mathscr{E}_n(n=1,2,\cdots)$ 是 C 中集合所成的单调序列，而如果其极限集合 $\mathscr{E}$ 也属于 C，那么 $\varphi(\mathscr{E}_n)\to\varphi(\mathscr{E})$. 在不缩的集合序列情形下，则 $\mathscr{E} = \mathscr{E}_1 + (\mathscr{E}_2 - \mathscr{E}_1) + (\mathscr{E}_3 - \mathscr{E}_2) + \cdots$，而依完全加法性，$\varphi(\mathscr{E}) = \varphi(\mathscr{E}_1) + [\varphi(\mathscr{E}_2) - \varphi(\mathscr{E}_1)] + [\varphi(\mathscr{E}_3) - \varphi(\mathscr{E}_2)] + \cdots$，就是说 $\varphi(\mathscr{E}_n)\to\varphi(\mathscr{E})$. 在不涨的集合序列 $\mathscr{E}_n$ 的情形中，可以同样证明，而 $\mathscr{E}$ 必然属于 C. 再注意，完全加法函数的有穷线性组合式 $c_1\varphi_1(\mathscr{E}) + c_2\varphi_2(\mathscr{E}) + \cdots + c_p\varphi_p(\mathscr{E})$ 显然仍是完全加法函数. 现在证明理论中的几个基本定理：

定理 1 对于凡属于 C 中某一集合 $\mathscr{E}_1$ 的一切集合 $\mathscr{E}$，$\varphi(\mathscr{E})$ 的值依绝对值以一个固定数为界.

用归谬法证明. 如果不然，那么一定存在 $\mathscr{E}_2\subset\mathscr{E}_1$，使 $|\varphi(\mathscr{E}_2)|\geqslant 2$，而 $|\varphi(\mathscr{E}_1-\mathscr{E}_2)|\geqslant 2$. 关于这点只需注意

$$\varphi(\mathscr{E}_1) = \varphi(\mathscr{E}_2) + \varphi(\mathscr{E}_1-\mathscr{E}_2)$$

既然 $\varphi(\mathscr{E}_1)$ 是固定数，如果和中一项无界，另一项也必然无界. 对于 $\mathscr{E}_2$ 或 $\mathscr{E}_1-\mathscr{E}_2$，定理一定不成立. 设定理对于 $\mathscr{E}_2$ 不成立，所以存在 $\mathscr{E}_3\subset\mathscr{E}_2$，使 $|\varphi(\mathscr{E}_3)|\geqslant 3$，而 $|\varphi(\mathscr{E}_2-\mathscr{E}_3)|\geqslant 3$，等等. 我们得到 $\mathscr{E}_1\supset\mathscr{E}_2\supset\mathscr{E}_3\cdots$，如令 $\mathscr{E}=\mathscr{E}_1\mathscr{E}_2\cdots$，依上述可得，$\varphi(\mathscr{E}_n)\to\varphi(\mathscr{E})$，但这不可能，因为 $\varphi(\mathscr{E}_n)$ 依绝对值无限增大，从而定理得证.

令 δ 表 $\mathscr{E}$ 的某一分割法，分 $\mathscr{E}$ 成有穷多集合 $\mathscr{E}_k$. 作和

$$t_\delta = \sum_k |\varphi(\mathscr{E}_k)| \tag{6}$$

而证明对于任意 δ 所作 t_δ 的集合有界. 设 $\mathscr{E}'_\delta$ 是满足 $\varphi(\mathscr{E}_k)\geqslant 0$ 的 $\mathscr{E}_k$ 之和，而 $\mathscr{E}''_\delta$ 表示满足 $\varphi(\mathscr{E}_k) < 0$ 的 $\mathscr{E}_k$ 的和. 注意 $\varphi(\mathscr{E})$ 的加法性，可知

$$t_\delta = \varphi(\mathscr{E}'_\delta) - \varphi(\mathscr{E}''_\delta) \tag{7}$$

再注意 $\mathscr{E}'_\delta + \mathscr{E}''_\delta = \mathscr{E}$，所以 $f(\mathscr{E}) = \varphi(\mathscr{E}'_\delta) + \varphi(\mathscr{E}''_\delta)$，可以把(7)写成下式

$$t_\delta = 2\varphi(\mathscr{E}'_\delta) - \varphi(\mathscr{E}) = \varphi(\mathscr{E}) - 2\varphi(\mathscr{E}''_\delta) \tag{8}$$

用 $\overline{\varphi}(\mathscr{E})$ 及 $\underline{\varphi}(\mathscr{E})$ 表示对于凡 $e\in\mathscr{E}$ 值 $\varphi(e)$ 的上确界及下确界,并且空集合也认为属于 $\mathscr{E}$

$$\overline{\varphi}(\mathscr{E})=\sup\varphi(e),\quad \underline{\varphi}(\mathscr{E})=\inf\varphi(e)\quad (e\in\mathscr{E}) \tag{9}$$

依定理1可知 $\overline{\varphi}(\mathscr{E})$ 与 $\underline{\varphi}(\mathscr{E})$ 都有穷。由(8)中第一式可知对于任意 δ,t_δ 的值是有界的: $t_\delta\leqslant 2\overline{\varphi}(\mathscr{E})-\varphi(\mathscr{E})$. 和 t_δ 对于一切可能分割 δ 的上确界叫作 $\varphi(\mathscr{E})$ 在集合 $\mathscr{E}$ 上的全变分. 我们用 $\Phi(\mathscr{E})$ 表示它. 如果 δ_n 是分割法的一序列,而 t_{δ_n} 趋向于 $\Phi(\mathscr{E})$, 那么由(8)的第一式, $\varphi(\mathscr{E}'_{\delta_n})$ 趋向于 $\overline{\varphi}(\mathscr{E})$, 而(8)中第二式既可以写成

$$2\varphi(\mathscr{E}''_{\delta_n})=\varphi(\mathscr{E})-t_{\delta_n}$$

可知 $\varphi(\mathscr{E}''_{\delta_n})\to \underline{\varphi}(\mathscr{E})$, 所以取极限值时,公式(8)(用 δ_n 代替 δ)变成

$$\Phi(\mathscr{E})=2\overline{\varphi}(\mathscr{E})-\varphi(\mathscr{E})=\varphi(\mathscr{E})-2\underline{\varphi}(\mathscr{E})$$

由此得

$$\overline{\varphi}(\mathscr{E})=\frac{1}{2}[\Phi(\mathscr{E})+\varphi(\mathscr{E})],\quad \underline{\varphi}(\mathscr{E})=-\frac{1}{2}[\Phi(\mathscr{E})-\varphi(\mathscr{E})]$$

$$\Phi(\mathscr{E})=\overline{\varphi}(\mathscr{E})-\underline{\varphi}(\mathscr{E}) \tag{10}$$

$$\varphi(\mathscr{E})=\overline{\varphi}(\mathscr{E})+\underline{\varphi}(\mathscr{E})=\overline{\varphi}(\mathscr{E})-[-\underline{\varphi}(\mathscr{E})] \tag{11}$$

由 $\overline{\varphi}(\mathscr{E})$ 与 $\underline{\varphi}(\mathscr{E})$ 的定义得知 $\overline{\varphi}(\mathscr{E})\geqslant 0$, $\underline{\varphi}(\mathscr{E})\leqslant 0$. 函数 $\overline{\varphi}(\mathscr{E})$ 及 $-\underline{\varphi}(\mathscr{E})$ 各叫作 $\varphi(\mathscr{E})$ 在 $\mathscr{E}$ 上的正负变分.

定理2 正负变分及全变分都是 C 上的完全加法函数.

设有一分割法,分 $\mathscr{E}$ 成部分 $\mathscr{E}_k$, 而 $e_k\subset\mathscr{E}_k$

$$e=\sum_k e_k$$

那么

$$\varphi(e)=\sum_k\varphi(e_k)\quad (e\subset\mathscr{E})$$

由于 e_k 是任意选择的,不难证明

$$\overline{\varphi}(\mathscr{E})=\sum_k\overline{\varphi}(\mathscr{E}_k)$$

同样证明负变分也是完全加法的,所以依(10),全变分也是完全加法的. 公式(11)说明凡完全加法函数是两个非负完全加法函数的差. 再注意,如果在作和(6)时使用分 $\mathscr{E}$ 成无穷多部分的分割法,那么由公式(8)可以看出,仍会得出以前的上确界来.

任意点(是闭集合)属于 T. 如果 $\mathscr{E}\in C$, 那么 $\mathscr{E}$ 中的任意点 P 属于 C, 从而可以谈论函数 $\varphi(\mathscr{E})$ 在点 P 处的数值 $\varphi(P)$. 如果 $\varphi(P)\neq 0$, 点 P 叫作 $\varphi(\mathscr{E})$ 的间断点. 如果 $\varphi(P)>0$, 那么由上面所说的定义可知 $\overline{\varphi}(P)=\varphi(P)$, 而 $\underline{\varphi}(P)=0$, 而如果 $\varphi(P)<0$, 那么 $\overline{\varphi}(P)=0$, 而 $\underline{\varphi}(P)=\varphi(P)$. $\varphi(\mathscr{E})$ 的间断点也是 $\overline{\varphi}(\mathscr{E})$ 及 $\underline{\varphi}(\mathscr{E})$ 的间断点. 既然 $\overline{\varphi}(\mathscr{E})$ 及 $\underline{\varphi}(\mathscr{E})$ 是有穷的,凡 $\mathscr{E}$ 中满足 $\varphi(P)\geqslant a$ 或

$\varphi(P) \leqslant -a$ 的间断点只有有穷多(a 是预定的正数),从而 $\mathscr{E}$ 中一切间断点的数目是有穷的或是可数的.设 P_k 表这些点.如果点 P_k 的集合是可数无穷的,那么级数 $\sum\limits_k \varphi(P_k)$ 是绝对收敛的.取定义于族 C 上的一个新集合函数

$$\varphi_d(\mathscr{E}) = \sum_{P_k \in \mathscr{E}} \varphi(P_k) \tag{12}$$

而和中包括凡与 $\mathscr{E}$ 中任一点 P'_k 相应的项.这函数也是完全加法的.我们把它叫作跃度函数.差

$$\varphi_c(\mathscr{E}) = \varphi(\mathscr{E}) - \varphi_d(\mathscr{E}) \tag{13}$$

是连续的完全加法函数.

73. 特异函数

在下面将用体 L_G 来作为体 T.并非一切在 L_G 中的族 C 上的完全加法函数 $\varphi(\mathscr{E})$ 都可以表成积分(1)的形式.

在后面证明下列基本定理,下面将引用它.

定理 凡在 C 上完全加法的函数 $\varphi(\mathscr{E})$ 对于凡属于 C 中任意固定的集合 $\mathscr{E}_0$ 的集合 $\mathscr{E}$,可以表示成下列形式

$$\varphi(\mathscr{E}) = \varphi(\mathscr{E}H) + \int_{\mathscr{E}} f(P) G(\mathrm{d}\mathscr{E}) \tag{14}$$

而 H 是 $\mathscr{E}_0$ 中一个确定的集合,H 满足 $G(H) = 0$,$f(P)$ 在 $\mathscr{E}_0$ 上可测并可和.

和中第一项 $\varphi(\mathscr{E}H)$ 叫作 $\varphi(\mathscr{E})$ 的特异部分.特异部分由 $\varphi(\mathscr{E})$ 在测度为零的集合上的值决定.第二项叫作绝对连续部分,在任意测度为零的集合上等于零.现在证明分成特异及绝对连续部分的方式是唯一的.设除(14)式之外对于属于 $\mathscr{E}_0$ 的 $\mathscr{E}$ 还有下面公式成立

$$\varphi(\mathscr{E}) = \varphi(\mathscr{E}H_1) + \int_{\mathscr{E}} f_1(P) G(\mathrm{d}\mathscr{E})$$

而 $G(H_1) = 0$.由这公式及(14)可得

$$\varphi(\mathscr{E}H) - \varphi(\mathscr{E}H_1) = \int_{\mathscr{E}} f_1(P) G(\mathrm{d}\mathscr{E}) - \int_{\mathscr{E}} f(P) G(\mathrm{d}\mathscr{E})$$

把 $\mathscr{E}$ 换成属于 $\mathscr{E}_0$ 的集合 $\mathscr{E}H + \mathscr{E}H_1$.注意 $G(\mathscr{E}H + \mathscr{E}H_1) = 0$,所以在 $\mathscr{E}H + \mathscr{E}H_1$ 上的积分等于零,并且 $(\mathscr{E}H + \mathscr{E}H_1)H = \mathscr{E}H$,$(\mathscr{E}H + \mathscr{E}H_1)H_1 = \mathscr{E}H_1$,于是得 $\varphi(\mathscr{E}H) = \varphi(\mathscr{E}H_1)$,由此得,绝对连续部分也必然是唯一的,就是说

$$\int_{\mathscr{E}} f(P) G(\mathrm{d}\mathscr{E}) = \int_{\mathscr{E}} f_1(P) G(\mathrm{d}\mathscr{E}) \tag{15}$$

证明定理时,将由一个属于 C 的任意固定集合 $\mathscr{E}_0$ 出发,并将设一切 $\mathscr{E}$ 属于 $\mathscr{E}_0$,如在定理中所陈述的.在分解 $\varphi(\mathscr{E})$ 成特异及绝对连续部分时我们曾从某一集合 $\mathscr{E}_0$ 出发,并设一切 $\mathscr{E}$ 属于 $\mathscr{E}_0$.这样曾得出上述分解的唯一性.如果我们从另一个,与 $\mathscr{E}_0$ 不同的集合 $\mathscr{E}'_0$ 出发,并且 $\mathscr{E}'_0$ 也属于 C,那么不难看出,对于凡同时属

于 $\mathscr{E}_0$ 及 $\mathscr{E}'_0$ 的集合,我们所得的分解与以前用基本集合 $\mathscr{E}_0$ 时所得者一样. 事实上,在相反的情形下,必对于积 $\mathscr{E}''_0 = \mathscr{E}_0 \mathscr{E}'_0$ 的集合(这集合也属于族 C), $\varphi(\mathscr{E})$ 有两个分解法,但由上面已知这不可能.

由上面的推理,直接可知, $\varphi(\mathscr{E})$ 分解成特异及绝对连续部分的方式在整个族 C 上是唯一的.

我们证明在公式(14)中积分号下出现的函数 $f(P)$ 也是完全确定的,但须与以往一样使依 $G(\mathscr{E})$ 相抵的函数等同. 需要证明,如果(15)对于凡属于 $\mathscr{E}_0$ 的 $\mathscr{E}$ 成立,那么差 $\psi(P) = f_1(P) - f(P)$ 在 $\mathscr{E}_0$ 上与零相抵.

设 $\mathscr{E}_0^+$ 是 $\mathscr{E}_0$ 中满足 $\psi(P) \geqslant 0$ 的所有点 P 所成的部分集合,而 $\mathscr{E}_0^- = \mathscr{E}_0 - \mathscr{E}_0^+$. 集合 $\mathscr{E}_0^+$ 与 $\mathscr{E}_0^-$ 也属于 C,而在(15)中换 $\mathscr{E}$ 为 $\mathscr{E}_0^+$ 及 $\mathscr{E}_0^-$
$$\int_{\mathscr{E}_0^+} \psi(P) G(\mathrm{d}\mathscr{E}) = \int_{\mathscr{E}_0^-} \psi(P) G(\mathrm{d}\mathscr{E}) = 0$$
由此可知, $\psi(P)$ 在 $\mathscr{E}_0^+$ 及 $\mathscr{E}_0^-$ 上都与零相抵,因此在 $\mathscr{E}_0$ 上也与零相抵. 如果对于 C 中的两个集合 $\mathscr{E}_0$ 及 $\mathscr{E}'_0$ 各作函数 $f(P)$,那么与上面一样,在 $\mathscr{E}''_0 = \mathscr{E}_0 \mathscr{E}'_0$ 上这两函数相抵. 我们所谓函数 $f(P)$ 的唯一性就是在这种意义之下的. 如果,比如说,一切有穷区间属于 C,那么应用上面推理法于扩张区间 $-n \leqslant x \leqslant +n$, $-n \leqslant y \leqslant +n (n = 1, 2, \cdots)$ 之上,于是唯一地定义 $f(P)$ 于整个平面之上. 函数 $f(P)$ 通常叫作 $\varphi(\mathscr{E})$ 依 $G(\mathscr{E})$ 的导函数. 设 $k_P^{(\varepsilon)}$ 表示以 P 为中心以 ε 为半径的球(或圆). 可以证明,对于一切 P,可能除掉一个依 $G(\mathscr{E})$ 测度为零的集合之外,当 ε 趋近于零时比值 $\varphi(k_P^{(\varepsilon)}) : G(k_P^{(\varepsilon)})$ 趋近于一个依 $G(\mathscr{E})$ 与 $f(P)$ 相抵的函数. 此时可设对于足够小的 ε 值 $\varphi(\mathscr{E})$ 定义于整个球 $k_P^{(\varepsilon)}$ 之上. 下面我们用不着这定理,所以也不去证明它.

定义 函数 $\varphi(\mathscr{E})$ 叫作依 $G(\mathscr{E})$ 是绝对连续的,是指对于 C 中任意固定的 $\mathscr{E}_0$ 及任意预定的正数 ε,必有一正数 η 存在,使当 $e \in \mathscr{E}_0$ 而 $|G(e)| \leqslant \eta$ 时, $|\varphi(e)| \leqslant \varepsilon$. 如果 $\varphi(\mathscr{E})$ 依 $G(\mathscr{E})$ 是绝对连续的,那么显然 $\varphi(\mathscr{E}) = 0$ 对于凡满足 $\mathscr{E} \in C$ 及 $G(\mathscr{E}) = 0$ 的 $\mathscr{E}$ 成立. (14)中第二项是 C 上一个绝对连续函数,这在上面已得知了. 反之,如果知道 $\varphi(\mathscr{E})$ 是绝对连续的,那么 $\varphi(\mathscr{E}H) = 0$,因为 $G(\mathscr{E}H) = 0$,而 $\varphi(\mathscr{E})$ 可以表示成
$$\varphi(\mathscr{E}) = \int_{\mathscr{E}} f(P) G(\mathrm{d}\mathscr{E}) \tag{16}$$
这就是说,特异部分没有了. 由于这推理法,可得下面基本定理的系:

系 如果当 $G(\mathscr{E}) = 0$ 时 $\varphi(\mathscr{E}) = 0$,那么 $\varphi(\mathscr{E})$ 可由公式(16)表示,并且在 C 中一切集合 $\mathscr{E}$ 上都是依 $G(\mathscr{E})$ 绝对连续的函数.

注意:如果 $G(\mathscr{E})$ 不连续,那么由公式(16)定义的 $\varphi(\mathscr{E})$ 一般说来也不是连续的. 例如设 $G(P_0) = a \neq 0$,那么 $\varphi(P_0) = af(P_0)$. 但 $\varphi(\mathscr{E})$ 依上述的意义是依 $G(\mathscr{E})$ 绝对连续的.

在 $G(\mathscr{E})$ 连续的情形中,依公式(16)定义的 $\varphi(\mathscr{E})$ 显然是连续的. 如果 $G(\Delta)$ 是区间 Δ 的面积,所以 L_G 是依勒贝格可测的集合所成的体,公式(14)变为下面形式

$$\varphi(\mathscr{E}) = \varphi(\mathscr{E}H) + \iint_{\mathscr{E}} f(x,y) \mathrm{d}x \mathrm{d}y$$

而 H 有等于零的勒贝格测度. 公式(16)变为下面形式

$$\varphi(\mathscr{E}) = \iint_{\mathscr{E}} f(x,y) \mathrm{d}x \mathrm{d}y$$

而在这情形下显然 $\varphi(\mathscr{E})$ 在任意点处是连续的. 在公式(16)的情形下,对于属于集合 $\mathscr{E}$ 的集合 e,为了得函数 $\varphi(e)$ 值的上确界,显然只需在使 $f(P) \geqslant 0$ 的集合上积分 $f(P)$,而如果在使 $f(P) \leqslant 0$ 的集合上积分 $f(P)$,则得下确界. 如此对于由公式(16)定义的函数 $\varphi(\mathscr{E})$,可得下面的公式,分别表示其正、负变分及全变分

$$\overline{\varphi}(\mathscr{E}) = \int_{\mathscr{E}} f^+(P) G(\mathrm{d}\mathscr{E}), \quad \underline{\varphi}(\mathscr{E}) = \int_{\mathscr{E}} f^-(P) G(\mathrm{d}\mathscr{E})$$

$$\Phi(\mathscr{E}) = \int_{\mathscr{E}} |f(P)| G(\mathrm{d}\mathscr{E}) \tag{17}$$

如果由函数 $\varphi(\mathscr{E})$ 减去跃度函数 $\varphi_d(\mathscr{E})$,并对于余下的连续函数引用公式(14)的分解,那么可以把 $\varphi(\mathscr{E})$ 分解成三项

$$\varphi(\mathscr{E}) = \varphi_d(\mathscr{E}) + \varphi_c(\mathscr{E}H) + \int_{\mathscr{E}} f_c(P) G(\mathrm{d}\mathscr{E}) \tag{18}$$

74. 一个变数的情形

在这情形中自然可以取不减点函数 $g(x)$ 来替代 $G(\mathscr{E})$. 固定某有穷实数 a,可以作点函数 $\omega(x) = \varphi([a,x])$,而对于它公式(14)取得下面形式

$$\omega(x) = \varphi([a,x] \cdot H) + \int_{[a,x]} f(x) \mathrm{d}g(x) \tag{19}$$

而对于勒贝格积分

$$\omega(x) = \varphi([a,x] \cdot H) + \int_a^x f(x) \mathrm{d}x \tag{20}$$

在绝对连续的情形下,可得公式

$$\omega(x) = \int_{[a,x]} f(x) \mathrm{d}g(x) \text{ 或 } \omega(x) = \int_a^x f(x) \mathrm{d}x \tag{21}$$

这里限于考察有穷区间 $[a,b]$,并较详细地考察勒贝格积分的情形

$$\omega(x) = \int_a^x f(x) \mathrm{d}x + \omega(a) \tag{22}$$

而 $f(x)$ 是可测函数,并在 $[a,b]$ 上可和. 注意 $f(x)$ 的积分的绝对连续性,对于函数(22)可得下面性质:对于任意预定的正数 ε,必有一正数 η 与它相应,使如果 $(a_k,b_k)(k=1,2,\cdots,n)$ 是互不相交的区间,并且

$$\sum_{k=1}^{n}(b_k-a_k)\leqslant\eta \tag{23}$$

时,那么

$$\Big|\sum_{k=1}^{n}[\omega(b_k)-\omega(a_k)]\Big|\leqslant\varepsilon \tag{24}$$

从点函数出发,而说定义于区间$[a,b]$上的点函数$\omega(x)$是在这区间上绝对连续的,是指它具有上述的性质. 特别取$n=1$,可知绝对连续函数也是连续函数. 在下面将看出,存在单调连续点函数,并不是绝对连续的. 由上述的性质可得下面性质:对于任意预定正数ε必有一正数η与它相应,使当(23)满足时

$$\sum_{k=1}^{n}|\omega(b_k)-\omega(a_k)|\leqslant\varepsilon \tag{25}$$

事实上,如果$\omega(x)$有上述性质(24),就是说绝对连续的,那么对于预定的ε,必有η与之相应,使当(23)满足时,

$$\Big|\sum_{k=1}^{n}[\omega(b_k)-\omega(a_k)]\Big|\leqslant\frac{\varepsilon}{2} \tag{26}$$

对于任意一组满足(23)的区间(a_k,b_k),分它们成两类,第Ⅰ类中的区间是满足$\omega(b_k)-\omega(a_k)\geqslant 0$的,第Ⅱ类是满足$\omega(b_k)-\omega(a_k)<0$. 依(26)可得

$$\sum_{\text{I}}|\omega(b_k)-\omega(a_k)|=\sum_{\text{I}}[\omega(b_k)-\omega(a_k)]\leqslant\frac{\varepsilon}{2}$$

$$\sum_{\text{II}}|\omega(b_k)-\omega(a_k)|=\Big|\sum_{\text{II}}[\omega(b_k)-\omega(a_k)]\Big|\leqslant\frac{\varepsilon}{2}$$

由此可得(25). 注意(25)和中所有项是非负的,而n是任意的,于是对于绝对连续函数可得下面性质:对于任意预定的正数ε必有一个正数η与它相应,使当(a_k,b_k)是有穷多或可数无穷多互不相交的区间并满足条件

$$\sum_{k}(b_k-a_k)\leqslant\eta \tag{27}$$

时

$$\sum_{k}|\omega(b_k)-\omega(a_k)|\leqslant\varepsilon \tag{28}$$

反之,如果这条件满足,那么原来的条件(24)更满足,而$\omega(x)$是绝对连续的.

定理 1 两个绝对连续函数的和、差、积都仍是绝对连续函数. 两个绝对连续函数之商当分母不等于零时也仍是绝对连续的.

只证明积的绝对连续性. 设函数$\omega_1(x)$及$\omega_2(x)$是绝对连续,则它们在$[a,b]$中是有界的,就是说$|\omega_1(x)|\leqslant l_1$,而$|\omega_2(x)|\leqslant l_2$. 那么

$$|\omega_1(b_k)\omega_2(b_k)-\omega_1(a_k)\omega_2(a_k)|$$
$$\leqslant|\omega_2(b_k)||\omega_1(b_k)-\omega_1(a_k)|+$$
$$|\omega_1(a_k)||\omega_2(b_k)-\omega_2(a_k)|$$

$$\leqslant l_2 \mid \omega_1(b_k) - \omega_1(a_k) \mid + l_1 \mid \omega_2(b_k) - \omega_2(a_k) \mid$$

就所有 k 取和，并注意 $\omega_1(x)$ 及 $\omega_2(x)$ 的绝对连续性，要知积 $\omega_1(x)\omega_2(x)$ 具有性质(25).

定理 2 绝对连续函数 $\omega(x)$ 是囿变函数，而其全变分 $v(x)$ 也是绝对连续的函数.

设 η_0 是一正数，使当在条件(23)中令 $\eta = \eta_0$ 时，则

$$\sum_k \mid \omega(b_k) - \omega(a_k) \mid \leqslant 1 \tag{29}$$

分解 $[a,b]$ 成部分，设其分点为 $a = c_0 < c_1 < c_2 < \cdots < c_{N-1} < c_N = b_1$，并且令 $c_k - c_{k-1} \leqslant \eta_0 (k=1,2,\cdots,N)$. 对于区间 $[c_{k-1},c_k]$ 的任意分割，不等式(29)都成立，所以在每一区间 $[c_{k-1},c_k]$ 之上 $\omega(x)$ 的和 t_δ 及全变分都不大于1，从而在整个区间 $[a,b]$ 上不大于 N. 设在(23)与(25)中两相应的正数是 η 与 ε. 我们将把每个出现于条件(23)中的区间 $[a_k,b_k]$ 分成部分区间. 所得区间长的和仍满足条件(23)，而相应于所得部分区间的和(25)仍是小于等于 ε. 与 $[a_k,b_k]$ 的部分区间相应项的和的上确界显然是 $v(b_k) - v(a_k)$，如此当条件(23)满足时

$$\sum_{k=1}^n \mid v(b_k) - v(a_k) \mid \leqslant \varepsilon$$

由此可知 $v(x)$ 是绝对连续的，而定理证明了.

作函数

$$\omega_1(x) = \frac{1}{2}[v(x) + \omega(x)], \quad \omega_2(x) = \frac{1}{2}[v(x) - \omega(x)] \tag{30}$$

这两函数都是不减的，并且是绝对连续的，这由定理 1 可得知. 我们把 $\omega(x)$ 表示成两个不减绝对连续函数之差的形式

$$\omega(x) = \omega_1(x) - \omega_2(x) \tag{31}$$

上面曾指出，可和函数 $f(x)$ 的不定积分(22)是依上面所述定义(23)(24)或(23)(25)的意义下绝对连续的点函数 $\omega(x)$. 现在证明逆定理：

定理 3 凡绝对连续的函数 $\omega(x)$ 可以由不定积分表示

$$\omega(x) = \int_a^x f(x)\mathrm{d}x + \omega(a) \tag{32}$$

引用函数 $\omega_1(x)$，并当 $x < a$ 时设 $\omega_1(x) = \omega_1(a)$，而当 $x > b$ 时设 $\omega_1(x) = \omega_1(b)$，可以使每一区间 $\Delta[\alpha,\beta]$ 有一非负数 $\varphi_1(\Delta) = \omega_1(\beta) - \omega_1(\alpha)$ 与它相应，而既然 $\omega_1(x)$ 是连续的，Δ 是闭的还是开的都无关紧要. 如果某一个一维集合 $\mathscr{E}$ 依勒贝格可测，那么必存在一包含 $\mathscr{E}$ 的开集合 O，而集合 $O - \mathscr{E}$ 可以为有穷多或可数无穷多区间 $[a_k,b_k]$ 覆盖，并且这些区间长的和是任意小的. 既然 $\omega_1(x)$ 在 $[a,b]$ 中是绝对连续的，而其在 $[a,b]$ 外的延续是常数，可以选取这样的覆盖，使所有非负项 $\omega_1(b_k) - \omega_1(a_k)$ 的和是任意小的（$[a_k,b_k]$ 表示所有覆盖区间），

这就是说,如果 $\mathscr{E}$ 依勒贝格是可测的,那么 $\mathscr{E}$ 依 $\omega_1(x)$ 也是可测的. 如此可以扩展 $\varphi_1(\Delta)$ 到 L 中一切属于 $[a,b]$ 的集合上去,并且保持完全加法性. 由上面的推理可知,如果勒贝格测度 $m(\mathscr{E})=0$,那么 $\varphi_1(\mathscr{E})=0$,因此

$$\varphi_1(\mathscr{E})=\int_{\mathscr{E}} f_1(x)\mathrm{d}x \tag{33}$$

同样,作 $\varphi_2(\Delta)=\omega_2(\beta)-\omega_2(\alpha)$,可得

$$\varphi_2(\mathscr{E})=\int_{\mathscr{E}} f_2(x)\mathrm{d}x \tag{34}$$

而 $f_2(x)$ 在 $[a,b]$ 上是可和的,所以

$$\varphi(\mathscr{E})=\varphi_1(\mathscr{E})-\varphi_2(\mathscr{E})=\int_{\mathscr{E}}[f_1(x)-f_2(x)]\mathrm{d}x$$
$$=\int_{\mathscr{E}} f(x)\mathrm{d}x \tag{35}$$

如果以区间 $[a,x]$ 代替集合 $\mathscr{E}$,则得公式(22).

可以断定,出现于公式(22) 的函数 $f(x)$ 除却一个殆遍等于零的加数外是唯一决定的. 事实上,如果除(22) 以外,对于 $\omega(x)$ 还有另一如此的公式,其积分号下的函数是 $g(x)$,那么差 $f(x)-g(x)$ 的积分对于凡属于 $[a,b]$ 的区间都是零,而依 53 小节的性质 11,可知上述的差与零相抵. 出现于公式(22) 的函数 $f(x)$ 叫作 $\omega(x)$ 的导函数,平常用下面的记号表示:$f(x)=\omega'(x)$. 我们不详细讨论,但可以证明,对于 $[a,b]$ 中的一切 x,除一个勒贝格测度为零的集合之外,下面极限关系成立

$$\lim_{h\to 0}\frac{\omega(x+h)-\omega(x)}{h}=F(x)$$

其中 $F(x)$ 与 $f(x)$ 相抵[①]. 如果 $f(x)$ 是 $[a,b]$ 中的连续函数,那么对于 $[a,b]$ 中的一切 x,必存在积分依上限的通常导数 $\omega'(x)=f(x)$. 如果 $f(x)$ 不仅是连续的,而是绝对连续的,那么显然

$$\omega'(x)=f(x)=\int_a^x h(x)\mathrm{d}x+C$$

而 $h(x)$ 是可和的. 这时 $f'(x)=h(x)$,而 $h(x)$ 叫作 $\omega(x)$ 的二阶导函数,并用通常的记号 $h(x)=\omega''(x)$ 表示. 同样 $\omega(x)$ 可以有 k 阶的绝对连续导函数,于是必有可和的 $k+1$ 阶导函数. 如此它可以表示成下面的形式

$$\omega(x)=\int_a^x \mathrm{d}x\int_a^x \mathrm{d}x\cdots\int_a^x \omega^{(k+1)}(x)\mathrm{d}x+\omega(a)+$$
$$\frac{\omega'(a)}{1!}(x-a)+\cdots+\frac{\omega^{(k)}(a)}{k!}(x-a)^k$$

---

① 参照那汤松著作第九章. ——译者注

上面所讨论的全部理论可以推广到 $\omega(x)$ 对于不减函数 $g(x)$ 是绝对连续的情形,其中 $g(x)$ 假设是连续的;就是说对于任意预定的正数 ε,必存在一正数 η,使当 (a_k,b_k) 是互不相交的区间,且

$$\sum_{k=1}^{n}[g(b_k)-g(a_k)] \leqslant \eta \tag{36}$$

时,必然

$$\left|\sum_{k=1}^{n}[\omega(b_k)-\omega(a_k)]\right| \leqslant \varepsilon \tag{37}$$

与上面完全一样,可以把(37)换成(28),而函数 $\omega(x)$ 是在 $[a,b]$ 上连续的. 这时(32)需要换成

$$\omega(x)=\int_a^x f(x)\mathrm{d}g(x)+\omega(a) \tag{38}$$

75. 绝对连续的集合函数

现在回到平面集合的一般情形,而更详细地讨论公式(16)所做的变换,并将设 $f(P)$ 在全平面上非负并可和. 如果 $f(P)$ 定义于某可测集合 $\mathscr{E}_0$ 上,并在其上可和,那么令这函数在 $\mathscr{E}_0$ 以外等于零,于是得出一个在全平面上可和的函数. 公式(16)定义出在体 L_G 上完全加法的函数 $\varphi(\mathscr{E})$. 所以这函数必定义于一切半开区间上,因而又可以把这区间函数 $\psi(\Delta)$ 推广到体 L_φ 上去,与以前关于 $G(\Delta)$ 所做的一样.

定理 1 凡 L_G 中的集合 $\mathscr{E}$ 必属于 L_φ,而公式(16)定出这集合的测度 $\varphi(\mathscr{E})$,后者是依上述推广 $\varphi(\Delta)$ 而得的.

凡开集合 O 是可数无穷多彼此无公点的半开区间 $\Delta_k(k=1,2,\cdots)$ 之和. 把公式

$$\varphi(\Delta_k)=\int_{\Delta_k}f(P)G(\mathrm{d}\mathscr{E})$$

依 k 取和,由于测度的完全加法性,左边的和是测度 $\varphi(O)$,而右边是在 O 上的积分值,因为积分也是完全加法的,就是说,公式(16)定出任意开集合的测度 $\varphi(O)$ 来. 注意凡闭集合 F 是全平面 $\mathscr{E}'$(开集合)与某一开集合 O(即差 $O=\mathscr{E}'-F$)之差,而

$$\varphi(\mathscr{E}')=\int_{\mathscr{E}'}f(P)G(\mathrm{d}\mathscr{E}),\quad \varphi(O)=\int_O f(P)G(\mathrm{d}\mathscr{E})$$

于是可得,公式(16)定出任意闭集合 F 的测度 $\varphi(F)$ 来. 公式(16)定出任意开集合 $\mathscr{E}=O-F$ 的测度,此处 $F\subset O$. 设 $\mathscr{E}$ 是 L_G 中某一集合,ε_n 是趋向于零的正数序列. 我们知道,必存在开集合 O_n 及闭集合 F_n 两序列,满足 $F_n\subset\mathscr{E}_n\subset O_n$,而 $G(O_n-F_n)=G(O_n)-G(F_n)\leqslant\varepsilon_n$. 依积分(16)的绝对连续性,$\varphi(O_n-F_n)\to 0$,所以 $\mathscr{E}$ 也属于 L_φ. 这时 $\mathscr{E}$ 在 L_φ 中的测度显然是 $\varphi(F_n)$ 或 $\varphi(O_n)$ 的极

限，也就是
$$\int_{F_n} f(P)G(\mathrm{d}\mathscr{E})$$
的极限，其中 $F_n \subset \mathscr{E}, G(\mathscr{E}-F_n) \to 0$. 依积分的绝对连续性，这积分正是依 $\mathscr{E}$ 取的积分，就是说 $\mathscr{E}$ 在 L_φ 中的测度正是积分(16)，于是定理证明了. 如果设非负函数 $f(P)$ 只在任意一个有界集合上面可和，定理仍旧正确，证明法也与上面本质上相同. 在下面定理中我们更精确地讨论 L_φ.

定理 2 任意集合 $\mathscr{E}$ 属于 L_φ 的必要且充分的条件是它可以表示成和
$$\mathscr{E} = \mathscr{E}^{(1)} \mathscr{E}^{(2)} \tag{39}$$
其中 $\mathscr{E}^{(1)} \in L_G$，而在 $\mathscr{E}^{(2)}$ 的任意点 P 处 $f(P) = 0$.

先证必要性. 设 $\mathscr{E}$ 属于 L_φ. 作集合
$$\mathscr{E}_0 = \mathscr{E}[f(P)=0], \quad \mathscr{E}_1 = \mathscr{E}[f(P)>1]$$
$$\mathscr{E}_n = \mathscr{E}\left[\frac{1}{n} < f(P) < \frac{1}{n-1}\right] \tag{40}$$
$$(n = 2, 3, \cdots)$$
而用 $\mathscr{E}'$ 表示凡使 $f(P)$ 无意义或等于 $+\infty$ 的所有的点 P 所组成的集合. 集合 $\mathscr{E}'$ 依 $G(\mathscr{E})$ 是可测的，并且 $G(\mathscr{E}') = 0$. 在 $\mathscr{E}'$ 的任意部分上这些话仍然成立. 函数 $f(P)$ 既然依 $G(\mathscr{E})$ 是可测的，它对于 $\varphi(\mathscr{E})$ 也是可测的，而所有集合(40)与 $\mathscr{E}'$ 都属于 L_φ. 再定义集合
$$\mathscr{E}^{(1)} = \mathscr{E}\mathscr{E}' + \sum_{n=1}^{\infty} \mathscr{E}\mathscr{E}_n, \quad \mathscr{E}^{(2)} = \mathscr{E}\mathscr{E}_0 \tag{41}$$
如此公式(39)成立. 在 $\mathscr{E}^{(2)}$ 的各点处 $f(P)$ 等于零，我们还须证明 $\mathscr{E}^{(1)} \in L_G$. 集合 $\mathscr{E}\mathscr{E}'$ 依 $G(\mathscr{E})$ 的测度是零，所以只需证集合 $\mathscr{E}\mathscr{E}_n$ 依 $G(\mathscr{E})$ 可测. 既然 $\mathscr{E}\mathscr{E}_n$ 依 $\varphi(\mathscr{E})$ 可测，必存在闭集合 F_n 及开集合 O_n，使
$$F_n \subset \mathscr{E}\mathscr{E}_n \subset O_n, \quad \varphi(O_n - F_n) \leqslant \frac{\varepsilon}{n} \tag{42}$$
其中 ε 是一个预定的正数. 作集合
$$D_n = \mathscr{E}_n(O_n - F_n) = \mathscr{E}_n O_n - \mathscr{E}_n F_n \tag{43}$$
就是说 D_n 是凡 $O-F_n$ 中满足 $\frac{1}{n} < f(P) \leqslant \frac{1}{n-1}$ 或 $f(P) > 1 (n=1$ 时$)$ 的所有点所成集合. 既然 $O_n - F_n \in L_G$，而 $f(P)$ 依 $G(\mathscr{E})$ 可测，集合 D_n 属于 L_G. 又因为 $F_n \subset \mathscr{E}\mathscr{E}_n$，可知 $F_n \subset \mathscr{E}_n$ 而 $\mathscr{E}_n F_n = F_n$. 由 $\mathscr{E}\mathscr{E}_n \subset O_n$ 可知 $\mathscr{E}\mathscr{E}_n \subset O_n \mathscr{E}_n$，而依(43)，$\mathscr{E}\mathscr{E}_n - F_n \subset D_n$，因此 $|\mathscr{E}\mathscr{E}_n - F_n|_G \leqslant |D_n|_G$. 但集合 $D_n \in L_G$，所以可以写 $|D_n|_G = G(D_n)$，就是说
$$|\mathscr{E}\mathscr{E}_n - F_n|_G \leqslant G(D_n) \tag{44}$$
又由(43)及 $\mathscr{E}_n F_n = F_n$ 可知 $D_n \subset O_n - F_n$，而应用(42)可得

$$\int_{D_n} f(P)G(\mathrm{d}\mathscr{E}) = \varphi(D_n) \leqslant \varphi(O_n - F_n) \leqslant \frac{\varepsilon}{n} \tag{45}$$

集合 D_n 依(43)是在 $\mathscr{E}_n$ 中的,而在 $\mathscr{E}_n$ 上 $f(P) > \frac{1}{n}$. 如此得

$$\int_{D_n} f(P)G(\mathrm{d}\mathscr{E}) \geqslant \frac{1}{n} G(D_n)$$

而不等式(45)变成不等式

$$\frac{G(D_n)}{n} < \frac{\varepsilon}{n}$$

就是说 $G(D_n) < \varepsilon$. 依(44)可知 $|\mathscr{E}\mathscr{E}_n - F_n|_G < \varepsilon$,既然 ε 是任意的,由此可知 $\mathscr{E}\mathscr{E}_n \in L_G$;条件(39)的必要性证明了.

再证明充分性. 已知公式(39),其中 $\mathscr{E}^{(1)} \in L_G$,而 $f(P)$ 在 $\mathscr{E}^{(2)}$ 的点处 $=0$. 需要证明 $\mathscr{E} \in L_\varphi$. 依定理1,集合 $\mathscr{E}^{(1)} \in L_\varphi$. 剩下只要证明 $\mathscr{E}^{(2)} \in L_\varphi$ 就够了. 凡满足 $f(P)=0$ 的点所成的集合 H 是依 $G(\mathscr{E})$ 可测的,因此 $H \in L_\varphi$,而依(16), $\varphi(H)=0$. 但 $\mathscr{E}^{(2)} \subset H$,因此 $\mathscr{E}^{(2)}$ 依 $\varphi(\mathscr{E})$ 可测,而其测度等于零. 如此定理证明了. 注意 $\mathscr{E}^{(2)} \subset H$,因而 $\varphi(\mathscr{E}^{(2)})=0$,所以可以结论, $\varphi(\mathscr{E}) = \varphi(\mathscr{E}^{(1)})$,就是说在计算 $\varphi(\mathscr{E})$ 时可以应用公式(16),但须把 $\mathscr{E}$ 换成 $\mathscr{E}^{(1)}$. 再注意公式(39)的集合 $\mathscr{E}^{(1)}$ 凡满足 $f(P)=0$ 的点可以归并到 $\mathscr{E}^{(2)}$ 中去. 这些点的集合 $\mathscr{E}^{(1)}\mathscr{E}_0$ 也依 $G(\mathscr{E})$ 是可测的.

现在证明一个定理,使我们能够把依 $\varphi(\mathscr{E})$ 作的勒贝格-斯蒂尔切斯各分化成依 $G(\mathscr{E})$ 的积分.

定理3 如果 $F(P)$ 定义于某集合 $\mathscr{E}$ 上,并在其上依 $\varphi(\mathscr{E})$ 可测并可和,而 $\mathscr{E}$ 是依 $\varphi(\mathscr{E})$ 可测的,并且测度有穷,那么 $F(P)f(P)$ 依 $G(\mathscr{E})$ 在 $\mathscr{E}^{(1)}$ 上可测,而下面公式成立

$$\int_{\mathscr{E}} F(P)\varphi(\mathrm{d}\mathscr{E}) = \int_{\mathscr{E}^{(1)}} F(P)f(P)G(\mathrm{d}\mathscr{E}) \tag{46}$$

这可以写成下面形式

$$\int_{\mathscr{E}} F(P)\Big[\int_{\mathrm{d}\mathscr{E}} f(P)G(\mathrm{d}\mathscr{E})\Big] = \int_{\mathscr{E}^{(1)}} F(P)f(P)G(\mathrm{d}\mathscr{E}) \tag{46'}$$

延展 $F(P)$,使它在 $\mathscr{E}$ 之外为零,可能设 $F(P)$ 与 $f(P)$ 一样都到处有定义. 此外可以设 $F(P)$ 与 $f(P)$ 在一切点处都取有穷值. 函数 $F(P)$ 依 $\varphi(\mathscr{E})$ 可测,而 $f(P)$ 依 $G(\mathscr{E})$ 可测,所以依 $\varphi(\mathscr{E})$ 可测. 取新函数 $F_0(P)$,使当 $f(P) \neq 0$ 时 $F_0(P) = F(P)$,当 $f(P) = 0$ 时 $F_0(P) = 0$. 换言之, $F_0(P) = F(P)\omega_H(P)$,而 $\omega_H(P)$ 是凡满足 $f(P) \neq 0$ 的所有点 P 所成集合 H 的特征函数. 我们既知 $H \in L_G$,所以 $H \in L_\varphi$,就是说 $F(P)$ 与 $\omega_H(P)$ 都是依 $\varphi(\mathscr{E})$ 可测的,因此 $F_0(P)$ 依 $\varphi(\mathscr{E})$ 可测. 现在证明 $F_0(P)$ 依 $G(\mathscr{E})$ 可测. 既然 $F_0(P)$ 依 $\varphi(\mathscr{E})$ 可测. 既然 $F_0(P)$ 依 $\varphi(\mathscr{E})$ 可测,对于任意 a,凡满足 $F_0(P) > a$ 的所有点所成的集合 $\mathscr{E}_a$ 可

以表示成下列形式：$\mathscr{E}_a = \mathscr{E}_a^{(1)} + \mathscr{E}_a^{(2)}$，而 $\mathscr{E}_a^{(1)} \in L_G$，在 $\mathscr{E}_a^{(2)}$ 上 $f(P) = 0$. 如果 $a \geqslant 0$，依 $F_0(P)$ 的定义，集合 $\mathscr{E}_a^{(2)}$ 化为乌有，所以 $\mathscr{E}_a \in L_G$. 如果 $a < 0$，那么集合 $\mathscr{E}_a$ 包含整个集合 H，而如上所述，可设在这情形下 $\mathscr{E}_a^{(2)}$ 与 H 重合，就是在 $\mathscr{E}_a^{(1)}$ 的一切点处 $f(P) > 0$. 但 $H \in L_G$，因此 $\mathscr{E}_a = \mathscr{E}_a^{(1)} + H \in L_G$. 如此 $\mathscr{E}_a \in L_G$ 对于一切 a 都成立，因此 $F_0(P)$ 依 $G(\mathscr{E})$ 是可测的，而积 $F_0(P)f(P)$ 也是依 $G(\mathscr{E})$ 可测的. 回到在定理中所说的集合 $\mathscr{E}^{(1)}$. 在这集合的点处积 $F_0(P)f(P)$ 与 $F(P)f(P)$ 重合，就是说 $F(P)f(P)$ 在 $\mathscr{E}^{(1)}$ 中依 $G(\mathscr{E})$ 是可测的. 在证明公式(46)时将限于考察 $F(P)$ 有界的情形. 对于无界函数证明也完全一样. 设 $|F(P)| < L$，而 $\mathscr{E}_{n,k}$ 表示 $\mathscr{E}$ 中凡满足不等式

$$\frac{k}{2^n}L < F(P) < \frac{k+1}{2^n}L$$

$$(k = -2^n, -2^n+1, \cdots, 2^n - 1)$$

的所有点 P 所成的集合. 作片段定值的函数

$$F_n(P) = \frac{k}{2^n}L \quad (\text{如果 } P \in \mathscr{E}_{n,k})$$

当 n 增大时函数序列 $F_n(P)$ 增大而有界，其绝对值以 L 为界. 于是

$$\int_{\mathscr{E}} F_n(P)\varphi(\mathrm{d}\mathscr{E}) = \sum_{k=-2^n}^{2^n-1} \frac{k}{2^n} L \varphi(\mathscr{E}_{n,k})$$

$$= \sum_{k=-2^n}^{2^n-1} \frac{k}{2^n} L \int_{\mathscr{E}_{n,k}^{(1)}} f(P) G(\mathrm{d}\mathscr{E})$$

而 $\mathscr{E}_{n,k}^{(1)}$ 是 $\mathscr{E}_{n,k}$ 依(39)式分解而得. 依上述一切 k 值求和，可得集合 $\mathscr{E}^{(1)}$，而把常数 $\frac{k}{2^n}L$ 放入积分号下，可得公式

$$\int_{\mathscr{E}} F_n(P)\varphi(\mathrm{d}\mathscr{E}) = \int_{\mathscr{E}^{(1)}} F_n(P)f(P)G(\mathrm{d}\mathscr{E})$$

右边积分号下函数依绝对值不大于可和函数 $Lf(P)$，而两边可以在积分号下取极限值，于是得公式(46). 如果集合 $\mathscr{E}$ 依 $G(\mathscr{E})$ 可测，那么在公式(46)中可以用 $\mathscr{E}$ 代替 $\mathscr{E}^{(1)}$，因为 $\mathscr{E}^{(2)} = \mathscr{E} - \mathscr{E}^{(1)}$，而 $f(P)$ 在 $\mathscr{E}^{(2)}$ 上等于 0，所以在 $\mathscr{E}^{(2)}$ 上的积分等于零.

如果 $G(\Delta)$ 是围变函数，那么应用分解成两个非负函数之差的典式，可得

$$G(\mathscr{E}) = G_1(\mathscr{E}) - G_2(\mathscr{E})$$

而把定理应用到 $G_1(\mathscr{E})$ 及 $G_2(\mathscr{E})$ 上去. 在这情形下须用 L_V 代替 L_G，而 $V(\mathscr{E}) = G_1(\mathscr{E}) + G_2(\mathscr{E})$. 关于函数 $\varphi(\mathscr{E})$ 也有分解成两个非负函数之差的表示式 $\varphi(\Delta) = \varphi_1(\Delta) - \varphi_2(\Delta)$，而 L_φ 须换成 L_{V_1}，$V_1(\Delta) = \varphi_1(\Delta) + \varphi_2(\Delta)$. 完全同样地可以考察 $f(P)$ 变号的情形. 此时必须把 $f(P)$ 表成正负部分的差

$$f(P) = f^+(P) - f^-(P)$$

而证明定理时可以分别对各项进行. 如此 $\varphi(\Delta)$ 表示成两个非负函数之差, 而集合体 L_φ 须换成依函数

$$\psi(\mathscr{E}) = \int_{\mathscr{E}} |f(P)| G(\mathrm{d}\mathscr{E})$$

可测集合的体. 这定理可以完全同样地推广到复函数 $f(P)$ 与 $G(\mathscr{E})$ 的情形上去.

再考察上面所证定理在一个变数情形下的形式. 设 $g(x)$ 是 x 轴上(或在有穷区间上)不减并有界的函数, 而 $f(x)$ 是依 $g(x)$ 在全轴上非负且可和的. 考察函数

$$\omega(x) = \int_{[a,x]} f(x) \mathrm{d}g(x)$$

而 a 是任意固定数. 凡依 $g(x)$ 可测的函数依 $\omega(x)$ 也是可测的, 而集合 $\mathscr{E}$ 依 $\omega(x)$ 可测的充分必要条件是它可以表示成(39)的形式, 其中 $\mathscr{E}^{(1)}$ 依 $g(x)$ 可测, 而 $f(x)$ 在凡 $\mathscr{E}^{(2)}$ 的点处等于 0. 如果 $F(x)$ 依 $\omega(x)$ 在集合 $\mathscr{E}$ 上可和, 而 $\mathscr{E}$ 依 $\omega(x)$ 可测, 那么下面公式成立

$$\int_{\mathscr{E}} F(x) \mathrm{d}\left[\int_{[a,x]} f(x) \mathrm{d}g(x)\right] = \int_{\mathscr{E}^{(1)}} F(x) f(x) \mathrm{d}g(x) \tag{47}$$

而 $\mathscr{E}^{(1)}$ 是出现于公式(39)中的 $\mathscr{E}$ 的部分. 如果 $F(x)$ 在 $\mathscr{E}$ 上依 $g(x)$ 可测, 那么 $\mathscr{E}^{(1)}$ 可以换成 $\mathscr{E}$. 在 $g(x) = x$ 的情形, 可得公式

$$\int_{\mathscr{E}} F(x) \mathrm{d}\left[\int_a^x f(x) \mathrm{d}x\right] = \int_{\mathscr{E}^{(1)}} F(x) f(x) \mathrm{d}x \tag{48}$$

如此, 如果 $\omega(x)$ 没有特异部分, 那么 $F(x)$ 依 $\omega(x)$ 的勒贝格－斯蒂尔切斯积分可以用勒贝格积分表示出来. 如果 $\mathscr{E}$ 是某一区间 $[a,b]$, 那么公式(47)及(48)可以表示成下面形式

$$\int_{[a,b]} F(x) \mathrm{d}\left[\int_{[a,x]} f(x) \mathrm{d}g(x)\right] = \int_{[a,b]} F(x) f(x) \mathrm{d}g(x) \tag{49}$$

$$\int_a^b F(x) \mathrm{d}\left[\int_a^x f(x) \mathrm{d}x\right] = \int_a^b F(x) f(x) \mathrm{d}x \tag{49'}$$

其中(例如在第二式中)假设 $F(x)$ 是依 $f(x)$ 的不定积分可和的. 设 $\Phi(x)$ 及 $\Psi(x)$ 是绝对连续函数, 就是说

$$\Phi(x) = \int_a^x \Phi'(x) \mathrm{d}x + C_1, \quad \Psi(x) = \int_a^x \Psi'(x) \mathrm{d}x + C_2 \tag{50}$$

而 $\Phi'(x)$ 及 $\Psi'(x)$ 在 $[a,b]$ 都是可和的. 应用公式(49') 可得

$$\int_a^b \Phi(x) \Psi'(x) \mathrm{d}x + \int_a^b \Psi(x) \Phi'(x) \mathrm{d}x$$
$$= \int_a^b \Phi(x) \mathrm{d}\Psi(x) + \int_a^b \Psi(x) \mathrm{d}\Phi(x)$$

而在右边的积分都是通常斯蒂尔切斯积分, 因为 $\Phi(x)$ 及 $\Psi(x)$ 是连续且囿变

的. 关于右边有公式

$$\int_a^b \Phi(x)\mathrm{d}\Psi(x) + \int_a^b \Psi(x)\mathrm{d}\Phi(x) = \Phi(x)\Psi(x)\Big|_{x=a}^{x=b}$$

成立,而代入上面公式中可得分部积分公式

$$\int_a^b \Phi(x)\Psi'(x)\mathrm{d}x + \int_a^b \Psi(x)\Phi'(x)\mathrm{d}x = \Phi(x)\Psi(x)]\Big|_{x=a}^{x=b} \tag{51}$$

由(50)直接可知,对于和 $\Phi(x)+\Psi(x)$ 积分号下函数等于 $\Phi'(x)+\Psi'(x)$,就是说 $[\Phi(x)+\Psi(x)]' = \Phi'(x)+\Psi'(x)$. 在(51)中令 b 等于 x,可得

$$\Phi(x)\Psi(x) = \int_a^x [\Phi(x)\Psi'(x) + \Psi(x)\Phi'(x)]\mathrm{d}x + \Phi(a)\Psi(a)$$

就是说 $[\Phi(x)\Psi(x)]' = \Phi(x)\Psi'(x) + \Psi(x)\Phi'(x)$.

76. 例

我们举一个不减连续函数而并非绝对连续函数的例子,并且对于这函数公式(20)中的第二项(即绝对连续项)消失. 首先在区间[0,1]上作一闭集合 F_0. 分区间[0,1]成三等分,设其分点为 $\frac{1}{3}$ 及 $\frac{2}{3}$,并取去中间的开区间 $\left(\frac{1}{3}, \frac{2}{3}\right)$. 再把所余两区间 $\left[0, \frac{1}{3}\right]$ 及 $\left[\frac{2}{3}, 1\right]$ 各分成三等分,第一个的分点是 $\frac{1}{9}$ 及 $\frac{2}{9}$,而第二个的分点是 $\frac{7}{9}$ 与 $\frac{8}{9}$. 从这两个区间中各取去中间部分,就是说取去区间 $\left(\frac{1}{9}, \frac{2}{9}\right)$ 及 $\left(\frac{7}{9}, \frac{8}{9}\right)$. 把所余四个区间

$$\left[0, \frac{1}{9}\right], \left[\frac{2}{9}, \frac{3}{9}\right], \left[\frac{6}{9}, \frac{7}{9}\right], \left[\frac{8}{9}, 1\right]$$

再各分成三等分,并从每个区间中各取去当中那部分开区间,余类推. 如此最后由区间[0,1]取去可数无穷多个开区间,这些开区间彼此无公点也无公端点

$$\left(\frac{1}{3}, \frac{2}{3}\right), \left(\frac{1}{9}, \frac{2}{9}\right), \left(\frac{7}{9}, \frac{8}{9}\right), \left(\frac{1}{27}, \frac{2}{27}\right)$$
$$\left(\frac{7}{27}, \frac{8}{27}\right), \left(\frac{19}{27}, \frac{20}{27}\right), \left(\frac{25}{27}, \frac{26}{27}\right), \cdots \tag{52}$$

也就是说,取去某一开集合 H_0,而所余集合是闭的,用 F_0 表示. 第一步取去的开区间长等于 $\frac{1}{3}$,第二步取去两个区间,其长各为 $\frac{1}{3^2}$,第三步取去 2^2 个区间,其长各是 $\frac{1}{3^3}$,而一般地说,第 n 步取去 2^{n-1} 个区间,其长各为 $\frac{1}{3^n}$. 如此,开集合 H_0 的勒贝格测度等于

$$\sum_{n=1}^{\infty} \frac{2^{n-1}}{3^n} = \frac{\frac{1}{3}}{1-\frac{2}{3}} = 1$$

因而在区间$[0,1]$上所余的集合F_0的测度必等于零. 现在在区间$[0,1]$上定义函数$f(x)$如下. 设当$x\in\left(\frac{1}{3},\frac{2}{3}\right)$时, $f(x)=\frac{1}{2}$; 当$x\in\left(\frac{1}{9},\frac{2}{9}\right)$时, $f(x)=\frac{1}{4}$; 当$x\in\left(\frac{7}{9},\frac{8}{9}\right)$时, $f(x)=\frac{3}{4}$; 一般地, 在第n步所取去的n个区间之上, 从左到右, 依次各令$f(x)$等于$\frac{1}{2^n},\frac{3}{2^n},\frac{5}{2^n},\cdots,\frac{2^n-1}{2^n}$. 如此, 函数$f(x)$定义于集合$H_0$的所有点上, 而在(52)中构成这集合的每个开区间上保持常数值. 再定义$f(x)$于$[0,1]$的端点, 令$f(0)=0,f(1)=1$. 我们在(52)中每个区间上定义函数$f(x)$的原则是: 在第n步所得的H_0的某个区间上, 令$f(x)$等地其在以前已得到的邻接区间上数值的算术中值, 而如果这H_0中的新区间之一边并没有集合H_0中以前得到的区间时, 则可取$f(x)$等于其在一边的邻接区间的值与另一边区间$[0,1]$端点的值的算术中值. 如此直接可知, $f(x)$是集合H_0上的不减函数, 把$f(x)$的定义推广到F_0上去. 设$x_0\in F_0$. 既然F_0的测度是零, 那么在x_0的任意ε邻域中必有H_0的点, 而如果集合H_0的点x从左边趋向于x_0, 那么$f(x)$不减, 并有极限, 而此极限值我们取作$f(x)$在$x=x_0$处的值. 换句话说, 上面的定义是: 令$f(x_0)$等于$f(x)$在属于H_0而在x_0左侧的点x处数值的上确界. 在点$x=1$处这定义与以前的规定相符, 即仍是$f(1)=1$. 如此在整个区间$[0,1]$上定义的函数显然不减. 不难证明它是连续的. 事实上, 如果它有一间断点$x=x'$, 那么至少有一个区间$[f(x'-0),f(x')]$或$[f(x'),f(x'+0)]$不缩成一点, 而由于这函数的单调性, 这区间内部并不含$f(x)$的值. 但依上面在H_0上定义的$f(x)$的值在区间$[0,1]$上到处稠密, 于是得出矛盾来, 可知$f(x)$并不间断. 在(52)中每个区间上, $f(x)$保持常数值. 由不减连续函数$f(x)$出发可以作一完全加法的非负集合函数$\varphi(\mathscr{E})$, 定义于(在任何情形下)一切B集合上. 依上面所述的, $\varphi(H_0)=0$, 所以$\varphi(\mathscr{E})$在一切属于H_0的B集合上更是等于零的. 如果取区间$[0,x]$, 那么可以写成
$$[0,x]=[0,x]\cdot H_0+[0,x]\cdot F_0$$
所以
$$f(x)=\varphi([0,x])=\varphi([0,x]\cdot H_0)+\varphi([0,x]\cdot F_0)$$
由上面所说的, 第一项等于零, 而F_0的测度等于零, 所以$f(x)$简化成一个特异部分
$$f(x)=\varphi([0,x]\cdot F_0)$$
而F_0起着公式(20)中H的作用, $f(x)$起着其中$\omega(x)$的作用.

再研究一下集合F_0. 连续不减函数$f(x)$取从0到1间的一切实数值. 在所除去的每个区间上, 连同其端点在内, $f(x)$保持常数值, 而所除去的区间的数目是可数无穷的. 但$f(x)$一切值的集合是不可数的(其权与连续统的相同). 所

以显然除了所除去区间端点以外 F_0 还包含其他的点. 可以证明, F_0 有连续统的权.

77. 多变数的绝对连续函数

与我们作一个变数的绝对连续点函数 75 小节完全一样,也可以介绍多变数的绝对连续函数的概念. 仅考察两变数的函数. 设在二维区间 Δ_0 [$a \leqslant x \leqslant b$, $c \leqslant y \leqslant d$] 上定义一个连续函数 $F(x,y)$. 可以借它的帮助作一区间函数 $\varphi(\delta)$, 其中 δ 表示区间 Δ_0 中的区间; 就是说, 如果区间 δ 由不等式 $x_1 \leqslant x \leqslant x_2, y_1 \leqslant y \leqslant y_2$ 定义, 那么与以前一样, 令

$$\varphi(\delta) = F(x_2, y_2) - F(x_1, y_2) - F(x_2, y_1) + F(x_1, y_1) \tag{53}$$

而 δ 是闭的或是开的并无关紧要, 因为 $F(x,y)$ 依条件是连续的. 如果向 $F(x,y)$ 添加和 $f_1(x) + f_2(y)$, 而其中第一项只与 x 有关, 第二项只与 y 有关, 那么这对 $\varphi(\delta)$ 并无影响. 区间函数 $\varphi(\delta)$ 叫作绝对连续的, 是指它满足与(24)相似的条件, 就是说, 如果对于任意预定的正数 ε, 有某一正数 η 与之相应, 而如 δ_k ($k = 1, 2, \cdots, n$) 是互不重叠的区间, 并且其面积之和小于 η, 那么

$$\left| \sum_{k=1}^{n} \varphi(\delta_k) \right| \leqslant \varepsilon$$

定义 函数 $F(x,y)$ 叫作两变数 (x,y) 的绝对连续函数, 是指由公式(53)定义的 $\varphi(\delta)$ 是绝对连续的区间函数, 而且此外 $F(a,y)$ 及 $F(x,c)$ 是 y 及 x 的绝对连续函数.

$F(x,y)$ 在区间 Δ_0 的下边上和左边上绝对连续这一条件之所以必须, 是因为可能对 $F(x,y)$ 加上一个和 $f_1(x) + f_2(y)$. 写出显然的公式

$$F(x,y) = [F(x,y) - F(a,y) - F(x,c) + F(a,c)] + $$
$$[F(x,c) - F(a,c)] + [F(a,y) - F(a,c)] + F(a,c)$$

右边第一项是 $\varphi(\delta_{x,y})$, 其中 $\delta_{x,y}$ 是区间 $a \leqslant x' \leqslant x, c \leqslant y' \leqslant y$, 而这函数如在 74 小节中一样, 可以表示成可和函数的不定重积分. 右边第二项及第三项是 x 及 y 的绝对连续函数, 所以可以表示成不定单积分. 如此一切绝对连续函数 $F(x,y)$ 可以表示成下列形式

$$F(x,y) = \int_a^x \int_c^y f(x,y) \mathrm{d}x \mathrm{d}y + \int_a^x g(x) \mathrm{d}x + $$
$$\int_c^y h(y) \mathrm{d}y + F(a,c) \tag{54}$$

反之, 不难看出, 凡表示成上面形式的函数是绝对连续函数. 应用傅必尼定理可以把上面公式写成

$$F(x,y) = \int_a^x \left[\int_c^y f(x,y) \mathrm{d}y + g(x) \right] \mathrm{d}x + $$
$$\int_0^y h(y) \mathrm{d}y + F(a,c) \tag{55}$$

或

$$F(x,y) = \int_c^y \Big[\int_a^x f(x,y)\mathrm{d}x + h(y)\Big]\mathrm{d}y +$$
$$\int_a^x g(x)\mathrm{d}x + F(a,c) \tag{56}$$

由此可知,如果 $F(x,y)$ 是两个变数的绝对连续函数,那么对于任意固定的 y 它是 x 的绝对连续函数,而对于任意固定的 x 它是 y 的绝对连续函数. 逆命题并不正确,就是说一个函数可以依每个变数是绝对连续的,但并不是两个变数的绝对连续函数[1].

公式(55)及(56)中第一项积分号下的函数依定义是绝对连续函数 $F(x,y)$ 的偏导函数

$$\frac{\partial F(x,y)}{\partial x} = \int_c^y f(x,y)\mathrm{d}y + g(x)$$
$$\frac{\partial F(x,y)}{\partial y} = \int_a^x f(x,y)\mathrm{d}x + h(y) \tag{56'}$$

这些公式中积分号下的函数定义了二阶混合导函数

$$\frac{\partial}{\partial y}\Big[\frac{\partial F(x,y)}{\partial x}\Big] = \frac{\partial}{\partial x}\Big[\frac{\partial F(x,y)}{\partial y}\Big] = f(x,y)$$

如果偏导函数 F_x 及 F_y 本身也是两个变数的绝对连续函数,那么我们可以定义一切二阶偏导函数. 如果这些函数仍是两个变数的绝对连续函数,那么可以定义一切三阶导函数,其余类推.

可以证明,偏导数在 Δ_0 中殆遍是相应商的极限. 例如 F_x 是商 $[F(x+h,y) - F(x,y)]/h$ 的极限. 绝对连续函数 $F(x,y)$ 可以解释成平面上的点函数 $F(M)$. 如果我们在这平面上取新坐标 (x',y') 代替旧的笛卡儿坐标 (x,y),那么得一新函数 $F(x',y')$,它对于新变数可能不是绝对连续函数. 作为例子,可考察绝对连续函数

$$F(x,y) = \int_0^x f(t)\mathrm{d}t$$

而 $f(t)$ 是连续,但非绝对连续的函数,并可设它就是在 76 小节所作定义于[0,1]上的函数. 延展它,使当 $x<0$ 时 $f(x)=0$,而 $x>1$ 时 $f(x)=1$. 上面公式在全平面上定义了一个绝对连续的函数(它事实上只与 x 有关). 环绕原点旋转 $45°$,得新坐标,于是

$$F(x',y') = \int_0^{\frac{1}{\sqrt{2}}(x'+y')} f(t)\mathrm{d}t$$

---

[1] 例如在 $(0,0)$ 处 $f(x,y) = 0$,在以 $(0,0)$ 为中心的单位正方形的其他点处 $f(x,y) = \frac{xy}{x^2+y^2}$. ——译者注

这函数依 x' 的偏导函数可以表示成
$$F_{x'} = \frac{1}{\sqrt{2}} f\left(\frac{1}{\sqrt{2}} x' + \frac{1}{\sqrt{2}} y'\right)$$

这对于固定的 x' 值不是 y' 的绝对连续函数,但如果 $F(x',y')$ 是两个变数的绝对连续函数,则依(55)$F_{x'}$ 应当是 y' 的绝对连续函数. 注意对于任意选择的笛卡儿坐标,所作函数对于每个变数的一切值依另一个变数是绝对连续函数. 同样上面所奠立的理论可以适用于任意多变数的绝对连续函数.

在下节中将讨论偏导函数的更一般定义,这定义不仅适用于多变数的绝对连续函数.

78. 偏导函数概念的推广

设 D 是平面上某一区域,就是说,某一开集合(可能是全平面),并设 $\varphi(x,y)$ 是定义于 D 中的函数,并且在 D 内部的任意有穷的闭区域 D' 上都是可测的可和函数. 再设 $\psi(x,y)$ 是连续的,并且有连续的 k 阶偏导数,并在 D' 之外等于零. 首先设 $\varphi(x,y)$ 也是连续的,并在 D 内有连续的 k 阶导数. 依 D 取积分,这与依 D' 取积分一样,因为在 D' 之外 $\psi(x,y) \equiv 0$. 于是得

$$\iint_D \left[\varphi \frac{\partial^k \psi}{\partial x^{p_1} \partial y^{p_2}} + (-1)^{k-1} \psi \frac{\partial^k \varphi}{\partial x^{p_1} \partial y^{p_2}} \right] \mathrm{d}x \mathrm{d}y \tag{57}$$

为了证明这公式,只需应用分部积分,并依含 D' 的某一具有足够好的边界 l 的区域 D'' 积分. 依关于边界 l 的条件,ψ 及其到 k 阶的导数都是. 此外,举例说

$$\varphi \frac{\partial^2 \psi}{\partial x \partial y} = \frac{\partial}{\partial x}\left(\varphi \frac{\partial \psi}{\partial y}\right) - \frac{\partial \varphi}{\partial x} \frac{\partial \psi}{\partial y}$$
$$= \frac{\partial}{\partial x}\left(\varphi \frac{\partial \psi}{\partial y}\right) - \frac{\partial}{\partial y}\left(\frac{\partial \varphi}{\partial x} \psi\right) + \psi \frac{\partial^2 \varphi}{\partial x \partial y}$$

依 D'' 取积分,并注意 $\varphi \frac{\partial \psi}{\partial y}$ 及 $\frac{\partial \varphi}{\partial x} \psi$ 在 l 上等于零,于是得(57). 如果 φ 只是可和,如在本小节开始时所指明的,那么我们由(57)定义 φ 的偏导数,就是说,可和函数 $\omega(x,y)$ 叫作可和函数 $\varphi(x,y)$ 依 xp_1 次依 yp_2 次的 k 阶导函数,是指无论如何选择函数 $\psi(x,y)$,只要后者及其 k 阶导函数都是在 D 内部连续的,并且在位于 D 内部的某一闭区域 D' 之外等于零,总有

$$\iint_D \left[\varphi \frac{\partial^k \psi}{\partial x^{p_1} \partial y^{p_2}} + (-1)^{k-1} \psi \omega \right] \mathrm{d}x \mathrm{d}y = 0 \tag{58}$$

在上述定义中可和性是设在 D 内部的任意有界闭集合 D' 中成立的. 为了证明上述定义合法,必须证明当把相抵函数等同之时导函数 ω 是唯一的. 设满足条件(58)的有两个函数 ω_1 及 ω_2. 必须证明它们在 D 中相抵,亦即在 D 内的任意区域 D' 中相抵. 在(58)中依次令 $\omega = \omega_1$ 及令 $\omega = \omega_2$,则把两式相减可得

$$\iint_D (\omega_1 - \omega_2) \psi \mathrm{d}x \mathrm{d}y = 0$$

其中 ψ 是具有上述性质的任意函数. 在下面的一节中我们将证明由这等式确实可知 $\omega_1-\omega_2$ 与零相抵. 广义导函数的表示法和通常一样

$$\omega=\frac{\partial^k\varphi}{\partial x_1^{p_1}\partial x_2^{p_2}}=\varphi_{x_1^{p_1}x_2^{p_2}}$$

在公式(58)中 ψ 的导函数中的微分次序不起什么作用,因为 ψ 依条件有连续导函数. 由此直接可知,在广义导函数中微分的次序也不起任何作用. 还须注意,定义高阶的广义导函数时不须先知道较低阶的导函数. 也可能发生下面的情形,即高阶广义导函数虽然存在,较低阶的导函数并不存在. 但在下面我们将看到,最重要的一类函数是具有到某一阶为止的一切阶广义导函数的. 作为例子考察 $\varphi(x,y)=f(x)+f(y)$,其中 $f(x)$ 是在 76 小节中所做的连续增函数. 这函数定义于区间 $D:0<x<1,0<y<1$ 内. 容易证明,广义导函数 $\varphi_{xy}(x,y)$ 存在,并等于零. 依(58),这中以归结于等式

$$\iint_D f(x)\frac{\partial^2\psi}{\partial x\partial y}\mathrm{d}x\mathrm{d}y+\iint_D f(y)\frac{\partial^2\psi}{\partial x\partial y}\mathrm{d}x\mathrm{d}y=0$$

现在证明第一项等于零. 我们把它写成下面的形式

$$\iint_D \frac{\partial}{\partial y}\left[f(x)\frac{\partial\psi}{\partial x}\right]\mathrm{d}x\mathrm{d}y$$

而依 y 所取的导函数是依通常意义的. 首先依 y 积分,可知积分等于零,因为导函数 ψ_x 在某一位于 D 内部的区域 D' 之外等于零. 完全同样可以证明,第二项也等于零. 现在证明,所做的函数 φ 没有依 x 的广义导函数. 我们用归谬证法. 设如此的导函数 $\omega(x,y)$ 存在,就是说

$$\iint_D\left[(f(x)+f(y))\frac{\partial\psi}{\partial x}+\omega\psi\right]\mathrm{d}x\mathrm{d}y=0 \tag{59}$$

定义函数

$$\varphi_1(x,y)=\int_{\frac{1}{2}}^x \omega(x',y')\mathrm{d}x'$$

这对于殆遍 y 值,是依 x 绝对连续的,并设 $\varphi_2(x,y)=\varphi_1(x,y)+f(y)$. 既然对于任意位于 D 内部的区间 D',ω 是可和的,上写的积分对于殆遍 y 值存在. 下面公式成立

$$\iint_D\left(\varphi_2\frac{\partial\psi}{\partial x}+\omega\psi\right)\mathrm{d}x\mathrm{d}y=0$$

这公式的正确性很容易证明;首先依 x 积分,应用分部积分法,并注意 ψ 与 ψ_x 在位于 D 内部的某一区间 D' 外部等于零. 把上式从(59)减去,可得

$$\iint_D[f(x)-\varphi_1(x,y)]\frac{\partial\psi}{\partial x}\mathrm{d}x\mathrm{d}y=0$$

例如可以设 ψ 只依从 x. 依区间 $D':a\leqslant x\leqslant b,a\leqslant y\leqslant b$ 积分,在这区间之外

ψ 等于零,且首先依 y 积分,得

$$\int_a^b \left\{ f(x)(b-a) - \int_{\frac{1}{2}}^x \left[\int_a^b \omega(x',y')\mathrm{d}y' \right] \mathrm{d}x' \right\} \frac{\partial \psi}{\partial x} \mathrm{d}x = 0$$

既然 ψ 是任意的,可知位于花括弧内的差是常数

$$f(x) = \frac{1}{b-a} \int_{\frac{1}{2}}^x \left[\int_a^b \omega(x',y')\mathrm{d}y' \right] \mathrm{d}x' + C$$

这就是说,$f(x)$ 是绝对连续的,而我们知道这是不正确的.如此函数 $\varphi(x,y) = f(x) + f(y)$ 有广义的导函数 φ_{xy},但没有一阶的广义导函数.我们已经说过,最重要的情形是 φ 具有从 1 阶直到 l 阶的 $l-1$ 阶的所有导函数对于另一个变数是绝对连续的.这命题的证明与刚才证明 $f(x)$ 的绝对连续性完全一样.再注意,整个广义偏导函数理论自然地推广到任意多变数的情形.

在一变数的情形,广义偏导函数无意义.不难证明,如果 $\varphi(x)$ 有广义的 l 阶导函数,那么它以及到 $(l-1)$ 阶为止所有导函数都是绝对连续函数.

79. 中值函数

我们介绍一种平均任一可和函数 $f(P)$ 的方法.如此可以引到一序列函数 $F_n(P)$,这些函数都有一切阶的导函数,并当 n 很大时,依一定的意义与 $f(P)$ 接近.所得中值函数 $F_n(P)$ 的导函数与取中值的函数 $f(P)$ 的广义导函数是密切联系的,我们以后将要证明.首先作中值函数,并阐述其性质.

设 $\omega(t)$ 是对一切实数 t 定义的某函数,并设它有一切阶的通常导函数,它在区间 $(-1,+1)$ 内是非负的,在这区间之外等于零,而

$$\int_{-\infty}^{+\infty} \omega(t)\mathrm{d}t = \int_{-1}^{+1} \omega(t)\mathrm{d}t = 1 \tag{60}$$

作为例子,可以举如下定义的函数

$$\begin{aligned} \omega(t) &= c\mathrm{e}^{\frac{1}{t^2-1}} \quad \text{当 } |t|<1 \text{ 时} \\ \omega(t) &= 0 \quad \text{当 } |t| \geqslant 1 \text{ 时} \end{aligned} \tag{61}$$

而常数 c 由条件

$$c\int_{-1}^{+1} \mathrm{e}^{\frac{1}{t^2-1}} \mathrm{d}t = 1$$

定义.如果 $t \to 1$ 是由小于 1 的值趋近 1 的,那么 $\frac{1}{t^2-1} \to -\infty$,而当 t 经过 $t=1$ 时,函数 $\omega(t)$ 的各阶导函数并不失掉连续性,且对于 $t \geqslant 1$ 变成等于零的值.同理当 t 由大于 -1 的值趋近 -1 时也一样.

现在作在平面上的中值核序列

$$\psi_n(x,y;\xi,\eta) = n^2 \omega(nx-n\xi)\omega(ny-n\eta) \tag{62}$$

非负函数 $\psi_n(x,y;\xi,\eta)$ 有各阶连续导函数,只与差 $x-\xi$ 及 $y-\eta$ 有关,在二维区间 $\Delta_n^{(\xi,\eta)} \left(|x-\xi| \leqslant \frac{1}{n}, |y-\eta| \leqslant \frac{1}{n} \right)$ 之外等于零,而依 (60) 可知

$$\iint_{\Delta_n^{(\xi,\eta)}} \psi_n(x,y;\xi,\eta) \mathrm{d}x\mathrm{d}y = 1 \tag{62'}$$

设 $f(x,y)$ 是在有界闭区域 D_0 中的某一可和函数. 延展它到 D_0 之外,并在 D_0 之外令它等于零,作中值函数序列

$$F_n(\xi,\eta) = \iint f(x,y) \psi_n(x,y;\xi,\eta) \mathrm{d}x\mathrm{d}y \tag{63}$$

对于任意固定 (ξ,η),积分号下的函数在 $\Delta_n^{(\xi,\eta)}$ 之外是零,而所写的积分不论看作取于区间 $\Delta_n^{(\xi,\eta)}$ 或全平面之上都一样.

如果 (ξ,η) 在 D_0 之外,就是说,如果 (ξ,η) 到 D_0 的距离大于零,那么对于一切足够大的值 n,积分号下的函数恒等于零,而 $F_n(\xi,\eta)=0$ 对于足够大的 n 成立. 不难得知,中值函数 $F_n(\xi,\eta)$ 在全平面上是连续的,并有一切阶的导函数. 例如,注意 ψ_n 只依存于差 $x-\xi$ 及 $y-\eta$

$$|F_n(\xi+h,\eta+k)-F_n(\xi,\eta)| \leqslant \iint |f(x,y)| |\psi_n(x-h,y-k;\xi,\eta) - \psi_n(x,y;\xi,\eta)| \mathrm{d}x\mathrm{d}y$$

由定义 (62) 及 $\omega(t)$ 的一致连续性可知,对于任意预给的 ε,必存在一个正数 ε_1,使当 $|h|$ 及 $|k| < \varepsilon_1$ 时

$$|\psi_n(x-h,y-k;\xi,\eta) - \psi_n(x,y;\xi,\eta)| \leqslant \varepsilon$$

所以

$$|F_n(\xi+h,\eta+k)-F_n(\xi,\eta)| \leqslant \varepsilon \iint_{D_0} |f(x,y)| \mathrm{d}x\mathrm{d}y$$

由此,既然 ε 是任意的,可知 $F_n(\xi,\eta)$ 是连续的. 再证明依 ξ 的偏导函数存在且是连续的. 作商

$$\frac{F_n(\xi+h,\eta)-F_n(\xi,\eta)}{h}$$
$$= \iint f(x,y) \frac{\psi_n(x-h,y;\xi,\eta)-\psi_n(x,y;\xi,\eta)}{h} \mathrm{d}x\mathrm{d}y \tag{64}$$

依中值定理

$$\frac{\psi_n(x-h,y;\xi,\eta)-\psi_n(x,y;\xi,\eta)}{h}$$
$$= -n^3 \omega'(nx-n\theta h-n\xi)\omega(ny-n\eta) \quad (0<\theta<1)$$

对于任意 h,右边依绝对值不大于某一正数 K,而在积分 (64) 中积分号下的函数依绝对值并不大于可和函数 $K|f(x,y)|$,因此可以在积分号下取极限值,而得

$$\frac{\partial F_n(\xi,\eta)}{\partial \xi} = -\iint f(x,y) \frac{\partial \psi_n(x,y;\xi,\eta)}{\partial x} \mathrm{d}x\mathrm{d}y$$

$$= \iint f(x,y) \frac{\partial \psi_n(x,y;\xi,\eta)}{\partial \xi} dx dy$$

这偏导函数的连续性可以与上面完全一样地证明. 上面的证法对于一切阶的偏导函数都依然有效, 而后者可以由在积分号下微分得出

$$\frac{\partial^k F_n(\xi,\eta)}{\partial \xi^{p_1} \partial \eta^{p_2}} = \iint f(x,y) \frac{\partial^k \psi_n(x,y;\xi,\eta)}{\partial \xi^{p_1} \partial \eta^{p_2}} dx dy \tag{65}$$

现在证明有关中值函数的某些定理:

定理 1 如果 $f(x,y) \in L_2$, 那么

$$\iint |F_n(x,y)|^2 dx dy \leqslant \iint_{D_0} |f(x,y)|^2 dx dy \tag{66}$$

$$\lim_{n \to \infty} \iint |f(x,y) - F_n(x,y)|^2 dx dy = 0 \tag{67}$$

把 (63) 写成下面形式

$$F_n(\xi,\eta) = \iint \sqrt{\psi_n(x,y;\xi,\eta)} \sqrt{\psi_n(x,y;\xi,\eta)} f(x,y) dx dy$$

而应用施瓦兹不等式

$$|F_n(\xi,\eta)|^2 \leqslant \iint \psi_n(x,y;\xi,\eta) dx dy \cdot$$
$$\iint \psi_n(x,y;\xi,\eta) |f(x,y)|^2 dx dy$$

右边第一因子等于 1. 依 ξ, η 积分, 并在右边交换积分的次序, 可得

$$\iint |F_n(\xi,\eta)|^2 d\xi d\eta \leqslant \iint |f(x,y)|^2 \left[\iint \psi_n(x,y;\xi,\eta) d\xi d\eta\right] dx dy$$

注意等式 (62) 及 ψ_n 只依从于坐标差值这一事实, 可知在上面不等式右边方括号中的积分等于 1, 由此可得 (66), 因为既然 $f(x,y)$ 在 D_0 之外等于 0, 在全平面上的积分可以换成在 D_0 上的积分. 函数 $F_n(x,y)$ 在某一较 D_0 宽广的区域 D_n 中异于零, 而 D_n 当 n 无限增大时趋向于 D_0.

回到公式 (67) 的证明. 把 D_0 包括于某一区间 Δ_0 之中. 对于任意预给的正数 ε, 必存在某一在区间 Δ_0 中连续的函数 $f_0(x,y)$, 使

$$\iint_{\Delta_0} |f - f_0|^2 dx dy \leqslant \varepsilon \tag{68}$$

用 $F_n(\xi,\eta)$ 表示 $f(x,y)$ 的中值函数, 并用 $F_{n,0}(\xi,\eta)$ 表示 $f_0(x,y)$ 的中值函数, 且设在 Δ_0 之外 $f_0(x,y) = 0$. 差值 $F_n(\xi,\eta) - F_{n,0}(\xi,\eta)$ 是 $f - f_0$ 的中值函数, 而依 (66) 及 (68)

$$\iint |F_n - F_{n,0}|^2 dx dy \leqslant \varepsilon \tag{69}$$

把差值 $f - F_n$ 表示成下面形式

$$f - F_n = (f - f_0) + (f_0 - F_{n,0}) + (F_{n,0} - F_n)$$

并注意显然的不等式
$$|a+b+c|^2 \leqslant 3(|a|^2+|b|^2+|c|^2)$$
及不等式(68)及(69),则
$$\iint |f-F_n|^2 \mathrm{d}x\mathrm{d}y \leqslant 6\varepsilon + 3\iint |f_0-F_{n,0}|^2 \mathrm{d}x\mathrm{d}y$$
如此,由于 ε 是任意的,为了证明(67),只需证明
$$\lim_{n\to\infty} \iint |f_0-F_{n,0}|^2 \mathrm{d}x\mathrm{d}y = 0 \tag{70}$$
函数 $f_0(x,y)$ 显然是有界的,就是说 $|f_0(x,y)|\leqslant N$. 既然
$$F_{n,0}(\xi,\eta) = \iint f_0(x,y)\psi_n(x,y;\xi,\eta)\mathrm{d}x\mathrm{d}y$$
由此可知
$$|F_{n,0}(\xi,\eta)| \leqslant \iint |f_0|\psi_n(x,y;\xi,\eta)\mathrm{d}x\mathrm{d}y$$
$$\leqslant N \iint \psi_n(x,y;\xi,\eta)\mathrm{d}x\mathrm{d}y = N$$
就是说 $|F_{n,0}|\leqslant N$. 在(70)的积分中积分号下的函数不大于 $4N^2$,而为了证明公式(70),只需证明殆遍
$$F_{n,0}(x,y) \to f_0(x,y) \tag{71}$$
这在 Δ_0 之外的每点处满足,因为这时 $f_0(x,y)=0$,而对于足够大的 n 值, $F_n(x,y)=0$.

现在证明(71)对于凡位于 Δ_0 内部的点 (ξ,η) 也满足. 注意(62′),可以得
$$f_0(\xi,\eta) - F_{n,0}(\xi,\eta) = \iint_{\Delta_n^{(\xi,\eta)}} [f_0(\xi,\eta) - f_0(x,y)]\psi_n(x,y;\xi,\eta)\mathrm{d}x\mathrm{d}y$$
由此
$$|f_0(\xi,\eta) - F_{n,0}(\xi,\eta)|$$
$$\leqslant \iint_{\Delta_n^{(\xi,\eta)}} |f_0(\xi,\eta) - f_0(x,y)|\psi_n(x,y;\xi,\eta)\mathrm{d}x\mathrm{d}y \tag{72}$$
无限地增大 n 时,区间 $\Delta_n^{(\xi,\eta)}$ 无限地缩向于点 (ξ,η),因此对于任意预给的正数 ε,必存在一数 N,使当 $(x,y)\in\Delta_n^{(\xi,\eta)}$ 及 $n>N$ 时, $|f_0(\xi,\eta)-f_0(x,y)|\leqslant \varepsilon$. 如此由(62)及(72)可知当 $n>N$ 时 $|f_0(\xi,\eta)-F_{n,0}(\xi,\eta)|\leqslant \varepsilon$,就是说 $F_{n,0}(x,y)\to f_0(x,y)$,不仅在 Δ_0 之外,而且在它之内也成立,就是说殆遍成立. 如此公式(66)及(67)证明了,而定理 1 也完全证. 由(67)可知存在一序列标号 n_k,使 $F_{n_k}(x,y)\to f(x,y)$ 殆遍成立. 可以证明,整个序列 $F_n(x,y)$ 也殆遍趋于 $f(x,y)$,但我们不详细讨论.

注意:如果关于 $f(x,y)$ 只知道它在 D_0 中可知,那么公式(66)及(67)换成公式

$$\iint |F_n| \,\mathrm{d}x\mathrm{d}y \leqslant \iint_D |f| \,\mathrm{d}x\mathrm{d}y \tag{73}$$

及

$$\lim_{n\to\infty} \iint |f - F_n| \,\mathrm{d}x\mathrm{d}y = 0 \tag{74}$$

第一式直接由(63)可以证明,而第二式的证明与(67)的证明相类似,但不必应用施瓦兹不等式.

80. 中值函数(续)

现在证明某些定理,这些定理把中值函数与在 78 小节中介绍的广义导函数联系起来.

定理 1 如果 $f(x,y)$ 在 D_0 内部有广义导函数 $f_{x^{p_1}y^{p_2}}$,那么中值函数 F_n 的相应导函数等于广义导函数 $f_{x^{p_1}y^{p_2}}$ 的中值函数.

设 (ξ,η) 是 D_0 内部的点. 注意 ψ_n 只依存于坐标差值,可以写成

$$\begin{aligned}\frac{\partial^l F_n(\xi,\eta)}{\partial \xi^{p_1}\partial \eta^{p_2}} &= \iint f(x,y)\frac{\partial^l \psi_n}{\partial \xi^{p_1}\partial \eta^{p_2}}\mathrm{d}x\mathrm{d}y \\ &= \iint f(x,y)\cdot(-1)^l \frac{\partial^l \psi_n}{\partial x^{p_1}\partial y^{p_2}}\mathrm{d}x\mathrm{d}y \end{aligned} \tag{75}$$

函数 ψ_n 在区间 $\Delta_n^{(\xi,\eta)}$ 之外是零,而这区间对于一切足够大的 n 值位于 D_0 之内. 如此 ψ_n 起着函数 ψ 在公式(59)中的作用,而把这

$$\frac{\partial^l F_n(\xi,\eta)}{\partial \xi^{p_1}\partial \eta^{p_2}} = \iint \frac{\partial^l f(x,y)}{\partial x^{p_1}\partial y^{p_2}}\psi_n \mathrm{d}x\mathrm{d}y \tag{76}$$

就是说,中值函数的导函数的确是等于相应导函数的中值函数,只需后者存在就够了. 逆定理比较困难,利用这逆定理可由中值函数的导函数某一性质肯定广义导函数的存在. 首先陈述一辅助定理,在以后再证明.

辅助定理 如果 $\varphi_n(P)\,(n=1,2,\cdots)$ 是在 $\mathscr{E}$ 上的 L_2 中的函数序列,而

$$\int_{\mathscr{E}} \varphi_n^2(P)m(\mathrm{d}\mathscr{E}) \leqslant A$$

其中 A 是与 n 无关的某一常数,那么必存在一 L_2 中的函数 $\omega(P)$ 及一部分序列 $\varphi_{n_k}(P)$,使对于 L_2 中的任意函数 $\psi(P)$ 下面公式成立

$$\lim_{k\to\infty} \int_{\mathscr{E}} \psi \varphi_{n_k} m(\mathrm{d}\mathscr{E}) = \int_{\mathscr{E}} \psi \omega m(\mathrm{d}\mathscr{E}) \tag{76'}$$

而且

$$\int_{\mathscr{E}} \omega^2(P) m(\mathrm{d}\mathscr{E}) \leqslant A \tag{76''}$$

现在证明下面定理.

定理 2 如果中值函数的某一导函数满足

$$\iint \left|\frac{\partial^l F_n(x,y)}{\partial x^{p_1}\partial y^{p_2}}\right|^2 \mathrm{d}x\mathrm{d}y \leqslant A \tag{77}$$

那么在 D_0 内部存在广义导函数 $f_{x^{p_1}y^{p_2}}(x,y)$,后者满足

$$\iint_D \left| \frac{\partial^l f}{\partial x^{p_1} \partial y^{p_2}} \right|^2 dx dy \leqslant A \tag{78}$$

设 D' 是位于 D_0 内部的任意闭区域,而 ψ 是有 k 阶连续导函数的函数,并在 D' 之外等于零. 显然它属于 D_0 上的 L_2(它是连续的,从而是有界的),由辅助定理可知存在一 D_0 内部 L_2 中的函数 ω,及一序列的标号 n_k,使

$$\lim_{k \to \infty} \iint_{D'} \psi \frac{\partial^l F_{n_k}}{\partial x^{p_1} \partial y^{p_2}} dx dy = \iint_{D'} \psi \omega \, dx dy \tag{79}$$

而(76″)满足. 对于具有连续导函数的函数 ψ 可以写出分部积分公式

$$\iint_{D'} \psi \frac{\partial^l F_{n_k}}{\partial x^{p_1} \partial y^{p_2}} dx dy = (-1)^l \iint_{D'} F_{n_k} \frac{\partial^l \psi}{\partial x^{p_1} \partial y^{p_2}} dx dy \tag{80}$$

在这等式中取极限值,在左边可得公式(79)右边的积分.不难看出,式(80)右边的积分的极限等于乘积 $f \psi_{x^{p_1}y^{p_2}}$ 的积分. 事实上

$$\left| \iint_{D'} (f - F_{n_k}) \frac{\partial^l \psi}{\partial x^{p_1} \partial y^{p_2}} dx dy \right|^2$$
$$\leqslant \max \left| \frac{\partial^l \psi}{\partial x^{p_1} \partial y^{p_2}} \right| \cdot \iint_{D'} |f - F_{n_k}| \frac{\partial^l \psi}{\partial x^{p_1} \partial y^{p_2}} dx dy$$

而右边依(67)趋向于零. 如此在公式(80)中取极限,可得

$$\iint_D \psi \omega \, dx dy = (-1)^l \iint_{D'} f \frac{\partial^l \psi}{\partial x^{p_1} \partial y^{p_2}} dx dy$$

由此可知,ω 是广义导函数 $f_{x^{p_1}y^{p_2}}$,而定理得证.

借用赫勒德尔不等式,及辅助定理的推广形式,可以证明定理3及4不仅对于 L_2,而且对于任意 $L_p (p > 1)$ 也成立.

定理 3 如果 $f(x,y) \in L_p, L_p$ 是取于 D 中的,那么

$$\iint | F_n |^p dx dy \leqslant \iint_D | f |^p dx dy$$

而

$$\lim_{n \to \infty} \iint | f - F_n |^p dx dy = 0 \tag{81}$$

定理 4 如果中值函数的某一导函数满足

$$\iint \left| \frac{\partial^l F_n}{\partial x^{p_1} \partial y^{p_2}} \right|^p dx dy \leqslant A$$

那么必存在广义导函数 $f_{x^{p_1}y^{p_2}}$,而后者满足

$$\iint_D \left| \frac{\partial^l f}{\partial x^{p_1} \partial y^{p_2}} \right|^p dx dy \leqslant A$$

应用定理2,可知下面公式正确

$$\lim_{n\to\infty}\iint\left|\frac{\partial^l f}{\partial x^{p_1}\partial y^{p_2}}-\frac{\partial^l F_n}{\partial x^{p_1}\partial y^{p_2}}\right|^p\mathrm{d}x\mathrm{d}y=0$$

在研究中值函数时,曾假定原来的函数 f 在有界区域 D_0 中可和.经过一些不紧要的改变后,对于 f 在空间或空间中任意有界区域中,或包含于 D_0 内部的任意闭区域 D' 中可和的情形可以重复上面的整个研究.

注意:由公式(67)可知,如果 $f(x,y)$ 属于 D_0 上的 L_2,那么中值函数依中值趋向于 $f(x,y)$.现在设 $f(x,y)$ 在 D_0 内部连续,而设 D' 是位于 D_0 内部的任意闭区域.现在证明在这情形下 $F_n(x,y)$ 在 D' 中一致趋于 $f(x,y)$.下面的推理与在证明定理 3 时关于 $f_0(x,y)$ 所做的完全相似.注意(62′)及(63),可知

$$f(\xi,\eta)-F_n(\xi,\eta)$$
$$=\iint[f(\xi,\eta)-f(x,y)]\psi_n(x,y;\xi,\eta)\mathrm{d}x\mathrm{d}y$$

由此,由于核是正的,可得

$$|f(\xi,\eta)-F_n(\xi,\eta)|$$
$$\leqslant\iint|f(\xi,\eta)-f(x,y)|\psi_n(x,y;\xi,\eta)\mathrm{d}x\mathrm{d}y$$

取 N 足够大,使当 $n\geqslant N$,而 $(x,y)\in\Delta_n^{(\xi,\eta)}$ 时,对于从 D' 中选择的任意 (ξ,η),$|f(\xi,\eta)-f(x,y)|\leqslant\varepsilon$.因为 $f(x,y)$ 在位于 D_0 内部的任意闭区域中是一致连续的,可以选择 N 使与属于 D' 中的 (ξ,η) 无关.注意(62′),又因为 $\psi_n(x,y;\xi,\eta)$ 在 $\Delta_n^{(\xi,\eta)}$ 之外等于零,由上面不等式可得:当 $n\geqslant N$ 时 $|f(\xi,\eta)-F_n(\xi,\eta)|\leqslant\varepsilon$,这正是所要证明的.如果 $f(x,y)$ 在 D' 中有直到 l 阶的一切导函数,而这些导函数是连续的,那么它们与广义导函数相同,而注意定理 1 及上面叙述的证明,可以断定下面定理的正确性:

定理 5 如果 $f(x,y)$ 以及其到 l 阶止的一切导函数都是在 D_0 内部连续的,那么在位于 D_0 内部的任意闭区域 D' 中,中值函数与其到 l 阶止的各阶导函数在 D' 中一致趋向于 $f(x,y)$ 及其各相应阶导函数.

再注意,如果取中值函数 $f(x,y)$ 是有界的,即 $|f(x,y)|\leqslant m$,那么由 (62′)及 ψ_n 的非负性可知

$$|F_n(\xi,\eta)|\leqslant\iint_{D_0}|f(x,y)|\psi_n(x,y;\xi,\eta)\mathrm{d}x\mathrm{d}y\leqslant m$$

在本小节末尾将证明在 78 小节中应用过的定理.

定理 6 如果 $\omega(x,y)$ 在位于 D_0 内部的任意闭区域 D' 中可和,且满足

$$\iint_{D_0}\omega\varphi\,\mathrm{d}x\mathrm{d}y=0 \tag{82}$$

而不论 φ 如何选择,只要它有直到 l 阶的连续导函数,并且在上述那种类型的区域 D' 之外等于零,那么 ω 在 D_0 中与零相抵.

只需证明,(82)不仅对于具有连续导函数的函数 φ 成立,而是对于在某区域 D' 之外等于零的任意有界可测函数 φ 成立. 在此之后,证明 ω 在 D_0 内部与零相抵与在 53 小节中证明定理 12 时完全一样. 设 φ 是某一函数,而 $|\varphi| \leqslant m$,又设 φ_n 是它的中值函数,因而也满足 $|\varphi_n| \leqslant m$. 当 n 足够大时 φ_n 在位于 D_0 内部的某一闭区域 D' 之外等于零,而 φ_n 既然有一切阶导函数,依定理的条件可以写成

$$\iint_{D_0} \omega \varphi_n \mathrm{d}x \mathrm{d}y = 0 \tag{83}$$

函数 φ_n 在 D_0 中依中值收敛于 φ,并存在一序列标号 $n = n_1, n_2, \cdots$,使 $\varphi_{n_k} \to \varphi$ 在 D_0 中殆遍成立. 此外,$|\omega \varphi_{n_k}| \leqslant m |\omega|$,而右边是在 D' 中可和的函数. 在(83)中依次令 $n = n_1, n_2, \cdots$,而在积分号下取极限值,依 55 小节中的定理可得(82),于是定理得证.

81. 辅助命题

在这两节中将介绍新概念并证明辅助命题,这些对于证明 73 小节中的基本定理及下面推广积分概念是必要的.

我们将考察 C 族上的完全加法函数 $\varphi(\mathscr{E})$,而 C 是由 L_G 中某一集合 $\mathscr{E}_0$ 及凡属于 L_G 中的 $\mathscr{E}_0$ 的部分集合所组成,并设 $G(\mathscr{E}_0)$ 有穷且不等于零. 用 V_1 表示所有这类函数的集合. 如果 $\varphi_1(\mathscr{E})$ 及 $\varphi_2(\mathscr{E})$ 属于 V_1,那么 $C_1 \varphi_1(\mathscr{E}) + C_2 \varphi_2(\mathscr{E})$ 也属于 V_1. 我们知道,对于 V_1 中的任一 $\varphi(\mathscr{E})$ 和

$$t_\delta(\varphi) = \sum_k |\varphi(\mathscr{E}_k)| \tag{84}$$

对于分 $\mathscr{E}_0$ 成有穷多集合 $\mathscr{E}_k$ 的任意分割是有界的. 和 t_δ 的上确界,就是 $\varphi(\mathscr{E})$ 在 $\mathscr{E}_0$ 上的全变分,我们用 $\|\varphi\|_1$ 表示. 显然 $\|c\varphi\|_1 = |c| \cdot \|\varphi\|_1$,其中 c 是常数. 如果分割 δ' 是分割 δ 的后继,那么我们写成 $\delta' > \delta$. 留意对于任意分割

$$e = e' + e'', \quad |\varphi(e)| \leqslant |\varphi(e')| + |\varphi(e'')|$$

可知如果 $\delta' > \delta, t_{\delta'}(\varphi) \geqslant t_\delta(\varphi)$. 如果 δ_n 是一序列分割,使 $t_{\delta_n}(\varphi) \to \|\varphi\|_1$,而 $\delta'_n > \delta_n$,那么 $t_{\delta'_n}(\varphi) \to \|\varphi\|_1$. 如果 $t_{\delta_n}(\varphi) \to \|\varphi\|_1, t_{\delta'_n}(\psi) \to \|\psi\|_1$,而 $t_{\delta''_n}(\varphi + \psi) \to \|\varphi + \psi\|_1$,那么令 $\delta'''_n = \delta_n \delta'_n \delta''_n$,可得

$$t_{\delta'''_n}(\varphi) \to \|\varphi\|_1, t_{\delta'''_n}(\psi) \to \|\psi\|_1, t_{\delta'''_n}(\varphi + \psi) \to \|\varphi + \psi\|_1$$

如果 $\mathscr{E}'''_{k,n}$ 是 δ'''_n 分割中的部分集合,那么由不等式

$$|\varphi(\mathscr{E}'''_{k,n}) + \psi(\mathscr{E}'''_{k,n})| \leqslant |\varphi(\mathscr{E}'''_{k,n})| + |\psi(\mathscr{E}'''_{k,n})|$$

再求和,并取极限值,可得

$$\|\varphi + \psi\|_1 \leqslant \|\varphi\|_1 + \|\psi\|_1 \tag{85}$$

与和(84)同时对于满足条件:当 $G(\mathscr{E}) = 0$ 时

$$\varphi(\mathscr{E}) = 0 \tag{86}$$

的函数 $\varphi(\mathscr{E})$ 考察和

$$S_\delta(\varphi) = \sum_k \frac{\varphi^2(\mathcal{E}_k)}{G(\mathcal{E}_k)} \tag{87}$$

如果 $G(\mathcal{E}_k)=0$,那么和中相应项成为 $\frac{0}{0}$ 的形式,而我们算它作零. 也可以不作如此的保留,只需限于考察使一切 $G(\mathcal{E}_k)\neq 0$ 的 δ 就够了,而这等于设把凡使 $G(\mathcal{E}_k)=0$ 的 $\mathcal{E}_k$ 合并到其他部分集合中去. $S_\delta(\varphi)$ 值的集合并不一定是有界的. 用 V_2 表凡满足条件(86)并使 $S_\delta(\varphi)$ 有界的函数 $\varphi(\mathcal{E})$ 的集合. 集合 V_2 是 V_1 的部分集合. 不难看出,如果 $\varphi(\mathcal{E})\in V_2$,而 $\psi(\mathcal{E})\in V_2$,那么 $c\varphi(\mathcal{E})\in V_2$, $\varphi(\mathcal{E})+\psi(\mathcal{E})\in V_2$,其中 c 是常数. 和 $S_\delta(\varphi)$ 的上确界用 $\|\varphi\|_2$ 表示. 将证明当 $\delta'>\delta$ 时, $S_{\delta'}(\varphi)\geqslant S_\delta(\varphi)$. 关于这点,只需证明如果 $\mathcal{E}=\mathcal{E}'+\mathcal{E}''$ 是 $\mathcal{E}$ 的分割,则

$$\frac{\varphi^2(\mathcal{E}')}{G(\mathcal{E}')} + \frac{\varphi^2(\mathcal{E}'')}{G(\mathcal{E}'')} \geqslant \frac{\varphi^2(\mathcal{E})}{G(\mathcal{E})} \tag{87'}$$

就够了. 这不等式与下面的同效:即

$$G(\mathcal{E})G(\mathcal{E}'')\varphi^2(\mathcal{E}') + G(\mathcal{E})G(\mathcal{E}')\varphi^2(\mathcal{E}'') -$$
$$G(\mathcal{E}')G(\mathcal{E}'')\varphi^2(\mathcal{E}) \geqslant 0$$

而由于 $G(\mathcal{E})=G(\mathcal{E}')+G(\mathcal{E}''),\varphi(\mathcal{E})=\varphi(\mathcal{E}')+\varphi(\mathcal{E}'')$,可以把上面不等式写成

$$[G(\mathcal{E}'')\varphi(\mathcal{E}') - G(\mathcal{E}')\varphi(\mathcal{E}'')]^2 \geqslant 0$$

与上面一样,如果 $S_{\delta_n}(\varphi)\to \|\varphi\|_2$,而 $\delta'_n\geqslant \delta_n$,那么 $S_{\delta'_n}(\varphi)\to \|\varphi\|_2$.

现在对于 V_2 中的函数证明一个连接 $\|\varphi\|_1$ 及 $\|\varphi\|_2$ 的不等式. 使用施瓦兹不等式可得

$$t_\delta(\varphi) = \sum_k |\varphi(\mathcal{E}_k)| = \sum_k \frac{|\varphi(\mathcal{E}_k)|}{\sqrt{G(\mathcal{E}_k)}} \sqrt{G(\mathcal{E}_k)}$$
$$\leqslant \sqrt{\sum_k \frac{\varphi^2(\mathcal{E}_k)}{G(\mathcal{E}_k)}} \cdot \sqrt{\sum_k G(\mathcal{E}_k)}$$
$$= \sqrt{\sum_k \frac{\varphi^2(\mathcal{E}_k)}{G(\mathcal{E}_k)}} \sqrt{G(\mathcal{E}_0)}$$

就是说 $t_\delta(\varphi)\leqslant \sqrt{S_\delta(\varphi)}\sqrt{G(\mathcal{E}_0)}$. 完全与证明(85)时同样,可以作分割序列 δ_n,使 $t_{\delta_n}(\varphi)\to \|\varphi\|_1$, $S_{\delta_n}(\varphi)\to \|\varphi\|_2$,而取不等式 $t_{\delta_n}(\varphi)\leqslant \sqrt{S_{\delta_n}(\varphi)}\cdot\sqrt{G(\mathcal{E}_0)}$ 的极限可得

$$\|\varphi\|_1 \leqslant \sqrt{\|\varphi\|_2} \cdot \sqrt{G(\mathcal{E}_0)} \tag{88}$$

还要注意一族函数 $\varphi(\mathcal{E})$. 函数 $\varphi(\mathcal{E})$ 叫作基本上有界的,是指存在常数 C,使对于 L_G 中含于 $\mathcal{E}_0$ 的任一集合 $\mathcal{E}$ 都有

$$|\varphi(\mathcal{E})| \leqslant CG(\mathcal{E}) \tag{89}$$

而一切基本上有界的函数(相应于不同的 C 值)全体表成 V_0. 由(87)直接可以知道,对于任意分割 δ, $S_\delta(\varphi)\leqslant C^2 G(\mathcal{E}_0)$,就是说, V_0 是 V_2 的部分.

从前曾考察过片段定值的点函数. 现在介绍片段定值的集合函数. 满足条

件(86)的集合函数 $\psi(\mathscr{E})$ 叫作在 $\mathscr{E}_0$ 中片段定值的,是指存在一个分 $\mathscr{E}_0$ 为有穷多部分 $\mathscr{E}_k$ 的分割,使

$$\begin{cases} \psi(\mathscr{E}) = \dfrac{\psi(\mathscr{E}_k)}{G(\mathscr{E}_k)} G(\mathscr{E}) & (\text{如果 } \mathscr{E} \subset \mathscr{E}_k \text{ 而 } G(\mathscr{E}_k) \neq 0) \\ \psi(\mathscr{E}) = 0 & (\text{如果 } \mathscr{E} \subset \mathscr{E}_k \text{ 而 } G(\mathscr{E}_k) = 0) \end{cases} \tag{90}$$

如果用 a_k 表比值 $\dfrac{\psi(\mathscr{E}_k)}{G(\mathscr{E}_k)}$(而如果 $G(\mathscr{E}_k)=0$ 则算 a_k 作 0),那么上面那片段定值的函数 $\psi(\mathscr{E})$ 可以表示成下面积分的形式

$$\psi(\mathscr{E}) = \int_{\mathscr{E}} \sum_k a_k \omega_{\mathscr{E}_k}(P) G(\mathrm{d}\mathscr{E}) \tag{91}$$

其中 $\omega_{\mathscr{E}_k}(P)$ 是集合 $\mathscr{E}_k$ 的特征函数. 在积分号下的是一个片段定点函数,它在集合 $\mathscr{E}_k$ 上等于 a_k. 反之,凡作上面形状的积分一定表现一个片段定值的集合函数 $\psi(\mathscr{E})$.

对于任意预定的分割 δ,使 $\mathscr{E}_0$ 上的任意一个满足条件(86)的完全加法集合函数 $\varphi(\mathscr{E})$,及任意一个在 $\mathscr{E}_0$ 上可测且可和的点函数 $f(P)$,与片段定值函数 $\varphi_\delta(\mathscr{E})$ 及 $f_\delta(P)$ 相对经. 就是说对于属于 $\mathscr{E}_k$ 的 $\mathscr{E}$ 借下面公式定义 $\varphi_\delta(\mathscr{E})$

$$\frac{\varphi_\delta(\mathscr{E})}{G(\mathscr{E})} = \frac{\varphi(\mathscr{E}_k)}{G(\mathscr{E}_k)} \tag{92}$$

也就是对于 $\mathscr{E}_0$ 中的任意 $\mathscr{E}$,借下面公式定义它

$$\varphi_\delta(\mathscr{E}) = \int_{\mathscr{E}} \sum_k a_k \omega_{\mathscr{E}_k}(P) G(\mathrm{d}\mathscr{E}) \tag{93}$$

$\left(\text{其中 } a_k = \dfrac{\varphi(\mathscr{E}_k)}{G(\mathscr{E}_k)}\right)$ 函数 $f_\delta(P)$ 则定义为:当 $P \in \mathscr{E}_k$ 时 $f_\delta(P)$ 等于常数

$$f_\delta(P) = \frac{1}{G(\mathscr{E}_k)} \int_{\mathscr{E}_k} f(P) G(\mathrm{d}\mathscr{E}) \tag{94}$$

如果 $G(\mathscr{E}_k)=0$,那么表示式(94)算作等于零. 如果 $\varphi(\mathscr{E})$ 表示成积分

$$\varphi(\mathscr{E}) = \int_{\mathscr{E}} f(P) G(\mathrm{d}\mathscr{E}) \tag{95}$$

那么显然

$$\varphi_\delta(\mathscr{E}) = \int_{\mathscr{E}} f_\delta(P) G(\mathrm{d}\mathscr{E}) \tag{96}$$

由 $\varphi_\delta(\mathscr{E})$ 及 $f_\delta(P)$ 的定义直接可知

$$\begin{cases} (c_1\varphi(\mathscr{E}) + c_2\psi(\mathscr{E}))_\delta = c_1\varphi_\delta(\mathscr{E}) + c_2\psi_\delta(\mathscr{E}) \\ (c_1 f(P) + c_2 F(P))_\delta = c_1 f_\delta(P) + c_2 F_\delta(P) \end{cases} \tag{97}$$

现在证明,如果 $\delta' > \delta$,那么

$$(\varphi_\delta(\mathscr{E}))_{\delta'} = \varphi_\delta(\mathscr{E}) \tag{98}$$

在 δ' 中每个 $\mathscr{E}_k$ 又分割成几个集合 $\mathscr{E}_{k,s}$,而依(92)

$$a_k = \frac{\varphi_\delta(\mathscr{E}'_{k,s})}{G(\mathscr{E}'_{k,s})} = \frac{\varphi(\mathscr{E}_k)}{G(\mathscr{E}_k)}$$

由此可知

$$(\varphi_\delta(\mathscr{E}))_{\delta'} = \int_{\mathscr{E}} \sum^{k,s} a_k \omega_{\mathscr{E}'_{k,s}}(P) G(\mathrm{d}\mathscr{E})$$

$$= \int_{\mathscr{E}} \sum_k a_k \sum_s \omega_{\mathscr{E}'_{k,s}}(P) G(\mathrm{d}\mathscr{E})$$

$$= \int_{\mathscr{E}} \sum_k a_k \omega_{\mathscr{E}_k}(P) G(\mathrm{d}\mathscr{E}) = \varphi_\delta(\mathscr{E})$$

如果 c 是 a_k 中的最大者,那么依(90),$|\psi(\mathscr{E})| \leqslant cG(\mathscr{E})$,就是说,凡片段定值的集合函数必是基本上有界的. 注意,这里只就分 $\mathscr{E}_0$ 成有穷个部分集合的分割而考察片段定值函数.

设 $\delta' > \delta$,而 $\mathscr{E}'_{k,s}$ 是上面说过的那些部分集合. 由 $\varphi_\delta(\mathscr{E})$ 的定义可知

$$\frac{\varphi_\delta(\mathscr{E}'_{k,s})}{G(\mathscr{E}'_{k,s})} = \frac{\varphi_\delta(\mathscr{E}_k)}{G(\mathscr{E}_k)}, \quad \varphi_\delta(\mathscr{E}_k) = \varphi(\mathscr{E}_k)$$

因此

$$S_{\delta'}(\varphi_\delta) = \sum_{k,s} \frac{\varphi_\delta^2(\mathscr{E}'_{k,s})}{G(\mathscr{E}'_{k,s})} = \sum_{k,s} \frac{\varphi_\delta(\mathscr{E}_k)}{G(\mathscr{E}_k)} \varphi_\delta(\mathscr{E}'_{k,s})$$

$$= \sum_k \frac{\varphi_\delta(\mathscr{E}_k)}{G(\mathscr{E}_k)} \cdot \varphi_\delta(\mathscr{E}_k) = \sum_k \frac{\varphi^2(\mathscr{E}_k)}{G(\mathscr{E}_k)}$$

就是说

$$S_{\delta'}(\varphi_\delta) = S_\delta(\varphi) \tag{99}$$

如果 $S_{\delta_n}(\varphi_\delta) \to \|\varphi_\delta\|_2$,那么当 $\delta'_n = \delta_n \delta$ 时,$S_{\delta'_n}(\varphi_\delta) \to \|\varphi_\delta\|_2$. 但 $\delta'_n \geqslant \delta$,依(99),$S_{\delta'_n}(\varphi_\delta) = S_\delta(\varphi)$,而这与 n 无关. 由此可得

$$\|\varphi_\delta\|_2 = S_\delta(\varphi) \tag{100}$$

如果 $\varphi(\mathscr{E}) \in V_2$,那么必有分割序列 $\delta^{(n)}$ 存在,使 $S_{\delta^{(n)}}(\varphi) \to \|\varphi\|_2$,所以存在一分割序列,使

$$\|\varphi_{\delta^{(n)}}\|_2 \to \|\varphi\|_2 \tag{101}$$

量(100)不难表示成积分. 设 $g_\delta(P)$ 是对于片段定值函数 $\varphi_\delta(\mathscr{E})$ 的积分(91)中积分号下的函数

$$g_\delta(P) = a_k = \frac{\varphi(\mathscr{E}_k)}{G(\mathscr{E}_k)} \quad (\text{如果 } P \in \mathscr{E}_k)$$

那么

$$\varphi_\delta^2(\mathscr{E}_k) = \varphi^2(\mathscr{E}_k) = a_k^2 G^2(\mathscr{E}_k) = G(\mathscr{E}_k) \int_{\mathscr{E}_k} g_\delta^2(P) G(\mathrm{d}\mathscr{E})$$

所以

$$S_\delta(\varphi) = \sum_k \frac{\varphi^2(\mathscr{E}_k)}{G(\mathscr{E}_k)} = \sum_k \int_{\mathscr{E}_k} g_\delta^2(P) G(\mathrm{d}\mathscr{E})$$

就是说
$$S_\delta(\varphi) = \|\varphi_\delta\|_2 = \int_{\mathscr{E}_0} g_\delta^2(P) G(\mathrm{d}\mathscr{E}) \tag{102}$$
而应用 L_2 中范数的平常表示法,可以写成
$$\|\varphi_\delta\|_2 = \|g_\delta(P)\|_{\mathscr{E}_0}^2 \tag{103}$$
还要介绍在下面需要用的两个公式. 依(98), $[\varphi(\mathscr{E}) - \varphi_\delta(\mathscr{E})]_{\delta'} = \varphi_{\delta'}(\mathscr{E}) - \varphi_\delta(\mathscr{E})$, 如果 $\delta' \geqslant \delta$. 差 $g_{\delta'}(P) - g_\delta(P)$ 在分割 δ' 的部分集合 $\mathscr{E}'_{k,s}$ 的点上保持定值,并且是对于 $\varphi_{\delta'}(\mathscr{E}) - \varphi_\delta(\mathscr{E})$ 的公式(91)中积分号下的函数,就是说
$$\varphi_{\delta'}(\mathscr{E}) - \varphi_\delta(\mathscr{E}) = \int_{\mathscr{E}_0}[g_{\delta'}(P) - g_\delta(P)]G(\mathrm{d}\mathscr{E})$$
而依(103)可以写成
$$\|(\varphi - \varphi_\delta)_{\delta'}\|_2 = \|\varphi_{\delta'} - \varphi_\delta\|_2 = \|g_{\delta'}(P) - g_\delta(P)\|_{\mathscr{E}_0}^2 \tag{104}$$
最后一公式是关于函数 $g_{\delta'}(P)$ 的. 它在 $\mathscr{E}'_{k,s}$ 的点上保持定值 $a'_{k,s} = \dfrac{\varphi(\mathscr{E}'_{k,s})}{G(\mathscr{E}'_{k,s})}$,
而依 $f_\delta(P)$ 的定义,函数 $(g_{\delta'}(P))_\delta$ 在 $\mathscr{E}_k$ 的点处取定值
$$\frac{1}{G(\mathscr{E}_k)} \sum_s \int_{\mathscr{E}'_{k,s}} \frac{\varphi(\mathscr{E}'_{k,s})}{G(\mathscr{E}'_{k,s})} G(\mathrm{d}\mathscr{E})$$
$$= \frac{1}{G(\mathscr{E}_k)} \sum_s \frac{\varphi(\mathscr{E}'_{k,s})}{G(\mathscr{E}'_{k,s})} \cdot G(\mathscr{E}'_{k,s}) = \frac{\varphi(\mathscr{E}_k)}{G(\mathscr{E}_k)}$$
就是说
$$(g_{\delta'}(P))_\delta = g_\delta(P) \tag{105}$$

82. 辅助命题(续)

现在介绍一新概念,这对下面很重要. 设 $\varphi(\mathscr{E})$ 及 $\psi(\mathscr{E}) \in V_1$, 而 $\mathscr{E} = \mathscr{E}' + \mathscr{E}''$ 是 $\mathscr{E}$ 的一个分割,分成两互无公点的部分集合. 用 $\inf[\varphi, \psi]$ 表示对于 $\mathscr{E}$ 的一切可能分割和 $\varphi(\mathscr{E}') + \psi(\mathscr{E}'')$ 的下确界
$$\inf[\varphi, \psi] = \inf_{\mathscr{E}}[\varphi(\mathscr{E}') + \psi(\mathscr{E}'')] = \omega(\mathscr{E}) \tag{106}$$
就是说
$$\varphi(\mathscr{E}') + \psi(\mathscr{E}'') \geqslant \omega(\mathscr{E}) \tag{107}$$
而对于任意预定的正数 ε,必存在一分割 $\mathscr{E} = \mathscr{E}' + \mathscr{E}''$, 使
$$\varphi(\mathscr{E}') + \psi(\mathscr{E}'') \leqslant \omega(\mathscr{E}) + \varepsilon \tag{108}$$
对于 L_G 中的任意 $\mathscr{E}$, 函数 $\omega(\mathscr{E})$ 总是取有穷值,因为 $\varphi(\mathscr{E}')$ 及 $\psi(\mathscr{E}'')$ 是有界的. 如果取 $\mathscr{E}'$ 做 $\mathscr{E}$, 而取 $\mathscr{E}''$ 为空集合,或反之,则得
$$\omega(\mathscr{E}) \leqslant \varphi(\mathscr{E}), \quad \omega(\mathscr{E}) \leqslant \psi(\mathscr{E}) \tag{109}$$
现在证明 $\omega(\mathscr{E})$ 是完全加法的. 设 $\mathscr{E}$ 分割成有穷多或可数无穷多个部分集合 $\mathscr{E}_k$(两两无公点). 那么
$$\varphi(\mathscr{E}) = \sum_k \varphi(\mathscr{E}_k), \quad \psi(\mathscr{E}) = \sum_k \psi(\mathscr{E}_k)$$

而上面的级数是绝对收敛的. 依(109),正项 $\omega(\mathcal{E}_k)$ 组成一收敛级数,因为以 $\varphi(\mathcal{E}_k)$ 及 $\psi(\mathcal{E}_k)$ 为项的级数绝对收敛,因此由 $\omega(\mathcal{E}_k)$ 组成的整个级数有一与各项次序无关的确定和. 设 $\varepsilon > 0$ 是预定的. 存在一分割 $\mathcal{E} = \mathcal{E}' + \mathcal{E}''$,使

$$\varphi(\mathcal{E}') + \psi(\mathcal{E}'') \geqslant \omega(\mathcal{E}), \quad \varphi(\mathcal{E}') + \psi(\mathcal{E}'') \leqslant \omega(\mathcal{E}) + \varepsilon \tag{110}$$

令 $\mathcal{E}'_k = \mathcal{E}_k \mathcal{E}'$, $\mathcal{E}''_k = \mathcal{E}_k \mathcal{E}''$,因而

$$\mathcal{E}'_k + \mathcal{E}''_k = \mathcal{E}_k, \quad \sum_k \mathcal{E}'_k = \mathcal{E}', \quad \sum_k \mathcal{E}''_k = \mathcal{E}''$$

应用 $\omega(\mathcal{E})$ 的定义,可以写成 $\varphi(\mathcal{E}'_k) + \psi(\mathcal{E}''_k) \geqslant \omega(\mathcal{E}_k)$,而依 k 取和,依 $\varphi(\mathcal{E})$ 及 $\psi(\mathcal{E})$ 的完全加法性,可得

$$\sum_k \omega(\mathcal{E}_k) \leqslant \varphi(\mathcal{E}') + \psi(\mathcal{E}'')$$

而由(110)的第二不等式可得

$$\sum_k \omega(\mathcal{E}_k) \leqslant \omega(\mathcal{E}) + \varepsilon$$

由此,既然 ε 是任意的,可得

$$\sum_k \omega(\mathcal{E}_k) \leqslant \omega(\mathcal{E}) \tag{111}$$

现在证明相反的不等式. 取分割 $\mathcal{E}_k = \mathcal{E}_{k,1} + \mathcal{E}_{k,2}$,使下面不等式满足

$$\varphi(\mathcal{E}_{k,1}) + \psi(\mathcal{E}_{k,2}) < \omega(\mathcal{E}_k) + \frac{\varepsilon}{2^k} \tag{112}$$

依 k 取和,用 $\mathcal{E}_1$ 表 $\mathcal{E}_{k,1}$ 的和,用 $\mathcal{E}_2$ 表 $\mathcal{E}_{k,2}$ 的和,可得

$$\varphi(\mathcal{E}_1) + \psi(\mathcal{E}_2) \leqslant \sum_k \omega(\mathcal{E}_k) + \varepsilon \tag{113}$$

其中 $\mathcal{E}_1 \mathcal{E}_2 = 0$, $\mathcal{E}_1 + \mathcal{E}_2 = \mathcal{E}$. 但 $\varphi(\mathcal{E}_1) + \psi(\mathcal{E}_2) \geqslant \omega(\mathcal{E})$(依 $\omega(\mathcal{E})$ 的定义),所以由不等式(113)可得

$$\omega(\mathcal{E}) \leqslant \sum_k \omega(\mathcal{E}_k) + \varepsilon$$

既然 ε 是任意的,可得与(111)相反的不等式,由此可知 $\omega(\mathcal{E})$ 是完全加法的

$$\omega(\mathcal{E}) = \sum_k \omega(\mathcal{E}_k)$$

如此,由公式(106)定义的 $\omega(\mathcal{E})$ 也属于 V_1.

再对于 V_1 中的任意 $\varphi(\mathcal{E})$ 引用下面的表示法

$$\varphi_n(\mathcal{E}) = \inf[\varphi, nG] \tag{114}$$

留意 $G(\mathcal{E}) \geqslant 0$,可以得知,$\varphi_{n+1}(\mathcal{E}) \geqslant \varphi_n(\mathcal{E})$,此外,依(109),$\varphi_n(\mathcal{E}) \leqslant \varphi(\mathcal{E})$. 如此,对于任意含于 $\mathcal{E}_0$ 中的 $\mathcal{E}$,当 $n \to \infty$ 时 $\varphi_n(\mathcal{E})$ 序列有有穷极限. 再提醒绝对连续性的定义:

$\varphi(\mathcal{E})$ 叫作在 $\mathcal{E}_0$ 上绝对连续的,是指对于任意预定的正数 ε,必存在一正数 η,使当 $G(\mathcal{E}) \leqslant \eta$, $\mathcal{E} \subset \mathcal{E}_0$,而 $\mathcal{E}$ 属于 L_G 时,$|\varphi(\mathcal{E})| \leqslant \varepsilon$.

辅助定理 1 如果 $\varphi(\mathcal{E})$ 是在 $\mathcal{E}_0$ 上绝对连续的,那么对于任意属于 L_G 而含

于 $\mathcal{E}_0$ 中的 $\mathcal{E}, \varphi_n(\mathcal{E}) \to \varphi(\mathcal{E})$.

设 $\varepsilon > 0$ 是预定的. 对于某一分割 $\mathcal{E} = \mathcal{E}'_n + \mathcal{E}''_n$, 依(108), 可知
$$\varphi(\mathcal{E}'_n) + nG(\mathcal{E}''_n) < \varphi_n(\mathcal{E}) + \varepsilon \leqslant \varphi(\mathcal{E}) = \varepsilon \tag{115}$$
但依 72 小节定理 1, $\varphi(\mathcal{E}'_n) \geqslant l$, 而 l 是一确定数, 而由(115)可知
$$G(\mathcal{E}''_n) < \frac{\varphi(\mathcal{E}) + \varepsilon - l}{n} \tag{116}$$
其中右边对于足够大的 n 必小于等于 η, 由此, 依 $\varphi(\mathcal{E})$ 的绝对连续性, 可知 $|\varphi(\mathcal{E}''_n)| \leqslant \varepsilon$ 对于一切足够大的 n 成立. 由(115)的第一不等式可知 $\varphi(\mathcal{E}'_n) \leqslant \varphi_n(\mathcal{E}) + \varepsilon$. 但 $\varphi(\mathcal{E}'_n) = \varphi(\mathcal{E}) - \varphi(\mathcal{E}''_n)$, 所以 $\varphi(\mathcal{E}) \leqslant \varphi_n(\mathcal{E}) + \varepsilon + \varphi(\mathcal{E}''_n)$, 而依 $|\varphi(\mathcal{E}''_n)| \leqslant \varepsilon$, 可知 $\varphi(\mathcal{E}) - \varphi_n(\mathcal{E}) \leqslant 2\varepsilon$. 既然 ε 是任意的, 所以 $\varphi_n(\mathcal{E}) \to \varphi(\mathcal{E})$.

辅助定理 2 对于非负的完全加法函数 $\varphi(\mathcal{E})$, $\varphi_n(\mathcal{E})$ 的极限是在 $\mathcal{E}_0$ 上绝对连续的完全加法函数.

令 $\lim\limits_{n \to \infty} \varphi_n(\mathcal{E}) = \varphi^{(ac)}(\mathcal{E})$. 留意 $\varphi_n(\mathcal{E})$ 是完全加法的、非负的, 由 64 小节中的辅助定理可知 $\varphi^{(ac)}(\mathcal{E})$ 是完全加法的. 由(109)可知 $0 \leqslant \varphi_n(\mathcal{E}) \leqslant nG(\mathcal{E})$, 因此每个 $\varphi_n(\mathcal{E})$ 是绝对连续的. 又由不等式 $\varphi^{(ac)}(\mathcal{E}_0 - \mathcal{E}) \geqslant \varphi_n(\mathcal{E}_0 - \mathcal{E})$, 其中 $\mathcal{E} \subset \mathcal{E}_0$, 可知 $\varphi^{(ac)}(\mathcal{E}_0) - \varphi^{(ac)}(\mathcal{E}) \geqslant \varphi_n(\mathcal{E}_0) - \varphi_n(\mathcal{E})$, 就是
$$0 \leqslant \varphi^{(ac)}(\mathcal{E}) - \varphi_n(\mathcal{E}) \leqslant \varphi^{(ac)}(\mathcal{E}_0) - \varphi_n(\mathcal{E}_0) \tag{117}$$
由此可以看出对于 $\mathcal{E}_0$ 中的一切 $\mathcal{E}$, $\varphi_n(\mathcal{E})$ 一致收敛于 $\varphi^{(ac)}(\mathcal{E})$. 留意 $\varphi_n(\mathcal{E})$ 的绝对连续性, 可知 $\varphi^{(ac)}(\mathcal{E})$ 在 $\mathcal{E}_0$ 上也是绝对连续的. 事实上, 设 ε 是预定的正数. 可以固定 $n = n_0$, 使 $\varphi^{(ac)}(\mathcal{E}_0) - \varphi_{n_0}(\mathcal{E}_0) \leqslant \frac{\varepsilon}{2}$. 如此, 依(117), 可知 $\varphi^{(ac)}(\mathcal{E}) \leqslant \varphi_{n_0}(\mathcal{E}) + \frac{\varepsilon}{2}$. 既然 $\varphi_{n_0}(\mathcal{E})$ 是绝对连续的, 必存在一正数 η, 使当 $\mathcal{E} \subset \mathcal{E}_0$ 而 $G(\mathcal{E}) \leqslant \eta$ 时, $\varphi_{n_0}(\mathcal{E}) \leqslant \frac{\varepsilon}{2}$. 于是由上面不等式得: 如果 $\mathcal{E} \subset \mathcal{E}_0$, $G(\mathcal{E}) \leqslant \eta$, 则 $\varphi^{(ac)}(\mathcal{E}) \leqslant \varepsilon$, 而辅助定理证明了.

辅助定理 3 如果 $\varphi(\mathcal{E}) \in V_1$, 并且是非负的, 在 $\mathcal{E}_0$ 上绝对连续的, 那么对于任意预定的 $\varepsilon > 0$, 必存在一基本上有界函数 $\psi(\mathcal{E})$, 使
$$\|\varphi - \psi\|_1 \leqslant \varepsilon \tag{118}$$
由(109)可知 $0 \leqslant \varphi'_n(\mathcal{E}) \leqslant nG(\mathcal{E})$, 就是说每个 $\varphi_n(\mathcal{E})$ 是基本上有界的. 此外, $\varphi(\mathcal{E}) - \varphi_n(\mathcal{E}) \geqslant 0$, 所以这差在 $\mathcal{E}_0$ 上的全变分等于其在 $\mathcal{E}_0$ 处的值, 就是说 $\|\varphi(\mathcal{E}) - \varphi_n(\mathcal{E})\|_1 = \varphi(\mathcal{E}_0) - \varphi_n(\mathcal{E}_0)$. 但既然 $\varphi(\mathcal{E})$ 是绝对连续的, 依辅助定理 1 可知 $\varphi_n(\mathcal{E}_0) \to \varphi(\mathcal{E}_0)$, 就是说 $\|\varphi(\mathcal{E}) - \varphi_n(\mathcal{E})\|_1 \to 0$, 所以为了满足不等式(118), 只需取 $\psi(\mathcal{E})$ 等于一个与足够大的 n 值相应的 $\varphi_n(\mathcal{E})$ 就可以了. 事实上, 可以取某一在 $\mathcal{E}_0$ 上片段定值的函数做 $\psi(\mathcal{E})$ 以满足不等式(118). 首先对于 V_2 中的函数 $\varphi(\mathcal{E})$ 证明这点.

定理 1 如果 $\varphi(\mathscr{E}) \in V_2$,那么对于任意预定的 $\varepsilon > 0$,必存在一片段定值的函数 $\omega(\mathscr{E})$,满足

$$\|\varphi - \omega\|_2 \leqslant \varepsilon \tag{119}$$

设 $f(P)$ 是在 $\mathscr{E}_0$ 上的 L_2 中的可测函数,而

$$a = \frac{1}{G(\mathscr{E})} \int_{\mathscr{E}} f(P) G(\mathrm{d}\mathscr{E})$$

如果 $G(\mathscr{E}) = 0$ 时这式算作等于零. 显然

$$\int_{\mathscr{E}} [f(P) - a]^2 G(\mathrm{d}\mathscr{E}) = \int_{\mathscr{E}} f^2(P) G(\mathrm{d}\mathscr{E}) - a^2 G(\mathscr{E})$$

在这式中令 $\mathscr{E} = \mathscr{E}_k$,而

$$a = \int_{\mathscr{E}_k} \frac{f(P) G(\mathrm{d}\mathscr{E})}{G(\mathscr{E}_k)}$$

其中 $\mathscr{E}_k$ 是集合 $\mathscr{E}_0$ 在某分割 δ 中的部分集合,并依 k 取和,可得

$$\|f(P) - f_\delta(P)\|^2_{\mathscr{E}_0} = \|f(P)\|^2_{\mathscr{E}_0} - \|f_\delta(P)\|^2_{\mathscr{E}_0} \tag{120}$$

如果 $\delta' > \delta$,取 $f(P) = g_{\delta'}(P)$,而 $g_\delta(P)$ 是出现于公式 (102) 中的函数,那么依 (105),$f_\delta(P) = g_\delta(P)$,而从 (120) 可得

$$\|g_{\delta'}(P) - g_\delta(P)\|^2_{\mathscr{E}_0} = \|g_{\delta'}(P)\|^2_{\mathscr{E}_0} - \|g_\delta(P)\|^2_{\mathscr{E}_0} \tag{121}$$

留意 (103) 及 (104),可以写成

$$\|(\varphi - \varphi_\delta)_{\delta'}\|_2 = \|\varphi_{\delta'}\|_2 - \|\varphi_\delta\|_2 \tag{122}$$

依 (101) 存在分割序列 δ_n 及 δ'_n,使 $\|(\varphi - \varphi_\delta)_{\delta_n}\|_2 \to \|\varphi - \varphi_\delta\|_2$,而 $\|\varphi_{\delta'_n}\|_2 \to \|\varphi\|_2$. 对于序列 $\delta''_n = \delta_n \delta'_n$ 可知

$$\|(\varphi - \varphi_\delta)_{\delta''_n}\|_2 \to \|\varphi - \varphi_\delta\|_2, \quad \|\varphi_{\delta''_n}\|_2 \to \|\varphi\|_2$$

在 (122) 中令 $\delta' = \delta''_n$,并取极限,得

$$\|\varphi - \varphi_\delta\|_2 = \|\varphi\|_2 - \|\varphi_\delta\|_2 \tag{123}$$

留意 (101) 可知存在一分割 δ,使 (123) 中的右边小于等于 ε,于是令 $\omega(\mathscr{E}) = \varphi_\delta(\mathscr{E})$ 可得 (119).

定理 2 如果 $\varphi(\mathscr{E}) \in V_1$,并且在 $\mathscr{E}_0$ 上绝对连续,那么对于任意预定的正数 ε,必有一在 $\mathscr{E}_0$ 上的片段定值函数 $\omega(\mathscr{E})$ 存在,使

$$\|\varphi - \omega\|_1 \leqslant \varepsilon \tag{124}$$

可以把 φ 表成两个 V_1 中的非负函数之差的形式:$\varphi(\mathscr{E}) = \varphi_1(\mathscr{E}) - \varphi_2(\mathscr{E})$,而如果存在片段定值函数 $\omega_1(\mathscr{E})$ 及 $\omega_2(\mathscr{E})$,使 $\|\varphi_1 - \omega_1\|_1 \leqslant \frac{\varepsilon}{2}$,$\|\varphi_2 - \omega_2\|_1 \leqslant \frac{\varepsilon}{2}$,那么 $\omega(\mathscr{E}) = \omega_1(\mathscr{E}) + \omega_2(\mathscr{E})$ 也是片段定值函数,并且满足(依 (85))

$$\|\varphi - \omega\|_1 \leqslant \|\varphi_1 - \omega_1\|_1 + \|\varphi_2 - \omega_2\|_1 \leqslant \varepsilon$$

如此,只需就非负函数 $\varphi(\mathscr{E})$ 的情形证明本定理就够了.

依辅助定理 3,必存在一基本上有界的函数 $\psi(\mathscr{E})$,使 $\|\varphi - \psi\|_1 \leqslant \frac{\varepsilon}{2}$. 函数

$\psi(\mathscr{E}) \in V_2$,所以存在一片段定值的函数 $\omega(\mathscr{E})$,使 $\|\psi - \omega\|_2 \leqslant \dfrac{\varepsilon^2}{4G(\mathscr{E}_0)}$. 依 (88),$\|\psi - \omega\|_1 \leqslant \dfrac{\varepsilon}{2}$,而应用(85),可以写成

$$\|\varphi - \omega\|_1 \leqslant \|\varphi - \psi\|_1 + \|\psi - \omega\|_1 \leqslant \dfrac{\varepsilon}{2} + \dfrac{\varepsilon}{2} = \varepsilon$$

于是定理证明了.

定理1的结论等于说:在 V_2 中取 $\|\varphi\|_2$ 为范数,则片段定值函数是到处稠密的,而定理2等于说:在 V_1 中的绝对连续函数的空间中,如取 $\|\varphi\|_1$ 为范数,则片段定值函数在其中到处稠密.

83. 基本定理

现在回头证明在73小节中陈述的基本定理. 与上面一样,只需就 V_1 中的非负函数 $\varphi(\mathscr{E})$ 的情形证明定理就够了. 与以前一样,用 $\varphi^{(ac)}(\mathscr{E})$ 表示由(114)定义的函数 $\varphi_n(\mathscr{E})$ 的极限. 依辅助定理1及2,为了等式 $\varphi^{(ac)}(\mathscr{E}) = \varphi(\mathscr{E})$ 成立,必须且只需 $\varphi(\mathscr{E})$ 是在 $\mathscr{E}_0$ 上绝对连续的. 设这点不成立. 作在 $\mathscr{E}_0$ 中非负完全加法函数

$$\varphi^{(s)}(\mathscr{E}) = \varphi(\mathscr{E}) - \varphi^{(ac)}(\mathscr{E}) \tag{125}$$

我们将证明 $\varphi^{(s)}(\mathscr{E})$ 是73小节中(14)里面的那一特异项. 令

$$\varphi_n^{(s)}(\mathscr{E}) = \inf [\varphi^{(s)}, nG] = \inf_{\mathscr{E} = \mathscr{E}' + \mathscr{E}''} [\varphi(\mathscr{E}') - \varphi^{(ac)}(\mathscr{E}') + nG(\mathscr{E}'')] \tag{126}$$

取满足条件(115)及不等式(116)的分割 $\mathscr{E} = \mathscr{E}'_n + \mathscr{E}''_n$,由此当 $n \to \infty$ 时 $G(\mathscr{E}''_n) \to 0$. 留意定义(126)可知

$$\varphi_n^{(s)}(\mathscr{E}) \leqslant \varphi(\mathscr{E}'_n) + nG(\mathscr{E}''_n) - \varphi^{(ac)}(\mathscr{E}'_n)$$
$$= \varphi(\mathscr{E}'_n) + nG(\mathscr{E}''_n) - [\varphi^{(ac)}(\mathscr{E}) - \varphi^{(ac)}(\mathscr{E}''_n)]$$

就是说,依(115)

$$\varphi_n^{(s)}(\mathscr{E}) \leqslant \varphi_n(\mathscr{E}) + \varepsilon - [\varphi^{(ac)}(\mathscr{E}) - \varphi^{(ac)}(\mathscr{E}''_n)]$$

但既然 $\varphi^{(ac)}(\mathscr{E})$ 是绝对连续的,可知对于一切足够大的 n,$0 \leqslant \varphi^{(ac)}(\mathscr{E}''_n) \leqslant \varepsilon$,所以

$$\varphi_n^{(s)}(\mathscr{E}) \leqslant \varphi_n(\mathscr{E}) - \varphi^{(ac)}(\mathscr{E}) + 2\varepsilon$$

留意 $\varphi_n(\mathscr{E}) \to \varphi^{(ac)}(\mathscr{E})$,可得 $\lim\limits_{n \to \infty} \varphi_n^{(s)}(\mathscr{E}) \leqslant 2\varepsilon$,而既然 ε 是任意的,可知 $\lim\limits_{n \to \infty} \varphi_n^{(s)}(\mathscr{E}) = 0$ 对于一切 $\mathscr{E}$ 成立. 但 $\varphi_n^{(s)}(\mathscr{E})$ 是非负的,并且当 n 增加时是不减的,因此对于一切 n

$$\varphi_n^{(s)}(\mathscr{E}) = \inf_{\mathscr{E} = \mathscr{E}' + \mathscr{E}''} [\varphi^{(s)}(\mathscr{E}') + nG(\mathscr{E}'')] = 0$$

把这结果就 $n = 1$ 应用于 $\mathscr{E}_0$ 上去,可知对于任意预定的正数 ε 必存在一属于 L_G 并含于 $\mathscr{E}_0$ 中的集合 $\mathscr{E}_n$,使

$$\varphi^{(s)}(\mathscr{E}_n) + G(\mathscr{E}_0 - \mathscr{E}_n) \leqslant \dfrac{\varepsilon}{2^n}$$

由此,依 $\varphi^{(s)}(\mathscr{E})$ 及 $G(\mathscr{E})$ 的非负性可知

$$\varphi^{(s)}(\mathscr{E}_n) \leqslant \frac{\varepsilon}{2^n}, \quad G(\mathscr{E}_0 - \mathscr{E}_n) \leqslant \frac{\varepsilon}{2^n} \tag{127}$$

作集合 $\mathscr{E}'_\varepsilon = \mathscr{E}_1 + \mathscr{E}_2 + \cdots$,这集合也属于 L_G,并含于 $\mathscr{E}_0$ 中. 留意 $\mathscr{E}_n \subset \mathscr{E}'_\varepsilon$ 对于任意 n 成立,可知 $G(\mathscr{E}_0 - \mathscr{E}'_\varepsilon) \leqslant \frac{\varepsilon}{2^n}$,而使 n 增向无穷,得 $G(\mathscr{E}_0 - \mathscr{E}'_\varepsilon) = 0$. 另一方面,留意

$$\mathscr{E}'_\varepsilon = \mathscr{E}_1 + (\mathscr{E}_2 - \mathscr{E}_1) + (\mathscr{E}_3 - \mathscr{E}_1 - \mathscr{E}_2) + \cdots$$

及(127)的第一不等式,而且因为 $\varphi^{(s)}(\mathscr{E})$ 是非负的,可得 $\varphi^{(s)}(\mathscr{E}'_\varepsilon) \leqslant \varepsilon$. 所以

$$\varphi^{(s)}(\mathscr{E}'_\varepsilon) \leqslant \varepsilon, \quad G(\mathscr{E}_0 - \mathscr{E}'_\varepsilon) = 0$$

令 $\mathscr{E}_0 - \mathscr{E}'_\varepsilon = \mathscr{E}_\varepsilon$,可知对于任意 $\varepsilon > 0$,必存在一含于 $\mathscr{E}_0$ 的集合 $\mathscr{E}_\varepsilon$,使

$$\varphi^{(s)}(\mathscr{E}_0 - \mathscr{E}_\varepsilon) \leqslant \varepsilon, \quad G(\mathscr{E}_\varepsilon) = 0$$

设 $\varepsilon_n > 0$,而 $\varepsilon_n \to 0$. 那么

$$\varphi^{(s)}(\mathscr{E}_0 - \mathscr{E}_{\varepsilon_n}) \leqslant \varepsilon_n, \quad G(\mathscr{E}_{\varepsilon_n}) = 0$$

取集合 $H = \mathscr{E}_{\varepsilon_1} + \mathscr{E}_{\varepsilon_2} + \cdots$. 由于上列的第二不等式,可知 $G(H) = 0$,而留意 $\mathscr{E}_{\varepsilon_n} \subset H$ 对于任意 n 成立,依第一个不等式 $\varphi^{(s)}(\mathscr{E}_0 - H) \leqslant \varepsilon_n$,于是无限增大 n 可得 $\varphi^{(s)}(\mathscr{E}_0 - H) = 0$. 因此,存在 H,使

$$\varphi^{(s)}(\mathscr{E}_0 - H) = 0, \quad G(H) = 0 \tag{128}$$

任意 $\mathscr{E} = \mathscr{E}H + (\mathscr{E} - \mathscr{E}H)$,但 $\mathscr{E} - \mathscr{E}H \subseteq \mathscr{E}_0 - H$,而由公式(128)中的第一个及 $\varphi^{(s)}(\mathscr{E})$ 的非负性可知 $\varphi^{(s)}(\mathscr{E} - \mathscr{E}H) = 0$,所以 $\varphi^{(s)}(\mathscr{E}) = \varphi^{(s)}(\mathscr{E}H)$. 从而存在 H,使

$$\varphi^{(s)}(\mathscr{E}) = \varphi^{(s)}(\mathscr{E}H), \quad G(H) = 0$$

如此,$\varphi^{(s)}(\mathscr{E})$ 就是 73 小节中公式(14)里面的特异项. 留意(125)并注意 $\varphi^{(ac)}(\mathscr{E})$ 是绝对连续的,可知为了证明 73 小节中的定理只需证明下面定理就够了.

定理 凡 V_1 中的绝对连续函数 $\varphi(\mathscr{E})$ 必可表示成积分的形式

$$\varphi(\mathscr{E}) = \int_{\mathscr{E}} f(P) G(\mathrm{d}\mathscr{E}) \tag{129}$$

其中 $f(P)$ 是在 $\mathscr{E}_0$ 上可测且可和的.

依定理 2,必存在一片段定值函数 $\omega_n(\mathscr{E})$,使

$$\|\varphi - \omega_n\|_1 \leqslant \frac{1}{2^{n+1}} \tag{130}$$

由此可知,依(85)

$$\|\omega_{n+1} - \omega_n\| \leqslant \|\varphi - \omega_{n+1}\|_1 + \|\varphi - \omega_n\|_1 < \frac{1}{2^n}$$

但任一 $\omega_n(\mathscr{E})$ 是一个在 $\mathscr{E}_0$ 上取有穷个有穷值的片段定值函数 $g_n(P)$ 的积分

$$\omega_n(\mathscr{E}) = \int_{\mathscr{E}} g_n(P) G(\mathrm{d}\mathscr{E})$$

$$\omega_{n+1}(\mathscr{E}) - \omega_n(\mathscr{E}) = \int_{\mathscr{E}} [g_{n+1}(P) - g_n(P)] G(\mathrm{d}\mathscr{E})$$

这表示成积分的集合函数的全变分是

$$\|\omega_{n+1} - \omega_n(\mathscr{E})\|_1 = \int_{\mathscr{E}_0} |g_{n+1}(P) - g_n(P)| G(\mathrm{d}\mathscr{E})$$

由此

$$\int_{\mathscr{E}_0} |g_{n+1}(P) - g_n(P)| G(\mathrm{d}\mathscr{E}) \leqslant \frac{1}{2^n} \tag{131}$$

而由这些积分组成的级数收敛. 如此在 $\mathscr{E}_0$ 上下面级数殆遍收敛

$$|g_1(P)| + |g_2(P) - g_1(P)| + |g_3(P) - g_2(P)| + \cdots \tag{132}$$

于是下面级数更是殆遍收敛的

$$f(P) = g_1(P) + [g_2(P) - g_1(P)] + [g_3(P) - g_2(P)] + \cdots$$

就是说, 在 $\mathscr{E}_0$ 上殆遍 $g_n(P) \to f(P)$. 依(131), 级数(132)的和是在 $\mathscr{E}_0$ 上可和的函数. 但 $|f(P)|$ 小于等于这和, 因此 $f(P)$ 也是可和的. 于是

$$f(P) = g_n(P) + [g_{n+1}(P) - g_n(P)] + [g_{n+2}(P) - g_{n+1}(P)] + \cdots$$

留意(131)可知对于 $\mathscr{E}_0$ 中的任意 $\mathscr{E}$

$$\int_{\mathscr{E}} |f(P) - g_n(P)| G(\mathrm{d}\mathscr{E}) \leqslant \frac{1}{2^n} + \frac{1}{2^{n+1}} + \cdots = \frac{1}{2^{n-1}}$$

由此直接可知对于一切 $\mathscr{E}$

$$\lim_{n \to \infty} \omega_n(\mathscr{E}) = \lim_{n \to \infty} \int_{\mathscr{E}} g_n(P) G(\mathrm{d}\mathscr{E}) = \int_{\mathscr{E}} f(P) G(\mathrm{d}\mathscr{E})$$

另一方面, 由 $\mathscr{E}_0$ 上的全变分的定义及(130)可知

$$|\varphi(\mathscr{E}) - \omega_n(\mathscr{E})| \leqslant \|\varphi - \omega_n\|_1 \leqslant \frac{1}{2^{n+1}}$$

由此可知对于一切 $\mathscr{E}, \omega_n(\mathscr{E}) \to \varphi(\mathscr{E})$, 就是说

$$\varphi(\mathscr{E}) = \int_{\mathscr{E}} f(P) G(\mathrm{d}\mathscr{E})$$

而定理证明了. 到此为止我们假设 $G(\mathscr{E}_0)$ 等于有穷数. 如果 $G(\mathscr{E}_0) = +\infty$, 那么结果可借具有有穷 $G(\mathscr{E}_n)$ 值的集合 $\mathscr{E}_n$ 取极限而得出, 因为关于后者定理已证明了, 而且 $f(P)$ 与 n 无关.

84. 黑林格尔积分

现在更详细地考察 V_2 的性质. 首先注意, 由条件(86)可知如果 $\varphi(\mathscr{E}) \in V_2$, 那么它是绝对连续的. 同时, 公式(123)成立

$$\|\varphi - \varphi_\delta\|_2 = \|\varphi\|_2 - \|\varphi_\delta\|_2 \tag{133}$$

而此外

$$\varphi_\delta(\mathscr{E}) = \int_{\mathscr{E}} g_\delta(P) G(\mathrm{d}\mathscr{E}), \quad \|\varphi_\delta\|_2 = \int_{\mathscr{E}_0} g_\delta^2(P) G(\mathrm{d}\mathscr{E}) \tag{134}$$

依 (101) 可以选择 $\mathscr{E}_0$ 的分割序列,使

$$\|\varphi - \varphi_{\delta_n}\|_2 = \|\varphi\|_2 - \|\varphi_{\delta_n}\|_2 \leqslant \frac{1}{4^{n+1}G(\mathscr{E}_0)} \tag{135}$$

如此,依 (88),$\|\varphi - \varphi_{\delta_n}\|_1 \leqslant \frac{1}{2^{n+1}}$,而依上小节定理的证明可知 $g_{\delta_n}(P) \to f(P)$ 在 $\mathscr{E}_0$ 上殆遍成立,而

$$\varphi(\mathscr{E}) = \int_{\mathscr{E}} f(P) G(\mathrm{d}\mathscr{E}) \tag{136}$$

由 (134) 及 (135) 可知

$$\int_{\mathscr{E}_0} g_{\delta_n}^2(P) G(\mathrm{d}\mathscr{E}) \leqslant \|\varphi\|_2, \quad \int_{\mathscr{E}_0} g_{\delta_n}^2(P) G(\mathrm{d}\mathscr{E}) \to \|\varphi\|_2$$

应用 55 小节中的定理 4 可以写成

$$\int_{\mathscr{E}_0} f^2(P) G(\mathrm{d}\mathscr{E}) \leqslant \|\varphi\|_2 \tag{137}$$

由此可知 $f(P) \in \mathscr{E}_0$ 上的 L_2. 现在证明与 (137) 相反的不等式.

应用施瓦兹不等式于 (136),可以写成

$$\varphi^2(\mathscr{E}_k) \leqslant \int_{\mathscr{E}_k} f^2(P) G(\mathrm{d}\mathscr{E}) \cdot \int_{\mathscr{E}_k} G(\mathrm{d}\mathscr{E}) = G(\mathscr{E}_k) \int_{\mathscr{E}_k} f^2(P) G(\mathrm{d}\mathscr{E})$$

用 $G(\mathscr{E}_k)$ 除,并依 k 取和,可得

$$S_\delta(\varphi) = \sum_k \frac{\varphi^2(\mathscr{E}_k)}{G(\mathscr{E}_k)} \leqslant \int_{\mathscr{E}_0} f^2(P) G(\mathrm{d}\mathscr{E}) \tag{138}$$

因此取上面和的上确界可知

$$\|\varphi\|_2 \leqslant \int_{\mathscr{E}_0} f^2(P)(\mathrm{d}\mathscr{E})$$

与 (137) 比较可得

$$\|\varphi\|_2 = \int_{\mathscr{E}_0} f^2(P) G(\mathrm{d}\mathscr{E}) \tag{139}$$

于是证明了:对于 V_2 中的任意 $\varphi(\mathscr{E})$,出现于表示法 (136) 中的函数 $f(P)$ 属于 L_2,而公式 (139) 成立. 反之,如果知道 $\varphi(\mathscr{E})$ 由公式 (136) 表示,而 $f(P) \in \mathscr{E}_0$ 上的 L_2,那么由 (138)(这是由 (136) 即可得出的) 可知 $\varphi(\mathscr{E}) \in V_2$. 留意表示法 (136) 的唯一性,可知公式 (139) 成立. 于是得出下面的重要定理:

定理 1 为了 $\varphi(\mathscr{E})$ 属于 $\mathscr{E}_0$ 上的 V_2,必须且只需 $\varphi(\mathscr{E})$ 能表示成 (136) 的形式,其中 $f(P) \in \mathscr{E}_0$ 上的 L_2. 如果这条件果然满足,那么公式 (139) 成立.

再举出 $\varphi(\mathscr{E})$ 属于 V_2 的另一必要且充分的条件.

定理 2 为了 $\varphi(\mathscr{E})$ 属于 $\mathscr{E}_0$ 上的 V_2,必须且只需存在一个在 $\mathscr{E}_0$ 上完全加法的函数 $H(\mathscr{E})$,使下面不等式满足

$$\varphi^2(\mathscr{E}) \leqslant G(\mathscr{E}) \cdot H(\mathscr{E}) \tag{140}$$

事实上,如果这条件满足,那么和 $S_\delta(\varphi)$ 是有界的

$$S_\delta(\varphi) = \sum_k \frac{\varphi^2(\mathscr{E}_k)}{G(\mathscr{E}_k)} \leqslant \sum_k H(\mathscr{E}_k) = H(\mathscr{E}_0)$$

反之,如果 $\varphi(\mathscr{E}) \in V_2$,那么公式(136)成立,而 $f(P) \in \mathscr{E}_0$ 上的 L_2,所以在含于 $\mathscr{E}_0$ 且依 $G(\mathscr{E})$ 可测的任意集合上所做的 L_2 也包含 $f(P)$. 设

$$H(\mathscr{E}) = \int_{\mathscr{E}} f^2(P) G(\mathrm{d}\mathscr{E}) \tag{141}$$

对于(136)使用施瓦兹不等式可得(140),于是定理证明了.

如果 $\varphi(\mathscr{E}) \in \mathscr{E}_0$ 上的 V_2,那么和 $S_\delta(\varphi)$ 的上确界叫作黑林格尔积分,并用下面方式表示

$$\|\varphi\|_2 = \sup_\delta S_\delta(\varphi) = \int_{\mathscr{E}_0} \frac{\varphi^2(\mathrm{d}\mathscr{E})}{G(\mathrm{d}\mathscr{E})} \tag{142}$$

由公式(139)可得一用勒贝格积分表示黑林格尔积分的方式

$$\int_{\mathscr{E}_0} \frac{\varphi^2(\mathrm{d}\mathscr{E})}{G(\mathrm{d}\mathscr{E})} = \int_{\mathscr{E}_0} f^2(P) G(\mathrm{d}\mathscr{E}) \tag{143}$$

如果分割 δ' 是分割 δ 的后继,而 i 是积分(142),就是说 i 等于和 $S_\delta(\varphi)$ 的上确界,那么我们知道 $S_\delta(\varphi) \leqslant S_{\delta'}(\varphi) \leqslant i$. 留意这点,可知积分(142)具有下列性质:对于任意预定的 $\varepsilon > 0$,必有一分割 δ_ε 存在,使其任意后继 δ' 都能满足下面不等式

$$|i - S_{\delta'}(\varphi)| \leqslant \varepsilon \quad (\delta' \text{ 是 } \delta_\varepsilon \text{ 的后继}) \tag{144}$$

现在证明具有上述性质的 i 只能是唯一的. 设还有一个具有这性质的数 i'. 除(144)之外,还有对于任意 $\delta \geqslant \delta'_\varepsilon$,$|i' - S_\delta(\varphi)| \leqslant \varepsilon$,其中 δ'_ε 起着(144)中的 δ_ε 的作用. 取积 $\delta''_\varepsilon = \delta_\varepsilon \delta'_\varepsilon$,可以得两个不等式:当 $\delta \geqslant \delta''_\varepsilon$ 时

$$|i - S_\delta(\varphi)| \leqslant \varepsilon, \quad |i' - S_\delta(\varphi)| \leqslant \varepsilon$$

对于满足条件 $\delta > \delta''_\varepsilon$ 的任一分割 δ,依 $i' - i = (i' - S_\delta(\varphi)) + (S_\delta(\varphi) - i)$ 可得

$$|i' - i| \leqslant |i' - S_\delta(\varphi)| + |i - S_\delta(\varphi)| \leqslant 2\varepsilon$$

由此,既然 ε 是任意的,可知 $i' = i$. 设 $\varphi(\mathscr{E})$ 及 $\varphi_1(\mathscr{E}) \in V_2$;考察和

$$S_\delta(\varphi, \varphi_1) = \sum_k \frac{\varphi(\mathscr{E}_k)\varphi_1(\mathscr{E}_k)}{G(\mathscr{E}_k)} \tag{145}$$

这显然可以表示成下面形式

$$S_\delta(\varphi, \varphi_1) = \frac{1}{2} \sum_k \frac{[\varphi(\mathscr{E}_k) + \varphi_1(\mathscr{E}_k)]^2}{G(\mathscr{E}_k)} - \frac{1}{2} \sum_k \frac{\varphi^2(\mathscr{E}_k)}{G(\mathscr{E}_k)} - \frac{1}{2} \sum_k \frac{\varphi_1^2(\mathscr{E}_k)}{G(\mathscr{E}_k)} \tag{146}$$

就是说

$$S_\delta(\varphi, \varphi_1) = \frac{1}{2} S_\delta(\varphi + \varphi_1) - \frac{1}{2} S_\delta(\varphi) - \frac{1}{2} S_\delta(\varphi_1)$$

对于右边的每个和,性质(144)都成立,又因为必要时可以用几个分割的积替换各个分割,所以可设所取的 δ 是同一个. 如此和 $S_\delta(\varphi,\varphi_1)$ 也有性质(144);而与和(145)相应的数 i 表成

$$i = \int_{\mathscr{E}_0} \frac{\varphi(\mathrm{d}\mathscr{E})\varphi_1(\mathrm{d}\mathscr{E})}{G(\mathrm{d}\mathscr{E})} \tag{147}$$

留意(146),可以写成

$$\int_{\mathscr{E}_0} \frac{\varphi(\mathrm{d}\mathscr{E})\varphi_1(\mathrm{d}\mathscr{E})}{G(\mathrm{d}\mathscr{E})} = \frac{1}{2}\int_{\mathscr{E}_0} \frac{[\varphi(\mathrm{d}\mathscr{E})+\varphi_1(\mathrm{d}\mathscr{E})]^2}{G(\mathrm{d}\mathscr{E})} - \frac{1}{2}\int_{\mathscr{E}_0} \frac{\varphi^2(\mathrm{d}\mathscr{E})}{G(\mathrm{d}\mathscr{E})} - \frac{1}{2}\int_{\mathscr{E}_0} \frac{\varphi_1^2(\mathrm{d}\mathscr{E})}{G(\mathrm{d}\mathscr{E})}$$

而再留意(143),可知

$$\int_{\mathscr{E}_0} \frac{\varphi(\mathrm{d}\mathscr{E})\varphi_1(\mathrm{d}\mathscr{E})}{G(\mathrm{d}\mathscr{E})} = \int_{\mathscr{E}_0} f(P)f_1(P)G(\mathrm{d}\mathscr{E}) \tag{148}$$

其中 $f_1(P)$ 是 L_2 中与 $\varphi_1(\mathscr{E})$ 相应的函数

$$\varphi_1(\mathscr{E}) = \int_{\mathscr{E}} f_1(P)G(\mathrm{d}\mathscr{E}) \tag{149}$$

更一般形式的和

$$\sigma_\delta = \sum_k u(P_k) \frac{\varphi(\mathscr{E}_k)\varphi_1(\mathscr{E}_k)}{G(\mathscr{E}_k)} \tag{150}$$

也可以同样研究,其中 $u(P)$ 是有界并依 $G(\mathscr{E})$ 可测的函数,而 P_k 是 $\mathscr{E}_k$ 中任意一点. 可以证明,对于这样的和也必有唯一的具有性质(144)的数 I 存在,但这时(144)中的 S_δ 须换成 σ_δ,而且(144)中的不等式对于任意选择的点 P_k 都满足. 这数 I 可以表示成勒贝格-斯蒂尔切斯积分

$$I = \int_{\mathscr{E}_0} u(P)f(P)f_1(P)G(\mathrm{d}\mathscr{E}) \tag{151}$$

性质(144)是下面将讲到的积分一般定义的基础. 在下节中将更详尽地考察一个变数的情形.

85. 一个变数的情形

在研究一个变数的情形中,我们将从点函数出发,并考察连续函数的最简单的情形. 为简便起见将使用下面的表示法:如果 Δ 是某一区间 $[\alpha,\beta]$,那么记号 $\Delta_\tau(x)$ 将表示差值 $\tau(\beta)-\tau(\alpha)$. 设 $g(x)$ 是在有穷区间 $[a,b]$ 上的不减连续函数,而 $F(x)$ 是在这区间上的实连续函数,并具有下面性质,即当 $\Delta g(x)=0$ 时 $\Delta F(x)=0$. 设 δ 是区间 $[a,b]$ 的一分割,分这区间为有穷个部分区间 Δ_k,而且

$$S_\delta = \sum_k \frac{(\Delta_k F)^2}{\Delta_k g} \tag{152}$$

凡具有 $\frac{0}{0}$ 形式的项算作零. 当添加新分割点时这和是不减的(参见87小节). 我

们只使用分成区间的分割,而且在证明定理时与分割成依 $G(\mathscr{E})$ 可测的集合时一样地推理.

定理 1 为了和 S_δ 的值的集合有界,必须且只需存在一个在 $[a,b]$ 上不减的有界函数 $h(x)$,使对于 $[a,b]$ 的任意部分区间下面不等式都成立

$$(\Delta F)^2 \leqslant \Delta g \cdot \Delta h \tag{153}$$

如果这条件满足,那么和 S_δ 中的各项不超过 $\Delta_k h$,而对于任意分割,$S_\delta \leqslant h(b) - h(a)$.

现在证明(153)的必要性.如果和 S_δ 在整个区间 $[a,b]$ 上有界,那么在其任意一个部分区间上也有界.用 $h(x)$ 表示 S_δ 在区间 $[a,x]$ 上的上确界

$$h(x) = \sup_\delta S_\delta \quad \text{在区间} [a,x] \text{上}$$

与证明全变分的加法性完全一样,可以证明 S_δ 对于任意部分区间 $[\alpha,\beta]$ 上的上确界等于 $h(\beta) - h(\alpha) = \Delta h$,所以 $h(x)$ 是不减有界函数.如果不把区间 Δ 分成部分区间,那么对于区间 Δ 作的和 S_δ 变成了单项的 $\dfrac{(\Delta F)^2}{\Delta g}$,而它小于和 S_δ 在 Δ 上的上确界 Δh,所以 $\dfrac{(\Delta F)^2}{\Delta g} \leqslant \Delta h$,于是得(153).

设 $G(\mathscr{E})$ 是由函数 $g(x)$ 所产生的 $[a,b]$ 上的区间函数,又设 $F(x)$ 具有下面形式

$$F(x) = \int_a^x f(x) G(\mathrm{d}\mathscr{E}) + C \tag{154}$$

其中 $f(x) \in L_2$.那么

$$\Delta F = \int_\Delta f(x) G(\mathrm{d}\mathscr{E}) = \int_\Delta f(x) \mathrm{d}g(x)$$

而应用施瓦兹不等式,可得

$$(\Delta F)^2 \leqslant \int_\Delta f^2(x) G(\mathrm{d}\mathscr{E}) \cdot \int_\Delta G(\mathrm{d}\mathscr{E}) = \Delta g(x) \cdot \int_\Delta f^2(x) G(\mathrm{d}\mathscr{E})$$

就是说条件(153)满足,且

$$h(x) = \int_a^x f^2(x) G(\mathrm{d}\mathscr{E}) \tag{155}$$

而由于 $g(x)$ 的连续性,区间 $[a,x]$ 是闭与否并无关系.

公式(154)引出一个完全加法的集合函数

$$\varphi(\mathscr{E}) = \int_\mathscr{E} f(x) G(\mathrm{d}\mathscr{E})$$

这函数定义于一切依 $G(\mathscr{E})$ 可测并含于 $[a,b]$ 中的集合上,而 $\Delta F = \varphi(\Delta)$.和

$$\sum_k \frac{\varphi^2(\mathscr{E}_k)}{g(\mathscr{E}_k)} \tag{156}$$

有上确界 I,而 I 由公式(143)表示

$$I = \int_a^b f^2(x) G(\mathrm{d}\mathscr{E}) \tag{157}$$

现在证明若只考虑分$[a,b]$为部分区间的分割,相应的和(152)的上确界也是这数I.首先这上确界的值无论如何不会大于I.利用$\varphi(\mathscr{E})$的绝对连续性,可以证明积分(157)也是和(152)的上确界,虽然(152)中的分割只分$[a,b]$成部分区间.依上面所说,对于任意预定的正数ε,必有一分割δ存在,它分区间$[a,b]$成有穷个可测集合$\mathscr{E}_k(k=1,2,\cdots,n)$,并使

$$\sum_{k=1}^n \frac{\varphi^2(\mathscr{E}_k)}{G(\mathscr{E}_k)} \geqslant I - \varepsilon \tag{158}$$

其中I就是积分(157).注意38小节中定理1的必要条件,可知对于任意$\mathscr{E}_k$必存在一初等图形R_k,就是说有穷个两两无公点的半开区间之和,满足

$$R_k + e'_k = \mathscr{E}_k + e''_k \quad (k=1,2,\cdots,n) \tag{159}$$

其中e'_k及e''_k的测度是任意小的.各个集合$\mathscr{E}_k$是两两无公点的,但由于e''_k的作用,各个R_k可能有公点,就是说$R_k R_l \subset e''_k e''_l$,而这些公共部分的测度也是任意小的.在(159)的每个等式中,我们可以把R_k与其他R_l的公共部分归并到e'_k里去,并且注意这些公共部分也是可以表成有穷多半开区间之和.如果η是e'_k与e''_k的测度中的最大者,那么对于这些新的e'_k,$G(e'_k) \leqslant (n+1)\eta$,因为$G(R_k R_l) \leqslant G(e''_k e''_l) \leqslant \eta$.如此可设在等式(159)中各$R_k$两两无公点,并且$e'_k$与$e''_k$的测度都是任意小的.

留意(158),以及$\varphi(\mathscr{E})$的绝对连续性,可取任意e'_k及e''_k的测度足够小,使

$$\sum_{k=1}^n \frac{\varphi^2(R_k)}{G(R_k)} \geqslant I - 2\varepsilon$$

设$\Delta_s(s=1,2,\cdots,m)$是组成各R_k的一切部分区间.留意($87'$),可得

$$\sum_{\varepsilon=1}^m \frac{\varphi^2(\Delta_s)}{G(\Delta_s)} \geqslant I - 2\varepsilon \tag{160}$$

既然$g(x)$及$F(x)$是连续的,Δ_s可以算作闭的也可算作开的区间.这些区间可能并不覆盖$[a,b]$,则补充上与其余区间相应的诸项.因为这些项是非负的,补充后之和更应满足不等式(160).既然ε是任意的,积分(157)必是在条件(154)之下和(152)的上确界,但设(154)中的$f(x) \in L_2$.还要注意,因为$g(x)$依假设是连续的,由公式(155)定义的函数$h(x)$是连续的.

现在证明,如果条件(153)满足,就是说和(152)有界,那么$F(x)$可以表示成公式(154)形式,其中$f(x) \in L_2$.设Δ是$[a,b]$中的某区间,而Δ'_k是在其某分割中的任意部分区间.由(153)并依施瓦兹不等式可知

$$\begin{aligned}(\sum_k |\Delta'_k F|)^2 &\leqslant (\sum_k \sqrt{\Delta'_k h} \cdot \sqrt{\Delta'_k g})^2 \\ &\leqslant \sum_k \Delta'_k h \cdot \sum_k \Delta'_k g \end{aligned} \tag{161}$$

就是说
$$\left(\sum_k |\Delta'_k F|\right)^2 \leqslant \Delta g \cdot \Delta h$$

对于任意分割取左边和的上确界,此上确界也满足同样不等式,所以 $F(x)$ 是囿变函数,而它的全变分 $v(x)$ 满足不等式

$$(\Delta v(x))^2 \leqslant \Delta g \cdot \Delta h \tag{162}$$

如果 Δ'_k 是 $[a,b]$ 中任意不相覆盖的一些区间,那么由(161)可得

$$\left(\sum_k |\Delta'_k F|\right)^2 \leqslant \sum_k \Delta'_k g \cdot [h(b) - h(a)]$$

如果右边的和小于等于 ε,那么

$$\sum_k |\Delta'_k F| \leqslant \sqrt{\varepsilon} \cdot \sqrt{h(b) - h(a)}$$

而既然 ε 是任意的,可知 $F(x)$ 依 $g(x)$ 是绝对连续的,所以

$$F(x) = \int_a^x f(x) \mathrm{d}g(x) + C \tag{163}$$

剩下的只是证明 $f(x) \in L_2$. 作有界函数如下:如果 $|f(x)| \leqslant n$,令 $f_n(x) = f(x)$,而当 $f(x) > n$ 时令 $f_n(x) = n$,当 $f(x) < -n$ 时令 $f_n(x) = -n$,并设

$$F_n(x) = \int_a^x f_n(x) \mathrm{d}g(x) \tag{164}$$

函数 $f_n(x) \in L_2$,所以依上面所说的

$$\sup_\delta \sum_k \frac{(\Delta_k F_n)^2}{\Delta_k g} = \int_a^b f_n^2(x) \mathrm{d}g(x) \tag{165}$$

如果在 $[a,b]$ 中依 $g(x)$ 可测的不同集合 $\mathscr{E}$ 上取积分(163),那么可得一集合函数,而它在 $[a,x]$ 上的全变分可以表示成积分

$$v(x) = \int_a^x |f(x)| \mathrm{d}g(x) \tag{166}$$

如果只分 $[a,x]$ 成部分区间,那么对于函数(163)也得同样的全变分.

留意(162),可知

$$\sup_\delta \sum_k \frac{(\Delta_k v)^2}{\Delta_k g} = M \tag{167}$$

其中 M 是有穷数. 另一方面,依(164)及(166),可知 $|\Delta_k F_n| \leqslant \Delta_k v$,而留意(165)及(167),可知对于任意 n

$$\int_a^b f_n^2(x) \mathrm{d}g(x) \leqslant M$$

由此可知 $f(x) \in L_2$. 由上面推理可得下面定理.

定理 2 条件(153)与下面条件同效:即 $F(x)$ 可以表示成(163)的形式,其中 $f(x) \in L_2$,而如果条件(153)满足,那么和(152)的上确界可以表示成积分(157)的形式.

在上面所说的一切中都可以不假设 $g(x)$ 及 $F(x)$ 连续. 这时基本区间须设成半开的, 并且分割成的区间也须是半开的, 而 $\Delta g = g(\beta+0) - g(\alpha+0)$. 上面一切结果仍有效, 只是 $h(x)$ 不一定是连续的. 注意由条件(153) 及 $g(x)$ 的连续性可以将条件(153) 中的 $h(x)$ 取成连续的.

86. 黑林格尔积分的性质

和(152) 的上确界是黑林格尔积分, 可以与(142) 相似地表示

$$\int_a^b \frac{[dF(x)]^2}{dg(x)} \tag{168}$$

而关于这积分有下面公式成立

$$\int_a^b \frac{[dF(x)]^2}{dg(x)} = \int_a^b f^2(x) dg(x) \tag{169}$$

现在证明这积分就是无限地细分诸区间 Δ_k 时和(152) 的极限.

定理 1 如果 $F(x)$ 满足条件(153), 而 $F_1(x)$ 满足相类的条件

$$(\Delta F_1)^2 \leqslant \Delta g \cdot \Delta h_1 \tag{170}$$

($g(x)$ 是连续的), 那么和

$$\sum_k \frac{\Delta_k F \cdot \Delta_k F_1}{\Delta_k g} \tag{171}$$

当无限地细分区间 Δ_k 时有确定的极限, 而和(152) 的极限等于这些和的上确界, 就是说等于积分(168).

设与前面一样, I 是和(152) 的上确界. 对于预定的 $\varepsilon > 0$, 必存在一固定的分割 δ_0, 它分 $[a,b]$ 成部分区间, 并使 $S_{\delta_0} \geqslant I - \varepsilon$. 设 δ 是一个足够精密的分割, 使 δ 的每个部分区间至多含 δ_0 的一个分点, 并使连续函数 $h(x)$ 在 δ 的每个部分区间之上的增量不大于 ε. 对于 $\geqslant \delta_0$ 的分割 $\delta\delta_0$

$$S_{\delta\delta_0} \geqslant S_{\delta_0} \geqslant I - \varepsilon \tag{172}$$

如果 p 是分割 δ_0 的分点数目, 那么当由 δ 换成 $\delta\delta_0$ 时 δ 的部分区间中至多有 p 个分成两个部分区间, 而这时和 S_δ 中的相应非负项换成和 $S_{\delta\delta_0}$ 中的两个非负项. 依上面关于 $h(x)$ 的增量所说的以及性质(153), 这三项中的每一项不大于 ε, 所以

$$0 \leqslant S_{\delta\delta_0} - S_\delta \leqslant 2p\varepsilon$$

与(172) 比较, 可得 $S_\delta \geqslant I - (2p+1)\varepsilon$, 由此, 既然 ε 是任意的, 可知当无限地细分诸部分区间 Δ_k 时和(152) 趋向于 I. 为了研究和(171), 留意 $F(x) + F_1(x)$ 由(163) 形状的公式表示, 其中 $f(x) + f_1(x) \in L_2$, 而和

$$\sum_k \frac{[\Delta_k(F+F_1)]^2}{\Delta_k g}$$

以及相类的关于 $F_1(x)$ 的和, 当无限地细分 Δ_k 时有极限. 由此可知和

$$\sum_k \frac{\Delta_k F \cdot \Delta_k F_1}{\Delta_k g} = \frac{1}{2} \sum_k \frac{[\Delta_k(F+f_1)]^2}{\Delta_k g} -$$

$$\frac{1}{2}\sum_k \frac{(\Delta_k F)^2}{\Delta_k g} - \frac{1}{2}\sum_k \frac{(\Delta_k F_1)^2}{\Delta_k g}$$

也有极限. 如此可得下面的黑林格尔积分

$$\int_a^b \frac{(\mathrm{d}F)^2}{\mathrm{d}g} = \lim \sum_k \frac{(\Delta_k F)^2}{\Delta_k g}$$

$$\int_a^b \frac{\mathrm{d}F \mathrm{d}F_1}{\mathrm{d}g} = \lim \sum_k \frac{\Delta_k F \cdot \Delta_k F_1}{\Delta_k g} \tag{173}$$

依 85 小节中所论的

$$\int_a^b \frac{\mathrm{d}F \cdot \mathrm{d}F_1}{\mathrm{d}g} = \int_a^b f(x)f_1(x)\mathrm{d}g(x)$$

其中

$$F_1(x) = \int_a^x f_1(x)\mathrm{d}g(x) \tag{174}$$

还可以考察更一般的和

$$\sum_k u(\xi_k) \frac{(\Delta_k F)^2}{\Delta_k g} \tag{175}$$

及

$$\sum_k u(\xi_k) \frac{\Delta_k F \cdot \Delta_k F_1}{\Delta_k g} \tag{176}$$

其中 $u(x)$ 是在 $[a,b]$ 中连续的, 积分(173) 存在, 并且 ξ_k 是 Δ_k 中的任意值. 当无限地细分诸 Δ_k 时这些和也有确定的极限. 只需对于和(175) 证明就够了. 考察和

$$\sum_k m_k \frac{(\Delta_k F)^2}{\Delta_k g} \tag{177}$$

其中 m_k 是连续函数 $u(x)$ 在闭区间 Δ_k 上的最小值. 与上面完全一样, 可以证明在添加新的分点时, 这和不减, 并且当无限地细分 Δ_k 时这和有界, 并有确定的极限. $u(x)$ 既然是一致连续的, 依条件(153), 当无限地细分区间 Δ_k 时, (175)及(177) 两和之差趋向于零, 所以和(175) 也有确定的极限. 如此可得下面的黑林格尔积分

$$\int_a^b u(x)\frac{(\mathrm{d}F)^2}{\mathrm{d}g} = \lim \sum_k u(\xi_k) \frac{(\Delta_k F)^2}{\Delta_k g}$$

$$\int_a^b u(x)\frac{\mathrm{d}F \cdot \mathrm{d}F_1}{\mathrm{d}g} = \lim \sum_k u(\xi_k) \frac{\Delta_k F \cdot \Delta_k F_1}{\Delta_k g} \tag{178}$$

上面的理论也可以就 $g(x)$ 是间断函数的情形来考察. 如果 δ_n 是一序列分割, 其中 Δ_k 的长中最大者趋向于零, 而 $g(x)$ 的每个间断点是从某一标号 n 以后一切 δ_n 的分点, 那么上面的和对于这一序列分割有确定的极限(见 18).

当 $F(x), F_1(x)$ 及 $u(x)$ 是复值函数时, 上面的全部理论显然也仍然正确, 但 $F(x)$ 及 $F_1(x)$ 应当满足下面条件

$$|\Delta F|^2 \leqslant \Delta g \cdot \Delta h, \quad |\Delta F_1|^2 \leqslant \Delta g \cdot \Delta h_1$$

并到处须把平方换成绝对值的平方,就是说把$(\Delta_k F)^2$换成$|\Delta_k F|^2$.

还要注意黑林格尔积分的某些简单性质. 设$\Phi(x)$满足条件(153),并且是不减的. 作函数

$$F(x) = \int_a^x u(x) \mathrm{d}\Phi(x) \tag{179}$$

其中$u(x)$是连续的,并考察和

$$\sum_k \frac{(\Delta_k F)^2}{\Delta_k g} \tag{180}$$

应用中值定理

$$\Delta_k F = \int_{\Delta_k} u(x) \mathrm{d}\Phi(x) = u(\xi_k) \cdot \Delta_k \Phi$$

其中$\xi_k \in \Delta_k$. 和(180)改换成下面形式

$$\sum_k \frac{(\Delta_k F)^2}{\Delta_k g} = \sum_k u^2(\xi_k) \frac{(\Delta_k \Phi)^2}{\Delta_k g}$$

而取极限可得

$$\int_a^b \frac{(\mathrm{d}F)^2}{\mathrm{d}g} = \int_a^b u^2(x) \frac{(\mathrm{d}\Phi)^2}{\mathrm{d}g}$$

完全同样,如果与(179)同时还有

$$F_1(x) = \int_a^x u_1(x) \mathrm{d}\Phi_1(x)$$

其中$\Phi_1(x)$满足条件(153),并不减,而$u_1(x)$是连续的,那么可得

$$\int_a^b \frac{\mathrm{d}F \cdot \mathrm{d}F_1}{\mathrm{d}g} = \int_a^b u(x) u_1(x) \frac{\mathrm{d}\Phi \cdot \mathrm{d}\Phi_1}{\mathrm{d}g} \tag{181}$$

如果$\Phi(x)$及$\Phi_1(x)$满足条件(153),而不是单调的,那么使用$\Phi(x)$及$\Phi_1(x)$表成不减函数之差的典式,仍可以得出公式(181)来. 留意$F(x)$及$F_1(x)$显然也满足条件(153).

87. 集合函数的扩展

建立测度论的基本途径是由一定义于区间上的非负加法正常函数$G(\Delta)$出发,把它扩展到体L_G上去,而仍保持其加法性. 在更一般的情形中仍可采取这样的途径. 设在某一不一定是闭的集合体T上定义了一个非负完全加法集合函数$\varphi(\mathscr{E})$.

设A是某一集合,并可由有穷多或可数无穷多个属于T的集合$\mathscr{E}_k$覆盖. 定义集合A的外测度$\{A\}$等于对于A的一切可能由$\mathscr{E}_k$组成的覆盖所作诸$\sum \varphi(\mathscr{E}_k)$的下确界

$$\{A\}_\varphi = \inf \sum_k \varphi(\mathscr{E}_k)$$

留意如果只取其中集合 $\mathscr{E}_k$ 互无公点的覆盖,那么不难证明仍会得出同样的下确界来.

如果 A 分割成互无公点的部分 $A_k(k=1,2,\cdots)$,那么
$$\{A\}_\varphi \leqslant \sum_k \{A_k\}_\varphi$$
于是外测度并没有加法性. 我们介绍依 $\varphi(\mathscr{E})$ 可测的集合的概念,就是说,集合 A 叫作可测的,是指对于任意预定的正数 ε 必存在一个属于 T 的集合 $\mathscr{E}$,使
$$\{\mathscr{E}-A\}_\varphi \leqslant \varepsilon, \quad \{A-\mathscr{E}\}_\varphi \leqslant \varepsilon$$
对于可测集合,令 $\varphi(A)=\{A\}_\varphi$. T 中一切集合 $\mathscr{E}$ 显然是可测的,而对于这种集合,$\varphi(\mathscr{E})=\{\mathscr{E}\}_\varphi$. 可以证明可测集合的族是闭体,我们用 T_0 表示它,而依上面方式扩展到 T_0 上的函数 $\varphi(\mathscr{E})$ 是在 T_0 上非负并且完全加法的.

如果 $\varphi(\mathscr{E})$ 是在原来体 T 上完全加法并且囿变的,那么将它依典式表成两非负函数之差 $\varphi(\mathscr{E})=\varphi_1(\mathscr{E})-\varphi_2(\mathscr{E})$,可以用上面的方式分别扩展 $\varphi_1(\mathscr{E})$ 与 $\varphi_2(\mathscr{E})$ 到某两集合体 T_1 及 T_2 上去. 既属于 T_1 也属于 T_2 的集合构成体 T_0,因而 $\varphi(\mathscr{E})$ 可以扩展到 T_0 上去,并仍保持其完全加法性.

设原来体包含一切区间. 体 T_0 可能比 L_φ 范围广,此处 L_φ 是由扩展只定义于区间上的 $\varphi(\Delta)$ 而得出的. 如果 T_0 比 L_φ 宽广,那么 $\varphi(\mathscr{E})$ 在 L_φ 中的集合上的值与由扩展 $\varphi(\Delta)$ 而得的值相等. 对于 T_0 中不属于 L_φ 的集合 $\mathscr{E}$,可以证明 $\varphi(\mathscr{E}) \leqslant |\mathscr{E}|_\varphi$,如果 $\varphi(\mathscr{E})$ 是非负的话(В. И. 格里汶科,《斯蒂尔切斯积分》,第 175 页).

88. 抽象空间

直到现在,当构成集合函数及积分概念时,只限于考察点集合,即由某一 n 维欧氏空间的点组成的集合. 某些个别推理曾以这情形为根据. 但所奠立的理论很多可以适用于具体性质完全不指明的元组成的集合上去,这些元组成所谓抽象空间. 现在指出推广这理论于抽象空间的一般轮廓. 注意抽象空间是由某些性质作为公理来规定的.

如此,我们将考虑由某些元组成的集合,关于这些元的本性我们毫不假设什么. 如此的集合所组成的一族 S 叫作正则的,是指它满足下列两条件:(1) 如果集合 $\mathscr{E}_1$ 及 $\mathscr{E}_2 \in S$,那么它们的交 $\mathscr{E}_1 \cdot \mathscr{E}_2 \in S$;(2) 如果 $\mathscr{E}_1$ 及 $\mathscr{E}_2 \in S$,而 $\mathscr{E}_2$ 是 $\mathscr{E}_1$ 的部分,那么 $\mathscr{E}_1$ 必可分割成有穷个属于 S 的集合,而 $\mathscr{E}_2$ 恰是这分割中的一个部分集合. 设在 S 上定义有一加法的集合函数 $\varphi(\mathscr{E})$. 分割 $\mathscr{E}$ 成部分集合 $\mathscr{E}_k$ $(k=1,2,\cdots,n)$,其中一切集合都属于 S. 对于一切可能的分割所做的和
$$\sum_{k=1}^n |\varphi(\mathscr{E}_k)|$$
的上确界叫作 $\varphi(\mathscr{E})$ 在集合 $\mathscr{E}$ 上的全变分. 如果这全变分是有穷的,那么我们就说 $\varphi(\mathscr{E})$ 是在 $\mathscr{E}$ 上囿变的. 如果 $\varphi(\mathscr{E})$ 在 S 的一切集合上是囿变的,那么其全变分

$\Phi(\mathscr{E})$ 也是 S 上的加法函数,而作加法函数

$$\varphi_1(\mathscr{E}) = \frac{1}{2}[\Phi(\mathscr{E}) + \varphi(\mathscr{E})], \quad \varphi_2(\mathscr{E}) = \frac{1}{2}[\Phi(\mathscr{E}) - \varphi(\mathscr{E})]$$

可得 $\varphi(\mathscr{E})$ 表成两个在 S 上非负加法函数之差的典式

$$\varphi(\mathscr{E}) = \varphi_1(\mathscr{E}) - \varphi_2(\mathscr{E}) \tag{182}$$

集合体 T 的定义与以前所说的一样. 凡体都是正则族,因为我们知道如果它包含集合 $\mathscr{E}_1$ 及 $\mathscr{E}_2$,那么它也包含 $\mathscr{E}_1\mathscr{E}_2$;而如果 $\mathscr{E}_2 \subset \mathscr{E}_1$,那么 $\mathscr{E}_1$ 可以分割成两个集合: $\mathscr{E}_1 = \mathscr{E}_2 + (\mathscr{E}_1 - \mathscr{E}_2)$,而这两集合都属于这体,其中一个是 $\mathscr{E}_2$. 如有一正则族 S,可以很容易地作一包含 S 的最小体 T. 为了作这体,只需对于 S 添加上 S 中两两无公点的集合的一切可能和. 如果在 S 上定义了一个加法函数 $\varphi(\mathscr{E})$,那么可以把它扩展到包含 S 的最小体 T 之上,而仍保持其加法性,其方法很简单. 如果 T 中的 $\mathscr{E}$ 表示成 S 中一些互无公点的集合 $\mathscr{E}_k$ 之和

$$\mathscr{E} = \sum_{k=1}^{n} \mathscr{E}_k \tag{183}$$

那么在集合 $\mathscr{E}_k$ 上我们知道 $\varphi(\mathscr{E}_k)$,于是令

$$\varphi(\mathscr{E}) = \sum_{k=1}^{n} \varphi(\mathscr{E}_k) \tag{184}$$

不难证明 $\varphi(\mathscr{E})$ 的值与 $\mathscr{E}$ 表示成形式(183)的方式无关. 如此得出一个体 T 上的加法函数 $\varphi(\mathscr{E})$. 体上的 $\varphi(\mathscr{E})$ 的正常性定义也与以前一样,而为了一个在体上的加法函数是正常的,必须且只需它是完全加法的,就是说,不仅对于有穷个,而是对于可数无穷个项之和也是加法的. 如果在体 T 上有一非负的完全加法函数 $\varphi(\mathscr{E})$,那么可以考察它于依 $\varphi(\mathscr{E})$ 可测的集合体 T_0 之上,与在前节中完全一样. 对于囿变函数 $\varphi(\mathscr{E})$,这扩展可以借函数 $\varphi_1(\mathscr{E})$ 及 $\varphi_2(\mathscr{E})$ 的扩展而得出,而后两函数是在典式(182)中的那两个.

89. 积分的定义

设在正则的集合族 S 上定义了一个加法的非负函数 $G(\mathscr{E})$ 与一个有界函数 $f(p)$,p 是集合 $\mathscr{E}$ 中的元. 取 S 中某一集合 $\mathscr{E}_0$,设 δ 是 $\mathscr{E}_0$ 的一分割,分 $\mathscr{E}_0$ 成为属于 S 的集合 $\mathscr{E}_k(k=1,2,\cdots,n)$. 设 m_k 及 M_k 各是 $f(p)$ 对于 $\mathscr{E}_k$ 的任意 p 处所取值的下确界与上确界. 作和

$$s_\delta = \sum_{k=1}^{n} m_k G(\mathscr{E}_k), \quad S_\delta = \sum_{k=1}^{n} M_k g(\mathscr{E}_k) \tag{185}$$

用 i 表示 s_δ 值对于一切分割 δ 的上确界,I 表示 S_δ 的下确界. 如果 $i = I$,那么这数叫作 $f(p)$ 依 $G(\mathscr{E})$ 在 $\mathscr{E}_0$ 上的积分. 这时或许需要标明基本的集合族 S,就是凡在其上可积分的诸集合,或在分割中所用到的诸集合所成的集合族

$$I = (S)\int_{\mathscr{E}_0} f(p) G(\mathrm{d}\mathscr{E}) \tag{186}$$

如果 $G(\mathscr{E})$ 是在 S 上囿变的,那么应用典式分割
$$G(\mathscr{E}) = G_1(\mathscr{E}) - G_2(\mathscr{E}) \tag{187}$$
可以定义积分如下
$$\int_{\mathscr{E}_0} f(p)G(\mathrm{d}\mathscr{E}) = \int_{\mathscr{E}_0} f(p)G_1(\mathrm{d}\mathscr{E}) - \int_{\mathscr{E}_0} f(p)G_2(\mathrm{d}\mathscr{E}) \tag{188}$$
这时设右边的两积分都存在.

可以举出可积分性的一个充分条件. 我们说函数 $f(p)$ 依正则的集合族 S 可测,是指对于任意选择的两个实数 a 及 b,满足不等式 $a < f(p) < b$ 的一切元 p 组成的集合属于 S. 设有界的可测函数满足不等式 $m < f(p) \leqslant M$. 分割区间 $[m, M]$ 成部分,其分点是 $y_k: m = y_0 < y_1 < y_2 < \cdots < y_{n-1} < y_n = M$. 设 $\mathscr{E}_k$ 是满足不等式 $y_{k-1} < f(p) \leqslant y_k$ 的所有元 p 所组成的集合. 作和
$$\sum_{k=1}^{n} y_k G(\mathscr{E}_0 \mathscr{E}_k)$$
如果差 $y_k - y_{k-1}$ 中的最大者趋向于零,那么这和有确定的极限,等于积分 (186),而这积分依所给的条件是存在的. 这证明与在勒贝格－斯蒂尔切斯积分情形中所用的完全相似. 但当 $f(p)$ 不可测时,积分 (186) 也可能存在. 与以前完全一样,可以证明积分的平常性质. 例如:

1. 如果 $\mathscr{E}_0 = \mathscr{E}'_1 + \mathscr{E}'_2 + \cdots + \mathscr{E}'_m$,而 $\mathscr{E}'_s$ 彼此无公元,那么
$$\int_{\mathscr{E}_0} f(p)G(\mathrm{d}\mathscr{E}) = \sum_{s=1}^{m} \int_{\mathscr{E}'_s} f(p)G(\mathrm{d}\mathscr{E}) \tag{189}$$
而由右边积分的存在可知左边积分的存在,反之也是对的.

2. 如果 $f(p) = \alpha_1 f_1(p) + \alpha_2 f_2(p) + \cdots + \alpha_m f_m(p)$,那么
$$\int_{\mathscr{E}_0} f(p)G(\mathrm{d}\mathscr{E}) = \sum_{s=1}^{m} \alpha_s \int_{\mathscr{E}_0} f_s(p)G(\mathrm{d}\mathscr{E}) \tag{190}$$
而由右边积分的存在可知左边积分也存在.

3. 如果 $G(\mathscr{E}) = \alpha_1 G_2(\mathscr{E}) + \alpha_2 G_2(\mathscr{E}) + \cdots + \alpha_m G_m(\mathscr{E})$,那么
$$\int_{\mathscr{E}_0} f(p)G(\mathrm{d}\mathscr{E}) = \sum_{s=1}^{m} \alpha_s \int_{\mathscr{E}_0} f(p)G_s(\mathrm{d}\mathscr{E}) \tag{191}$$
并且由右边积分的存在可知左边积分也存在,而如果 α_s 是正的,$G_s(\mathscr{E})$ 是非负的,那么逆命题也是正确的.

4. 如果在 $\mathscr{E}_0$ 上 $|f(p)| \leqslant M$,那么
$$\left| \int_{\mathscr{E}_0} f(p)G(\mathrm{d}\mathscr{E}) \right| \leqslant MV(\mathscr{E}_0) \tag{192}$$
其中 $V(\mathscr{E}_0)$ 是 $G(\mathscr{E})$ 在 $\mathscr{E}_0$ 上的全变分,而如果 $G(\mathscr{E})$ 是非负的,则 $V(\mathscr{E}_0) = G(\mathscr{E}_0)$.

5. 如果 $f_n(p) \to f(p)$ 是在 $\mathscr{E}_0$ 上一致的,那么

$$\int_{\mathcal{E}_0} f(p) G(\mathrm{d}\mathcal{E}) = \lim_{n\to\infty} \int_{\mathcal{E}_0} f_n(p) G(\mathrm{d}\mathcal{E}) \tag{193}$$

而由 $f_n(p)$ 的积分存在可知上面极限及左边积分存在.

如果 $G(\mathcal{E})$ 是正常非负加法函数,那么积分

$$i(\mathcal{E}) = \int_{\mathcal{E}} f(p) G(\mathrm{d}\mathcal{E})$$

是一正常函数. 事实上,设 $\mathcal{E}_1, \mathcal{E}_2, \mathcal{E}_3, \cdots$ 是 S 中集合的不涨序列,并且没有属于它们全体的公共点. $G(\mathcal{E})$ 既然是正常的,可知 $G(\mathcal{E}_n) \to 0$, 而 $i(\mathcal{E})$ 的正常性可由不等式 (192) 得出

$$|i(\mathcal{E}_n)| \leqslant MG(\mathcal{E}_n)$$

如果 S 是集合体,那么依 39 小节中的诸定理,可以断定积分 $i(\mathcal{E})$ 是完全加法的函数. 还可以定义无界函数的积分,与处理勒贝格—斯蒂尔切斯积分时一样. 与以前一样,需要应用分 $\mathcal{E}_0$ 成可数无穷多部分的分割. 对于定义于闭的集合体上的完全加法函数 $\varphi(\mathcal{E})$, 可以与以前完全一样地证明一般公式 (14), 分解 $\varphi(\mathcal{E})$ 成特异部分及绝对连续部分,而其中 $G(\mathcal{E})$ 是定义于这体上的完全加法非负函数.

90. 积分概念的推广

直到这里,取积分所依据的函数 $G(\mathcal{E})$ 假设做加法非负的函数,或是加法的囿变函数. 这一假设对于积分的定义是基本的. 在本节中将举出其他积分的定义,这些定义与上述的假设并无联系. 这积分定义也适用于黑林格尔积分型的积分,其积分号下是一个非加法的集合函数. 还要注意与积分概念相联系的一种情形. 如 p_k 是 $\mathcal{E}_k$ 中的某元,黎曼—斯蒂尔切斯和

$$\sum_{k=1}^{n} f(p_k) G(\mathcal{E}_k)$$

中的项是集合 $\mathcal{E}_k$ 的多值函数,其多值性是由于可以任意地选择 p_k. 因此,如把积分号下的整个式合组成一个集合函数 $F(\mathcal{E})$, 则自然地要考察多值的集合函数. 在下面的研讨中将设一切集合都属于某一正则族 S, 并使用分成有穷多部分集合的分割,而集合函数假设做只取有穷个值的. 更一般的观点也是可能的. 为了明确起见在研讨中将作上述的限制.

提醒一下适应于所考察的情形的平常定义. 集体 $\mathcal{E}_0$ 的分割 δ' 叫作这集合的分割 δ 的后继,是指凡 δ' 的部分集合必含于 δ 的一个部分集合中,我们写作 $\delta' > \delta$. 设 δ_1 及 δ_2 是 $\mathcal{E}_0$ 的两个分割,各分割 $\mathcal{E}_0$ 成为部分集合 $\mathcal{E}_k^{(1)}$ ($k=1,2,\cdots,n_1$) 及 $\mathcal{E}_k^{(2)}$ ($k=1,2,\cdots,n_2$). 分成部分集合 $\mathcal{E}_k^{(1)}\mathcal{E}_l^{(2)}$ 的分割叫作分割 δ_1 及 δ_2 的积. 这积既是 δ_1 的,也是 δ_2 的后继. 还要注意,凡属于族 S 并含于 S 中某一集合 $\mathcal{E}_0$ 中的一切集合也组成一正则族. 用 $S_{\mathcal{E}_0}$ 表示这一族. 设在族 S 上定义了一个函数 $F(\mathcal{E})$, 一般说来这函数是多值的,非加法的,并使 S 中的集合 $\mathcal{E}$ 各与一确定

的实数集合相对应——就是与多值函数 $F(\mathscr{E})$ 的诸值相对应. 设 δ 是集合 $\mathscr{E}_0$ 的某一分割,分它成部分集合 $\mathscr{E}_k(k=1,2,\cdots,n)$, $\mathscr{E}_k$ 都属于 S. 令

$$s_\delta = \sum_{k=1}^n F(\mathscr{E}_k) \tag{194}$$

$F(\mathscr{E})$ 既然是多值的,对于一定的分割 δ,这和可以取不止一个值,就是说这和也是多值的.

定义 我们说 $F(\mathscr{E})$ 对于族 S 在 $\mathscr{E}_0$ 上可积分,是指存在一个具有下列性质的数 i:对于任意预定的正数 ε,必存在集合 $\mathscr{E}_0$ 的一个分割 δ_ε,使对于多值和 (194) 的任意值,只要 δ 是 δ_ε 的后继,下列不等式都成立

$$||s_\delta - i| \leqslant \varepsilon \quad (\delta > \delta_\varepsilon) \tag{195}$$

我们看出这样的数只能有一个. 数 i 定义做积分的值,并且写成

$$i = (S)\int_{\mathscr{E}_0} F(\mathrm{d}\mathscr{E}) \quad \text{或} \quad i = \int_{\mathscr{E}_0} F(\mathrm{d}\mathscr{E}) \tag{196}$$

由上面给出的定义可得平常的积分性质:

1. 如果 $F(\mathscr{E})$ 在 $\mathscr{E}_0$ 上可积分,那么它在属于 S 并且含于 $\mathscr{E}_0$ 中的任意集合 $\mathscr{E}$ 上也可积分.

2. 如果 $\mathscr{E}_0$ 分割成有穷多集合 $\mathscr{E}_k(k=1,2,\cdots,m)$,那么

$$\int_{\mathscr{E}_0} F(\mathrm{d}\mathscr{E}) = \sum_{k=1}^m \int_{\mathscr{E}_k} F(\mathrm{d}\mathscr{E}) \tag{197}$$

而由右边诸积分的存在可知左边的也存在,反之也正确.

3. 如果 $F(\mathscr{E}) = \alpha_1 F_1(\mathscr{E}) + \alpha_2 F_2(\mathscr{E}) + \cdots + \alpha_m F_m(\mathscr{E})$,那么

$$\int_{\mathscr{E}_0} F(\mathrm{d}\mathscr{E}) = \sum_{s=1}^m \alpha_s \int_{\mathscr{E}_0} F_s(\mathrm{d}\mathscr{E}) \tag{198}$$

而由右边诸积分的存在可知左边积分也存在.

4. 如果对于 $S\mathscr{E}_0$ 中的一切集合,$F_1(\mathscr{E}) \geqslant F_2(\mathscr{E})$,那么

$$\int_{\mathscr{E}_0} F_1(\mathrm{d}\mathscr{E}) \geqslant \int_{\mathscr{E}_0} F_2(\mathrm{d}\mathscr{E}) \tag{199}$$

其中两积分都假设是存在的.

5. 如果 $F(\mathscr{E})$ 是单值的加法函数,那么

$$\int_{\mathscr{E}_0} F(\mathrm{d}\mathscr{E}) = F(\mathscr{E}_0) \tag{200}$$

注意如果 $F(\mathscr{E})$ 在 $\mathscr{E}_0$ 上的积分存在,那么集合函数

$$\Phi(\mathscr{E}) = \int_{\mathscr{E}} F(\mathrm{d}\mathscr{E}) \tag{201}$$

是在族 $S\mathscr{E}_0$ 上单值的加法函数. 现在比较此处的积分定义及在 89 小节中所作的定义,其中积分号下的是 $f(p)G(\mathrm{d}\mathscr{E})$,而 $f(p)$ 是元的单值函数,$G(\mathscr{E})$ 是 S 上的非负加法单值的集合函数. 用 $f(\mathscr{E})$ 表示当 $p \in \mathscr{E}$ 时 $f(p)$ 所取的某一值,而引进

多值的非加法集合函数 $F(\mathscr{E}) = f(\mathscr{E})G(\mathscr{E})$. 如果 m 及 M 各表 $f(p)$ 在 $\mathscr{E}$ 上所取诸值的下确界及上确界,那么对于函数 $f(\mathscr{E})G(\mathscr{E})$ 的值,下面不等式成立
$$mG(\mathscr{E}) \leqslant f(\mathscr{E})G(\mathscr{E}) \leqslant MG(\mathscr{E})$$
而适当地选择多值函数 $f(\mathscr{E})$ 的值可以使积 $f(\mathscr{E})G(\mathscr{E})$ 的值任意地接近 $mG(\mathscr{E})$ 及 $MG(\mathscr{E})$. 设 $\mathscr{E}_k(k=1,2,\cdots,n)$ 是 $\mathscr{E}_0$ 的某一分割. 考察诸和
$$s_\delta = \sum_{k=1}^n m_k G(\mathscr{E}_k), \quad S_\delta = \sum_{k=1}^n M_k G(\mathscr{E}_k)$$
$$\sigma_\delta = \sum_{k=1}^n f(\mathscr{E}_k) G(\mathscr{E}_k) \tag{202}$$
设积分 (186) 存在. 将证明它也是依新定义的积分. 由确界的定义,可知对于预定的正数 ε,必有两个分割 δ_1 及 δ_2 存在,使 $s_{\delta_1} \geqslant I - \varepsilon, S_{\delta_2} \leqslant I + \varepsilon$. 对于分割 $\delta_0 = \delta_1 \delta_2$,以及对于其任意后继 δ,必然 $s_\delta \geqslant I - \varepsilon, S_\delta \leqslant I + \varepsilon$. 但 $s_\delta \leqslant \sigma_\delta \leqslant S_\delta$,因此只要 $\delta > \delta_0$,$|I - \sigma_\delta| \leqslant \varepsilon$ 就成立,就是说积分 (186) 就是依新定义的积分,并且可以写成
$$\int_{\mathscr{E}_0} f(p)G(\mathrm{d}\mathscr{E}) = \int_{\mathscr{E}_0} f(\mathrm{d}\mathscr{E})G(\mathrm{d}\mathscr{E}) \tag{203}$$
留意如适当地选择 $f(\mathscr{E}_k)$ 值可以取 σ_δ 与 s_δ 及 S_δ 任意地接近,我们又可以反过来断定,如果 (203) 右边的积分存在,就是说如果依新定义的积分存在,那么 (203) 左边的积分也必存在,而且这两积分显然相等. 如果加法函数 $G(\mathscr{E})$ 是囿变函数,那么应用典式分解及定义 (188),很容易证明在这情形下两积分必同时存在,而如果存在,那么二者的值必相等. 特别,我们知道如果有界函数 $f(p)$ 是依族 $S\mathscr{E}_0$ 可测的,积分一定存在. 注意积分依新定义存在的几个情形. 所谓定义于族 S 或族 $S\mathscr{E}_0$ 上的函数 $F(\mathscr{E})$ 是从上半加法的,是指它是单值的,并且对于 $\mathscr{E}$ 分成集合 $\mathscr{E}'_s(s=1,2,\cdots,m)$ 的任意分割,下面不等式满足
$$F(\mathscr{E}) \leqslant \sum_{s=1}^m F(\mathscr{E}'_s) \tag{204}$$
同样从下半加法函数由下面的不等式定义
$$F(\mathscr{E}) \geqslant \sum_{s=1}^m F(\mathscr{E}'_s) \tag{205}$$
对于半加法函数考察和 (194). 如果 $\delta' > \delta$,那么在从上半加法的情形下,依 (204):$s_{\delta'} \geqslant s_\delta$. 设 i 是对于一切可能分割 s_δ 所取诸值的上确界. 如果 i 是有穷数,那么对于某一分割 δ_ε,$0 \leqslant i - s_{\delta_\varepsilon} \leqslant \varepsilon$,而对于 $\delta' > \delta_\varepsilon$ 更应有 $0 \leqslant i - s_{\delta'} \leqslant \varepsilon$,就是说在这情形下积分存在,并等于 i. 如果 $i = +\infty$,那么可以认为积分值等于 $(+\infty)$,但须与 (195) 同时再引进下面的规定:如果对于任意的正数 L,必存在一分割 δ_L,使当 $\delta > \delta_L$ 时
$$S_\delta \geqslant L \tag{206}$$

$F(\mathscr{E})$ 的积分认为等于$(+\infty)$. 同样,从下半加法的函数 $F(\mathscr{E})$ 的积分值等于和 (194) 的下确界,而这下确界可能等于$(-\infty)$. 如此,任一半加法的函数是可积分的. 现在举一半加法函数的例. 设 $\varphi(\mathscr{E})$ 是一单值加法函数,就是说

$$\varphi(\mathscr{E}) = \sum_{s=1}^{m} \varphi(\mathscr{E}'_s)$$

由此可知

$$|\varphi(\mathscr{E})| \leqslant \sum_{s=1}^{m} |\varphi(\mathscr{E}'_s)|$$

就是说函数 $|\varphi(\mathscr{E})|$ 是从上半加法的,而积分

$$\int_{\mathscr{E}_0} |\varphi(\mathrm{d}\mathscr{E})|$$

存在,这正是 $\varphi(\mathscr{E})$ 在 $\mathscr{E}_0$ 上的全变分. 设 $f(\mathscr{E})$ 及 $\varphi(\mathscr{E})$ 是两个单值的加法函数,而 $\varphi(\mathscr{E}) \geqslant 0$,并且当 $\varphi(\mathscr{E})=0$ 时 $f(\mathscr{E})=0$. 我们知道,函数 $F(\mathscr{E}) = \dfrac{f^2(\mathscr{E})}{\varphi(\mathscr{E})}$ 是从上半加法的,所以积分

$$\int_{\mathscr{E}_0} \frac{f^2(\mathrm{d}\mathscr{E})}{\varphi(\mathrm{d}\mathscr{E})}$$

存在,并且有有穷或无穷的值. 我们举出一个关于积分存在的定理而不加证明:如果函数 $F_s(\mathscr{E})(s=1,2,\cdots,m)$ 在 $\mathscr{E}_0$ 上有有穷积分,而函数 $\varphi(x_1,x_2,\cdots,x_m)$ 对于与这些函数相应的变数值是连续的,那么 $F(\mathscr{E}) = \varphi[F_1(\mathscr{E}), F_2(\mathscr{E}), \cdots, F_m(\mathscr{E})]$ 在 $\mathscr{E}_0$ 上有有穷的积分. 本小节中所论的积分定义是由院士 A. H. 柯尔莫戈洛夫所给的. 在他的著作"关于积分概念的研究"("Untersuchungen über den Integralbegriff", Math. Ann. t. 103;1930) 中他研究了上面的积分的理论,本节及下节中的内容都是取自这篇著作的.

91. 微分同值性

现在介绍一个与上面所下的积分定义相联系的新概念. 设在正则族 $S_{\mathscr{E}_0}$ 上定义了两个函数 $F_1(\mathscr{E})$ 及 $F_2(\mathscr{E})$,这两函数一般说来是非单值的,非加法的. 它们叫作在 $\mathscr{E}_0$ 上微分同值的,是指对于任意预定的正数 ε,必存在一个分割 δ_ε,使对于函数 $F(\mathscr{E}) = |F_1(\mathscr{E}) - F_2(\mathscr{E})|$ 所做的和(194)满足不等式

$$\text{对于任意} \delta > \delta_\varepsilon, s_\delta \leqslant \varepsilon \tag{207}$$

就是说,对于多值函数 $F_1(\mathscr{E})$ 及 $F_2(\mathscr{E})$ 的任意值,当 $\delta > \delta_\varepsilon$ 时

$$\sum_{k=1}^{n} |F_1(\mathscr{E}_k) - F_2(\mathscr{E}_k)| \leqslant \varepsilon \tag{208}$$

由积分的定义可知函数 $F_1(\mathscr{E})$ 及 $F_2(\mathscr{E})$ 微分同值是与下面的命题同效:即 $|F_1(\mathscr{E}) - F_2(\mathscr{E})|$ 在 $\mathscr{E}_0$ 上的积分等于零

$$\int_{\mathscr{E}_0} |F_1(\mathrm{d}\mathscr{E}) - F_2(\mathrm{d}\mathscr{E})| = 0 \tag{209}$$

由上面定义可知,如果 $F_1(\mathscr{E})$ 与 $F_2(\mathscr{E})$ 在 $\mathscr{E}_0$ 上微分同值,那么它们在 $\mathscr{E}_0$ 的任意部分上也必是微分同值的. 现在证明几个定理,以解释清楚前节中所论积分定义的意义.

定理 1 为了 $F_1(\mathscr{E})$ 及 $F_2(\mathscr{E})$ 在 $\mathscr{E}_0$ 上微分同值,必须且只需差 $F_1(\mathscr{E}) - F_2(\mathscr{E})$ 在 $\mathscr{E}_0$ 的任意部分集合 $\mathscr{E}$ 上的积分等于零

$$\int_{\mathscr{E}} [F_1(\mathrm{d}\mathscr{E}) - f_2(\mathrm{d}\mathscr{E})] = 0 \tag{210}$$

设 $F_1(\mathscr{E})$ 及 $F_2(\mathscr{E})$ 在 $\mathscr{E}_0$ 上微分同值,所以在集合 $\mathscr{E}_0$ 的任意部分 $\mathscr{E}$ 上也必如此. 这集合必满足条件(208),而留意和的绝对值小于等于绝对值之和,可得

$$\left| \sum_{k=1}^{n} [F_1(\mathscr{E}_k) - F_2(\mathscr{E}_k)] \right| \leqslant \varepsilon \quad (\delta > \delta_\varepsilon)$$

与定义(195)比较,可得(210). 条件(210)的充分性的证明比较复杂. 设条件(210)满足,需要有(208)成立. 把(210)应用到 $\mathscr{E}_0$ 上去,可知对于任意预定的正数 ε 必存在一分割 δ_ε,使当 $\delta > \delta_\varepsilon$ 时

$$\left| \sum_{k=1}^{n} [F_1(\mathscr{E}_k) - F_2(\mathscr{E}_k)] \right| \leqslant \frac{\varepsilon}{4} \tag{211}$$

现在证明下面不等式成立

$$当 \delta > \delta_\varepsilon 时, \sum_{k=1}^{n} | F_1(\mathscr{E}_k) - F_2(\mathscr{E}_k) | \leqslant \varepsilon \tag{212}$$

而由此可知条件(210)是充分的. 我们用归谬法证明(212). 设对于某一 $\delta > \delta_\varepsilon$

$$\sum_{k=1}^{n} | F_1(\mathscr{E}_k) - F_2(\mathscr{E}_k) | > \varepsilon \tag{213}$$

这时,适当地选择各集合的标号,可以从集合 $\mathscr{E}_1, \mathscr{E}_2, \cdots, \mathscr{E}_n$ 中选出集合 $\mathscr{E}_1, \mathscr{E}_2, \cdots, \mathscr{E}_m (m \leqslant n)$ 来,使

$$\left| \sum_{k=1}^{m} [F_1(\mathscr{E}_k) - F_2(\mathscr{E}_k)] \right| > \frac{\varepsilon}{2} \tag{214}$$

留意(211)可知 $m < n$. 现在使用条件(210)于其余集合 $\mathscr{E}_k$ 上去$(k = m+1, m+2, \cdots, n)$. 依这条件可以找出每个集合 $\mathscr{E}_k$ 的一个分割来$(k = m+1, m+2, \cdots, n)$,分 $\mathscr{E}_k$ 成集合 $\mathscr{E}_s^{(k)} (s = 1, 2, \cdots, p_k)$,使

$$\left| \sum_{s=1}^{p_k} [F_1(\mathscr{E}_s^{(k)}) - F_2(\mathscr{E}_s^{(k)})] \right| \leqslant \frac{\varepsilon}{4(n-m)} \tag{215}$$

现在取集合 $\mathscr{E}_0$ 的分割 δ_0,分它成集合 $\mathscr{E}_1, \mathscr{E}_2, \cdots, \mathscr{E}_m$,及一切集合 $\mathscr{E}_s^{(k)} (k = m+1, \cdots, n; s = 1, \cdots, p_k)$. 这分割是满足(211)及(213)的分割的后继. 对于 δ_0,条件(211)也必满足. 对于它做出现在这条件中的和,并使用不等式(214)及(215),可得

$$\left| \sum_{k=1}^{m} [F_1(\mathscr{E}_k) - F_2(\mathscr{E}_k)] + \sum_{k=m+1}^{n} \sum_{s=1}^{p_k} [F_1(\mathscr{E}_s^{(k)}) - F_2(\mathscr{E}_s^{(k)})] \right|$$

$$\geqslant \left| \sum_{k=1}^{m} [F_1(\mathscr{E}_k) - F_2(\mathscr{E}_k)] \right| - \left| \sum_{k=m+1}^{n} \sum_{s=1}^{p_k} [F_1(\mathscr{E}_s^{(k)}) - F_2(\mathscr{E}_s^{(k)})] \right|$$

$$\geqslant \left| \sum_{k=1}^{m} [F_1(\mathscr{E}_k) - F_2(\mathscr{E}_k)] \right| - \sum_{k=m+1}^{n} \left| \sum_{s=1}^{p_k} [F_1(\mathscr{E}_s^{(k)}) - F_2(\mathscr{E}_s^{(k)})] \right|$$

$$> \frac{\varepsilon}{2} - \sum_{k=m+1}^{n} \frac{\varepsilon}{4(n-m)} = \frac{\varepsilon}{4}$$

如此,对于 δ_ε 的后继分割 δ_0,条件(211)不能满足,因而不等式(212)及定理得证.

定理 2 如果函数 $F(\mathscr{E})$ 在 $\mathscr{E}_0$ 上可积分,那么不定积分

$$H(\mathscr{E}) = \int_\mathscr{E} F(\mathrm{d}\mathscr{E}) \quad (\mathscr{E} \in S\mathscr{E}_0) \tag{216}$$

是在族 $S\mathscr{E}_0$ 上单值加法且与 $F(\mathscr{E})$ 微分同值的唯一函数.

事实上,$H(\mathscr{E})$ 是加法的,而依 90 小节的性质 5

$$\int_\mathscr{E} H(\mathrm{d}\mathscr{E}) = H(\mathscr{E}) \quad (\mathscr{E} \in S\mathscr{E}_0) \tag{217}$$

与(216)比较,可得

$$\int_\mathscr{E} H(\mathrm{d}\mathscr{E}) = \int_\mathscr{E} F(\mathrm{d}\mathscr{E}) \tag{218}$$

就是说

$$\int_\mathscr{E} [H(\mathrm{d}\mathscr{E}) - F(\mathrm{d}\mathscr{E})] = 0 \quad (\mathscr{E} \in S\mathscr{E}_0) \tag{218'}$$

由此可知 $H(\mathscr{E})$ 与 $F(\mathscr{E})$ 微分同值.剩下的是证明唯一性.如果 $H(\mathscr{E})$ 是在 $S\mathscr{E}_0$ 上单值加法函数,与 $F(\mathscr{E})$ 微分同值,那么依(200),(217)成立,而由所设 $H(\mathscr{E})$ 及 $F(\mathscr{E})$ 微分同值,可知(218′)成立,所以 $H(\mathscr{E})$ 应由公式(216)定义,就是说 $H(\mathscr{E})$ 是唯一的.如此 $F(\mathscr{E})$ 可能是非单值的,非加法的,但它的不定积分是单值的,加法的,并与 $F(\mathscr{E})$ 微分同值.由条件(210)直接可得下列的附注.

注 1 如果 $F_1(\mathscr{E})$ 及 $F_2(\mathscr{E})$ 在 $\mathscr{E}_0$ 上微分同值,而其中的一个在 $\mathscr{E}_0$ 上可积分,所以依 $\mathscr{E}_0$ 的任意部分也可积分,那么另一个也是可积分的,而它们二者的积分相等.

注 2 如果 $F_1(\mathscr{E})$ 及 $F_2(\mathscr{E})$ 是在 $\mathscr{E}_0$ 上微分同值的,那么 $|F_1(\mathscr{E})|$ 和 $|F_2(\mathscr{E})|$ 也是微分同值的.这命题直接可以由定义(208)得出,因为显然

$$||F_1(\mathscr{E}_k)| - |F_2(\mathscr{E}_k)|| \leqslant |F_1(\mathscr{E}_k) - F_2(\mathscr{E}_k)|$$

注 3 设 $F(\mathscr{E})$ 在 $\mathscr{E}_0$ 上可积分,又设 $H(\mathscr{E})$ 由公式(216)定义.函数 $H(\mathscr{E})$ 和 $F(\mathscr{E})$ 是微分同值的,而 $|H(\mathscr{E})|$ 和 $|F(\mathscr{E})|$ 也是微分同值的.上面曾经看到,半加法函数 $|H(\mathscr{E})|$ 是可积分的.设它的积分有穷.此时函数 $|F(\mathscr{E})|$ 也可积分,

而
$$\int_{\mathscr{E}_0} | H(\mathrm{d}\mathscr{E}) | = \int_{\mathscr{E}_0} | F(\mathrm{d}\mathscr{E}) |$$
上面的积分很自然地叫作 $F(\mathscr{E})$ 在 $\mathscr{E}_0$ 上的全变分.

注 4 如果 $F_1(\mathscr{E})$ 及 $F_2(\mathscr{E})$ 在 $\mathscr{E}$ 上微分同值,而 $f(p)$ 是有界的元函数,那么积 $f(\mathscr{E})F_1(\mathscr{E})$ 及 $f(\mathscr{E})F_2(\mathscr{E})$ 微分同值. 这命题由微分同值的定义可以直接得出. 与以前一样, $f(\mathscr{E})$ 表示 $f(p)$ 对于任意 $p \in \mathscr{E}$ 的值.

注 5 设 $F(\mathscr{E})$ 在 $\mathscr{E}_0$ 上可积分,而不定积分
$$H(\mathscr{E}) = \int_{\mathscr{E}} F(\mathrm{d}\mathscr{E})$$
(这是 $S\mathscr{E}_0$ 上的一个单值加法函数)是 $\mathscr{E}_0$ 上的囿变函数. 设 $f(P)$ 是有界函数, 并且依族 $S\mathscr{E}_0$ 可测. 函数 $H(\mathscr{E})$ 及 $F(\mathscr{E})$ 是微分同值的,因此 $f(\mathscr{E})H(\mathscr{E})$ 及 $f(\mathscr{E})F(\mathscr{E})$ 也是微分同值的. 但我们知道积分
$$\int_{\mathscr{E}_0} f(\mathrm{d}\mathscr{E}) H(\mathrm{d}\mathscr{E})$$
存在,因此积分
$$\int_{\mathscr{E}_0} f(\mathrm{d}\mathscr{E}) F(\mathrm{d}\mathscr{E})$$
也存在,并且与前一积分有相同的数值. 在特殊情形,如果 S 是对于非负加法正常函数 $G(\mathscr{E})$ 的点集合体 L_G,而
$$F(\mathscr{E}) = \int_{\mathscr{E}} \omega(P) G(\mathrm{d}\mathscr{E}), \quad F_1(\mathscr{E}) = \int_{\mathscr{E}} \omega_1(P) G(\mathrm{d}\mathscr{E})$$
其中 $\omega(P)$ 及 $\omega_1(P)$ 属于 L_2,那么不定积分
$$\Psi(\mathscr{E}) = \int_{\mathscr{E}} \frac{F(\mathrm{d}\mathscr{E}) F_1(\mathrm{d}\mathscr{E})}{G(\mathrm{d}\mathscr{E})} = \int_{\mathscr{E}} \omega(P) \omega_1(P) G(\mathrm{d}\mathscr{E})$$
显然是囿变函数,因此对于任意一个依 $G(\mathscr{E})$ 可测的有界函数 $f(P)$,积分
$$\int_{\mathscr{E}} f(\mathrm{d}\mathscr{E}) \frac{F(\mathrm{d}\mathscr{E}) F_1(\mathrm{d}\mathscr{E})}{G(\mathrm{d}\mathscr{E})}$$
存在,而关于这积分我们在以前已曾谈过了.

俄国大众数学传统 —— 过去和现在

附录

本附录的作者为 A. B. Sossinsky，译者为吴雅萍. A. B. Sossinsky 现为莫斯科电子学与数学研究所高级研究员及莫斯科独立大学讲师.

对西方观察家来说，下述事实令他们深感奇怪：在赫鲁晓夫与勃列日涅夫的极权统治年代里，几乎处于完全孤立的情形下繁荣一时的俄国数学学派，在国家向民主和正规市场经济迈进的今天却面临消亡的威胁. 当然，至少对目前正发生的空前的数学人才外流现象，有其明显的经济原因. 然而如果人们想解释这一矛盾现象，还应了解这一问题的一些更深层的、不那么明显的方面，在西方这是鲜为人知的.

其中一个方面可称作"非正规的大众化数学的传统"——正是本附录的主题.

社会和文化范畴

苏联的大众数学传统的特定形式，只能在俄罗斯文化遗产的框架内以及苏联政体的政治范畴内才能理解. 前者包括俄国科学职业在长时期内的威望，它把东方人对"宗教领袖"的尊崇与德国人对"绅士教授"的尊敬融合起来；同时它还包括传统的对自谦的钦佩,以及优秀的公民、贵族或知识分子通过"走向人民"和与大众分享其文化遗产以增进社会的公正所做出的常常是天真的努力.

这一背景对所有的学科都是相同的,但由于起决定作用的政治性原因,其对数学的影响却是独特的:几十年来在苏联,数学是唯一的一门其自身发展不受意识形态权威人物的严密监督和左右的科学,这一事实是众所周知的.有才能的年轻人很快就认识到学习生物学就意味着要遵从李森科的荒谬原理,研究历史则意味着要遵循马克思主义的一家之言.而数学却保持其独立和纯洁:一条定理,一旦被证明了,则不管党魁们喜欢与否都是正确的.事实上,直到20世纪60年代末,党魁们不仅对定理而且对证明它们的人都并不是特别介意.

因此苏联数学家有极好的机遇来吸引最有才能的学生从事他们的职业,并且他们抓住了这一机遇,并为此建立了新的非官方的机构.

奥林匹克竞赛与数学兴趣小组

首届数学奥林匹克竞赛是在 1936 年由 B. N. Delone 在列宁格勒组织的,他在第二年还发起了莫斯科数学奥林匹克竞赛. B. N. Delone 是一位多面手,他既是数论专家、几何学家,又是有成就的登山运动员、说书人及讲师.他自己设计这些数学竞赛的形式——现今在很多文明国家中已很流行,且使这些竞赛有了成功的开始.他得到了权威数学家们的支持,特别是 A. N. Kolmogorov 和 I. G. Petrovsky. 就其特色而言,近 40 年来,数学奥林匹克竞赛一直是非官方的,在没有重大经济资助下发挥了作用,并且是靠年轻数学家的无私热情来完成的.

在因第二次世界大战而中断一段时间后,奥林匹克竞赛扩展到全国,并形成了金字塔式结构:首届全俄数学奥林匹克竞赛在 1961 年举行,首届全苏决赛则于 1967 年在第比利斯举行.直到 20 世纪 70 年代中期,它基本上仍是一项非官方的活动,并从 Petrovsky 所在的莫斯科大学得到一些经济资助,还从当地一些数学家那里获得帮助.奥林匹克数学竞赛是一种多阶段性竞赛,它从学校一级开始,一个有才能的高中生要在城市、地区以及共和国等各种级别的竞赛中取胜,才可以参加权威性的全苏决赛甚至于有资格参加国际竞赛.

从 20 世纪 40 年代后期起,大城市的奥林匹克竞赛与所谓的"数学兴趣小组"密切相关,数学兴趣小组是非常规的解题数学班,通常在周末由年轻的专业研究数学家来指导并向所有有兴趣的高中生开放.俄国的这一非常规的学习小组的传统可追溯到 19 世纪,小组(在圣彼得堡的列宁的"马克思主义小组")活动的内容从政治宣传到文学、科学或艺术,以及手工艺等.实际上,对这种非常规的活动没有历史的记载,但为了了解我们这一代的每一个主要的苏联数学家是怎样产生的,那么了解他们参加的是哪个小组和说明谁是他们的论文导师可能同样重要.

从统计数据看,当时 50 多岁的苏联最好的数学家中,几乎所有的人都参加了数学小组及奥林匹克竞赛. Novikov, Arnold, Kirillov 及 Fuchs 都是 20 世纪 50 年代的奥林匹克竞赛获奖者.

数学学校及数学班

20 世纪 60 年代可能是苏联数学发展中最值得称道的时期. 尽管"赫鲁晓夫的春天"没有达到预期的效果,俄国知识分子从斯大林时期的由恐惧造成的麻木中觉醒过来,而且艺术及科学活动通常能在政治允许的范围内得以重新恢复. 数学家们利用这个有利形势创立新的机构以吸引有才能的年轻人投身数学事业.

第一个也最具雄心的是"物理和数学寄宿学校". 第一所学校是 1961 年在新西伯利亚附近,由有"科学城的沙皇"之称的 M. I. Lavrentiev 创建的;他是来自莫斯科的一流数学家,承担了在西伯利亚传播科学这一重要计划的实施. 第二年,A. N. Kolmogorov 及 I. K. Kikoin(氢弹物理学家)在莫斯科建立了类似的学校,随后有人在列宁格勒、基辅及埃里温也仿效了这一做法.

Lavrentiev 和 Kolmogorov 认为,未来的数学家未必来自社会及知识界的精英阶层,在全国各地,特别是在小城镇,有巨大的民间人才宝库. 大城市里有才能的年轻人已经得到了广为宣传的奥林匹克竞赛及数学小组的关怀,而小城镇里的年轻人既缺少称职的数学教师又完全没有与年轻的研究人员 —— 其任务是塑造成杰出的未来数学家 —— 接触的机会. 为挑选最有才能的高中生,来自莫斯科、列宁格勒、基辅及科学城的年轻数学家,游历全国的所有边远地区以帮助组织当地的奥林匹克竞赛,同时指导物理和数学寄宿学校的入学考试.

几乎同时,几个杰出的数学家(例如 A. Cronrod, E. Dynkin, I. M. Gelfand)决定为较大的城市居民组办数学学校(注意,确切地说是为那些上中学的最后二或三年的孩子举办的). 于是,莫斯科的第 2,7,9,444 中学成为具有强化数学课程的一流学校.

同时出现的另一个不那么雄心勃勃的机构,称为"普通"学校里的数学班,在那里,有兴趣的高中生可学到更多的(且更高等的)数学知识.

归功于 I. M. Gelfand 的另一个重要的创造,是在 1964 年创立的全苏数学函授学校. 这一著名的机构(只有几个领(低)报酬的长期合作者),借助于莫斯科大学数学专业的人才始终如一的帮助(几年以后,大部分帮助来自函授学校的毕业生),设法吸引成千上万的高中生学习课程以外的数学.当然,大部分学生来自那些不能提供上述常规及非常规的数学学习条件的地方.

随着函授学校的工作的推进,又演化出一种新形式的功能,称为"集体学生",这与当地教师直接相关.即一组学生在本校一名教师的指导下做函授学校指定的作业,每月提交一份共同完成的作业论文.个人及集体这两类工作形式经证明都是卓有成效的.

在 20 世纪 60 年代中期,为愿意从事数学研究的有才能的年轻人提供了一个很广阔的供选择的天地.数学兴趣小组、奥林匹克竞赛,多种特殊的班以及学校,其中包括寄宿学校及函授学校,用以满足各种潜在的人才的需要.所有这些机构,在某种意义上,都是外围组织(不是由上面权力机关强加的,也不是由教育体系派生的).幸亏由于投入该事业的人(大多是青年数学家)的热情,使它有效地发挥了作用.这些机构还趋于自我再生:例如数学寄宿学校的校友常常在他们成为研究生后(有时在之前)回到数学寄宿学校当教师.

实际上所有在20世纪60年代上学的领头数学家都进过上面提到的人才学校之一.在他们的班里,他们受到很强的激励去取得成功.环绕在大城市数学奥林匹克竞赛优胜者周围的热烈气氛,可与美国高中篮球队队长周围的气氛相比.下面将简单列举一下 Kolmogorov 寄宿学校培养的一些校友的名字,他们是:Varchenko,Matiyasevich,Levin,Nikulin 及 Krichever.

大众数学书及 $Kvant$ 杂志

苏联科学事业中最值得称颂的成就之一是大众科学出版业的成就.在 20 世纪 50,60 及 70 年代中,用买两杯柠檬水(或半个冰激凌)的钱,你便可买到诸如:Khinchin 的《数论的 3 个宝石》或 Kirillov 的《极限》那样的数学科普书籍.甚至在 20 世纪 80 年代,Boltyansky Efremovich 的绝妙的介绍拓扑的科普书或 Arnold 的《突变理论》一书,售价不及一个橘子或半个香蕉.

但对出版业在数学普及中所做的这些事,Kolmogorov 感到还不够.他与 Kikoin 在 1969 年协力创办了 $Kvant$(《量子》杂志),一个由科学院资助的、面向高中学生的物理和数学方面的科普月刊.结果它成为出版业的一次不寻常的成功:(尽管仅能通过按年的订阅来销售)到1972年(这期间可描述为数学事业的繁荣时期)销售量达到令人难以置信的 370 000 份,其后有所下降,在 20 世纪 80 年代保持在 200 000 份左右.

该杂志的经常性撰稿人是 A. N. Kolmogorov,A. D. Alexandrov,

L. S. Pontryagin, V. A. Rokhlin, S. Gindikin, D. B. Fuchs, M. Bashmakov, V. I. Arnold, A. Kushnirenko, A. A. Kirillov, N. Vaguten(= N. Vassiliev + V. Gutenmakher), Yu. P. Soloviev, V. M. Tikhomirov 等. 西方读者通过阅读由"自然科学教师协会"在华盛顿出版的基于 Kvant 过刊的美国版本的《量子》(Quantum) 杂志, 便可了解 Kvant 杂志的主要内容.

数学事业中的停滞

20世纪60年代的数学繁荣未能持续很久, 在不祥的1968年(苏联坦克滞留布拉格)以后, 勃列日涅夫及其密友严厉加强了对意识形态领域的控制, 特别是对科学界, 再一次强烈主张科学的党性原则. 这一时期是数学界发生最惹人注目的变化的时期, 原因可能是在此之前数学是一片被偶然遗忘在沙漠中的绿洲.

在莫斯科, 从1968年开始, 伴随着"Esenin Volpin 案件", 即所谓的"99人信件"以及随后的发展, 发生了一系列事件: 莫斯科大学力学数学系行政管理方面的变化, 反对犹太人进入莫斯科大学的政策的重新执行(本来自1955年已中止执行), 对数学家的铁幕又一次拉上了(除了那些对共产党或克格勃有特殊贡献的人). 这些事实众所周知, 然而, 人们并不总是清楚地认识到, 当时执政的政策不仅是种族歧视的一种特殊的丑恶形式, 而且更一般的是试图对人的自尊心及公正的遏制, 以及对科学事业中的卓越人才及成就的摧残, 随后, 迟钝与驯服成为在学术事业中成功的主要因素.

可以预料, 当时会对前文中提到的所有从事大众数学的外围机构采取些行动, 实际也确实如此.

在莫斯科, 莫斯科大学的力学数学系党组织控制了 Kolmogorov 寄宿学校, 清除了"不合需要"的教师(包括本附录作者), 解雇了思想自由化的导师, 引入禁止犹太人入学的政策.

就全苏联而言, 教育部控制了数学奥林匹克竞赛. 1976年在第比利斯举行的第13届全苏数学奥林匹克决赛是评委会以重大的牺牲而换取的一次胜利, 他们成功地保留了竞赛的传统(通过与那些想管理及毁掉竞赛的教育部官僚们进行的为外人所不知晓的斗争); 第二年, 忠实的官僚们几乎全部地用那些更容易驾驭的数学家来替换原全苏评委会.

很多数学学校被迫关闭或被重新组织. 著名的莫斯科2中和7中及很多(特别是那些最有创新精神的教师指导的)数学班被迫中断.

并非对这些机构的所有打击都是成功的. Gelfand 的数学函授学校在意识

形态上好像是无懈可击的.然而,力学数学系新的领导班子组织了一个相应的与之竞争的学校,叫作"Malyi 力学数学学校",并诱惑性地向其学生许诺:他们更易进入该系且劝阻该系大学生不要帮助 Gelfand 学校.但这些并未起很大作用,Gelfand 学校依然办得很成功.

由 Pontryagin 及 Vinogradov 负责执行的另一接管任务也失败了,他们要从太自由化的 Kolmogorov 和 Kikoin 手中争到 *Kvant* 杂志的控制权.

也许更典型的例子是过去在传统上由莫斯科大学的数学家们指导的莫斯科数学奥林匹克竞赛的命运.曾在 1978 年被选为奥林匹克委员会领导人的 Kirillov,根据力学数学系主任签署的一项行政命令而被调离此职位,该系主任指派 Mishchenko 担任这一职务且完全改变了管理此竞赛的队伍.这导致了竞赛氛围的根本变化:它变得非常刻板且开始模仿莫斯科大学的入学考试.

另一鲜为人知但具戏剧性的故事与 Bella Muchnik 的数学讲习班(被人挖苦地称作"人民大学")有关.它开办于 1979 年,旨在为那些未能通过莫斯科大学的具种族歧视性入学考试的学生提供学习最高水平数学知识的机会.在它的 3 年开办期内,很多很好的数学家在那里执教而没有任何物质报酬.当克格勃逮捕了两名学生后该校才停办.Bella Muchnik 在被克格勃审讯后,一天深夜不幸死于一次车祸,肇事者逃离,很多人相信这不是一次偶然的事故.

但这只是一个极端情形.大多数半官方的大众数学机构未被破坏,相反它们变得更官方化了.靠机构的再生,在很多情形下它们保持了高度专业化水平,但同时失去了很多原有的非常规的特点.值得注意的例外是 *Kvant* 杂志和 Gelfand 函授学校,它们均设法保持其专业质量和办学精神.

新竞赛、新纪元

一般来说,20 世纪 70 年代及 80 年代初是令人沮丧的时期,当时大众对数学的兴趣逐渐下降,而且 20 世纪 50 年代及 60 年代创立的机构失去了很多吸引力.但至少有一个人没有陷入这种沮丧中,他就是 Konstantinov.尽管他从全苏奥林匹克评委会及莫斯科奥林匹克评委会被解职,而且他的数学学校被关闭,但他又重新行动起来:为中学生创立了一非正规的数学暑期讲习班,按惯例应在爱沙尼亚举办;把莫斯科 57 中学办成数学人才学校直至今日;又在莫斯科发起 Lomonosov 竞赛(一种受欢迎的中学多学科的群众性竞赛)且创立了非常成功的城市间竞赛(现为一种国际竞赛).

Konstantinov 是俄罗斯数学竞赛史上一位真正的传奇人物,然而在莫斯科、圣彼得堡、车里雅宾斯克等地还有很多不如他知名但同样致力于此事业的教师. 例如 B. Davidovich, A. Shen 及 A. Vaintrob, 他们帮助把莫斯科 57 中学办成一个杰出的学校且保持其最高水平, 尽管受到官方机构的行政方面的困扰.

这些以及其他的"手持火炬的人", 穿过勃列日涅夫时期的重重封锁把大众化数学的传统一直延续到"改革"的来临时. 在西方观察家看来, 符合逻辑的应是标榜自由化的政权会立即引发生机勃勃的对最好的民主传统的恢复, 特别是在科学和教育方面, 但这并未出现. 主要原因是(不是西方人通常想的那样)政治机构最高层的急剧变化并未伴随着低层的行政人事的变化. 那些在极权体制下曾竭力反对任何革新及自由化的官僚们, 今天仍在这么做, 而且又补充了新的能量: 这么做, 不单单是为维护旧体制, 而且是为他们自己的生存而斗争. 同时很多本可以在恢复最好传统中起积极作用的数学家, 在条件允许时情愿移居国外, 他们有理由把为他们的家人提供舒适的生活及良好的研究条件, 看得比这里的不确定的前途及拯救濒临消亡的传统更重要. 这主要是指那些当时处在 30 至 40 岁的数学家, 这一代人最好的年华不幸正处在那令人沮丧的停滞时期(1968～1986 年).

莫斯科独立大学的数学学院

然而, 那些仍根植于莫斯科的领头数学家们又精力充沛地创立了一个雄心勃勃的新机构, 称为莫斯科独立大学(IUM)的数学学院, 一个培养未来数学研究工作者的小型人才学校. 它的创建人感到, 莫斯科国立大学的力学数学系由于受 20 年的错误管理的破坏, 且从根本上讲, 现在仍受那些招致该系衰退的强硬路线人的领导; 它对造就新的数学人才已不再发挥作用. 从观念及教学方面看, 创建数学学院的带头人是 Arnold, 而在实际执行中, 其机构由 Konstantinov 管理. 在 1991 年 7 月进行了非常难的笔试(一种从 0 分到 120 分的评分制), 在 9 月开学, 首批注册的是 45 名学生. Konstantinov 成功地在莫斯科大学附近的一个学校借到了办公室及教室, 甚至从莫斯科的资助者那里得到一些钱, 以给学院的教师一些酬劳, 并为一些学生提供奖学金.

当时在俄罗斯还没有办私立(非公立)教育机构的立法. 特别是, 这意味着莫斯科独立大学不能使其学生免于兵役, 使得大多数男生不得不同时也进入莫斯科国立大学. 于是莫斯科独立大学只能在晚上上课, 该校大部分学生有双份的学习负担.

尽管有这样或那样的困难, 莫斯科独立大学的数学学院正在成功地发挥作用, 它现有 25 个二年级学生及 35 个一年级新生. 美国数学会已向该校教师提供了一些资助, 教师中包括 D. V. Alekseevsky, B. L. Feigin, A. L. Gorodentsev,

S. M. Gusein-Zade, A. A. Kirillov, Elena Korkina, S. K. Lando, Yu. A. Neretin, V. P. Palamodov, V. S. Retakh, A. N. Rudakov, V. M. Tikhomirov, V. A. Vassiliev, E. B. Vinberg 及本附录的作者. 教师们感到他们有能力把莫斯科数学学派最好的传统传给他们的学生(到现在为止,他们已被证明是有才能的及可培养的),并希望莫斯科独立大学的数学学院能克服目前的困难(需要一所永久性教学场所及好的图书馆),成为(不仅面向苏联学生的)一个具有一流水平研究生院的人才大学.

现在怎么样

现在让我们估计一下当今的形势. 圣彼得堡的数学学派无论从象征性意义上还是字面上已不复存在. 就莫斯科及圣彼得堡国立大学的数学系来说,修修补补已无济于事. 实际上所有 40 岁以下的领头数学家已经或正打算移居国外. 在莫斯科,大学教授的月工资不够维持一周的生活.

另一方面,我们这一代的很多领头数学家,尽管经常居住在国外,但还没有永久地移居国外: Novikov, Arnold, Maslov, Anosov, Faddeev, Vershik, Kirillov, Vinberg, Sinai 及 Zakharov 仍扎根于这里. 下一代的一些数学家也是如此: Ilyashenko, Helemsky, Feigin, Vassiliev, Khovansky, Rudakov, Soloviev, Fomenko, Drinfeld 及 Krichever. 文化的数学传统至今仍充满活力,但不是靠国立大学及公办奥林匹克竞赛,而是以其新的、非正规的机构来传授下去. 仍有很多数学班及数学兴趣小组,莫斯科数学奥林匹克竞赛正努力以重新获得其传统的价值,*Kvant* 杂志正为生存而顽强地奋斗着,Konstantinov 负责的城市间竞赛及 Lomonosov 竞赛仍在很好地进行. 莫斯科数学会也仍在发挥其质朴的凝聚作用,且出现了一些试验性新机构:在圣彼得堡的以 Faddeev 为首的欧拉研究所,在莫斯科的独立大学及以 Khovansky 为首的数学研究所.

这些足够了吗? 从现在起 5 年或 10 年里,当我们这一代人太老了以致不能把从事数学研究的乐趣传给有才能的学生时,是否有人会接过这一火炬呢? 显然逻辑推理告诉我们这两个问题的答案是"不". 但在此宁愿无视所有的逻辑,而祝愿美好的数学文化传统,其中一些是这里已描述过的,将不会消亡.